SQL Server

数据库编程与开发教程

武相军　崔占鹏　李辰　明廷堂　编著

化学工业出版社

·北京·

内容简介

本书结合丰富的案例，清晰地诠释了 SQL Server 2019 编程语言与数据库开发涉及的每一个核心概念和技术。全书力求阐述实际开发应用中涉及的 SQL Server 2019 的功能组件和管理工具；注重实际操作，采用可视化图解的方式，对 SSMS、SSCM 等关键工具的操作步骤进行了详细说明，使得读者能够直观地看到操作过程和操作效果；注重编程技巧，对于核心的 T-SQL 操作，在详细介绍其语法、参数后，都会附加案例的高级编程 T-SQL 代码，这些 T-SQL 代码在笔者的开发环境中都经过严格的调试，读者可以直接用于自己的项目开发实践。

本书可供数据库设计与开发等方向初学者、程序开发人员阅读，也可作为高等院校计算机、软件开发相关专业的教材。

图书在版编目（CIP）数据

SQL Server数据库编程与开发教程 / 武相军等编著. —北京：化学工业出版社，2024.2

ISBN 978-7-122-44424-0

Ⅰ. ① S… Ⅱ. ①武… Ⅲ. ①关系数据库系统 - 程序设计 - 教材 Ⅳ. ① TP311.132.3

中国国家版本馆 CIP 数据核字（2023）第 213061 号

责任编辑：刘丽宏　　文字编辑：陈　锦　袁　宁
责任校对：刘曦阳　　装帧设计：刘丽华

出版发行：化学工业出版社（北京市东城区青年湖南街13号　邮政编码100011）
印　　装：高教社（天津）印务有限公司
787mm×1092mm　1/16　印张24¾　字数677千字　2024年5月北京第1版第1次印刷

购书咨询：010-64518888　　售后服务：010-64518899
网　　址：http://www.cip.com.cn
凡购买本书，如有缺损质量问题，本社销售中心负责调换。

定　　价：108.90元

版权所有　违者必究

前言

本书是面向广大数据库设计爱好者的教学参考书。全书基于 SQL Server 2019 数据库支撑平台，通过翔实的例程，让读者深入了解数据库技术原理内幕；最后联合 Visual Studio 2019 开发平台，以一个综合性的项目开发作为终结，向读者全面展示数据库应用开发流程。

背景

Microsoft 公司推出的 SQL Server 2019 是一个关系型数据库管理系统，它使用集成的商业智能工具提供了企业级的数据管理和安全可靠的数据存储功能，进而可构建高可用性的应用程序。SQL Server 2019 为所有数据工作负载带来了创新的安全性和合规性功能、任务关键型可用性和高级分析，还支持内置的大数据。

特点

本书具有以下特点：

① 例程翔实：提供 100+ 个贴近实际应用的案例，图文并茂，选材层次分明，代码结构完整。

② 内容全面：力求全面阐述 SQL Server 的知识结构。

③ 深度融合：介绍 SQL Server 的技术背景知识不是本书的唯一目的。以 SQL Server 作为数据支撑平台，紧密结合 Visual Studio、Eclipse 等开发平台进行企业级的信息系统的开发才是笔者的初衷。

内容

内容编排循序渐进，正文包含 12 章：

① 第 1 章——SQL Server 集成环境：简要介绍 SQL Server 2019 的软件特点、功能组件、管理工具和示例数据库。

② 第 2 章——SQL Server 编程语言：详细介绍 SQL Server 的编程语言及其语法结构，包括标准的 ANSI SQL 和扩展的 T-SQL 两大方面。

③ 第 3 章——SQL Server 存储过程：详细介绍 SQL Server 的存储过程，提升应用程序工作效率。

④ 第 4 章——SQL Server 函数命令：详细介绍 SQL Server 的函数命令及其语法格式。

⑤ 第 5 章——SQL Server 服务器管理：详细介绍以多种方式管理 SQL Server 数据库平台。

⑥ 第 6 章——SQL Server 数据库管理：详细介绍如何操控 SQL Server 数据库引擎，包括数据库的创建、附加、还原、备份、删除、引用等。

⑦ 第 7 章——SQL Server 表结构管理：详细介绍如何操控具体数据库的表，包括表结构的创建、修改和删除等。

⑧ 第 8 章——SQL Server 表数据操作：详细介绍如何操控具体数据库的数据，包括数据的查询、插入、更新、删除、融合等。

⑨ 第 9 章——SQL Server 完整性管理：简单介绍数据库完整性设计，确保指数据库中的数据在逻辑上的一致性、正确性、有效性和相容性。

⑩ 第 10 章——SQL Server 安全性管理：简单介绍数据库的安全性设计，确保数据库中的数据安全存取。

⑪ 第 11 章——数据服务对象组件的开发：详细介绍层次化开发架构，基于流行的 C# 高级编程语言，从商业化和专业化的角度设计通用的访问和操作数据库的组件，为各种基于 SQL Server 数据支撑平台的信息系统的开发打下坚实的基础。

⑫ 第 12 章——教师信息管理平台——自助系统的实现：详细介绍 SQL Server 数据管理平台及 Visual Studio 高级开发平台的深度融合，引导读者遵循软件工程学思想，进行企业级信息系统流程化和规范化的开发。

资源

本书配套的资源，可在化学工业出版社网站“资源下载”平台直接获取，或关注下方公众号、邮件联系 mingtingtang@126.com，邮件标题请注明“SQL Server 数据库编程与开发教程资源”。

读者

本书适合如下读者群：

① 有志于 SQL Server 2019 数据管理的初、中、高级人员，尤其适合信息管理的高校学生。

② 有志于 SQL Server 2019 数据管理融合 Visual Studio 2019 软件开发的初、中、高级人员，尤其适合软件开发的高校学生。

鸣谢

本书第 1 ~ 6 章由武相军编写、第 7 ~ 8 章由崔占鹏编写、第 9 ~ 10 章由李辰编写、第 11 ~ 12 章由明廷堂编写。在成书过程中，河南大学韩道军教授提出了很多建设性意见；河南大学数学与统计学院的肖红德副教授对所有的 SQL 代码进行了测试和验证；河南大学信息化管理办公室的郭栋老师做了大量的文案校对工作；河南大学数学与统计学院信息与计算科学专业的 2020 级部分学生参与了软件开发过程，在此一并谢过！

由于笔者水平有限，书中难免有不足之处，恳请广大读者和同行批评指正。

编著者

欢迎关注专业公众号
获取更多学习资源

目录

第1章 SQL Server 集成环境 001

第2章 SQL Server 编程语言 036

第3章 SQL Server 存储过程 075

第 4 章 SQL Server 函数命令 102

第 5 章　SQL Server 服务器管理　132

第 6 章　SQL Server 数据库管理　135

第 7 章　SQL Server 表结构管理　156

第 1 章
SQL Server 集成环境

1.1 SQL Server 2019 概述

SQL Server 是由 Microsoft 公司推出的关系型数据库管理系统软件。它具有伸缩性好、集成度高等优点。它结合了分析、报表、集成和通告功能，为结构化数据提供了安全可靠的存储功能，使用户可以构建和管理用于高性能的数据应用程序。无论用户是开发人员、数据库管理人员、信息工作者还是决策者，SQL Server 都可以为用户提供完美的解决方案，帮助用户从数据仓库中获益良多。

SQL Server 2019 是 Microsoft 公司在数据库领域上的又一个里程碑式的产品。它在早期版本的基础上构建而成，旨在将 SQL Server 全面发展成一个平台，为用户提供一个全方位的数据库操作环境。SQL Server 2019 的发布，使大量企业用户快捷地获得数据分析、管理和操作等各方面的新体验。

1.2 SQL Server 2019 功能组件

SQL Server 2019 功能组件的简要描述如表 1-1 所示。

表1-1　SQL Server 2019的功能组件

功能服务	说明
Database Engine	数据库引擎，用于存储、处理和保护数据的核心服务。包括复制、全文搜索、管理关系数据和 XML 数据的工具、使用关系数据运行 Python 和 R 脚本的机器学习服务
Analysis Services	分析服务，包括一些分析工具，可用于创建和管理联机分析处理（OLAP），以及数据挖掘应用程序
Reporting Services	报表服务，用于创建、管理和部署表格报表、矩阵报表、图形报表及自由格式报表的服务器和客户端组件。Reporting Services 还是一个可用于开发报表应用程序的可扩展平台
Integration Services	集成服务，一组图形工具和可编程对象，用于移动、复制和转换数据。它还包括“数据库引擎服务”的 Integration Services 组件
Master Data Services	主数据服务，针对主数据管理的 SQL Server 解决方案。可以配置 MDS 来管理任何领域（产品、客户、账户）；MDS 中可包括层次结构、各种级别的安全性、事务、数据版本控制和业务规则，以及可用于管理数据的、用于 Excel 的外接程序
Machine Learning Services	机器学习服务，支持使用企业数据源的分布式、可缩放的机器学习解决方案。SQL Server 2019（15.x）支持 R 和 Python，包括内置（In-Database）和独立（Standalone）两种模式

1.2.1 数据库引擎

数据库引擎（DataBase Engine，DBE）是用于存储、处理和保护数据的核心服务。利用数据库引擎可控制访问权限并快速处理事务，从而满足企业内大多数需要处理大量数据的应用程序的要求。

可以使用DBE创建用于联机事务处理或联机分析处理数据的关系数据库，这包括创建用于存储数据的表和用于查看、管理、保护数据安全的数据库对象（如索引、视图和存储过程）。可以使用SQL Server Configuration Manager配置数据库引擎、使用SQL Server Management Studio管理数据库的基础结构、使用SQL Server Profiler捕获服务器事件等。

1.2.2 分析服务

分析服务（SQL Server Analysis Services，SSAS）提供了一组丰富的数据挖掘算法，业务用户可使用这组算法挖掘其数据，以查找特定的模式和走向。这些数据挖掘算法可用于通过UDM或直接基于物理数据存储区对数据进行分析。

SSAS为商业智能解决方案提供联机分析、处理和数据挖掘功能。在使用SSAS设计商业智能（Business Intelligence，BI）解决方案之前，用户应当熟悉成功的解决方案所必需的联机事务处理过程（On-Line Transaction Processing，OLTP）和数据挖掘（Data Mining，DM）的概念。SSAS通过允许开发人员在一个或多个物理数据源中定义一个称为统一维度模型的数据模型，从而很好地组合了传统的基于联机数据仓库分析和基于关系报表的各个最佳方面。基于OLAP、报表、自定义BI应用程序的所有最终用户查询，都将通过UDM（可提供一个此关系数据的业务视图）访问基础数据源中的数据。

1.2.3 报表服务

报表服务（SQL Server Reporting Services，SSRS）是一种基于服务器的新型报表平台，可用于创建和管理包含来自关系数据源和多维数据源的数据的表格报表、矩阵报表、图形报表和自由格式报表，可以通过基于Web的连接来查看和管理用户创建的报表。

基于服务器的报表功能为实现以下任务提供了方法：集中存储和管理报表、设置策略和确保对报表及文件夹的安全访问、控制处理和分发报表的方式，以及将在业务中使用报表的方式标准化。

SSRS是可伸缩的。用户可以在单个服务器、分布式服务器和Web场配置中安装报表服务器。

SSRS具有模块化的体系结构。此平台基于一个报表服务器引擎，该引擎包含用于获取和处理数据的处理器和服务。处理任务分发给可以扩展或集成到自定义解决方案中的多个组件，检索数据，并将检索的数据从数据处理任务中分离后，即开始进行显示处理。此功能允许多个用户采用不同设备设计的格式同时查看同一报表，或快速更改报表的查看格式。只需单击便可将HTML转换成PDF、MicrosoftExcel或XML。

此体系结构专门为支持新型的数据源或输出格式而设计。SSRS包含的呈现扩展插件用于采用HTML和桌面应用程序［例如Adobe Acrobat（PDF）和Microsoft Excel］的其他格式呈现报表，但开发人员可以创建其他呈现扩展插件，以利用打印机或其他设备功能。

开发人员可以将报表功能包括在自定义应用程序中，或扩展报表功能以支持自定义功能。呈现为Web Service的API提供了简单对象访问协议（SOAP）和URL端点，从而可以轻松地与新的或现有的应用程序和门户集成。

1.2.4 集成服务

集成服务（SQL Server Integration Services，SSIS）是用于生成高性能数据集成和工作流［包括针对数据仓库的提取、转换和加载（ETL）操作］的解决方案。

SSIS 包括用于生成和调试包的图形工具和向导；用于执行工作流函数（如 FTP 操作）、执行 SQL 语句或发送电子邮件的任务；用于提取和加载数据的数据源和目标；用于清理、聚合、合并和复制数据的转换；用于对 Integration Services 对象模型编程的应用程序编程接口（API）等。

1.3 SQL Server 2019 管理工具

SQL Server 2019 的管理工具的简要说明如表 1-2 所示。

表1-2 SQL Server 2019的管理工具

管理工具	说明
SQL Server Management Studio（SSMS）	管理套件，用于访问、配置、管理和开发 SQL Server 组件的集成环境。借助 SSMS，所有级别的开发人员和管理员都能使用 SQL Server。最新版 SSMS 更新 SMO，其中包括 SQL 评估 API
SQL Server Configuration Manager（SSCM）	配置管理器，为 SQL Server 服务、服务器协议、客户端协议和客户端别名提供基本配置管理
SQL Server Profiler	监视分析器，提供一个图形用户界面，用于监视数据库引擎实例或分析服务实例
Database Engine Tuning Advisor	数据库引擎优化顾问，可以协助创建索引、索引视图和分区的最佳组合
Data Quality Client	数据质量客户端，提供了一个非常简单和直观的图形用户界面，用于连接到 DQS 数据库并执行数据清理操作。它还允许集中监视在数据清理操作过程中执行的各项活动
SQL Server Data Tools	数据工具，提供一个集成开发环境 IDE，以便为商业智能组件（包含 Analysis Services、Reporting Services 和 Integration Services）生成解决方案。它还包含“数据库项目”，为数据库开发人员提供集成环境，以便在 Visual Studio 内为任何 SQL Server 平台（包括本地和外部）执行其所有数据库设计工作。数据库开发人员可以使用 Visual Studio 中功能增强的服务器资源管理器，轻松创建或编辑数据库对象和数据或执行查询
Connectivity Components	连接组件，安装用于客户端和服务器之间通信的组件，以及用于 DB-Library、ODBC 和 OLE DB 的网络库
Command Line Interface Tools	命令行工具，提供一些基于命令行接口 (CLI) 的简单管理

1.3.1 配置管理器

配置管理器（SQL Server Configuration Manager，SSCM）是一种管理工具，用于管理与 SQL Server 相关联的服务、配置 SQL Server 使用的网络协议，以及设置与客户端计算机进行网络连接的参数。

SQL Server 配置管理器使用 Window Management Instrumentation（WMI）来查看和更改某些服务器设置。WMI 提供了一种统一的方式，与管理 SQL Server 工具所请求注册表操作的 API 调用进行连接，并可对 SQL Server 配置管理器管理单元组件选定的 SQL 服务提供增强的控制和操作。

1.3.2 管理套件

管理套件（SQL Server Management Studio，SSMS）是一种集成工作环境，用于交互式管理 SQL Server 数据库的任何 SQL 基础结构。

SSMS 不仅提供了用于配置、监视和管理 SQL Server 和数据库实例的图形界面，而且还允许用户部署、监视和升级应用程序使用的数据层组件，如数据库和数据仓库。

此外，SSMS 还提供 Transact-SQL、MDX、DMX 和 XML 语言编辑器，用于编辑和调试脚本等。

1.3.3 事件探查器

事件探查器（SQL Server Profiler，SSP）是跟踪 SQL Server 的图形用户界面，用于监视数据库引擎或 Analysis Services 的实例，可以捕获有关每个事件的数据并将其保存到文件或表中供以后分析。例如，可以对生产环境进行监视，了解哪些存储过程由于执行速度太慢影响了性能。

SQL Server Profiler 主要用于如下活动：

- 逐步分析有问题的查询以找到问题的原因。
- 查找并诊断运行慢的查询。
- 捕获导致问题的一系列 Transact-SQL 语句并保存，在某台测试服务器上复制此问题，接着在该测试服务器上诊断问题。
- 监视 SQL Server 的性能以优化工作负荷。
- 使性能计数器与诊断问题关联。
- SQL Server Profiler 还支持对 SQL Server 实例上执行的操作进行审核。审核将记录与安全相关的操作，供安全管理员以后复查。

1.4 AdventureWorks2019 示例数据库

SQL Server 2019 示例数据库引入了 Adventure Works Cycles 公司业务。此公司及其业务方案、雇员和产品是下列示例数据库的基础：

- AdventureWorks 示例 OLTP 数据库。
- AdventureWorksDW 示例数据仓库。
- AdventureWorksAS 示例 Analysis Services 数据库。

特别声明：

- 本书示例数据库着重于联机事务处理版本 AdventureWorks2019。
- 示例中提及的公司、单位、产品、域名、电子邮件地址、徽标、人员、地点和事件均为虚构，请勿将它们与任何真实的公司、单位、产品、域名、电子邮件地址、徽标、人员、地点或事件挂钩。

1.4.1 AdventureWorks 业务背景

Adventure Works Cycles 是一家虚构的大型跨国生产公司。公司生产金属和复合材料的自行车，产品远销北美洲、欧洲和亚洲市场。公司总部设在华盛顿州的博瑟尔市，拥有 290 名雇员，而且拥有多个活跃在世界各地的地区性销售团队。

2000 年，Adventure Works Cycles 购买了位于墨西哥的小型生产厂 Importadores Neptuno。Importadores Neptuno 为 Adventure Works Cycles 生产多种关键子组件。这些子组件将被运送到博瑟尔市进行最后的产品装配。2001 年，Importadores Neptuno 转型成为专注于旅行登山车系列产品的制造商和销售商。

Adventure Works Cycles 在实现一个成功的财务年度之后，希望通过以下方法扩大市场份额：专注于向高端客户提供产品、通过外部网站扩展其产品的销售渠道、通过降低生产成本来削减其销售成本。

AdventureWorks Cycles 的业务方案包括：销售和营销方案、产品方案、采购和供应商方案、生产方案。

（1）**销售和营销方案** 主要描述 Adventure Works Cycles 的销售、营销环境及客户。

作为自行车生产公司，Adventure Works Cycles 拥有两种客户：

- 个人（Individual）：从 Adventure Works Cycles 在线商店购买产品的消费者。
- 商店（Store）：从 Adventure Works Cycles 销售代表处购买产品后进行转售的零售店或批发店。

（2）**产品方案** 主要描述 Adventure Works Cycles 生产的产品。

作为自行车生产公司，Adventure Works Cycles 提供以下四类产品：

- Adventure Works Cycles 生产的自行车。
- 自行车组件（替换零件），例如，车轮、踏板或刹车部件。
- 从供应商购买的转售给 Adventure Works Cycles 客户的自行车装饰。
- 从供应商购买的转售给 Adventure Works Cycles 客户的自行车附件。

（3）**采购和供应商方案** 主要描述 Adventure Works Cycles 采购需求和供应商关系。

Adventure Works Cycles 采购部门购买 Adventure Works Cycles 自行车生产中使用的原材料和零件，也购买一些自行车装饰件和自行车附件等产品以进行转售，如水瓶和打气筒。有关这些产品及供应商的信息存储在 AdventureWorks 示例数据库中。

（4）**生产方案** 主要描述 Adventure Works Cycles 的生产环境。

生产过程：

- 物料清单：列出在其他产品中使用或包含的产品。
- 工作订单：按生产车间安排的生产顺序。
- 产区位置：定义主要的生产区和库存区（例如，用于框架成型、油漆、装配的区域）。
- 生产车间：产品生产和装配说明。

产品库存：某个产品在仓库或生产区中的实际位置和可用数量。

工程文档：自行车或自行车组件的技术规范和维护文档。

1.4.2 AdventureWorks 系统架构

在 AdventureWorks 示例数据库的 OLTP 版本中，其系统架构包含多个数据库对象，比如表、视图和存储过程等。架构可更改访问这些对象的方式。

值得一提的是，在 SQL Server 2005 及更高版本中，架构与用户是分离的：作为数据库主体，用户拥有架构，而对象则包含在架构中。

下面详细说明 AdventureWorks 中所使用的架构，并列出每个架构所包含的表对象。

（1）dbo 架构　dbo 架构是默认架构。dbo 架构包含 3 个表：

- dbo.AWBuildversion：存储数据库版本相关信息。
- dbo.Databaselog：数据库日志信息，记录用户对数据库的操作。
- dbo.Errorlog：错误日志。

（2）HumanResources 架构　HumanResources 架构存储雇员、机构及其他相关信息。HumanResources 架构包含 6 个表：

- HumanResources.Department：公司的部门信息。
- HumanResources.Employee：职员的入职、当前职位、职工编号等相关信息。
- HumanResources.EmployeeDepartmentHistory：职员在某个部门任职的时间信息。
- HumanResources.EmployeePayHistory：职员薪资信息。
- HumanResources.JobCandidate：（空缺）候选职位。
- HumanResources.Shift：换班时间表。

（3）Person 架构　Person 架构存储联系人及相关信息，包括地址、邮编、地区、电话等。Person 架构包含 13 个表：

- Person.Address：人员地址信息。
- Person.AddressType：填写的地址类型。
- Person.BusinessEntity：办公实体。
- Person.BusinessEntityAddress：办公实体地址。
- Person.BusinessEntityContact：办公实体联系。
- Person.ContactType：联系类型。
- Person.CountryRegion：国家地区编号和名称。
- Person.EmailAddress：办公实体的邮件地址。
- Person.Password：办公实体的密码（加密存储）。
- Person.Person：办公实体的联系人。
- Person.PersonFhone：办公实体的联系方式。
- Person.PhoneNumberType：联系方式类型（固定电话、手机等）。
- Person.StateProvince：州、省的名称信息（用于表示地址）。

（4）Production 架构　Production 架构存储产品的详细信息，包括产品信息、材料清单 BOM、生产线及相关信息。Production 架构包含 25 个表：

- Production.BillofMaterials：用于生产自行车的材料清单。
- Production.Culture：用于产品描述的本地化语言。
- Production.Document：包含作为 Microsoft Office Word 文件存储的产品维护文档。
- Production.Illustration：包含作为 .xml 文件存储的自行车部件关系图。
- Production.Locatior：储仓的位置信息。
- Production.Product：产品的信息。
- Production.ProductCategory：产品的类别信息。
- Production.ProductCostHistory：产品的历史成本信息。
- FroductDescription：产品的描述信息。

- Production.ProductDocument：一个将产品映射到相关产品文档的交叉引用表。
- Production.FroductInventory：产品的库存级别信息。
- Production.ProductListPriceHistory：产品的历史价格信息。
- Production.ProductModel：产品的型号信息。
- Production.ProductModelIllustration：定义产品型号和图示的映射关系的交叉引用表。
- Production.ProductModelProductDescriptionCulture：产品型号的本土化描述语言信息。
- Production.ProductPhoto：产品的图片信息。
- Production.ProductProductPhoto：一个映射产品和产品图像的交叉引用表。
- Production.ProductReview：客户的产品评价信息。
- Production.ProductSubcategory：产品的子类别信息。
- Production.ScrapReason：一个包含生产失败原因的查找表。
- Production.TransactionHistory：包含当前年度的各采购订单、销售订单或工作订单事务。
- Production.TransactionHistoryArchive：包含当前年度以前年度的每个采购订单、销售订单或工作订单事务的记录。
- Production.UnitMeasure：包含标准测量单位代码和说明的查找表。
- Production.WorkOrder：包含生产工作订单。工作订单用于控制生产适量的产品，并及时满足销售或库存需求。
- Production.WorkOrderRouting：包含生产工作订单详细信息。工作订单详细信息控制在生产过程中产品在各个生产车间之间流动的顺序。WorkOrderRouting 还包含计划和实际的生产开始日期和生产结束日期，以及用来生产指定产品的每个生产车间的成本。

（5）Purchasing 架构 Purchasing 架构存储采购零件和产品的供应商、采购订单及相关信息。Purchasing 架构包含 5 个表：

- Purchasing.ProductVendor：产品与供应商的对应信息。
- Purchasing.PurchaseOrderDetail：采购订单的详细信息。
- Purchasing.PurchaseOrderHeader：采购订单的概要信息。
- Purchasing.ShipMethod：产品的发货方式。
- Purchasing.Vendor：供应商的详细信息。

（6）Sales 架构 Sales 架构存储与客户和销售相关的数据，包括客户、订单、商店、货币汇率及相关信息。Sales 架构包括 19 个表：

- Sales.CountryRegionCurrency：主键：CountryRegionCode、CurrencyCode。
- Sales.CreditCard：主键：CreditCardID。
- Sales.Currency：主键：CurrencyCode。
- Sales.CurrencyRate：主键：CurrencyRateID。
- Sales.Customer：主键：CustomerID。
- Sales.PersonCreditCard：主键：BusinessEntityID、CreditCardID。
- Sales.SalesOrderDetail：主键：SalesOrderID.SalesOrderDetailID。
- Sales.SalesOrderHeader：主键：SalesOrderID。
- Sales.SalesOrderHeaderSalesReason：主键：SalesOrderID、SalesReasonID。
- Sales.SalesPerson：主键：BusinessEntityID。
- Sales.SalesPersonQuotaHistory：主键：BusinessEntityID、QuotaDate。
- Sales.SalesReason：主键：SalesReasonID。
- Sales.SalesTaxRate：主键：SalesTaxRateID。

■ Sales.SalesTerritory：主键：TerritoryID。

■ Sales.SalesTerritoryHistory：主键：BusinessEntityID、erritoryID、tartDate。

■ Sales.ShoppingCartItem：主键：ShoppingCartItemID。

■ Sales.SpecialOffer：主键：SpecialOfferID。

■ Sales.SpecialOfferProduct：主键：SpecialOfferID、ProductID。

■ Sales.Store：主键：BusinessEntityID。

1.4.3 AdventureWorks 数据字典

在开始详细介绍各个表的数据字典之前，需要说明几点：

■ 很多表格都包含 rowguid 列，该列主要用于支持合并复制示例。

■ 很多表格使用了用户自定义类型：Name(nvarchar(50))、Flag(bit)、NameStyle(bit)、Phone (nvarchar(25))。

■ PK 表示 Primary Key，即主键；FK 表示 Foreign Key，即外键。

（1）dbo 架构的数据字典

① dbo.AWBuildVersion 表

功能描述：标识数据库自身的当前版本号。Adventure Works Cycles 的数据库管理员会在其版本控制计划使用此信息。例如，可通过使用 DatabaseVersion 跟踪架构更改。

数据结构：如表 1-3 所示。

表1-3 dbo.AWBuildVersion表的数据结构

列	数据类型	空性	说明
SystemInformationID	int	非空	PK；系统信息标识号
Database Version	nvarchar(25)	非空	数据库版本号的格式为 9.yy.mm.dd.00
VersionDate	datetime	非空	行的上次更新日期和时间
ModifiedDate	datetime	非空	行的上次更新日期和时间

② dbo.DatabaseLog 表

功能描述：记录一段时间以来对数据库执行的所有数据定义语言（DDL）语句。每次执行 DDL 语句时，所触发的 DDL 触发器都将填充该表。例如，如果用户创建了一个新索引或修改了表中的某一列，则该事件的发生情况（包括执行的完整 Transact-SQL 语句）将存储在 DatabaseLog 表中。

数据结构：如表 1-4 所示。

表1-4 dbo.DatabaseLog表的数据结构

列	数据类型	空性	说明
DatabaseLogID	int	非空	PK；数据库日志标识号
PostTime	datetime	非空	执行 DDL 语句的日期和时间
DatabaseUser	sysname	非空	执行语句的用户名
Event	sysname	非空	所执行事件的类型。例如，CREATE TABLE 或 ALTER INDEX
Schema	sysname	空	拥有所修改的对象的架构

续表

列	数据类型	空性	说明
Object	sysname	空	所修改的对象
TSQL	nvarchar（max）	非空	执行的 Transact-SQL 语句
XmlEvent	xml	非空	DDL 触发器捕获的事件数据，包括服务器名称、登录名和 SPID

③ dbo.ErrorLog 表

功能描述：记录由 TRY...CATCH 结构的 CATCH 块捕获的 AdventureWorks 数据库中的所有错误。在 TRY...CATCH 结构的 CATCH 块中执行 dbo.uspLogError 存储过程，即可插入数据。

数据结构：如表 1-5 所示。

表1-5　dbo.ErrorLog表的数据结构

列	数据类型	空性	说明
ErrorLogID	int	非空	PK；错误日志标识号
ErrorTime	datetime	非空	发生错误的日期和时间
UserName	sysname	非空	执行发生错误的批处理的用户
ErrorNumber	int	非空	发生错误的错误号
ErrorSeverity	int	空	发生错误的严重性
ErrorState	int	空	发生错误的状态号
ErrorProcedure	nvarchar（126）	空	发生错误的存储过程或触发器的名称
ErrorLine	int	空	发生错误的行号
ErrorMessage	nvarchar（4000）	非空	发生错误的消息文本

（2）HumanResources 架构的数据字典

① HumanResources.Department 表

功能描述：包含 Adventure Works Cycles 的部门信息。

数据结构：如表 1-6 所示。

表1-6　HumanResources.Department表的数据结构

列	数据类型	空性	说明
DepartmentID	smallint	非空	PK；部门标识号
Name	Name(nvarchar(50))	非空	部门名称
GroupName	Name(nvarchar(50))	非空	部门所属的组名称
ModifiedDate	datetime	非空	行的上次更新日期和时间

② HumanResources.Employee 表

功能描述：包含雇员信息（例如国家 / 地区标识号、职位、休假和病假小时数）。雇员姓名储存在 Contact 表中。

数据结构：如表 1-7 所示。

表1-7 HumanResources.Employee表的数据结构

列	数据类型	空性	说明
EmployeeID	int	非空	PK；员工标识号
NationalIDNumber	nvarchar(15)	非空	唯一的国家/地区标识号（例如身份证号码）
LoginID	nvarchar(256)	非空	网络登录
OrganizationNode	hierarchyid	空	机构节点
OrganizationLevel	=[OrganizationNode].[GetLevel]()	空	机构级别
JobTitle	nvarchar(50)	非空	职位（例如买方代表或销售代表）
BirthDate	date	非空	出生日期
MaritalStatus	nchar(1)	非空	婚姻状态：M=已婚；S=未婚
Gender	nchar(1)	非空	性别：M=男；F=女
HireDate	datetime	非空	雇佣雇员的日期
SalariedFlag	Flag(bit)	非空	工作分类：0=计时，可以集体讨价；1=月薪，不能集体讨价
VacationHours	smallint	非空	假期可持续的小时数
SickLeaveHours	smallint	非空	病假可持续的小时数
CurrentFlag	Flag(bit)	非空	活动状态：0=非活动；1=活动
rowguid	uniqueidentifier	非空	唯一标识行的 ROWGUIDCOL 号
ModifiedDate	datetime	非空	行的上次更新日期和时间

③ HumanResources.EmployeeDepartmentHistory 表

功能描述：包含雇员及其所在部门的当前和历史数据。EndDate 列中的空值表示雇员当前所在的部门。

数据结构：如表 1-8 所示。

表1-8 HumanResources.EmployeeDepartmentHistory表的数据结构

列	数据类型	空性	说明
BusinessEntityID	int	非空	PK；FK，指向 Employee.BusinessEntityID
DepartmentID	smallint	非空	PK；FK，指向 Department.DepartmentID。雇员现在所在或原来所在的部门
ShiftID	tinyint	非空	PK；FK，指向 Shift.ShiftID。 分配给雇员的工作轮班时间（例如，白班、晚班或夜班）
Startdate	datetime	非空	PK；雇员在部门中开始工作的日期
EndDate	datetime	空	雇员离开部门的日期，NULL 表示在当前部门
ModifiedDate	datetime	非空	行的上次更新日期和时间

④ HumanResources.EmployeePayHistory 表

功能描述：包含雇员的当前和历史薪金信息。

数据结构：如表 1-9 所示。

表1-9　HumanResources.EmployeePayHistory表的数据结构

列	数据类型	空性	说明
BusinessEntityID	int	非空	PK；FK，指向 Employee.BusinessEntityID
RateChangeDate	datetime	非空	薪金更改的生效日期
Rate	money	非空	每小时薪金
PayFrequency	tinyint	非空	薪水支付形式：1= 月薪；2= 双周薪
ModifiedDate	datetime	非空	行的上次更新日期和时间

⑤ HumanResources.JobCandidate 表

功能描述：包含了工作申请人（应聘者）提交给人力资源部门的简历。

数据结构：如表 1-10 所示。

表1-10　HumanResources.JobCandidate表的数据结构

列	数据类型	空性	说明
JobCandidateID	int	非空	PK；应聘者标识号
BusinessEntityID	int	空	雇佣的申请人的雇员标识号
Resume	xml	空	XML 格式的简历
ModifiedDate	datetime	非空	行的上次更新日期和时间

⑥ HumanResources.Shift 表

功能描述：一个包含工作轮班时间的查找表。

数据结构：如表 1-11 所示。

表1-11　HumanResources.Shift表的数据结构

列	数据类型	空性	说明
ShiftID	smallint	非空	PK；轮班标识号
Name	Name(nvarchar(50))	非空	轮班时间说明
StartTime	datetime	非空	轮班开始时间
EndTime	datetime	非空	轮班结束时间
ModifiedDate	datetime	非空	行的上次更新日期和时间

（3）Person 架构的数据字典

① Person.Address 表

功能描述：包含所有 Adventure Works Cycles 客户、供应商和雇员的地址信息。客户和供应商可能具有多个地址。例如，客户的开票地址和发货地址可能不同。

数据结构：如表 1-12 所示。

表1-12 Person.Address表的数据结构

列	数据类型	空性	说明
AddressID	int	非空	PK：地址标识号
AddressLine1	nvarchar(60)	非空	第一街道地址行
AddressLine2	nvarchar(60)	空	第二通信地址行
City	nvarchar(30)	非空	市 / 县的名称
StateProvinceID	int	非空	FK，指向 StateProvince.StateProvinceID；省 / 市 / 自治区的唯一标识号
PostalCode	nvarchar(15)	非空	通信地址的邮政编码
SpatialLocation	geography	空	空间位置
rowguid	uniqueidentifier	非空	唯一标识行的 ROWGUIDCOL 号
ModifiedDate	datetime	非空	行的上次更新日期和时间

② Person.AddressType 表

功能描述：一个定义客户、供应商或雇员的地址类型（例如开票地址、发货地址或主要地址）的查找表。

数据结构：如表 1-13 所示。

表1-13 Person.AddressType表的数据结构

列	数据类型	空性	说明
AddressTypeID	int	非空	PK：地址类型标识号
Name	Name(nvarchar(50))	非空	地址类型的说明。例如，开票地址、家庭住址或发货地址
rowguid	uniqueidentifier	非空	唯一标识行的 ROWGUIDCOL 号
ModifiedDate	datetime	非空	行的上次更新日期和时间

③ Person.BusinessEntity 表

功能描述：包含业务实体信息。

数据结构：如表 1-14 所示。

表1-14 Person.BusinessEntity表的数据结构

列	数据类型	空性	说明
BusinessEntityID	int	非空	PK：业务实体标识号
rowguid	uniqueidentifier	非空	唯一标识行的 ROWGUIDCOL 号
ModifiedDate	datetime	非空	行的上次更新日期和时间

④ Person.BusinessEntityAddress 表

功能描述：包含业务实体地址信息。

数据结构：如表 1-15 所示。

▣表1-15　Person.BusinessEntityAddress表的数据结构

列	数据类型	空性	说明
BusinessEntityID	int	非空	PK；FK，指向 BusinessEntity.BusinessEntityID
AddressID	int	非空	PK；FK，指向 Address.AddressID
AddressTypeID	int	非空	PK；FK，指向 AddressType.AddressTypeID
rowguid	uniqueidentifier	非空	唯一标识行的 ROWGUIDCOL 号
ModifiedDate	datetime	非空	行的上次更新日期和时间

⑤ Person.BusinessEntityContact 表

功能描述：包含业务实体联系方式信息。

数据结构：如表 1-16 所示。

▣表1-16　Person.BusinessEntityContact表的数据结构

列	数据类型	空性	说明
BusinessEntityID	int	非空	PK；FK，指向 BusinessEntity.BusinessEntityID
PersonID	int	非空	PK；FK，指向 Person.BusinessEntityID
ContactID	int	非空	PK；FK，指向 ContactType.ContactID
rowguid	uniqueidentifier	非空	唯一标识行的 ROWGUIDCOL 号
ModifiedDate	datetime	非空	行的上次更新日期和时间

⑥ Person.ContactType 表

功能描述：包含存储在 Contact 表中的联系人的类型（客户或供应商）。例如，客户联系人类型可能是 Purchasing Manager 或 Purchasing Agent，供应商联系人类型可能是 Sales Manager 或 Sales Representative。

数据结构：如表 1-17 所示。

▣表1-17　Person.ContactType表的数据结构

列	数据类型	空性	说明
ContactTypeID	int	非空	PK；联系类型标识号
Name	Name(nvarchar(50))	非空	联系人类型说明
ModifiedDate	datetime	非空	行的上次更新日期和时间

⑦ Person.CountryRegion 表

功能描述：包含国际上用来标识国家和地区的标准代码。

数据结构：如表 1-18 所示。

■表1-18　Person.CountryRegion表的数据结构

列	数据类型	空性	说明
CountryRegionCode	nvarchar(3)	非空	PK；国家和地区的标准代码
Name	Name(nvarchar(50))	非空	国家或地区名称
ModifiedDate	datetime	非空	行的上次更新日期和时间

⑧ Person.EmailAddress 表

功能描述：包含电子邮件地址信息。

数据结构：如表 1-19 所示。

■表1-19　Person.EmailAddress表的数据结构

列	数据类型	空性	说明
BusinessEntityID	int	非空	PK；FK，指向 Person.Person 的主键 BusinessEntityID
EmailAddressID	int	非空	PK：电子邮件地址标识号
EmailAddress	nvarchar(50)	非空	邮件地址
rowguid	uniqueidentifier	非空	唯一标识行的 ROWGUIDCOL 号
ModifiedDate	datetime	非空	行的上次更新日期和时间

⑨ Person.Password 表

功能描述：包含密码信息。

数据结构：如表 1-20 所示。

■表1-20　Person.Password表的数据结构

列	数据类型	空性	说明
BusinessEntityID	int	非空	PK；FK，指向 Person.BusinessEntityID
PasswordHash	varchar(128)	非空	密码哈希值
PasswordSalt	varchar(10)	非空	密码进行哈希之前的随机值
rowguid	uniqueidentifier	非空	唯一标识行的 ROWGUIDCOL 号
ModifiedDate	datetime	非空	行的上次更新日期和时间

⑩ Person.Person 表

功能描述：包含人员详细信息。

数据结构：如表 1-21 所示。

■表1-21　Person.Person表的数据结构

列	数据类型	空性	说明
BusinessEntityID	int	非空	PK；FK，指向 BusinessEntity.BusinessEntityID
PersonType	nchar(2)	非空	人员类型
NameStyle	NameStyle(bit)	非空	姓名类型

续表

列	数据类型	空性	说明
Title	nvarchar(8)	空	尊称
FirstName	Name(nvarchar(50))	非空	首名
MidlleName	Name(nvarchar(50))	空	中间名称
LastName	Name(nvarchar(50))	非空	姓氏
Suffix	nvarchar(10)	空	姓氏后缀
EmailPromotion	int	非空	邮件提醒。取值 0、1、2
AdditionalContactInfo	xml	空	附加联系信息
Demographics	xml	空	人员信息（如兴趣爱好等），可用于统计分析
rowguid	uniqueidentifier	非空	唯一标识行的 ROWGUIDCOL 号
ModifiedDate	datetime	非空	行的上次更新日期和时间

⑪ Person.PersonPhone 表

功能描述：包含电话信息。

数据结构：如表 1-22 所示。

表1-22　Person.PersonPhone表的数据结构

列	数据类型	空性	说明
BusinessEntityID	int	非空	PK；FK，指向 Person.BusinessEntityID
PhoneNumber	Phone(nvarchar(25))	非空	PK，电话号码
PhoneNumberTypeID	int	非空	PK；FK，指向 PhoneNumberType.PhoneNumberTypeID
ModifiedDate	datetime	非空	行的上次更新日期和时间

⑫ Person.PhoneNumberType 表

功能描述：包含电话号码类型信息。

数据结构：如表 1-23 所示。

表1-23　Person.PhoneNumberType表的数据结构

列	数据类型	空性	说明
PhoneNumberTypeID	int	非空	PK；电话号码类型标识号
Name	Name(nvarchar(50))	非空	电话号码类型名称
ModifiedDate	datetime	非空	行的上次更新日期和时间

⑬ Person.StateProvince 表

功能描述：一个包含用于标识国家 / 地区中的州、省、市、自治区的国际标准代码的查找表。

数据结构：如表 1-24 所示。

▣表1-24　Person.StateProvince表的数据结构

列	数据类型	空性	说明
StateProvinceID	int	非空	PK：国际标准代码标识号
StateProvinceCode	nchar(3)	非空	州、省、市或自治区代码
CountryRegionCode	nvarchar(3)	非空	FK，FK，指向 CountryRegion.CountryRegionCode。国家或地区代码
IsOnlyStateProvinceFlag	Flag(bit)	非空	指示 StateProvinceCode 的存在性。0= 存在；1= 不存在，需使用 CountryRegionCode
Name	Name(nvarchar(50))	非空	州、省、市或自治区的说明
TerritoryID	int	非空	FK，FK，指向 Sales.Territory.SalesTerritoryID。表示与销售地区所关联的州、省、市或自治区
rowguid	uniqueidentifier	非空	唯一标识行的 ROWGUIDCOL 号
ModifiedDate	datetime	非空	行的上次更新日期和时间

（4）Production 架构的数据字典

① Production.BillOfMaterials 表

功能描述：包含用于生产自行车和自行车子部件的所有组件。ProductAssemblyID 表示父级产品（即主产品）；ComponentID 表示用来生产父级部件的子级零件（即独立零件）。例如，车轮部件包含反光罩、轮圈、轮辐、轮胎和内胎等组件。

数据结构：如表 1-25 所示。

▣表1-25　Production.BillOfMaterials表的数据结构

列	数据类型	空性	说明
BillOfMaterialsID	int	非空	PK：材料订单标识号
ProductAssemblyID	int	空	FK，指向 Product.ProductID；父级产品（即主产品）的标识号
ComponentID	int	非空	FK，指向 Product.ProductID；用来生产父级部件的子级零件（即独立组件）的标识号。组件包括反光罩、轮圈、轮辐、轮胎和内胎等
Startdate	datetime	非空	部件开始使用组件的日期
EndDate	datetime	空	部件停止使用组件的日期
UnitMeasureCode	nchar(3)	非空	测量单位的标准代码
BOMLevel	smallint	非空	组件相对于其父级（ProductAssemblyID）的深度
PerAssemblyQty	decimal(8,2)	非空	创建部件所需的组件数量
ModifiedDate	datetime	非空	行的上次更新日期和时间

② Production.Culture 表

功能描述：包含存储产品说明的语言。

数据结构：如表 1-26 所示。

■表1-26　Production.Culture表的数据结构

列	数据类型	空性	说明
CultureID	nchar(6)	非空	PK；语言标识号
Name	Name(nvarchar(50))	非空	区域性说明
ModifiedDate	datetime	非空	行的上次更新日期和时间

③ Production.Document 表

功能描述：包含以 Word 文件格式存储的产品维护文档。

数据结构：如表 1-27 所示。

■表1-27　Production.Document表的数据结构

列	数据类型	空性	说明
DocumentID	int	非空	PK；文档标识号
Title	nvarchar(50)	非空	文档的标题
Owner	int	非空	FK，指向 Employee.BusinessEntityID。控制文档的员工
FolderFlag	bit	非空	文件夹 / 文档标志：0= 文件夹；1= 文档
FileName	nvarchar(400)	非空	文档的目录路径和文件名称
FileExtension	nvarchar(8)	非空	指示文件类型的文件扩展名
Revision	nvarchar(5)	非空	文档的修订号
ChangeNumber	int	非空	工程更改批准号
Status	tinyint	非空	文档状态：1= 等待批准；2= 已批准；3= 过时
DocumentSummary	nvarchar(max)	空	文档概要
Document	varbinary(max)	空	以二进制格式存储的完整文档文件
ModifiedDate	datetime	非空	行的上次更新日期和时间

④ Production.Illustration 表

功能描述：包含使用 xml 文件存储的自行车部件关系图。ProductModel.Instructions 列中引用了这些图。

数据结构：如表 1-28 所示。

■表1-28　Production.Illustration表的数据结构

列	数据类型	空性	说明
IllustrationID	int	非空	PK；关系标识号
Diagram	xml	空	生产说明中使用的图，以 XML 格式存储
ModifiedDate	datetime	非空	行的上次更新日期和时间

⑤ Production.Location 表

功能描述：一个包含产品库存和生产地点的查找表。

数据结构：如表 1-29 所示。

■ 表1-29 Production.Location表的数据结构

列	数据类型	空性	说明
LocationID	int	非空	PK；位置标识号
Name	Name(nvarchar(50))	非空	位置名称
CostRate	smallmoney	非空	生产地点的小时成本
Availability	decimal(8,2)	非空	生产地点的小时生产能力
ModifiedDate	datetime	非空	行的上次更新日期和时间

⑥ Production.Product 表

功能描述：包含售出或在售产品生产过程中使用的产品。

数据结构：如表 1-30 所示。

■ 表1-30 Production.Product表的数据结构

列	数据类型	空性	说明
ProductID	int	非空	PK；产品标识号
Name	Name(nvarchar(50))	非空	产品的名称
ProductNumber	nvarchar(25)	非空	唯一的产品标识号
MakeFlag	Flag(bit)	非空	制造标志：0= 产品是购买的；1= 产品是内部生产的
FinishedGoodsFlag	Flag(bit)	非空	销售标志：0= 产品不可销售；1= 产品可销售
Color	nvarchar(15)	空	产品的颜色
SafetyStockLevel	smallint	非空	最小库存量
ReorderPoint	smallint	非空	触发采购订单或工作订单的库存水平
StandardCost	money	非空	产品的标准成本
ListPrice	money	非空	销售价格
Size	nvarchar(5)	空	产品的规格
SizeUnitMeasureCode	nchar(3)	空	FK，指向 UnitMeasure.Code；Size 列的测量单位
WeightUnitMeasureCode	nchar(3)	空	FK，指向 UnitMeasure.Code；Weight 列的测量单位
Weight	decimal(8,2)	空	产品的重量
DaysToManufacture	int	非空	生产产品所需的天数
ProductLine	nchar(2)	空	产品线：R= 平地；M= 山地；T= 旅行；S= 标准
Class	nchar(2)	空	分类：H= 高；M= 中；L= 低
Style	nchar(2)	空	风格：W= 女式；M= 男式；U= 通用
ProductSubcategoryID	smallint	空	FK，指向 ProductSubCategory.ProductSubCategoryID；产品所属的产品子类别
ProductModelID	int	空	FK，指向 ProductModel.ProductModelID；产品所属的产品型号
SellStartDate	datetime	非空	产品开始销售的日期
SellEndDate	datetime	空	产品停止销售的日期

续表

列	数据类型	空性	说明
DiscontinuedDate	datetime	空	产品停产的日期
rowguid	uniqueidentifier	非空	唯一标识行的 ROWGUIDCOL 号
ModifiedDate	datetime	非空	行的上次更新日期和时间

⑦ Production.ProductCategory 表

功能描述：包含产品的详细分类，例如：自行车、组件、自行车罩或附件。

数据结构：如表 1-31 所示。

表1-31　Production.ProductCategory表的数据结构

列	数据类型	空性	说明
ProductCategoryID	int	非空	PK：产品类别标识号
Name	Name(nvarchar(50))	非空	类别名称
rowguid	uniqueidentifier	非空	唯一标识行的 ROWGUIDCOL 号
ModifiedDate	datetime	非空	行的上次更新日期和时间

⑧ Production.ProductCostHistory 表

功能描述：包含一段时间以来的产品成本历史。

数据结构：如表 1-32 所示。

表1-32　Production.ProductCostHistory表的数据结构

列	数据类型	空性	说明
ProductID	int	非空	PK；FK，指向 Product.ProductID
Startdate	datetime	非空	产品成本计算开始日期
EndDate	datetime	空	产品成本计算结束日期
StandardCost	money	非空	产品的标准成本
ModifiedDate	datetime	非空	行的上次更新日期和时间

⑨ Production.ProductDescription 表

功能描述：包含多种语言的产品说明。

数据结构：如表 1-33 所示。

表1-33　Production.ProductDescription表的数据结构

列	数据类型	空性	说明
ProductDescriptionID	int	非空	PK：产品描述标识号
Description	nvarchar(400)	非空	产品的说明
rowguid	uniqueidentifier	非空	唯一标识行的 ROWGUIDCOL 号
ModifiedDate	datetime	非空	行的上次更新日期和时间

⑩ Production.ProductDocument 表

功能描述：一个将产品映射到相关产品文档的交叉引用表。

数据结构：如表 1-34 所示。

表1-34 Production.ProductDocument表的数据结构

列	数据类型	空性	说明
ProductID	int	非空	PK；FK，指向 Product.ProductID；产品标识号
DocumentNode	hierarchyid	非空	FK，指向 Document.DocumentNode；文档标识号
ModifiedDate	datetime	非空	行的上次更新日期和时间

⑪ Production.ProductInventory 表

功能描述：包含产品库存信息。

数据结构：如表 1-35 所示。

表1-35 Production.ProductInventory表的数据结构

列	数据类型	空性	说明
ProductID	int	非空	PK；FK，指向 Product.ProductID
LocationID	smallint	非空	PK；FK，指向 Location.LocationID；库存位置标识号
Shelf	nvarchar(10)	非空	库存位置中的存储间
Bin	tinyint	非空	库存位置中架子上的存储容器
Quantity	smallint	非空	库存位置中的产品数量
rowguid	uniqueidentifier	非空	唯一标识行的 ROWGUIDCOL 号
ModifiedDate	datetime	非空	行的上次更新日期和时间

⑫ Production.ProductListPriceHistory 表

功能描述：包含一段时间以来对产品标价所做的更改。

数据结构：如表 1-36 所示。

表1-36 Production.ProductListPriceHistory表的数据结构

列	数据类型	空性	说明
ProductID	int	非空	PK；FK，指向 Product.ProductID
Startdate	datetime	非空	PK；标价开始日期
EndDate	datetime	空	标价结束日期
ListPrice	money	非空	产品标价
ModifiedDate	datetime	非空	行的上次更新日期和时间

⑬ Production.ProductModel 表

功能描述：包含产品型号分类及产品类别和生产说明，它们都存储为 xml 数据类型。

数据结构：如表 1-37 所示。

▣ 表1-37　Production.ProductModel表的数据结构

列	数据类型	空性	说明
ProductModelID	int	非空	PK；产品型号标识号
Name	Name(nvarchar(50))	非空	产品型号的说明
CatalogDescription	xml	Null	XML 格式的详细产品类别信息
Instructions	xml	Null	XML 格式的制造说明
rowguid	uniqueidentifier	非空	唯一标识行的 ROWGUIDCOL 号
ModifiedDate	datetime	非空	行的上次更新日期和时间

⑭ Production.ProductModelIllustration 表

功能描述：定义产品型号和图示的映射关系的交叉引用表。ProductModel 表的 Instructions 列中引用了有关的图。

数据结构：如表 1-38 所示。

▣ 表1-38　Production.ProductModelIllustration表的数据结构

列	数据类型	空性	说明
ProductModelID	int	非空	PK；FK，指向 ProductModel.ProductModelID
IllustrationID	int	非空	PK；FK，指向 Illustration.IllustrationID
ModifiedDate	datetime	非空	记录的上次更新日期和时间

⑮ Production.ProductModelProductDescriptionCulture 表

功能描述：一个映射产品型号说明和说明所用语言的交叉引用表。

数据结构：如表 1-39 所示。

▣ 表1-39　Production.ProductModelProductDescriptionCulture表的数据结构

列	数据类型	空性	说明
ProductModelID	int	非空	PK；FK，指向 ProductModel.ProductModelID
ProductDescriptionID	int	非空	PK；FK，指向 ProductDescription.ProductDescriptionID
CultureID	nchar(6)	非空	FK，指向 Culture.CultureID；语言标识号
ModifiedDate	datetime	非空	行的上次更新日期和时间

⑯ Production.ProductPhoto 表

功能描述：包含产品的图像。

数据结构：如表 1-40 所示。

▣ 表1-40　Production.ProductPhoto表的数据结构

列	数据类型	空性	说明
ProductPhotoID	int	非空	PK；产品图片标识号
ThumbNailPhoto	varbinary(max)	空	产品的小图像

续表

列	数据类型	空性	说明
ThumbnailPhotoFileName	nvarchar(50)	空	小图像文件名
LargePhoto	varbinary(max)	空	产品的大图像
LargePhotoFileName	nvarchar(50)	空	大图像文件名
ModifiedDate	datetime	非空	行的上次更新日期和时间

⑰ Production.ProductProductPhoto 表

功能描述：一个映射产品和产品图像的交叉引用表。

数据结构：如表 1-41 所示。

表1-41 Production.ProductProductPhoto表的数据结构

列	数据类型	空性	说明
ProductID	int	非空	PK；FK，指向 Product.ProductID；产品标识号
ProductPhotoID	int	非空	PK；FK，指向 ProductPhoto.ProductPhotoID；产品图像标识号
Primary	Flag(bit)	非空	主体图像：0= 不是主体图像；1= 是主体图像
ModifiedDate	datetime	非空	行的上次更新日期和时间

⑱ Production.ProductReview 表

功能描述：包含客户对已经采购的产品的评论。

数据结构：如表 1-42 所示。

表1-42 Production.ProductReview表的数据结构

列	数据类型	空性	说明
ProductReviewID	int	非空	PK；产品评论标识号
ProductID	int	非空	FK，指向 Product.ProductID；产品标识号
ReviewerName	Name(nvarchar(50))	非空	评论人姓名
ReviewDate	datetime	非空	提交评论的日期
EmailAddress	nvarchar(50)	非空	评论人的电子邮件地址
Rating	int	非空	由评论人给出的产品等级。范围是 1 ～ 5，5 为最高等级
Comments	nvarchar(3850)	空	评论人的评论内容
ModifiedDate	datetime	非空	行的上次更新日期和时间

⑲ Production.ProductSubcategory 表

功能描述：包含产品子类别，例如：山地自行车、车轮、手套、头盔和清洁剂。

数据结构：如表 1-43 所示。

表1-43 Production.ProductSubcategory表的数据结构

列	数据类型	空性	说明
ProductSubcategoryID	smallint	非空	PK；产品子类型标识号

续表

列	数据类型	空性	说明
ProductCategoryID	int	非空	FK，指向 ProductCategory.ProductCategoryID；产品类别标识号
Name	Name(nvarchar(50))	非空	子类别说明
rowguid	uniqueidentifier	非空	唯一标识行的 ROWGUIDCOL 号
ModifiedDate	datetime	非空	行的上次更新日期和时间

⑳ Production.ScrapReason 表

功能描述：一个包含生产失败原因的查找表。

数据结构：如表 1-44 所示。

表1-44　Production.ScrapReason表的数据结构

列	数据类型	空性	说明
ScrapReasonID	smallint	非空	PK；失败原因标识号
Name	Name(nvarchar(50))	非空	失败说明
ModifiedDate	datetime	非空	行的上次更新日期和时间

㉑ Production.TransactionHistory 表

功能描述：包含当前年度的各采购订单、销售订单或工作订单事务，每种事务占一行。

数据结构：如表 1-45 所示。

表1-45　Production.TransactionHistory表的数据结构

列	数据类型	空性	说明
TransactionID	int	非空	PK；交易标识号
ProductID	int	非空	FK，指向 Product.ProductID；产品标识号
ReferenceOrderID	int	非空	采购订单、销售订单或工作订单的标识号
ReferenceOrderLineNumber	int	非空	与采购订单、销售订单或工作订单关联的行号
TransactionDate	datetime	非空	交易的日期
TransactionType	nchar(1)	非空	交易的类型：P= 采购订单；S= 销售订单；W= 工作订单
Quantity	int	非空	产品数量
ActualCost	money	非空	产品成本
ModifiedDate	datetime	非空	行的上次更新日期和时间

㉒ Production.TransactionHistoryArchive 表

功能描述：包含当前年度以前的年度的每个采购订单、销售订单或工作订单事务的记录。

数据结构：如表 1-46 所示。

▣ 表1-46 Production.TransactionHistoryArchive表的数据结构

列	数据类型	空性	说明
TransactionID	int	非空	PK；交易标识号
ProductID	int	非空	FK，指向 Product.ProductID；产品标识号
ReferenceOrderID	int	非空	采购订单、销售订单或工作订单的标识号
ReferenceOrderLineNumber	int	非空	与采购订单、销售订单或工作订单关联的行号
TransactionDate	datetime	非空	交易的日期
TransactionType	nchar(1)	非空	交易的类型：P= 采购订单；S= 销售订单；W= 工作订单
Quantity	int	非空	产品数量
ActualCost	money	非空	产品成本
ModifiedDate	datetime	非空	行的上次更新日期和时间

㉓ Production.UnitMeasure 表

功能描述：一个包含标准测量单位的代码和说明的查找表。

数据结构：如表 1-47 所示。

▣ 表1-47 Production.UnitMeasure表的数据结构

列	数据类型	空性	说明
UnitMeasureCode	nchar(3)	非空	PK；测量单位代码
Name	Name(nvarchar(50))	非空	测量单位的说明
ModifiedDate	datetime	非空	行的上次更新日期和时间

㉔ Production.WorkOrder 表

功能描述：包含生产工作订单。工作订单用于控制生产适量的产品，并及时满足销售或库存需求。

数据结构：如表 1-48 所示。

▣ 表1-48 Production.WorkOrder表的数据结构

列	数据类型	空性	说明
WorkOrderID	int	非空	PK；工作订单号
ProductID	int	非空	FK，指向 Product.ProductID；产品标识号
OrderQty	int	非空	要订购的产品数量
StockedQty	int	非空	放入库存的产品数量
ScrappedQty	smallint	非空	未通过检查的数量
Startdate	datetime	非空	工作订单开始日期
EndDate	datetime	空	工作订单结束日期
DueDate	datetime	非空	工作订单到期日期
ScrapReasonID	smalllint	空	FK，指向 Production.ScrapReason；产品未通过检查的原因
ModifiedDate	datetime	非空	行的上次更新日期和时间

㉕ Production.WorkOrderRouting 表

功能描述：包含生产工作订单详细信息。工作订单详细信息控制生产过程中产品在各个生产车间之间流动的顺序。WorkOrderRouting 还包含计划和实际的生产开始日期和生产结束日期，以及用来生产指定产品的每个生产车间的成本。

数据结构：如表 1-49 所示。

表1-49 Production.WorkOrderRouting表的数据结构

列	数据类型	空性	说明
WorkOrderID	int	非空	PK；FK，指向 WorkOrder.WorkOrderID；工作订单号
ProductID	int	非空	PK；FK，指向 Product.ProductID；产品标识号
OperationSequence	smallint	非空	PK；指示生产过程序列
LocationID	smallint	非空	FK，指向 Location.LocationID；零件的生产地点
ScheduledStartDate	datetime	非空	计划的生产开始日期
ScheduledEndDate	datetime	非空	计划的生产结束日期
ActualStartDate	datetime	空	实际的生产开始日期
ActualEndDate	datetime	空	实际的生产结束日期
ActualResourcesHrs	decimal(9,4)	空	生产车间用于生产该产品的工时数
PlannedCost	money	非空	每个生产车间生产该产品的预计生产成本
ActualCost	money	空	每个生产车间生产该产品的实际生产成本
ModifiedDate	datetime	非空	行的上次更新日期和时间

（5）Purchasing 架构的数据字典

① Purchasing.ProductVendor 表

功能描述：一个将供应商映射到其提供给 Adventure Works Cycles 的产品的交叉引用表。

数据结构：如表 1-50 所示。

表1-50 Purchasing.ProductVendor表的数据结构

列	数据类型	空性	说明
ProductID	int	非空	PK；FK，指向 Product.ProductID
BusinessEntityID	int	非空	PK；FK，指向 Vendor.BusinessEntityID
AverageLeadTime	int	非空	向供应商下订单和收到采购的产品之间的平均时间（天）
StandardPrice	money	非空	供应商通常的销售价格
LastReceiptCost	money	空	上次采购时的销售价格
LastReceiptDate	datetime	空	上次收到供应商的产品的日期
MinOrderQty	int	非空	应订购的最小数量
MaxOrderQty	int	非空	应订购的最大数量
OnOrderQty	int	空	当前订购的数量
UnitMeasureCode	nchar(3)	非空	FK，指向 UnitMeasure.UnitMeasureCode；测量单位代码
ModifiedDate	datetime	非空	行的上次更新日期和时间

② Purchasing.PurchaseOrderDetail 表

功能描述：包含每个采购订单要采购的产品，一个采购订单可以订购多个产品。每个采购订单的常规或父级信息存储在 PurchaseOrderHeader 表中。每个订购的产品或子级信息存储在 PurchaseOrderDetail 表中。

数据结构：如表 1-51 所示。

表1-51 Purchasing.PurchaseOrderDetail表的数据结构

列	数据类型	空性	说明
PurchaseOrderID	int	非空	PK；FK，指向 PurchaseOrderHeader.PurchaseOrderID
PurchaseOrderDetailID	int	非空	PK；采购订单细节标识号（用于确保数据唯一性的连续编号）
DueDate	datetime	非空	希望从供应商收到产品的日期
OrderQty	smallint	非空	订购数量
ProductID	int	非空	FK，指向 Product.ProductID；订购的产品标识号
UnitPrice	money	非空	单件产品的价格
LineTotal	=OrderQty*UnitPrice	非空	产品成本小计
ReceivedQty	decimal (8,2)	非空	实际从供应商收到的数量
RejectedQty	decimal (8,2)	非空	检查时拒收的数量
StockedQty	计算	非空	纳入库存的数量，计算方式为：=ReceiveQty-RejectedQty
ModifiedDate	datetime	非空	行的上次更新日期和时间

③ Purchasing.PurchaseOrderHeader 表

功能描述：包含常规或父级采购订单信息。与采购订单关联的子级产品存储在 PurchaseOrderDetail 表中。

数据结构：如表 1-52 所示。

表1-52 Purchasing.PurchaseOrderHeader表的数据结构

列	数据类型	空性	说明
PurchaseOrderID	int	非空	PK；采购订单标识号
RevisionNumber	tinyint	非空	用于跟踪一段时间内采购订单变化的递增编号
Status	tinyint	非空	订单的当前状态：1= 等待批准；2= 已批准；3= 已拒绝；4= 完成
EmployeeID	int	非空	FK，指向 Employee.EmployeeID；创建采购订单的雇员
VendorID	int	非空	FK，指向 Vendor.BusinessEntityID；采购订单所采购产品的供应商
ShipMethodID	int	非空	FK，指向 ShipMethod.ShipMethodID；发货方法
OrderDate	datetime	非空	采购订单的创建日期
ShipDate	datetime	非空	预计供应商的发货日期
SubTotal	money	非空	采购订单小计

续表

列	数据类型	空性	说明
TaxAmt	money	非空	税额
Freight	money	非空	运费
TotalDue	计算	非空	付给供应商的应付款总计 计算方式为 =SubTotal+TaxAmt+Freight
ModifiedDate	datetime	非空	行的上次更新日期和时间

④ Purchasing.ShipMethod 表

功能描述：一个包含发货公司的查找表。

数据结构：如表 1-53 所示。

表1-53　Purchasing.ShipMethod表的数据结构

列	数据类型	空性	说明
ShipMethodID	int	非空	PK；发货公司标识号
Name	Name(nvarchar(50))	非空	发货公司的名称
ShipBase	money	非空	最低运费
ShipRate	money	非空	每磅的运费
rowguid	uniqueidentifier	非空	唯一标识记录的 ROWGUIDCOL 号
ModifiedDate	datetime	非空	行的上次更新日期和时间

⑤ Purchasing.Vendor 表

功能描述：包含 Adventure Works Cycles 向其购买零件或其他商品的公司。

数据结构：如表 1-54 所示。

表1-54　Purchasing.Vendor表的数据结构

列	数据类型	空性	说明
BusinessEntityID	int	非空	PK；业务实体标识号
AccountNumber	AccountNumber(nvarchar(15))	非空	供应商账户（标识）号
Name	Name(nvarchar(50))	非空	公司名称
CreditRating	tinyint	非空	信用等级：1= 高级；2= 很好；3= 高于平均水平；4= 平均；5= 低于平均水平
PreferredVendorStatus	Flag(bit)	非空	选择状态：0= 不选择使用（如果存在其他供应商）；1= 首选使用（如果还有其他供应商提供相同产品）
ActiveFlag	Flag(bit)	非空	活跃状态：0= 不再使用供应商的产品；1= 正在使用供应商的产品
PurchasingWebServiceURL	nvarchar(1024)	空	供应商的 URL
ModifiedDate	datetime	非空	行的上次更新日期和时间

(6) Sales 架构的数据字典

① Sales.CountryRegionCurrency 表

功能描述：将国际标准化组织（ISO）的货币代码映射到国家或地区。

数据结构：如表 1-55 所示。

表1-55　Sales.CountryRegionCurrency表的数据结构

列	数据类型	空性	说明
CountryRegionCode	nvarchar(3)	非空	PK；FK，指向 CountryRegion.CountryRegionCode；国家或地区的标准代码
CurrencyCode	nchar(3)	非空	PK；FK，指向 Currency.CurrencyCode；ISO 货币代码
ModifiedDate	datetime	非空	行的上次更新日期和时间

② Sales.CreditCard 表

功能描述：包含客户的信用卡信息。

数据结构：如表 1-56 所示。

表1-56　Sales.CreditCard表的数据结构

列	数据类型	空性	说明
CreditCardID	int	非空	PK；信用卡标识号
CardType	nvarchar(50)	非空	信用卡类型
CardNumber	nvarchar(25)	非空	信用卡号
ExpMonth	tinyint	非空	信用卡过期月份
ExpYear	smallint	非空	信用卡过期年份
ModifiedDate	datetime	非空	行的上次更新日期和时间

③ Sales.Currency 表

功能描述：包含国际标准化组织（ISO）的货币说明。

数据结构：如表 1-57 所示。

表1-57　Sales.Currency表的数据结构

列	数据类型	空性	说明
CurrencyCode	nchar(3)	非空	PK；货币的 ISO 代码
Name	Name(nvarchar(50))	非空	货币名称
ModifiedDate	datetime	非空	行的上次更新日期和时间

④ Sales.CurrencyRate 表

功能描述：包含外币汇率信息。

数据结构：如表 1-58 所示。

表1-58 Sales.CurrencyRate表的数据结构

列	数据类型	空性	说明
CurrencyRateID	int	非空	PK；汇率标识号
CurrencyRateDate	datetime	非空	获取汇率的日期和时间
FromCurrencyCode	nchar(3)	非空	转换汇率的源货币代码
ToCurrencyCode	nchar(3)	非空	转换汇率的目标货币代码
AverageRate	money	非空	该日的平均汇率
EndOfDayRate	money	非空	该日的最终汇率
ModifiedDate	datetime	非空	行的上次更新日期和时间

⑤ Sales.Customer 表

功能描述：包含当前的客户信息。客户可分为两类：个人客户和零售商店。

数据结构：如表 1-59 所示。

表1-59 Sales.Customer表的数据结构

列	数据类型	空性	说明
CustomerID	int	非空	PK；客户标识号
PersonID	int	空	FK，指向 Person.BusinessEntityID
StoreID	int	空	FK，指向 Store.BusinessEntityID
TerritoryID	int	空	FK，指向 SalesTerritory.SalesTerritoryID
AccountNumber	计算	非空	客户账户。计算方式为： =(isnull('AW'+ufnLeadingZeros([CustomerID]),''))
rowguid	uniqueidentifier	非空	唯一标识行的 ROWGUIDCOL 号
ModifiedDate	datetime	非空	行的上次更新日期和时间

⑥ Sales. PersonCreditCard 表

功能描述：将信用卡信息映射到人员信息。

数据结构：如表 1-60 所示。

表1-60 Sales. PersonCreditCard表的数据结构

列	数据类型	空性	说明
BusinessEntityID	nvarchar(3)	非空	PK；FK，指向 Person.BusinessEntityID
CreditCardID	nchar(3)	非空	PK；FK，指向 CreditCard.CreditCardID
ModifiedDate	datetime	非空	行的上次更新日期和时间

⑦ Sales.SalesOrderDetail 表

功能描述：包含与特定销售订单关联的各个产品。一个销售订单可以订购多个产品，每个销售订单的常规或父级信息存储在 SalesOrderHeader 中，每个订购的产品或子级信息存储在 SalesOrderDetail 中。

数据结构：如表 1-61 所示。

▣表1-61　Sales.SalesOrderDetail表的数据结构

列	数据类型	空性	说明
SalesOrderID	int	非空	PK；FK，指向 SalesOrderHeader.SalesOrderID
SalesOrderDetailID	int	非空	PK；订单明细标识号
CarrierTrackingNumber	nvarchar(25)	空	发货人提供的物流跟踪号
OrderQty	smallint	非空	每个产品的订购数量
ProductID	int	非空	FK，指向 Product.ProductID；销售给客户的产品标识号
SpecialOfferID	int	非空	FK，指向 SpecialOffer.SpecialOfferID；促销代码
UnitPrice	money	非空	单件产品的销售价格
UnitPriceDiscount	money	非空	折扣金额比例
LineTotal	numeic(38,6)	非空	每件产品的小计，计算方式为：UnitPrice*(1-UnitPriceDiscount)*OrderQty
rowguid	uniqueidentifier	非空	唯一标识行的 ROWGUIDCOL 号
ModifiedDate	datetime	非空	行的上次更新日期和时间

⑧ Sales.SalesOrderHeader 表

功能描述：包含常规或父级销售订单信息。与销售订单关联的特定产品存储在 SalesOrder Detail 表中。

数据结构：如表 1-62 所示。

▣表1-62　Sales.SalesOrderHeader表的数据结构

列	数据类型	空性	说明
SalesOrderID	int	非空	PK；销售订单标识号
RevisionNumber	tinyint	非空	随着时间推移跟踪销售订单更改的递增编号
OrderDate	datetime	非空	创建销售订单的日期
DueDate	datetime	非空	客户订单到期的日期
ShipDate	datetime	Null	发送给客户的日期
Status	tinyint	非空	订单的当前状态：1=处理中；2=已批准；3=预定；4=已拒绝；5=已发货；6=已取消
OnlineOrderFlag	Flag(bit)	非空	下单类型：0=销售人员下的订单；1=客户在线下的订单
SalesOrderNumber	计算 ,nvarchar(25)	非空	唯一的销售订单标识号。计算方式：ISNULL(N'SO'+CONVERT(nvarchar(23),[SalesOrderID]),N'*** ERROR ***')
PurchaseOrderNumber	OrderNumber(nvarchar(25))	空	客户采购订单号引用
AccountNumber	AccountNumber(nvarchar(15))	空	财务账号引用
CustomerID	int	非空	FK，指向 Customer.CustomerID；客户标识号
SalesPersonID	int	空	FK，指向 SalesPerson. BusinessEntityID；创建销售订单的销售人员

续表

列	数据类型	空性	说明
TerritoryID	int	空	FK，指向 SalesTerritory.SalesTerritoryID；进行销售的地区
BillToAddressID	int	非空	FK，指向 Address.AddressID；客户开票地址
ShipToAddressID	int	非空	FK，指向 Address.AddressID；客户收货地址
ShipMethodID	int	非空	FK，指向 ShipMethod.ShipMethodID；发货方法
CreditCardID	int	空	FK，指向 CreditCard.CreditCardID；信用卡标识号
CreditCardApprovalCode	varchar(15)	空	信用卡公司提供的批准代码
CurrencyRateID	int	空	FK，指向 CurrencyRate.CurrencyRateID；所使用的外币兑换率
SubTotal	money	非空	销售小计，计算方式为：SUM(SalesOrderDetail.LineTotal)
TaxAmt	money	非空	税额
Freight	money	非空	运费
TotalDue	计算 ,money	非空	客户的应付款总计，计算方式为：ISNULL(SubTotal+TaxAmt+Freight,0)
Comment	nvarchar(128)	空	销售代表添加的备注
rowguid	uniqueidentifier	非空	唯一标识行的 ROWGUIDCOL 号
ModifiedDate	datetime	非空	行的上次更新日期和时间

⑨ Sales.SalesOrderHeaderSalesReason 表

功能描述：一个定义销售订单与销售原因代码的映射关系的交叉引用表。

数据结构：如表 1-63 所示。

表1-63 Sales.SalesOrderHeaderSalesReason表的数据结构

列	数据类型	空性	说明
SalesOrderID	int	非空	PK；FK，指向 SalesOrderHeader.SalesOrderID
SalesReasonID	int	非空	PK；FK，指向 SalesReason.SalesReasonID
ModifiedDate	datetime	非空	行的上次更新日期和时间

⑩ Sales.SalesPerson 表

功能描述：包含当前销售代表的销售信息。

数据结构：如表 1-64 所示。

表1-64 Sales.SalesPerson表的数据结构

列	数据类型	空性	说明
SalesPersonID	int	非空	PK；销售人员标识号
TerritoryID	int	空	FK，指向 SalesTerritory.SalesTerritoryID；当前分配到的地区

续表

列	数据类型	空性	说明
SalesQuota	money	空	计划的年度销售额
Bonus	money	非空	完成销售额后的应得奖金
CommissionPct	smallmoney	非空	按销售所得的佣金百分比
SalesYTD	money	非空	本年度截止到现在的销售总额
SalesLastYear	money	非空	上一年的销售总额
rowguid	uniqueidentifier	非空	唯一标识行的 ROWGUIDCOL 号
ModifiedDate	datetime	非空	行的上次更新日期和时间

⑪ Sales.SalesPersonQuotaHistory 表

功能描述：包含销售代表的历史销售信息。

数据结构：如表 1-65 所示。

表1-65　Sales.SalesPersonQuotaHistory表的数据结构

列	数据类型	空性	说明
SalesPersonID	int	非空	PK；FK，指向 SalesPerson.SalesPersonID；销售人员标识号
QuotaDate	datetime	非空	销售配额日期
SalesQuota	money	非空	销售配额量
rowguid	uniqueidentifier	非空	唯一标识行的 ROWGUIDCOL 号
ModifiedDate	datetime	非空	行的上次更新日期和时间

⑫ Sales.SalesReason 表

功能描述：一个包含客户采购特定产品的原因的查找表。

数据结构：如表 1-66 所示。

表1-66　Sales.SalesReason表的数据结构

列	数据类型	空性	说明
SalesReasonID	int	非空	PK；销售原因标识号
Name	Name(nvarchar(50))	非空	销售原因说明
ReasonType	Name(nvarchar(50))	非空	销售原因所属的类别
ModifiedDate	datetime	非空	行的上次更新日期和时间

⑬ Sales.SalesTaxRate 表

功能描述：一个税率查找表，其中列出了 Adventure Works Cycles 业务覆盖范围内的州、省、市、自治区或国家 / 地区各自适用的税率。

数据结构：如表 1-67 所示。

■ 表1-67 Sales.SalesTaxRate表的数据结构

列	数据类型	空性	说明
SalesTaxRateID	int	非空	SalesTaxRate 行的 PK；标识号
StateProvinceID	int	非空	应用销售税的州、省、市、自治区或国家 / 地区
TaxType	tinyint	非空	税率类别：1= 应用到零售交易的税；2= 应用到批发交易的税；3= 应用到所有种类（零售交易和批发交易）的销售的税
TaxRate	smallmoney	非空	税额
Name	Name(nvarchar(50))	非空	税率说明
rowguid	uniqueidentifier	非空	唯一标识行的 ROWGUIDCOL 号
ModifiedDate	datetime	非空	行的上次更新日期和时间

⑭ Sales.SalesTerritory 表

功能描述：包含销售团队负责的销售地区的查找表。

数据结构：如表 1-68 所示。

■ 表1-68 Sales.SalesTerritory表的数据结构

列	数据类型	空性	说明
TerritoryID	int	非空	PK；销售地区标识号
Name	Name(nvarchar(50))	非空	销售地区说明
CountryRegionCode	nvarchar(3)	非空	FK，指向 CountryRegion.CountryRegionCode；标准国家或地区代码
Group	nvarchar(50)	非空	销售地区所属的地理区域
SalesYTD	money	非空	此地区本年度到目前为止的销售额
SalesLastYear	money	非空	此地区上一年的销售额
CostYTD	money	非空	此地区本年度到目前为止的业务成本
CostLastYear	money	非空	此地区上一年的业务成本
rowguid	uniqueidentifier	非空	唯一标识行的 ROWGUIDCOL 号
ModifiedDate	datetime	非空	行的上次更新日期和时间

⑮ Sales.SalesTerritoryHistory 表

功能描述：跟踪将销售代表调动到其他销售地区的情况。

数据结构：如表 1-69 所示。

■ 表1-69 Sales.SalesTerritory History表的数据结构

列	数据类型	空性	说明
BusinessEntityID	int	非空	PK；FK，指向 SalesPerson.BusinessEntityID
TerritoryID	int	非空	FK，指向 SalesTerritory.SalesTerritoryID；地区标识号
Startdate	datetime	非空	销售代表在该地区中开始工作的日期
EndDate	datetime	空	销售代表在该地区中停止工作的日期
rowguid	uniqueidentifier	非空	唯一标识记录的 ROWGUIDCOL 号
ModifiedDate	datetime	非空	行的上次更新日期和时间

⑯ Sales.ShoppingCartItem 表

功能描述：包含尚未提交或取消的在线客户订单。

数据结构：如表 1-70 所示。

表1-70　Sales.ShoppingCartItem表的数据结构

列	数据类型	空性	说明
ShoppingCartItemID	smallint	非空	PK；购物车条目标识号
ShoppingCartID	nvarchar(50)	非空	购物车标识号
Quantity	int	非空	订购的产品数量
ProductID	int	非空	FK，指向 Product.ProductID；订购的产品
DateCreated	datetime	非空	行的创建日期和时间
ModifiedDate	datetime	非空	行的上次更新日期和时间

⑰ Sales.SpecialOffer 表

功能描述：一个包含销售折扣（特价商品）的查找表。

数据结构：如表 1-71 所示。

表1-71　Sales.SpecialOffer表的数据结构

列	数据类型	空性	说明
SpecialOfferID	int	非空	PK；特价商品标识号
Description	nvarchar(255)	非空	折扣描述
DiscountPct	smallmoney	非空	折扣百分比
Type	nvarchar(50)	非空	折扣类型类别
Category	nvarchar(50)	非空	应用折扣的类别（如“经销商”或“客户”）
StartDate	datetime	非空	折扣开始日期
EndDate	datetime	非空	折扣结束日期
MinQty	int	非空	允许的最小折扣百分比
MaxQty	int	空	允许的最大折扣百分比
rowguid	uniqueidentifier	非空	唯一标识行的 ROWGUIDCOL 号
ModifiedDate	datetime	非空	行的上次更新日期和时间

⑱ Sales.SpecialOfferProduct 表

功能描述：一个将产品映射到销售折扣的交叉引用表。

数据结构：如表 1-72 所示。

表1-72　Sales.SpecialOfferProduct表的数据结构

列	数据类型	空性	说明
SpecialOfferID	int	非空	PK；特价商品标识号
ProductID	int	非空	FK，指向 Product.ProductID；产品标识号
rowguid	uniqueidentifier	非空	唯一标识行的 ROWGUIDCOL 号
ModifiedDate	datetime	非空	行的上次更新日期和时间

⑲ Sales.Store 表

功能描述：包含 Adventure Works 产品的客户和经销商。

数据结构：如表 1-73 所示。

表1-73　Sales.Store表的数据结构

列	数据类型	空性	说明
BusinessEntityID	int	非空	PK；FK，指向 Customer.CustomerID
Name	Name(nvarchar(50))	非空	商店的名称
SalesPersonID	int	空	FK，指向 SalesPerson.SalesPersonID；负责向商店销售产品的销售代表的标识号
Demographics	xml	空	商店的统计信息（例如雇员人数、年销售额和商店类型）
rowguid	uniqueidentifier	非空	唯一标识行的 ROWGUIDCOL 号
ModifiedDate	datetime	非空	行的上次更新日期和时间

1.5 本书演示与开发环境

笔者的演示和开发集成环境如表 1-74 所示，以下各个章节不再说明。

表1-74　演示和开发集成环境

开发环境	说明
SQL Server 版本	SQL Server 2019，v15.x，以下简称 SQL Server
SQL Server 实例	MSSQLSERVER
数据文件目录	C:\Program Files\Microsoft SQL Server\MSSQL15.MSSQLSERVER\MSSQL\DATA\
备份文件目录	C:\Program Files\Microsoft SQL Server\MSSQL15.MSSQLSERVER\MSSQL\Backup\
数据库管理系统	SQL Server Management Studio，v18.9.2，以下简称 SSMS
数据库配置管理器	SQL Server Configuration Manger,v16，以下简称 SSCM
应用程序开发工具	Visual Studio 2019，v16.x，以下简称 VS

第2章 SQL Server编程语言

○○ —— ○○ ○ ○○ ——

2.1 标准的ANSI SQL

2.1.1 ANSI SQL简介

结构化查询语言（Structured Query Language，SQL）是一种特殊目的的编程语言，也是一种通用的、功能极强的关系数据库语言，专用于数据库查询和程序设计，支持数据库模式创建、数据库数据的插入与修改、数据库安全性完整性定义与控制等多种操作。

结构化查询语言是高级的编程语言，允许用户在高层数据结构上工作。它不要求用户指定对数据的存放方法，也不需要用户了解具体的数据存放方式，各种底层结构差异化的数据库系统都可以使用相同的SQL作为数据建立与管理的接口。结构化查询语言语句还可以嵌套，这使它具有极强的灵活性和强大的功能。

标准的结构化查询语言称为ANSI SQL，几乎所有的关系型数据库系统都支持ANSI SQL。

2.1.2 ANSI SQL特点

作为一种高级语言，SQL具有如下特点。

① 风格统一　SQL可以独立完成数据库生命周期中的全部活动，包括定义关系模式、录入数据、建立数据库、查询、更新、维护、数据库重构、数据库安全性控制等一系列操作，这就为数据库应用系统开发提供了良好的环境，在数据库投入运行后，还可根据需要随时逐步修改模式，且不影响数据库的运行，从而使系统具有良好的可扩充性。

② 高度非过程化　非关系数据模型的数据操纵语言是面向过程的语言，用其完成用户请求时，必须指定存取路径。而用SQL进行数据操作，用户只需提出“做什么”，而不必指明“怎么做”，因此用户无须了解存取路径，存取路径的选择及SQL语句的操作过程由系统自动完成。这不但大大减轻了用户负担，而且有利于提高数据独立性。

③ 面向集合的操作方式　非关系数据模型采用的是面向记录的操作方式，操作对象是一条记录。对于一个记录集，用户必须把满足条件的记录逐条地筛选出来，通常要说明具体处理过程，即需要明确指出按照哪条路径、如何循环等。

而SQL采用集合操作方式，不仅操作对象、查找结果可以是元组的集合，而且一次插入、删除、更新操作的对象也可以是元组的集合。

④ 以同一种语法结构提供多种使用方式　SQL既是自含式语言，又是嵌入式语言。作为自含式语言，它能够独立地用于联机交互的使用方式，用户可以在终端键盘上直接输入SQL命令对数据库进行操作。作为嵌入式语言，SQL语句能够嵌入到高级语言（如C、C++、JAVA、C#）

程序中，供程序员在程序设计时使用。而在两种不同的使用方式下，SQL 的语法结构基本上是一致的。这种以统一的语法结构提供两种不同的操作方式，为用户提供了极大的灵活性与方便性。

⑤ 语言简洁，易学易用　SQL 功能极强，但由于设计巧妙，语言十分简洁，完成数据定义、数据操纵、数据控制的核心功能只用了 9 个动词：CREATE、ALTER、DROP、SELECT、INSERT、UPDATE、DELETE、GRANT、REVOKE。且 SQL 语言语法简单，接近英语口语，容易掌握，便于使用。

2.1.3　ANSI SQL 构成

结构化查询语言包含以下 4 个部分。

① 数据定义语言（Data Definition Language，DDL）　DDL 用于执行数据库级的任务，对数据库本身及各种数据库对象（主要包括表、字段、约束、规则、视图、触发器、存储过程等）进行创建、删除、更改等操作。DDL 语句主要包括关键字 CREATE、DROP 和 ALTER。

② 数据操作语言（Data Manipulation Language，DML）　DML 主要用于数据库的数据操作。DML 语句主要包括关键字 INSERT、UPDATE 和 DELETE，分别用于添加、修改和删除数据。

③ 数据查询语言（Data Query Language，DQL）　DQL 用以从表中获得数据并确定数据以何种方式在应用程序中呈现。DQL 语句主要包括关键字 SELECT、WHERE、ORDER BY、GROUP BY 和 HAVING 等，其中关键字 SELECT 是 DQL（也是所有 SQL）使用频率最高的动词。这些 DQL 关键字常与其他类型的 SQL 语句一起使用。

④ 数据控制语言（Data Control Language，DCL）　DCL 主要用于安全管理，以确定各种用户查看或修改数据的权限。DCL 语句主要关键字 GRANT 和 REVOKE 实现权限控制，确定单个用户和用户组对数据库对象的访问。某些 RDBMS 可用 GRANT 或 REVOKE 实现对表或单个列的访问控制。

2.2　扩展的 T-SQL

2.2.1　T-SQL 简介

SQL Server 不仅支持标准的 ANSI SQL，还支持 Transact SQL，以下简称 T-SQL。T-SQL 是 SQL Server 的核心基础，是 ANSI SQL 在 Microsoft SQL Server 上的增强版，包含很多新增的功能和元素，比如预存程序、系统资料表、函数、资料型别、陈述式等选项。所有与 SQL Server 实例通信的应用程序都可以向服务器发送 T-SQL 语句序列，从而完成对数据库的操作。

T-SQL 除了提供 ANSI SQL 的数据定义、数据操作和数据控制等功能外，加上延伸的函数及流程控制，使得基于 SQL Server 的数据库程序设计更富有弹性。值得一提的是，能在 SQL Server 上运行的 T-SQL 程序，在 ACCESS、MYSQL、ORACLE 上不一定能运行。

2.2.2　T-SQL 语法约定

任何一门语言都有其独特的语法约定，T-SQL 作为一门计算机语言自然也不例外。T-SQL 语法约定如表 2-1 所示。

表2-1 T-SQL语法约定

约定	说明
大写	T-SQL 的保留字，比如 CREATE DATABASE。虽然 T-SQL 不区分大小写，但强烈建议对保留字使用大写
小写	用户定义的变量、参数或其他信息
斜体	由用户提供的参数
粗体	数据库名、表名、列名、索引名、存储过程名、数据类型名、实用工具等
_	下划线，表示当前语句中省略了包含带下划线的值的子句时要使用的默认值
|	竖线，用于分隔括号或大括号中的语法选项，只能选择其中一个选项
[]	中括号，表示可选项，使用时不要输入中括号
{}	大括号，表示必选项，使用时不要输入大括号
[,...n]	表示前面的项可以重复多次，每一项由逗号分隔，使用时不要输入中括号
[...n]	表示前面的项可以重复多次，每一项由空格分隔，使用时不要输入中括号
[;]	表示一个 T-SQL 的终止符。可选项 (为增强程序可读性，强烈建议使用终止符)，使用时不要输入中括号
<label>：：=	语法块定义，用于对过长的语法段或语法单元进行分组和标记。可使用的语法块的每个位置可由尖括号中的标签指示

2.2.3 T-SQL 命名规则

SQL Server 2019 的命名规则实质是提供了一个数据库设计、开发与管理规范。数据库相关人员在创建或引用数据库对象（如表、索引、约束等）时，必须遵守 SQL Server 2019 的命名与引用规则，否则可能引发一些难以预料的错误。

① 标识符命名规范　对象的标识符一般在创建对象时定义，作为数据库工具使用时可通过对象名引用这些对象。这与高级编程语言的变量先声明后使用如出一辙。

SQL Server 2019 的所有管理对象，包括服务器、数据库及数据库对象，都可以赋予有一定语义的标识符。一般地，为某些数据库对象（如表、视图、列、索引、触发器、存储过程、规则）设定一个标识符是必不可少的，但对某些对象（如约束、默认值）设定标识符又是可选的。

SQL Server 2019 共定义了两种类型的标识符：常规标识符（Regular Identifier）和分隔标识符（Delimited Identifier）：

■ 常规标识符严格遵守标识符有关格式的规定，在 T-SQL 语句中，常规标识符都不必使用分隔符。

■ 分隔标识符是使用分隔符号（如 [] 和''，等）来进行位置限定的标识符。使用了分隔标识符，既可以遵守标识符命名规则，又可以不遵守标识符命名规则。值得一提的是，如果遵循了标识符命名规则的标识符，加分隔符与不加分隔符是等效的；如果是不遵守标识符命名规则的标识符，则在 T-SQL 语句中就必须使用分隔符号加以限定。

与高级程序设计语言类似，SQL Server 2019 中的标识符必须符合一定的格式规定：

■ 标识符必须是 Unicode 2.0 标准中规定的字符，以及其他一些语言字符，如汉字等；
■ 标识符后的字符可以是下划线 _、电邮符 @、数字符 #、货币符 $ 及数字 0 ～ 9；
■ 标识符不允许与系统关键字同名；
■ 标识符内不允许有空格和特殊字符；
■ 标识符最多包含 128 个字符；
■ 以“@”开头的标识符，在 T-SQL 中表示这是一个局部变量或一个函数的参数；以“@@”开头的标识符，在 T-SQL 中表示一个全局变量；
■ 以“#”开头的标识符，在 T-SQL 中表示这是一个临时表或一个存储过程；以“##”开头的标识符，在 T-SQL 中表示这是一个全局的临时数据库对象。

② 对象命名规范　SQL Server 2019 支持 T-SQL 语言，该语言中使用的数据对象（包含表、视图、存储过程、触发器等）命名需要遵循以下命名规则：
■ 首字符必须是这些字符之一：英文字母 a ～ z 和 A ～ Z、其他语言的字母字符、特殊字符（_、@、#）；
■ 后续字符可以是所有的 Unicode 字符、十进制数字 0 ～ 9、特殊字符（_、@、#、$）等。

③ 实例命名规范　所谓实例，即服务器引擎。每个 SQL Server 2019 数据库引擎实例各有一套不为其他实例共享的系统及用户数据库。

实例又分为“默认实例”和“命名实例”。如果在一台计算机上安装第一个 SQL Server，命名设置保持默认，则该实例就是默认实例。在 SQL Server 2019 中，默认实例的名字采用计算机名，实例的名字一般由计算机名字和实例名字两部分组成，其命名规则可参考：
■ 实例名称是一个 SQL Server 服务的名称，可以为空或者任何名称（英文字符），但名称不能重复；
■ 如果安装时一直提示写实例名称，说明已经存在一个默认名称的 SQL Server 实例，它使用了默认的空名称；
■ 一个实例就是一个单独的 SQL Server 服务。如果安装了指定的 SQL Server 实例，可以在 Windows 服务列表中看到该实例的服务名称；
■ 连接数据库时，必须指明数据库实例名称。使用默认配置安装了一个 SQL Server 后，它的实例名称为空；
■ 再次执行 SQL Server 安装程序，并不会提示已经安装了 SQL Server，而是在设置实例名称时，让用户指定一个新的实例名称，才能进行下一步；
■ 卸载 SQL Server 时，可以选择卸载一个 SQL Server 实例。

2.2.4 T-SQL 对象引用

在 SQL Server 2019 中，数据库对象（包含表、视图、存储过程、触发器、用户自定义函数等）除了要遵循必要的命名规则之外，还要遵循引用规则。除了特别指明之外，所有对数据库对象的 T-SQL 引用都包含 4 个部分。

语法格式：

```
[Server.[database].[schema]. | database.[schema]. | schema.]object
```

参数意义：

● Server：远程服务器或链接服务器名称；

● database：如果对象驻留在 SQL Server 的本地实例中，则 database 是 SQL Server 数据库的名称；如果对象位于链接服务器中，则 database 是 OLE DB 的目录；

● schema：如果对象在 SQL Server 的数据库中，则 schema 是指拥有该对象的用户；如果对象在链接服务器中，则 schema 是指 OLE DB 架构的名称。

● object：引用对象的名称。

注释说明：

● 远程服务器通常是指 SQL Server 服务器，可通过各种客户端连接到远程服务器。

● 链接服务器通常用于分布式查询中，SQL Server 通过 OLE DB 来访问其他类型的数据库，比如 ACCESS、Oracle 等。

尽管 SQL Server 对象引用语法格式中包含 4 个部分，但在实际运用中，当引用某个特定对象时，不必总是为 SQL Server 指定标识该对象的服务器、数据库和拥有者，即可以省略一些中间级节点，而使用句点代替这些位置。有效的对象引用格式如表 2-2 所示。

表2-2　对象引用格式

对象引用格式	服务器名称	数据库名称	架构 / 拥有者名称	对象名称
Server.database.schema.object	☑	☑	☑	☑
Server.database..object	☑	☑	⊗	☑
Server..schema.object	☑	⊗	☑	☑
Server...object	☑	⊗	⊗	☑
database.schema.object	⊗	☑	☑	☑
database..object	⊗	☑	⊗	☑
schema.object	⊗	⊗	☑	☑
object	⊗	⊗	⊗	☑

2.2.5　T-SQL 数据类型

在 SQL Server 中，无论是字段、常量、变量、表达式还是参数，都具有相应的数据类型。对象的类型是一种属性，用于设置保存数据的基本类型。数据类型的作用在于规划每个字段所存储的数据内容类别和数据存储量的大小，合理地分配数据类型可以达到优化数据表和节省空间资源的效果。

SQL Server 2019 支持的数据类型可分为两大类：一类是 T-SQL 预定义的数据类型；另一类是用户自定义的数据类型。

（1）T-SQL 预定义的数据类型

① 比特数据类型　比特数据类型 bit 在 SQL Server 2019 中称为位数据类型，取值范围是 0、1 和 NULL。bit 类型常用于逻辑判断，TRUE 为 1，FALSE 为 0，因此适用于“是 / 否”类型的字段。

② 整数数据类型　整数数据类型用于存储整数值，如存放“年龄”“工龄”等数值信息。数值型的数据可以直接进行运算处理。整数数据类型包含如下 4 种：bigint、smallint、int 和 tinyint。如表 2-3 所示。

■ 表2-3　整数数据类型

数据类型	取值范围	存储长度
bigint	-2^{63} ～ $2^{63}-1$	8 字节，有符号
smallint	-2^{31} ～ $2^{31}-1$	4 字节，有符号
int	-2^{15} ～ $2^{15}-1$	2 字节，有符号
tinyint	0 ～ 255	1 字节，无符号

③ 固定精度数据类型　固定精度数据类型是带有固定精度和小数位数的数据类型，用于存储带有小数部分的十进制数据，主要有 numeric 和 decimal。在使用该类型时，必须指定精确度和小数位数，精确度可指定的范围为 1 ～ 38，小数位数可指定的范围最少为 0、最多不能超过精确度。比如，numeric(3,1) 表示精确度为 3、小数位数为 1 的数据类型，即该类型的数据一共有 3 位，其中整数部分占 2 位、小数部分占 1 位。固定精度数据类型如表 2-4 所示。

■ 表2-4　固定精度数据类型

数据类型	取值范围	存储长度
numeric	$-10^{38}+1$ ～ $12^{38}-1$	存储长度与精度有关，有符号
decimal	$-10^{38}+1$ ～ $12^{38}-1$	存储长度与精度有关，有符号

值得一提的是，numeric 和 decimal 本质上是完全相同的。

④ 浮动精度数据类型　当数值非常大或非常小时，可以用浮点精度数据类型来近似表示数值。

浮动精度数据类型也用于存储带有小数部分的十进制数据。浮动精度类型的数值在 SQL Server 2019 中使用了上舍入（或称只入不舍）的方法进行存储，当且仅当要舍入的是一个非零整数时，对其保留数字部分的最低有效位上的数值加 1，并进行必要的进位。浮动精度数据类型主要有 real 和 float，如表 2-5 所示。

■ 表2-5　浮动精度数据类型

数据类型	取值范围	存储长度
real	−3.40E+38 ～ 3.40E+38	4 字节，有符号
float	−1.79E+308 ～ 1.79E+308	存储长度与数值的位数有关，有符号

⑤ 货币数据类型　货币数据类型用于定义货币型的数据，主要有 money 和 smallmoney，如表 2-6 所示。

■ 表2-6　货币数据类型

数据类型	取值范围	存储长度
money	−922337203685477.5808 ～ 922337203685477.5807	8 字节，有符号
smallmoney	−214748.3648 ～ 214748.3647	4 字节，有符号

⑥ 日期时间数据类型　日期时间数据类型用于存储日期和时间的数据，主要有 datetime 和 smalldatetime，如表 2-7 所示。

▣ 表2-7　日期时间数据类型

数据类型	取值范围	存储长度
date	存储常用日期数据，存储格式为 YYYY-MM-DD。 YYYY：日期年份，0001 ～ 9999； MM：日期月份，01 ～ 12； DD：日期天份，01 ～ 31	3 字节
time	存储常用时间数据，存储格式为 HH：MM：SS［NNNNNN］。 HH：时间小时位，0 ～ 23； MM：表示时间分钟位，0 ～ 59； SS：时间秒位，0 ～ 59； N：时间秒位的小数位，0 ～ 999999	5 字节
datetime	存储从 1753 年 1 月 1 日到 9999 年 12 月 31 日的所有日期和时间数据，精确到三百分之一秒或 3.33ms	8 字节
datetime2	存储从 0001 年 01 月 01 日到 9999 年 12 月 31 日的所有日期和时间数据，时间精度为 100ns。datetime2 是从 SQL Server 2008 版本以后支持的新日期类型，是 datatime 的扩展	6 ～ 8 字节
smalldatetime	存储从 1900 年 1 月 1 日到 2079 年 6 月 6 日的所有日期和时间数据	4 字节

⑦ ASCII 字符（串）数据类型　ASCII 字符（串）数据类型，用于存储 ASCII 符号、英文、标点符号等，数字同样可以作为 ASCII 字符类型来存储。主要有 char、varchar 和 text，如表 2-8 所示。

▣ 表2-8　字符（串）数据类型

数据类型	取值范围	存储长度
char	1 ～ 8000 个字符	固定长度；1 个字符占 1 个字节；如果实际数据不足，系统会自动补充空格
varchar	varchar(n)，1 ～ 8000 个字符	可变长度 (= 实际数据长度)；1 个字符占 1 个字节
	varchar(max)，1 ～ 2^{31}-1 个字符	可变长度 (= 实际数据长度 +2 字节)；1 个字符占 1 个字节
text	1 ～ 2^{31}-1 个字符	可变长度 (= 实际数据长度)；1 个字符占 1 个字节

char 数据类型用来存储固定长度的 ASCII 字符（串）数据。在定义此类型的数据时，要注意几点：

■ char 类型默认为存储一个字符，最多可存储 8000 个字符。

■ 用户必须指定长度，在实际输入数据的长度短于定义长度时，系统会在尾部补充空格；否则，系统报告异常。比如，定义某对象的数据类型为 char(10)，如果实际数据有 7 个字符，系统会自动补充 3 个空格；如果实际数据有 12 个字符，系统会报告异常。

■ 用户预先知道要存储数据的长度时，此数据类型就较为适用。例如，某个字段用作存储手机号码，则需用到 11 个字符，其类型可设置为 char(11)。

varchar 数据类型用来存储可变长度的非统一编码型字符数据。在定义此类型的数据时，要注意几点：

- 与 char 类型不一样的是，当实际数据长度短于指定长度时，系统不会自动填充；当实际数据长度超出指定长度时，系统报告异常。
- 有两种方式可定义该数据类型的数据：varchar(n) 和 varchar(max)。

text 数据类型用于存储大容量的文本数据，它的理论容量为 $2^{31}-1$(2 147 483 674) 个字符，在实际使用 text 类型时需要注意存储介质的容量。

⑧ Unicode 字符（串）数据类型　Unicode 字符（串）数据类型与字符（串）数据类型相似，只是 Unicode 采用双字节字符编码标准，因此在 Unicode 字符（串）类型中，一个字符是用 2 个字节来存储的。主要有 nchar、nvarchar 和 ntext，如表 2-9 所示。

表2-9　Unicode字符（串）数据类型

数据类型	取值范围	存储长度
nchar	1 ～ 4000 个字符	固定长度；1 个字符占 2 个字节；如果实际数据不足，系统会自动补充空格
nvarchar	varchar(n)，1 ～ 4000 个字符	可变长度（= 实际数据长度）；1 个字符占 2 个字节
	varchar(max)，1 ～ $2^{31}-1$ 个字符	可变长度（= 实际数据长度的 2 倍 +2 字节）；1 个字符占 2 个字节
ntext	1 ～ $2^{30}-1$ 个字符	可变长度（= 实际数据长度）；1 个字符占 2 个字节

⑨ 二进制数据类型　二进制数据类型用于存储二进制数据，包括二进制数值、图像文件等，如表 2-10 所示。

表2-10　二进制数据类型

数据类型	取值范围	存储长度
binary	1 ～ 8000 个字节	固定长度；如果实际数据不足，系统会自动补充 0x00
varbinary	varbinary (n)，1 ～ 8000 个字节	可变长度（= 实际数据长度）
	varbinary (max)，1 ～ $2^{31}-1$ 个字节	可变长度（= 实际数据长度的 2 倍 +2 字节）
ntext	1 ～ $2^{31}-1$ 个字节	可变长度（= 实际数据长度）

值得一提的是，为了表示二进制数据，在输入时需在数据前面加上“0x”作为二进制标识。

⑩ 其他数据类型　其他数据类型包括：rowversion、timestamp、uniqueideifier、cursor、table 和 sql_variant

a. rowversion：在 SQL Server 2019 中，每一次对数据表的更改，SQL Server 都会更新一个内部的序列数，这个序列数就保存在 rowversion 字段中。所有 rowversion 列的值在数据表中是唯一的，并且每张表中只能有一个包含 rowversion 字段的列存在。使用 rowversion 作为数据类型的列，其字段本身的内容是无自身含义的，这种列主要是作为数据是否被修改过、更新是否成功的标志。

b. timestamp：时间戳类型，其作用是在数据库范围内提供一个唯一值。当它定义的字段在更新或插入数据行时，此字段就会自动更新一个计数值，而且该值在整个数据库中是唯一的。每个表最多只能有一个 timestamp 类型的字段。

c. uniqueideifier：全局唯一标识符 GUID，一般用作主键的数据类型，是由硬件地址、CPU

标识、时钟频率所组成的随机数据，在理论上每次生成的GUID都是全球独一无二、不存在重复的。通常在并发性较强的环境下可以考虑使用。它的优点在于全球唯一性、可对GUID值随意修改，但是缺点也很明显，检索速度慢、编码阅读性差。

GUID与timestamp数据类型类似：存储格式方面，前者是一个16字节的十六进制数据，后者是一个8字节的十六进制数据；作用范围方面，前者是在全球范围内提供唯一值，而后者是在数据库范围内提供唯一值。

d. cursor：游标数据类型，该类型的数据用来存放数据库中选中所包含的行和列，只是一个物理地址的引用，并不包含索引，用于建立数据集。

e. table：表类型，是一种特殊的数据类型，用于存储一个临时的元组集合，以便后续处理。这个元组集合是作为表值函数的结果集返回的，其用途与临时表类似。可以将函数和变量声明为table类型，但不可以将字段定义为table类型，table类型主要用于函数、存储过程和批处理中。

f. sql_variant：变体类型，用于存储SQL Server 2019支持的各种数据类型（不包括text、ntext，image、timestamp和sql_variant）的值。其主要用在字段、参数、变量和用户自定义的返回值中。如果某个字段只能存储不同类型的数据，可将其设置为sql_variant类型。

（2）用户自定义数据类型 除了使用系统提供的数据类型外，SQL Server 2019还允许用户根据自己的需要自定义数据类型，并以此来声明变量或字段等。

可以使用CREATE TYPE命令创建用户自定义数据类型或别名数据类型。别名数据类型的实现基于SQL Server系统基类型。用户定义类型通过Microsoft .NET Framework (CLR)中的程序集的类来实现。若要将用户定义类型绑定到其实现，必须首先使用CREATE ASSEMBLY在SQL Server中注册包含该类型实现的CLR程序集。

语法格式：

```
CREATE TYPE[schema_name.]type_name
{
    FROM base_type
    [(precision[, scale])]
    [NULL | NOT NULL]
  | EXTERNAL NAME assembly_name[.class_name]
  | AS TABLE({<column_definition> | <computed_column_definition>}
        [<table_constraint>][, ...n])
} [; ]

<column_definition> : : =
column_name <data_type>
    [COLLATE collation_name]
    [NULL | NOT NULL]
    [
        DEFAULT constant_expression]
      | [IDENTITY [(seed , increment)]
    ]
    [ROWGUIDCOL][<column_constraint>[...n]]

<data type> : : =
```

```
[type_schema_name.]type_name
     [(precision [, scale] | max |
                  [ {CONTENT | DOCUMENT} ] xml_schema_collection)]

<column_constraint> ::=
{    {PRIMARY KEY | UNIQUE}
        [CLUSTERED | NONCLUSTERED]
        [
            WITH(<index_option> [, ...n])
        ]
  | CHECK(logical_expression)
}

<computed_column_definition> ::=
column_name AS computed_column_expression
[PERSISTED [NOT NULL]]
[
    {PRIMARY KEY | UNIQUE}
        [CLUSTERED | NONCLUSTERED]
        [
            WITH(<index_option> [, ...n])
        ]
    | CHECK(logical_expression)
]

<table_constraint> ::=
{
    {PRIMARY KEY | UNIQUE}
        [CLUSTERED | NONCLUSTERED]
                            (column [ASC | DESC][, ...n])
        [
           WITH(<index_option> [, ...n])
        ]
    | CHECK(logical_expression)
}

<index_option> ::=
{
    IGNORE_DUP_KEY = {ON | OFF}
}
```

2.2.6 T-SQL 类型转换

在 SQL Server 中，当需要对不同类型的数据进行运算时，就必须将其转换成相同的数据类型才能进行运算。SQL Server 支持显式数据类型转换和隐式数据类型转换两种方式。值得一提的是，在显示转换方式中，主要由 CAST 和 CONVERT 两个函数将一种数据类型的表达式转换为另一种数据类型的表达式。

（1）CAST 函数转换数据类型　CAST 函数可用于显式转换数据类型。

语法格式：

```
CAST ( expression AS data_type [ ( length ) ] )
```

参数意义：

- expression：任何有效的表达式。
- data_type：目标数据类型。目标数据类型可包括 xml、bigint、sql_variant 等，但不能使用别名数据类型。
- length：指定目标数据类型长度的可选项。默认值为 30。

［例 2-1］　以下示例将本年度截止到现在的全部销售额（SalesYTD）除以佣金百分比（Commission PCT），从而得出单列计算结果（Computed）。在舍入到最接近的整数后，将此结果转换为 int 数据类型。

```
USE AdventureWorks2019;

SELECT CAST ( ROUND ( SalesYTD/CommissionPCT, 0 ) AS int ) AS 'Computed'
FROM Sales.SalesPerson
WHERE CommissionPCT !=0;
```

［例 2-2］　以下示例使用 CAST 连接非字符型非二进制表达式。

```
USE AdventureWorks2019;

SELECT 'The list price is' + CAST ( ListPrice AS varchar (12)) AS ListPrice
FROM Production.Product
WHERE ListPrice BETWEEN 350.00 AND 400.00;
```

［例 2-3］　以下示例使用选择列表中的 CAST 将 Name 列转换为 char(10) 列，以生成可读性更高的文本。

```
USE AdventureWorks2019;

SELECT DISTINCT CAST ( p.Name AS char (10)) AS Name, s.UnitPrice
FROM Sales.SalesOrderDetail s JOIN Production.Product p on s.ProductID = p.ProductID
WHERE Name LIKE 'Long-Sleeve Logo Jersey, M';
```

（2）CONVERT 函数转换数据类型　CONVERT 函数可用于显式转换数据类型。

语法格式:

```
CONVERT(data_type [(length)], expression [, style])
```

参数意义:

- expression：任何有效的表达式。
- data_type：目标数据类型。目标数据类型可包括 xml、bigint、sql_variant 等，但不能使用别名数据类型。
- length：指定目标数据类型长度的可选项。默认值为 30。
- style：指定 CONVERT 函数如何转换 expression 的整数表达式。如果样式为 NULL，则返回 NULL。该范围是由 data_type 确定的。

［例 2-4］ 以下示例显示了当前日期和时间，并使用 CAST 将当前日期和时间改为字符数据类型，然后使用 CONVERT 以 ISO 8901 格式显示日期和时间。

```
SELECT
   GETDATE() AS UnconvertedDateTime,
   CAST(GETDATE() AS nvarchar(30)) AS UsingCast,
   CONVERT(nvarchar(30), GETDATE(), 126) AS UsingConvertTo_ISO8601;
```

（3）隐式数据类型转换 事实上，在进行不同数据类型的数据运算时，不是必须要使用 CAST 和 CONVERT 来进行类型转换。在 SQL Server 中，系统会自动将一些数据类型进行转换，不再赘述。

2.2.7 T-SQL 常量

常量也称为文字值或标量值，是表示一个特定数据值的符号或表达式。常量在程序运行过程中是值不变的量，常量的格式取决于它所表示的值的数据类型。根据常量值的不同类型，T-SQL 的常量分为数字常量、字符串常量、日期和时间常量及符号常量等。

（1）数字常量 数字常量是数值型常量，其格式不需要任何其他的符号，只需要按照特定的数据类型进行赋值就可以。T-SQL 中的数字常量主要包括：bit 常量、integer 常量、decimal 常量、money 常量、float 和 real 常量。

① bit 常量 bit 常量使用数字 0 或 1 表示，并且不使用引号。如果使用一个大于 1 的数字来定义 bit 常量，它将被转换为 1。

② integer 常量 integer 常量由没有用引号括起来且不含小数点的一串数字表示。integer 常量必须是整数，不能包含小数点，如 1894、20。

③ decimal 常量 decimal 常量由没有用引号括起来且包含小数点的一串数字表示，如 1894.1204.2.0。

④ float 和 real 常量 float 和 real 常量使用科学计数法表示，如 101.5E5、0.5E-2。

⑤ money 常量 money 常量表示为以可选小数点和可选货币符号作为前缀的一串数字，这些常量不使用引号。如 $12，$542023.14 等。

（2）ASCII 字符（串）常量 T-SQL 的字符串常量括在单引号内并包含字母数字的字符（a-z，A-Z 和 0-9）及特殊字符，如感叹号 !、电邮符号 @ 和数字号 #。

① ASCII 字符串常量：用单引号括起来，如 'China'、'How do you!'、'o' 等。

② 空字符串用中间没有任何字符的两个单引号 '' 表示，如 ''。

③ 字符串中包含有数据语义的单引号（单引号作为数据的一部分）时，则两个单引号 '' 表示，如 'I' 'm a student.'。值得一提的是，如果将数据库的属性选项【允许带引号的标识符】设置为 FALSE，即将 QUAD_IDENTIFIER 的选项值设置为 OFF，则可以用双引号来表示字符串常量，此时常量中的有数据语义的单引号不需要特别定义。

（3）Unicode 字符（串）常量

① Unicode 字符（串）的定义格式与 ASCII 字符（串）相似，但它前面有一个 N 标识符（N 代表 SQL-92 标准中的国际语言），且 N 前缀必须大写。例如，'Michel' 是 ASCII 字符串常量，而 N 'Michel' 则是 Unicode 常量。

② Unicode 常量被解释为 Unicode 数据，并且不使用代码页进行计算。Unicode 常量确实有排序规则，主要用于控制比较和区分大小写。要为 Unicode 常量指派当前数据库的默认排序规则，除非使用 COLLATE 子句为其指定了排序规则。

③ Unicode 字符数据中的每个字符（无论是英文字母还是汉字）都使用 2 个字节进行存储，而 ASCII 字符数据中的每个字符都使用 1 个字节进行存储。

（4）日期和时间常量　日期和时间常量是由单引号将表示日期时间的字符串括起来构成的。根据日期时间的不同表示格式，T-SQL 的日期时间常量可以有多种表示方式，只要输入的日期和时间能明显分辨出年、月、日、时、分、秒，不论使用哪种表达式都可以视为合法的输入。

① 字母日期格式：如 'April 20,2000'；

② 数字日期格式：如 '4/15/1998 1998-04-15'；

③ 未分隔的字符串格式：如 '20001207'；

④ 时间常量：如 '14:30:24 04:24:PM'；

⑤ 日期时间常量：如 'April 20,2000 14：30：24'。

（5）符号常量　uniqueidentifier 常量是表示全局唯一标识符（GUID）值的字符串常量，可以使用字符或二进制字符串格式来指定。如 '6F9619EF-8B86-D011-B42D-00c04FC964FF' 和 Oxff19966f868b11d0b42d00c04fc964ff 都可以表示一个 GUID。

2.2.8　T-SQL 变量

T-SQL 语言包括两种形式的变量：用户自己定义的局部变量和系统提供的全局变量。变量的一个重要属性是变量名，变量名是一个合法的标识符，其命名规则符合标识符的命名规则。

（1）局部变量　局部变量是用户自定义的变量，是一个能够拥有特定数据类型的对象，它的作用范围仅限在程序内部。

局部变量用于保存特定类型的单个数据值，比如数值型数据、字符串型数据、函数返回值、存储过程返回值等。

在 T-SQL 语言中，局部变量必须先定义后使用。

① 局部变量声明　在 T-SQL 语言中，用户可以使用 DECLARE 语句声明变量，包含局部变量。用户可以在一个 DECLARE 语句中声明多个变量，多个变量之间使用逗号分开。

语法格式：

```
DECLARE {@local_variable [AS] data_type}[, ...n]
```

参数意义：

● local_variable：指定局部变量的名称。

● data_type：设置局部变量的数据类型及大小。局部变量的数据类型可以为除 text、ntext、image 类型以外的任何数据类型。

注释说明：

在声明变量时需要注意以下 3 个方面。

● 为变量指定名称，且名称的第一个字符必须是 @。

● 指定该变量的数据类型和长度。

● 默认情况下将该变量值设置为 NULL。即所有局部变量在声明后均初始化为 NULL，可以使用 SELECT 或 SET 命令设定相应的值。

［例 2-5］ 下列 T-SQL 语句定义 3 个 varchar 类型变量和 1 个整型变量：可变长度字符型变量 @name，长度为 8；可变长度的字符型变量 @sex，长度为 2；小整型变量 @age；可变长度的字符型变量 @address，长度为 50。

```
DECLARE @name varchar(8), @sex varchar(2), @age smallint;
DECLARE @address varchar(50);
```

② 局部变量赋值　可以使用 SET 语句或 SELECT 为变量赋值。

语法格式：

```
SET @local_variable = expression
SELECT {@local_variable_expression} [, ...n]
```

参数意义：

● local_variable：指定局部变量的名称。

● expression：任何有效的表达式。

● local_variable_expression：任何有效的表达式。

注释说明：

● SELECT 语句通常用于将单个值返回到变量中，如果有多个值，则将返回的最后一个值赋给变量。

● 若无返回行，则变量将保留当前值。

● 若 expression 不返回值，则变量值设为 NULL。

● 一个 SELECT 语句可以初始化多个局部变量。

③ 局部变量内容显示　使用 SELECT 和 PRINT 语句显示变量的内容（变量的值）。

语法格式：

```
SELECT @local_variable
PRINT @local_variable
```

参数意义：

● local_variable：指定局部变量的名称。

［例 2-6］ 创建一个局部变量，并赋一个任意字符串作为该变量的值。具体 SQL 语句

内容如下：

```
DECLARE @name varchar(20), @age int, @sex bit;
SET @name= '张三';
SET @age=20;
SELECT @sex=1;
PRINT '使用SELECT语句查看变量内容如下：';
SELECT @name; SELECT @age; SELECT @sex;
PRINT '使用PRINT语句查看变量内容如下：';
PRINT @name; PRINT @age; PRINT @sex;
```

［例2-7］ 交换两个字符型变量a、b的值，具体SQL语句内容如下：

```
DECLARE @a char(3), @b char(3);          /*声明两个变量a、b，用于存储要交换的变量值*/
DECLARE @c char(3);                      /*c是在交换过程中使用到的中间变量*/
SET @a='YES'; SET @b='NO';               /*为变量a、b赋值*/
PRINT '交换前：a= '+@a +'   b='+@b;
SET @c=@a; SET @a=@b; SET @b=@c          /*交换变量a、b的值*/
PRINT '交换后：a= '+@a + '   b='+@b
```

（2）全局变量 全局变量是由系统提供且预先声明的变量，是SQL Server系统内部使用的变量，其作用范围并不仅限于某一程序，而是在任何程序中均可以随时调用。全局变量通常存储在SQL Server的配置中。

全局变量是由系统定义和维护的变量，是用于记录服务器活动状态的一组数据。全局变量名由@@符号引导。用户不能建立全局变量，也不能使用SET语句去修改全局变量的值。用户可以在程序中用全局变量来测试系统的设定值或者T-SQL命令执行后的状态值。

T-SQL提供的全局变量比较多，常用的全局变量如下：

■ @@CONNECTIONS：返回SQL Server自上次启动以来尝试的连接次数，无论连接成功与否。

■ @@CURSOR_ROWS：返回连接中打开的上一次游标中的当前限定行的数目。

■ @@DBTS：返回当前数据库中的当前timestamp数据类型的值。

■ @@ERROR：返回最后执行的T-SQL语句的错误代码。

■ @@IDENTIFIER：返回上次插入的标识值。

■ @@ROWCOUNT：返回上一次语句影响的数据行的行数。

■ @@ServerNAME：返回运行SQL Server本地服务器的名称。

■ @@VERSION：返回SQL Server当前安装的日期、版本和处理器类型。

■ @@LANGUAGE：返回当前SQL Server服务器使用的语言。

全局变量的查看语句同局部变量一样。

语法格式：

```
SELECT @@global_variable
```

参数意义：

- global_variable：指定全局变量的名称。

注释说明：

全局变量不是由用户的程序定义的，而是在服务器级定义的。

● 用户只能使用预先定义的全局变量。

● 引用全局变量时，必须以标记符 "@@" 开头。

● 局部变量的名称不能与全局变量的名称相同，否则会在应用程序中出现不可预测的结果。

2.2.9 T-SQL 空值

T-SQL 语言包括三种形式的空值处理机制：IS [NOT] NULL、ISNULL、NULLIF。

（1）IS [NOT] NULL 空值判定　测试指定的表达式是否为 NULL。

语法格式：

```
expression IS [NOT] NULL
```

参数说明：

● expression：任何有效的表达式。

● NOT：对逻辑判定结果取反。谓词将对其返回值取反，值不为 NULL 时返回 TRUE，值为 NULL 时返回 FALSE。

返回结果：

● 如果 expression 的值为 NULL，则 IS NULL 返回 TRUE；否则，返回 FALSE。

● 如果 expression 的值为 NULL，则 IS NOT NULL 返回 FALSE；否则，返回 TRUE。

注释说明：

● 若要确定表达式是否为 NULL，可使用 IS NULL 或 IS NOT NULL，而不要使用比较运算符（如 = 或 !=）。如果有一个参数为 NULL 或两个参数都为 NULL，比较运算符将返回 UNKNOWN。

［例 2-8］　以下示例将返回其重量小于 10 磅或颜色为未知（即 NULL）的所有产品的名称和重量。

```
USE AdventureWorks2019;
GO
SELECT Name, Weight, Color
FROM Production.Product
WHERE Weight < 10.00 OR Color IS NULL
ORDER BY Name;
GO
```

（2）ISNULL 空值替换　使用指定的替换值替换 NULL。

语法格式：

```
ISNULL ( check_expression , replacement_value )
```

参数意义：

● check_expression：将被检查是否为 NULL 的表达式。check_expression 可以为任何类型。

● replacement_value：当 check_expression 为 NULL 时要返回的表达式。replacement_value 必

须是可以隐式转换为 check_expresssion 类型的类型。

返回类型：

• 返回与 check_expression 相同的类型。

注释说明：

• 如果 check_expression 不为 NULL，则返回它的值；否则，在将 replacement_value 隐式转换为 check_expression 的类型（如果这两个类型不同）后，则返回前者。

[例 2-9] 使用 ISNULL。以下示例选择 AdventureWorks2019 中所有特价产品的说明、折扣百分比、最小量和最大量。如果某个特殊特价产品的最大量为 NULL，则结果集中显示的 MaxQty 为 0.00。

```
USE AdventureWorks2019;
GO
SELECT Description, DiscountPct, MinQty, ISNULL(MaxQty, 0.00) AS 'Max Quantity'
FROM Sales.SpecialOffer;
GO
```

（3）NULLIF 返回空值　如果两个指定的表达式相等，则返回空值。

语法格式：

```
NULLIF(expression , expression)
```

参数意义：

• expression：任何有效的标量表达式。

返回类型：

• 返回类型与第一个 expression 相同。

• 如果两个表达式不相等，则 NULLIF 返回第一个 expression 的值。如果表达式相等，则 NULLIF 返回第一个 expression 类型的空值。

注释说明：

• 如果两个表达式相等且结果表达式为 NULL，则 NULLIF 等价于 CASE 搜索表达式。

• 建议在 NULLIF 函数内不要使用依赖于时间的函数，如 RAND()，这会使函数计算两次并从两次调用中返回不同的结果。

[例 2-10] 返回尚未更改的预算数量。以下示例创建 budgets 表以显示部门（dept）的当年预算（current_year）及上一年预算（previous_year）。对于当年预算，那些同上一年相比预算没有改变的部门使用 NULL，那些预算还没有确定的部门使用 0。若要只计算那些接收预算的部门的预算平均值，并包含上一年的预算值（current_year 为 NULL 时，使用 previous_year 的值），应组合使用 NULLIF 和 COALESCE 函数。

```
USE AdventureWorks2019;
GO
IF OBJECT_ID ('dbo.budgets', 'U') IS NOT NULL
   DROP TABLE budgets;
GO
```

```
SET NOCOUNT ON;
CREATE TABLE dbo.budgets
(
   dept             tinyint   IDENTITY,
   current_year     decimal   NULL,
   previous_year    decimal   NULL
);
GO
INSERT budgets VALUES(100000, 150000);
INSERT budgets VALUES(NULL, 300000);
INSERT budgets VALUES(0, 100000);
INSERT budgets VALUES(NULL, 150000);
INSERT budgets VALUES(300000, 250000);
GO
SET NOCOUNT OFF;
SELECT AVG(NULLIF(COALESCE(current_year,
   previous_year), 0.00)) AS 'Average Budget'
FROM budgets;
GO
```

［例 2-11］ 比较 NULLIF 和 CASE 之间的相似性。以下查询将计算 MakeFlag 和 FinishedGoodsFlag 列中的值是否相同，第一个查询使用 NULLIF，第二个查询使用 CASE 表达式。

```
USE AdventureWorks2019;
GO
SELECT ProductID, MakeFlag, FinishedGoodsFlag,
   NULLIF(MakeFlag, FinishedGoodsFlag) AS 'Null if Equal'
FROM Production.Product
WHERE ProductID < 10;
GO
SELECT ProductID, MakeFlag, FinishedGoodsFlag, 'Null if Equal' =
   CASE
       WHEN MakeFlag = FinishedGoodsFlag THEN NULL
       ELSE MakeFlag
   END
FROM Production.Product
WHERE ProductID < 10;
GO
```

2.2.10 T-SQL 运算符

运算符是一种符号，用来指定要在一个或多个表达式中执行的操作。SQL Server 使用的运算符有：算术运算符、赋值运算符、位运算符、比较运算符、逻辑运算符、字符串串联运算符、一元运算符。

（1）运算符分类

① 算术运算符　算术运算符在两个表达式上执行数学运算，这两个表达式可以是数字数据类型分类的任何数据类型。算术运算符如表 2-11 所示。

表2-11　算术运算符

运算符	语法格式	运算	说明
+	expression + expression	加法	expression 是数值数据类别中任何一种数据类型（bit 数据类型除外）的任何有效表达式。无法用于日期或时间数据类型
-	expression -expression	减法	expression 是数值数据类别中任何一种数据类型（bit 数据类型除外）的任何有效表达式。无法用于日期或时间数据类型
*	expression * expression	乘法	除 datetime 和 smalldatetime 数据类型之外，任何一个属于数值数据类型类别的数据类型的有效表达式
/	dividend / divisor	除法取整	dividend 是被除数的数字表达式；divisor 是除数的数值表达式；dividend、divisor 可以是数值数据类型类别中任何数据类型（datetime 和 smalldatetime 数据类型除外）的任何有效表达式
%	dividend / divisor	除法取余	dividend 是被除数的数字表达式；divisor 是除数的数值表达式；dividend、divisor 必须为整数和货币数据类型类别中任意一种数据类型或者 numeric 数据类型的任何有效表达式

［例 2-12］　将字符和整数数据类型相加。以下示例将字符数据类型转换为 int，将 int 数据类型值与字符值相加。如果 char 字符串中具有无效字符，则 SQL Server 数据库引擎便会返回一个错误。

```
DECLARE @addvalue int;
SET @addvalue = 15;
SELECT '125127'+ @addvalue;
```

［例 2-13］　下面的示例演示除法取整、取余。用数字 38 除以数字 5，整数部分为 7，余数为 3。

```
SELECT 38/5 AS Integer, 38 % 5 AS Remainder;
```

② 位运算符　位运算符在两个表达式之间执行位操作，这两个表达式可以为整数数据类型类别中的任何数据类型。位运算符如表 2-12 所示。

表2-12　位运算符

运算符	语法格式	运算	说明
&	expression & expression	与 AND	expression 是整数数据类型分类中的任何数据类型或者 bit、binary、varbinary 数据类型的任何有效表达式。expression 被视为位运算的二进制数字。注意：在位运算中，只有一个 expression 可以是 binary 或 varbinary 数据类型
|	expression | expression	或 OR	expression 是整数数据类型类别或 bit、binary、varbinary 数据类型的任何有效表达式。expression 被当成用于位运算的二进制数字处理。注意：在位运算中，只有一个 expression 可以为 binary 或 varbinary 数据类型
^	expression ^ expression	异或 XOR	expression 是整数数据类型类别的任一数据类型或 bit、binary、varbinary 数据类型的任何有效表达式。expression 被视为用于进行位运算的二进制数

位运算符的操作数可以是整数或二进制字符串数据类型类别中的任何数据类型（image 数据类型除外），但两个操作数不能同时是二进制字符串数据类型类别中的某种数据类型。位运算符所支持的操作数数据类型如表 2-13 所示。

▣ 表2-13　位运算符支持的数据类型

左操作数	右操作数
binary	int、smallint 或 tinyint
bit	int、smallint、tinyint 或 bit
int	int、smallint、tinyint、binary 或 varbinary
smallint	int、smallint、tinyint、binary 或 varbinary
tinyint	int、smallint、tinyint、binary 或 varbinary
varbinary	int、smallint 或 tinyint

［例 2-14］　以下示例使用两个 int 数据类型的变量按位运算。

```
DECLARE @a int, @b int;
SET @a = 170; SET @b = 75;
PRINT 'a=' + CAST (@a AS varchar);
PRINT 'b=' + CAST (@b AS varchar);
PRINT 'a & b =' + CAST ((@a & @b) AS varchar);
PRINT 'a | b =' + CAST ((@a | @b) AS varchar);
PRINT 'a ^ b =' + CAST ((@a ^ @b) AS varchar);
```

③ 比较运算符　比较运算符测试两个表达式是否相同。除了 text、ntext 或 image 数据类型的表达式外，比较运算符可以用于所有的表达式。Transact-SQL 中的比较运算符如表 2-14 所示。

▣ 表2-14　比较运算符

运算符	语法格式	运算	说明
=	expression & expression	等于	比较两个表达式的等价性
>	expression > expression	大于	当比较非空表达式时，如果左操作数的值大于右操作数，则结果为 TRUE；否则结果为 FALSE
<	expression < expression	小于	当比较非空表达式时，如果左操作数的值小于右操作数，则结果为 TRUE；否则结果为 FALSE
>=	expression >= expression	大于等于	比较两个表达式以得出大于或等于的结果
<=	expression <= expression	小于等于	比较两个表达式以得出小于或等于的结果
<>	expression <> expression	不等于	比较两个表达式。当比较非空表达式时，如果左操作数不等于右操作数，则结果为 TRUE；否则结果为 FALSE

续表

运算符	语法格式	运算	说明
!=	expression != expression	不等于	测试某个表达式是否不等于另一个表达式。如果任何一个操作数为 NULL，或两个都为 NULL，则返回 NULL。其功能与 <>（不等于）比较运算符相同
!<	expression !< expression	不小于	比较两个表达式。当比较非空表达式时，如果左边操作数的值不小于右边操作数的值，则结果为 TRUE；否则结果为 FALSE
!>	expression !> expression	不大于	比较两个表达式。当比较非空表达式时，如果左侧操作数的值不大于右侧的操作数，则结果为 TRUE；否则结果为 FALSE

比较运算符的 expression 是任何有效的表达式。两个表达式都必须包含可隐式转换的数据类型。转换取决于数据类型优先级规则。

比较运算符的结构是 boolean 数据类型。它有三个值：TRUE、FALSE 和 UNKNOWN。返回 boolean 数据类型的表达式称为布尔表达式。

与其他 SQL Server 数据类型不同，boolean 数据类型不能被指定为表列或变量的数据类型，也不能在结果集中返回。

④ 赋值运算符　在 SQL Server 中，等号“=”是唯一的 Transact-SQL 赋值运算符。

［例 2-15］　在以下示例中，将创建一个 @MyCounter 变量，然后赋值运算符将 @MyCounter 设置为表达式返回的值。

```
DECLARE @MyCounter INT;
SET @MyCounter = 1;
```

⑤ 一元运算符　一元运算符只对一个表达式执行操作。一元运算符如表 2-15 所示。

表2-15　一元运算符

运算符	语法格式	运算	说明
+	+ numeric_expression	正值	以正值方式返回数值表达式的值或给变量赋正值。 numeric_expression 是数值型数据类型类别中任何数据类型 (datetime 和 smalldatetime 数据类型除外) 的任何有效表达式
-	-numeric_expression	负值	以负值方式返回数值表达式的值或给变量赋负值。 numeric_expression 是数值型数据类型类别中任何数据类型 (datetime 和 smalldatetime 数据类型除外) 的任何有效表达式
～	～ expression	逻辑非	对整数值按位执行逻辑非运算。 整数数据类型类别中的任何一种数据类型或 bit、binary、varbinary 数据类型的任何有效表达式。对于位运算，expression 被视为二进制数字

⑥ 逻辑运算符　逻辑运算符对某些条件进行测试，以获得其真实情况。逻辑运算符和比较运算符一样，返回带有 TRUE、FALSE 或 UNKNOWN 值的 boolean 数据类型。

逻辑运算符主要有 ALL、AND、ANY、BETWEEN、EXISTS、IN、LIKE、NOT、OR、SOME，

它们经常作为 SELECT 的子句（逻辑谓词）出现。

逻辑运算谓词将在数据查询章节中详解其用法，这里不再赘述。

⑦ 字符串串联运算符　字符串串联运算符允许通过加号（+）进行字符串串联，这个加号也被称为字符串串联运算符。其他所有的字符串操作都可以通过字符串函数（例如 SUBSTRING）进行处理。

默认情况下，对于 varchar 数据类型的数据，在 INSERT 命令或赋值语句中，将空的字符串解释为空字符串。在串联 varchar、char 或 text 数据类型的数据中，空的字符串被解释为空字符串。例如，将 'abc' + 'def' 存储为 'abcdef'。

（2）运算符优先级　当一个复杂的表达式有多个运算符时，运算符优先级决定执行运算的先后次序。如果不对执行顺序做出规定，可能严重影响所得到的值，通常要求在较低级别的运算符之前先对较高级别的运算符进行求值。运算符优先级如表 2-16 所示。

▣ 表2-16　运算符优先级

级别	运算符
1	～（位非）
2	*（乘）、/（除）、%（取模）
3	+（正）、-（负）、+（加）、（+ 连接）、-（减）、&（位与）、^（位异或）、|（位或）
4	=，>，<，>=，<=，<>，!=，!>，!<（比较运算符）
5	NOT
6	AND
7	ALL、ANY、BETWEEN、IN、LIKE、OR、SOME
8	=（赋值）

当一个表达式中的两个运算符有相同的运算符优先级别时，将按照它们在表达式中的位置对其从左到右进行求值。

例如，在下面的 SET 语句所使用的表达式中，在加运算符之前先对减运算符进行求值。

```
DECLARE @MyNumber int
SET @MyNumber = 4 - 2 + 27
SELECT @MyNumber
```

在表达式中使用括号替代所定义的运算符的优先级。首先对括号中的内容进行求值，从而产生一个值，然后括号外的运算符才可以使用这个值。

例如，在下面的 SET 语句所使用的表达式中，乘运算符具有比加运算符更高的优先级别。因此，先对它进行求值。此表达式的结果为 13。

```
DECLARE @MyNumber int
SET @MyNumber = 2 * 4 + 5
SELECT @MyNumber
```

在下面的 SET 语句所使用的表达式中，括号使加运算先执行。此表达式的结果为 18。

```
DECLARE @MyNumber int
SET @MyNumber = 2 * (4 + 5)
SELECT @MyNumber
```

如果表达式有嵌套的括号，那么首先对嵌套最深的表达式求值。以下示例中包含嵌套的括号，其中表达式 5-3 在嵌套最深的那对括号中。该表达式产生一个值 2。然后，加运算符（+）将此结果与 4 相加。这将生成一个值 6。最后将 6 与 2 相乘，生成表达式的结果为 12。

```
DECLARE @MyNumber int
SET @MyNumber = 2 * (4 + (5 - 3))
SELECT @MyNumber
```

2.2.11 T-SQL 表达式

表达式是符号和运算符的一种组合，SQL Server 数据库引擎将处理该组合以获得单个数据值。简单表达式可以是一个常量、变量、列或标量函数。可以用运算符将两个或更多的简单表达式连接起来组成复杂表达式。

语法格式：

```
{constant | scalar_function | [table_name.]column | variable
      | (expression) | (scalar_subquery)
    | {unary_operator} expression
    | expression {binary_operator} expression
    | ranking_windowed_function | aggregate_windowed_function
}
```

参数意义：

- constant：表示单个特定数据值的符号。
- scalar_function：一个 Transact-SQL 语法单元，用于提供特定服务并返回单个值。scalar_function 可以是内置标量函数（如 SUM、GETDATE 或 CAST 函数），也可以是标量用户定义函数。
- [table_name.]：表的名称或别名。
- column：列的名称。表达式中只允许列的名称。
- variable：变量或参数的名称。
- (expression)：任意一个有效表达式。括号是分组运算符，用于确保先运算括号内表达式中的运算符，然后再将结果与别的表达式组合。
- (scalar_subquery)：返回一个值的子查询。
- {unary_operator}：只有一个数字操作数的运算符：+ 指示正数；- 指示负数；～指示补数运算符。一元运算符只能用于计算结果数据类型属于数字数据类型类别的表达式。
- {binary_operator}：用于定义如何组合两个表达式以得到一个结果的运算符。binary_operator 可以是算术运算符、赋值运算符（=）、位运算符、比较运算符、逻辑运算符、字符串连接运算符（+）或一元运算符。
- ranking_windowed_function：任意 Transact-SQL 排名函数。

● aggregate_windowed_function：任意包含 Transact-SQL OVER 子句的聚合函数。

注释说明：

● 两个表达式可以由一个运算符组合起来，只要它们具有该运算符支持的数据类型，并且满足至少下列一个条件：两个表达式有相同的数据类型；优先级低的数据类型可以隐式转换为优先级高的数据类型。如果表达式不满足这些条件，则可以使用 CAST 或 CONVERT 函数将优先级低的数据类型显式转化为优先级高的数据类型，或者转换为一种可以隐式转化成优先级高的数据类型的中间数据类型。

● 如果没有支持的隐式或显式转换，则两个表达式将无法组合。

● 任何计算结果为字符串的表达式的排序规则都应遵循排序规则优先顺序规则。

● 在 C 或 Microsoft Visual Basic 这类编程语言中，表达式的计算结果始终为单值结果。Transact-SQL 选择列表中的表达式按以下规则进行变体：分别对结果集中的每一行计算表达式的值；同一个表达式对结果集内的每一行可能会有不同的值，但该表达式在每一行的值是唯一的。

表达式值：

● 对于由单个常量、变量、标量函数或列名组成的简单表达式，其数据类型、排序规则、精度、小数位数和值就是它所引用的元素的数据类型、排序规则、精度、小数位数和值。

● 用比较运算符或逻辑运算符组合两个表达式时，生成的数据类型为 Boolean，并且值为下列类型之一：TRUE、FALSE 或 UNKNOWN。有关 Boolean 数据类型的详细信息，可参阅运算符（Transact-SQL）。

● 用算术运算符、位运算符或字符串运算符组合两个表达式时，生成的数据类型取决于运算符。

● 由多个符号和运算符组成的复杂表达式的计算结果为单值结果。生成的表达式的数据类型、排序规则、精度和值由进行组合的两个表达式决定，并按每次两个表达式的顺序递延，直到得出最后结果。表达式中元素组合的顺序由表达式中运算符的优先级决定。

2.2.12 T-SQL 注释符

注释是程序代码中不执行的文本字符串，用于对代码进行说明或暂时禁用正在进行诊断的部分语句。可以将注释插入单独行中、嵌套在 Transact-SQL 命令行的结尾或嵌套在 Transact-SQL 语句中。服务器不对注释进行计算。

在 Microsoft SQL Server 系统中支持两种注释方式，即双连字符（--）注释方式和正斜杠星号字符对（/*...*/）注释方式。

① 双连字符（--）注释方式主要用于在一行中对代码进行解释和描述。

② 在正斜杠星号字符对（/*...*/）注释方式中，既可以用于多行注释，又可以与执行的代码处在同一行，甚至还可以在可执行代码的内部。

③ 双连字符（--）注释和正斜杠星号字符对（/*...*/）注释都没有注释长度的限制。

④ 一般地，行内注释采用双连字符，多行注释采用正斜杠星号字符对。

2.2.13 T-SQL 控制流

T-SQL 的流程控制命令与常见的程序设计语言类似，主要有条件、循环、等待等几种控制命令。T-SQL 控制流关键字如表 2-17 所示。

▣ 表2-17　T-SQL控制流关键字

T-SQL 控制流关键字	说明
BEGIN...END	定义语句块
BREAK	退出 WHILE 循环
CONTINUE	重新 WHILE 开始循环
GOTO	跳转到指定位置继续处理
IF...ELSE	分支判定并执行相应的操作
RETURN	无条件退出程序
TRY...CATCH	捕获异常并对异常情况进行处理
WAITFOR	延后执行语句
WHILE	重复执行满足指定条件的语句序列

（1）BEGIN...END 语句块定义　BEGIN...END 用来设定一个程序块，将在 BEGIN...END 内的所有程序视为一个单元执行。BEGIN...END 经常在条件语句（如 IF...ELSE）中使用。在 BEGIN END 中可嵌套另外的 BEGIN...END 来定义另一程序块。

语法格式：

```
BEGIN
    {
        sql_statement | statement_block
    }
END
```

参数意义：

- sql_statement：任何有效的 T-SQL 语句。
- statement_block：由任何有效的多个 T-SQL 语句定义的语句组。

注释说明：

- BEGIN...END 语句块允许嵌套。虽然所有的 T-SQL 语句在 BEGIN...END 块内都有效，但有些 T-SQL 语句不应组合在同一个批处理（语句块）中。

［例 2-16］　在下面的示例中，BEGIN 和 END 定义一系列一起执行的 Transact-SQL 语句。如果不包括 BEGIN...END 块，则将执行两个 ROLLBACK TRANSACTION 语句，并使用 PRINT 输出相应的消息。

```
USE AdventureWorks2019;

BEGIN TRANSACTION;
   GO
   IF @@TRANCOUNT = 0
   BEGIN
         SELECT FirstName, MiddleName
         FROM Person.Person WHERE LastName = 'Adams';
```

```
            ROLLBACK TRANSACTION;
            PRINT N 'Rolling back the transaction two times would cause an error.';
    END;
ROLLBACK TRANSACTION;
PRINT N 'Rolled back the transaction.';
```

（2）IF...ELSE 分支判定　IF...ELSE 用来判定指定的条件是否满足，根据判定的结果（真或假）决定执行给出的两种操作之一：如果满足条件，则在 IF 关键字及其条件之后执行 T-SQL 语句，且布尔表达式返回 TRUE，可选的 ELSE 关键字引入另一个 T-SQL 语句；当不满足 IF 条件时就执行该语句，且布尔表达式返回 FALSE。

语法格式：

```
IF boolean_expression
     { sql_statement | statement_block }
[ELSE
     { sql_statement | statement_block} ]
```

参数意义：

● boolean_expression：返回 TRUE 或 FALSE 的布尔表达式。如果布尔表达式中含有 SELECT 语句，就必须用圆括号将 SELECT 语句括起来。

● {sql_statement | statement_block}：T-SQL 语句或用语句块定义的语句分组。除非使用语句块，否则 IF 或 ELSE 条件只能影响一个 T-SQL 语句性能。

注释说明：

● IF...ELSE 结构可用于批处理、存储过程和即席查询。当此构造用于存储过程时，通常用于测试某个参数是否存在。

● IF...ELSE 一般可实现单分支（不包括 ELSE 选项）、双分支（包括 ELSE 选项）。值得一提的是，可以在其他 IF 之后或在 ELSE 下面，嵌套另一个 IF 测试。嵌套级数的限制取决于可用内存。

［例 2-17］　以下示例在使用 uspGetList 存储过程的输出中使用了 IF…ELSE。

```
USE AdventureWorks2019;
GO
DECLARE @compareprice money, @cost money
EXECUTE Production.uspGetList '%Bikes%', 700,
    @compareprice OUT,
    @cost OUTPUT
IF @cost <= @compareprice
BEGIN
    PRINT 'These products can be purchased for less than
    $'+RTRIM(CAST(@compareprice AS varchar(20)))+'.'
END
ELSE
```

```
    PRINT 'The prices for all products in this category exceed
    $' + RTRIM(CAST(@compareprice AS varchar(20))) + '.'
GO
```

（3）CASE 多分支语句 CASE 用来计算条件列表并返回多个可能结果表达式之一。CASE 命令可以嵌套到 SQL 命令中，它是多条件的分支语句。

CASE 可用于允许使用有效表达式的任意语句或子句。例如，可以在 SELECT、UPDATE、DELETE 和 SET 等语句及 SELECT_LIST、IN、WHERE、ORDER BY 和 HAVING 等子句中使用 CASE。

CASE 表达式有两种格式：简单表达式和搜索表达式。

- CASE 简单表达式，仅用于等同性检查，通过将表达式与一组简单的表达式进行比较来确定结果。
- CASE 搜索表达式，通过计算一组布尔表达式来确定结果。

① CASE 简单表达式

语法格式：

```
CASE input_expression
     WHEN when_expression THEN result_expression [...n]
     [ELSE else_result_expression]
END
```

参数意义：

- input_expression：使用简单 CASE 格式时所计算的表达式。input_expression 是任意有效的表达式。
- when_expression：使用简单 CASE 格式时要与 input_expression 进行比较的简单表达式。when_expression 是任意有效的表达式。input_expression 及每个 when_expression 的数据类型必须相同或必须是隐式转换的数据类型。
- result_expression：当 input_expression = when_expression，计算结果为 TRUE 时返回的表达式。result_expression 是任意有效的表达式。
- else_result_expression：比较运算计算结果不为 TRUE 时返回的表达式。如果忽略此参数且比较运算结果不为 TRUE，则 CASE 返回 NULL。else_result_expression 是任意有效的表达式。else_result_expression 及任何 result_expression 的数据类型必须相同或是隐式转换的数据类型。

工作方式：

- 将第一个表达式与每个 WHEN 子句中的表达式进行比较，以确定它们是否等效。如果这些表达式等效，将返回 THEN 子句中的表达式，具体计算过程如下：

a. 计算 input_expression，然后按指定顺序对每个 WHEN 子句的 input_expression = when_expression 进行计算。

b. 返回 input_expression = when_expression 的第一个计算结果为 TRUE 的 result_expression。

c. 如果 input_expression = when_expression 的计算结果均不为 TRUE，则在指定了 ELSE 子句的情况下，SQL Server 数据库引擎将返回 else_result_expression；若没有指定 ELSE 子句，则返回 NULL 值。

返回类型：

● 从 result_expression 和可选 else_result_expression 的类型集中返回优先级最高的类型。

注释说明：

● SQL Server 仅允许在 CASE 表达式中嵌套 10 个级别。

● CASE 表达式不能用于控制 Transact-SQL 语句、语句块、用户定义函数及存储过程的执行流。

② CASE 搜索表达式

语法格式：

```
CASE
    WHEN boolean_expression THEN result_expression [...n]
    [ELSE else_result_expression]
END
```

参数意义：

● boolean_expression：任意有效的表达式。

● result_expression：当 boolean_expression 计算结果为 TRUE 时返回对应的表达式的值。result_ expression 是任意有效的表达式。

● else_result_expression：计算 boolean_expression 的结果不为 TRUE 时返回的表达式。如果忽略此参数且比较运算计算结果不为 TRUE，则 CASE 返回 NULL。else_result_expression 是任意有效的表达式。else_result_expression 及任何 result_expression 的数据类型必须相同或必须是隐式转换的数据类型。

工作方式：

● 逐一计算 WHEN 子句中的表达式 boolean_expression 的值。返回 boolean_expression 的值为 TRUE 第一个 THEN 子句中的表达式。具体计算过程如下：

a. 按指定顺序对每个 WHEN 子句的 boolean_expression 进行计算。

b. 返回 boolean_expression 的第一个计算结果为 TRUE 的 result_expression。

c. 如果 boolean_expression 计算结果不为 TRUE，则在指定了 ELSE 子句的情况下数据库引擎将返回 else_result_expression；若没有指定 ELSE 子句，则返回 NULL 值。

返回类型：

● 从 result_expression 和可选 else_result_expression 的类型集中返回优先级最高的类型。

注释说明：

● SQL Server 仅允许在 CASE 表达式中嵌套 10 个级别。

● CASE 表达式不能用于控制 Transact-SQL 语句、语句块、用户定义函数及存储过程的执行流。

［例 2-18］ 使用带有 CASE 简单表达式的 SELECT 语句。在 SELECT 语句中，CASE 简单表达式只能用于等同性检查，而不进行其他比较。下面的示例使用 CASE 表达式更改产品系列类别的显示，以使这些类别更易于理解。

```
USE AdventureWorks2019;
GO
SELECT   ProductNumber, Category =
      CASE ProductLine
```

```
            WHEN 'R' THEN 'Road'
            WHEN 'M' THEN 'Mountain'
            WHEN 'T' THEN 'Touring'
            WHEN 'S' THEN 'Other sale items'
            ELSE 'Not for sale'
        END,
    Name
FROM Production.Product
ORDER BY ProductNumber;
GO
```

［例 2-19］ 使用带有 CASE 搜索表达式的 SELECT 语句。在 SELECT 语句中，CASE 搜索表达式允许根据比较值替换结果集中的值。下面的示例根据产品的价格范围将标价显示为文本注释。

```
USE AdventureWorks2019;
GO
SELECT   ProductNumber, Name, 'Price Range' =
      CASE
         WHEN ListPrice =  0 THEN 'Mfg item - not for resale'
         WHEN ListPrice < 50 THEN 'Under $50'
         WHEN ListPrice >= 50 and ListPrice < 250 THEN 'Under $250'
         WHEN ListPrice >= 250 and ListPrice < 1000 THEN 'Under $1000'
         ELSE 'Over $1000'
      END
FROM Production.Product
ORDER BY ProductNumber ;
GO
```

［例 2-20］ 在 ORDER BY 子句中使用 CASE。下面的示例在 ORDER BY 子句中使用 CASE 表达式，以根据给定的列值确定行的排序顺序。计算 HumanResources.Employee 表中 SalariedFlag 列的值：设置为 1 的员工将按 EmployeeID 以降序顺序返回；设置为 0 的员工将按 EmployeeID 以升序顺序返回。

```
USE AdventureWorks2019;
GO
SELECT BusinessEntityID, SalariedFlag
FROM HumanResources.Employee
ORDER BY CASE SalariedFlag WHEN 1 THEN BusinessEntityID END DESC
        , CASE WHEN SalariedFlag = 0 THEN BusinessEntityID END;
GO
```

［例 2-21］ 在 UPDATE 语句中使用 CASE。下面的示例在 UPDATE 语句中使用 CASE 表达式，以确定 SalariedFlag 设置为 0 的员工的 VacationHours 列所设置的值。如果 VacationHours

减去 10 小时后会得到一个负值，则 VacationHours 将增加 40 小时；否则 VacationHours 将增加 20 小时。OUTPUT 子句用于显示前后的休假时间值。

```
USE AdventureWorks2019;
GO
UPDATE HumanResources.Employee
SET VacationHours =
(
   CASE
       WHEN  ((VacationHours - 10.00) < 0) THEN VacationHours + 40
       ELSE  (VacationHours + 20.00)
    END
 )
OUTPUT Deleted.BusinessEntityID, Deleted.VacationHours AS BeforeValue,
       Inserted.VacationHours AS AfterValue
WHERE SalariedFlag = 0;
GO
```

［例 2-22］ 在 SET 语句中使用 CASE。下面的示例在表值函数 dbo.GetContactInfo 的 SET 语句中使用 CASE 表达式。在 AdventureWorks2019 数据库中，与人员有关的所有数据都存储在 Person.Person 表中。例如，该人员可以是员工、供应商代表或消费者，该函数将返回给定 BusinessEntityID 的名字与姓氏及该人员的联系类型。SET 语句中的 CASE 表达式将根据该 BusinessEntityID 列是存在于 Employee、Vendor 还是存在于 Customer 表中来确定要为 ContactType 列显示的值。

```
USE AdventureWorks2019;
GO
CREATE FUNCTION dbo.GetContactInformation (@BusinessEntityID int)
RETURNS @retContactInformation TABLE
(
   BusinessEntityID int NOT NULL,
   FirstName nvarchar (50) NULL,
   LastName nvarchar (50) NULL,
   ContactType nvarchar (50) NULL,
   PRIMARY KEY CLUSTERED  (BusinessEntityID ASC)
 )
AS
BEGIN
    DECLARE
        @FirstName nvarchar (50),
        @LastName nvarchar (50),
        @ContactType nvarchar (50);

    SELECT
         @BusinessEntityID = BusinessEntityID,
```

```
        @FirstName = FirstName,
        @LastName = LastName
    FROM Person.Person
    WHERE BusinessEntityID = @BusinessEntityID;

    SET @ContactType =
        CASE
            WHEN EXISTS ( SELECT * FROM HumanResources.Employee AS e
                WHERE e.BusinessEntityID = @BusinessEntityID )
                THEN 'Employee'

            WHEN EXISTS ( SELECT * FROM Person.BusinessEntityContact AS bec
                WHERE bec.BusinessEntityID = @BusinessEntityID )
                THEN 'Vendor'

            WHEN EXISTS ( SELECT * FROM Purchasing.Vendor AS v
                WHERE v.BusinessEntityID = @BusinessEntityID )
                THEN 'Store Contact'

            WHEN EXISTS ( SELECT * FROM Sales.Customer AS c
                WHERE c.PersonID = @BusinessEntityID )
                THEN 'Consumer'
        END;

    IF @BusinessEntityID IS NOT NULL
    BEGIN
        INSERT @retContactInformation
        SELECT @BusinessEntityID, @FirstName, @LastName, @ContactType;
    END;

    RETURN;
END;

SELECT BusinessEntityID, FirstName, LastName, ContactType
FROM dbo.GetContactInformation (2200);

SELECT BusinessEntityID, FirstName, LastName, ContactType
FROM dbo.GetContactInformation (5);
GO
```

[例 2-23] 在 HAVING 子句中使用 CASE。下面的示例在 HAVING 子句中使用 CASE 表达式，以限制由 SELECT 语句返回的行。该语句将返回 HumanResources.Employee 表中针对每个职位的最高每小时薪金。HAVING 子句将职位限制为两类员工：一是最高每小时薪金超过 40 美元的男性员工，二是最高每小时薪金超过 42 美元的女性员工。

```
USE AdventureWorks2019;
GO
SELECT JobTitle, MAX(ph1.Rate)AS MaximumRate
FROM HumanResources.Employee AS e JOIN HumanResources.EmployeePayHistory AS ph1
   ON e.BusinessEntityID = ph1.BusinessEntityID
GROUP BY JobTitle
HAVING (MAX(CASE WHEN Gender = 'M'
         THEN ph1.Rate
         ELSE NULL END)> 40.00
      OR MAX(CASE WHEN Gender  = 'F'
         THEN ph1.Rate
         ELSE NULL END)> 42.00)
ORDER BY MaximumRate DESC;
GO
```

（4）WHILE 循环语句 WHILE 循环语句用来设置重复执行 SQL 语句或语句块的条件。只要指定的条件为真，就重复执行语句。

语法格式：

```
WHILE boolean_expression
     { sql_statement | statement_block | BREAK | CONTINUE }
```

参数意义：

- boolean_expression：返回 TRUE 或 FALSE 的表达式。如果布尔表达式中含有 SELECT 语句，则必须用括号将 SELECT 语句括起来。
- {sql_statement | statement_block}：Transact-SQL 语句或用语句块定义的语句分组。若要定义语句块，应使用控制流关键字 BEGIN 和 END。
- BREAK：从最内层的 WHILE 循环中退出，将执行出现在 END 关键字（循环结束的标记）后面的任何语句。
- CONTINUE：使 WHILE 循环重新开始执行，忽略 CONTINUE 关键字后面的任何语句。

注释说明：

- 如果嵌套了两个或多个 WHILE 循环，则内层的 BREAK 将退出到下一个外层循环，将首先运行内层循环结束之后的所有语句，然后重新开始下一个外层循环。

［例 2-24］ 在嵌套的 IF...ELSE 和 WHILE 中使用 BREAK 和 CONTINUE。在以下示例中，如果产品的平均标价小于 $300，则 WHILE 循环将价格乘 2，然后选择最高价格；如果最高价格小于或等于 $500，则 WHILE 循环重新开始，并再次将价格乘 2。该循环不断地将价格乘 2，直到最高价格超过 $500，然后退出 WHILE 循环，并打印一条消息。

```
USE AdventureWorks2019;
GO
WHILE (SELECT AVG(ListPrice)FROM Production.Product)< $300
BEGIN
```

```
    UPDATE Production.Product
       SET ListPrice = ListPrice * 2
    SELECT MAX(ListPrice) FROM Production.Product
    IF (SELECT MAX(ListPrice) FROM Production.Product) > $500
       BREAK
    ELSE
       CONTINUE
END
PRINT 'Too much for the market to bear';
GO
```

（5）GOTO 跳转语句 GOTO 跳转语句用来将执行流更改到标签处。跳过 GOTO 后面的 T-SQL 语句，并从标签位置继续处理。GOTO 语句和标签可在过程、批处理或语句块中的任何位置使用。GOTO 语句可嵌套使用。

语法格式：

```
Define the label
label:
Alter the execution
GOTO label
```

参数意义：

- label：如果 GOTO 语句指向该标签，则其为处理的起点。标签必须符合标识符规则。无论是否使用 GOTO 语句，标签均可作为注释方法使用。

注释说明：

- GOTO 可出现在条件控制流语句、语句块或过程中，但它不能跳转到该批处理以外的标签。GOTO 可跳转到定义在 GOTO 之前或之后的标签。

［例 2-25］ 以下示例显示如何将 GOTO 用作分支机制。

```
DECLARE @Counter int;
SET @Counter = 1;
WHILE @Counter < 10
BEGIN
    SELECT @Counter
    SET @Counter = @Counter + 1
    IF @Counter = 4 GOTO Branch_One --Jumps to the first branch.
    IF @Counter = 5 GOTO Branch_Two  --This will never execute.
END
Branch_One:
    SELECT 'Jumping To Branch One.'
    GOTO Branch_Three; --This will prevent Branch_Two from executing.
Branch_Two:
    SELECT 'Jumping To Branch Two.'
Branch_Three:
    SELECT 'Jumping To Branch Three.'
```

（6）RETURN 返回语句　RETURN 返回语句用来从查询或过程中无条件退出。RETURN 的执行是即时且完全的，可在任何时候用于从过程、批处理或语句块中退出。RETURN 之后的语句是不执行的。

语法格式：

```
RETURN [integer_expression]
```

参数意义：

● integer_expression：返回的整数值。存储过程可向执行调用的过程或应用程序返回一个整数值。

返回类型：

● 可以选择返回 int。除非另外说明，否则所有系统存储过程都将返回一个 0 值。此值表示成功，非 0 值表示失败。

注释说明：

● 如果用于存储过程，RETURN 不能返回 NULL 值。如果某个过程试图返回空值（例如，使用 RETURN @status，而 @status 为 NULL），则将生成警告消息并返回 0 值。

● 在执行了当前过程的批处理或过程中，可以在后续的 Transact-SQL 语句中包含返回状态值，但必须以下列格式输入：EXECUTE @return_status = <procedure_name>。

［例 2-26］　返回状态代码。以下示例将检查指定联系人的 ID 状态。如果所在的州是 Washington(WA)，将返回状态代码 1。在其他情况下（StateProvince 的值是 WA 以外的值，或者 BusinessEntityID 没有匹配的行），返回状态代码 2。

```
USE AdventureWorks2019;
GO
/* 自定义过程 */
CREATE PROCEDURE checkstate @param varchar(11)
AS
IF (SELECT StateProvince
    FROM Person.vAdditionalContactInfo
    WHERE BusinessEntityID = @param) = 'WA'
    RETURN 1
ELSE
    RETURN 2;
GO
/* 测试存储过程 */
DECLARE @return_status int;
EXEC @return_status = checkstate '291';
SELECT 'Return Status' = @return_status;
GO
```

（7）WAITFOR 等待语句　WAITFOR 等待语句用来在达到指定时间或时间间隔之前，或者指定语句至少修改或返回一行之前，阻止执行批处理、存储过程或事务。

语法格式：

```
WAITFOR
{
    DELAY 'time_to_pass'
  | TIME 'time_to_execute'
  | [ ( receive_statement ) | ( get_conversation_group_statement ) ]
    [ , TIMEOUT timeout]
}
```

参数意义：

- DELAY：可以继续执行批处理、存储过程或事务之前必须经过的指定时段，最长可为 24 小时。
- 'time_to_pass'：等待的时段。可以使用 datetime 数据可接受的格式之一指定 time_to_pass，也可以将其指定为局部变量。不能指定日期，因此，不允许指定 datetime 值的日期部分。
- TIME：指定的运行批处理、存储过程或事务的时间。
- 'time_to_execute'：WAITFOR 语句完成的时间。可以使用 datetime 数据可接受的格式之一指定 time_to_execute，也可以将其指定为局部变量。不能指定日期，因此，不允许指定 datetime 值的日期部分。
- receive_statement ：有效的 RECEIVE 语句。包含 receive_statement 的 WAITFOR 仅适用于 Service Broker 消息。
- get_conversation_group_statement：有效的 GET CONVERSATION GROUP 语句。包含 get_conversation_group_statement 的 WAITFOR 仅适用于 Service Broker 消息。
- TIMEOUT timeout：指定消息到达队列前等待的时间（以毫秒为单位）。指定包含 TIMEOUT 的 WAITFOR 仅适用于 Service Broker 消息。

注释说明：

- 执行 WAITFOR 语句时，事务正在运行，并且其他请求不能在同一事务下运行。
- 实际的时间延迟可能与 time_to_pass、time_to_execute 或 timeout 中指定的时间不同，它依赖于服务器的活动级别。时间计数器在计划完与 WAITFOR 语句关联的线程后启动，如果服务器忙碌，则可能不会立即计划线程，因此，时间延迟可能比指定的时间要长。
- WAITFOR 不更改查询的语义。如果查询不能返回任何行，WAITFOR 将一直等待，或等到满足 TIMEOUT 条件（如果已指定）。
- 不能对 WAITFOR 语句打开游标。
- 不能对 WAITFOR 语句定义视图。
- 如果查询超出了 query wait 选项的值，则 WAITFOR 语句参数不运行即可完成。有关该配置选项的详细信息，可参阅 query wait 选项。若要查看活动进程和正在等待的进程，可使用 sp_who。
- 每个 WAITFOR 语句都有与其关联的线程。如果对同一服务器指定了多个 WAITFOR 语句，可将等待这些语句运行的多个线程关联起来。SQL Server 将监视与 WAITFOR 语句关联的线程数，并在服务器开始遇到线程不足的问题时，随机选择其中部分线程以退出。
- 在保留禁止更改 WAITFOR 语句所试图访问的行集的锁的事务中，可通过运行包含

WAITFOR 语句的查询来创建死锁。如果可能存在上述死锁，则 SQL Server 会标识相应情况并返回空结果集。

［例 2-27］ 对 WAITFOR DELAY 使用局部变量。以下示例显示如何对 WAITFOR DELAY 选项使用局部变量，创建一个存储过程，该过程将等待可变的时间段，然后将经过的小时、分钟和秒数信息返回给用户。

```
USE AdventureWorks2019;
GO
CREATE PROCEDURE dbo.TimeDelay_HH_MM_SS (@DelayLength char(8)= '00: 00: 00')
AS
DECLARE @ReturnInfo varchar(255)
IF ISDATE( '2000-01-01 ' + @DelayLength + '.000') = 0
   BEGIN
       SELECT @ReturnInfo = 'Invalid time ' + @DelayLength
       + ', hh: mm: ss, submitted.';
       PRINT @ReturnInfo
       RETURN(1)
   END
BEGIN
   WAITFOR DELAY @DelayLength
   SELECT @ReturnInfo = 'A total time of ' + @DelayLength + ',
       hh: mm: ss, has elapsed! Your time is up.'
   PRINT @ReturnInfo;
END;
GO
/* 测试存储过程 TimeDelay_HH_MM_SS */
EXEC dbo.TimeDelay_HH_MM_SS '00: 00: 10';

/* 删除存储过程 TimeDelay_HH_MM_SS */
IF OBJECT_ID( 'dbo.TimeDelay_HH_MM_SS', 'P') IS NOT NULL
DROP PROCEDURE dbo.TimeDelay_HH_MM_SS;
GO
```

（8）TRY...CATCH 异常处理语句　对 T-SQL 实现与 Microsoft Visual C# 和 Microsoft Visual C++ 等高级语言中的异常处理类似的错误处理。Transact-SQL 语句组可以包含在 TRY 块中。如果 TRY 块内部发生错误，则会将控制传递给 CATCH 块中包含的另一个语句组。

语法格式：

```
BEGIN TRY
    { sql_statement | statement_block }
END TRY
BEGIN CATCH
    [{sql_statement | statement_block}]
END CATCH
```

参数意义：

- sql_statement：任何有效的 Transact-SQL 语句。
- statement_block：批处理或包含于 BEGIN...END 块中的任何 Transact-SQL 语句组。

注释说明：

- TRY...CATCH 构造可对严重程度高于 10 但不关闭数据库连接的所有执行错误进行缓存。
- TRY 块后必须紧跟相关联的 CATCH 块。在 END TRY 和 BEGIN CATCH 语句之间放置任何其他语句都将生成语法错误。
- TRY...CATCH 构造不能跨越多个批处理。TRY...CATCH 构造不能跨越多个 Transact-SQL 语句块。例如，TRY...CATCH 构造不能跨越 Transact-SQL 语句的两个 BEGIN...END 块，且不能跨越 IF...ELSE 构造。
- 如果 TRY 块所包含的代码中没有错误，则当 TRY 块中最后一个语句完成运行时，会将控制传递给紧跟在相关联的 END CATCH 语句之后的语句。如果 TRY 块所包含的代码中有错误，则会将控制传递给相关联的 CATCH 块的第一个语句。如果 END CATCH 语句是存储过程或触发器的最后一个语句，则控制将回到调用该存储过程或运行该触发器的语句。
- 当 CATCH 块中的代码完成时，会将控制传递给紧跟在 END CATCH 语句之后的语句。由 CATCH 块捕获的错误不会返回到调用应用程序。如果错误消息的任何部分都必须返回到应用程序，则 CATCH 块中的代码必须使用 SELECT 结果集或 RAISERROR 和 PRINT 语句之类的机制执行此操作。有关如何将 RAISERROR 用于 TRY...CATCH 的详细信息，可参阅在 Transact-SQL 中使用 TRY...CATCH。
- TRY...CATCH 构造可以是嵌套式的，TRY 块或 CATCH 块均可包含嵌套的 TRY...CATCH 构造。例如，CATCH 块可以包含内嵌的 TRY...CATCH 构造，以处理 CATCH 代码所遇到的错误。
- 处理 CATCH 块中遇到的错误的方法与处理任何其他位置生成的错误一样。如果 CATCH 块包含嵌套的 TRY...CATCH 构造，则嵌套的 TRY 块中的任何错误都会将控制传递给嵌套的 CATCH 块。如果没有嵌套的 TRY...CATCH 构造，则会将错误传递回调用方。
- TRY...CATCH 构造可以从存储过程或触发器（由 TRY 块中的代码执行）捕捉未处理的错误。或者，存储过程或触发器也可以包含其自身的 TRY...CATCH 构造，以处理由其代码生成的错误。例如，当 TRY 块执行存储过程且存储过程中发生错误时，可以使用以下方式处理错误：如果存储过程不包含自己的 TRY...CATCH 构造，错误会将控制返回到与包含 EXECUTE 语句的 TRY 块相关联的 CATCH 块；如果存储过程包含 TRY...CATCH 构造，则错误会将控制传输给存储过程中的 CATCH 块。当 CATCH 块代码完成时，控制会传递回调用存储过程的 EXECUTE 语句之后的语句。
- 不能使用 GOTO 语句输入 TRY 或 CATCH 块，使用 GOTO 语句可以跳转至同一 TRY 或 CATCH 块内的某个标签，或离开 TRY 或 CATCH 块。
- 不能在用户定义函数内使用 TRY...CATCH 构造。

错误消息：

- 在 CATCH 块的作用域内，可以使用以下系统函数来获取导致 CATCH 块执行的错误消息：ERROR_NUMBER() 返回错误号；ERROR_SEVERITY() 返回严重性；ERROR_STATE() 返回错误状态号；ERROR_PROCEDURE() 返回出现错误的存储过程或触发器的名称；ERROR_LINE() 返回导致错误的例程中的行号；ERROR_MESSAGE() 返回错误消息的完整文本。
- 如果是在 CATCH 块的作用域之外调用这些函数，则这些函数返回空值。可以从 CATCH

块作用域内的任何位置使用这些函数检索错误消息。

［例 2-28］ 下面的脚本显示了包含错误处理函数的存储过程。在 TRY...CATCH 构造的 CATCH 块中，调用了该存储过程并返回有关错误的信息。

```
USE AdventureWorks2019;
GO
/* 创建一个存储过程接收错误信息 */
CREATE PROCEDURE usp_GetErrorInfo
AS
SELECT
    ERROR_NUMBER ( ) AS ErrorNumber,
    ERROR_SEVERITY ( ) AS ErrorSeverity,
    ERROR_STATE ( ) AS ErrorState,
    ERROR_PROCEDURE ( ) AS ErrorProcedure,
    ERROR_LINE ( ) AS ErrorLine,
    ERROR_MESSAGE ( ) AS ErrorMessage;
BEGIN TRY
   SELECT 1/0; -- 产生被 0 除的错误
END TRY
BEGIN CATCH
    /* 调用存储过程 usp_GetErrorInfo 检索错误信息 */
    EXECUTE usp_GetErrorInfo;
END CATCH;
GO
/* 删除存储过程 usp_GetErrorInfo*/
IF OBJECT_ID ('usp_GetErrorInfo', 'P') IS NOT NULL
    DROP PROCEDURE usp_GetErrorInfo;
GO
```

2.2.14 T-SQL 函数过程

一般地，一旦成功地从数据库对象中检索出数据信息，就需要进一步处理这些数据，以获得有用或有意义的结果。

处理这些要求包括：执行计算与数学运算、转换数据、解析数值、组合值和聚合一个范围内的值，显示处理结果等。在 SQL Server 中，一般由函数（包含命令）、存储过程来完成这些处理结果。

（1）存储过程 Transact-SQL 中的存储过程（Stored Procedure），非常类似于 Java、C# 等高级编程语言中的方法，它可以重复调用。当存储过程执行一次后，可以将语句缓存，下次执行的时候直接使用缓存中的语句，这样就可以提高存储过程的性能。

存储过程是一组为了完成特定功能的 SQL 语句集合，经编译后存储在数据库中，用户通过指定存储过程的名称并给出参数来执行。

在存储过程中可以包含逻辑控制语句和数据操纵语句，它可以接收参数、输出参数、返回单个或多个结果集及返回值。

由于存储过程在创建时即在数据库服务器上进行了编译并存储在数据库中，所以存储过程运行要比单个的 SQL 语句块要快。同时由于在调用时只需要提供存储过程名和必要的参数信息，所以在一定程度上也可以减少网络流量、减小网络负担等。

关于存储过程的更多技术细节，将在第 3 章专门讨论，这里不再赘述。

（2）函数命令 函数的目标是返回一个值。大多数函数都返回一个标量值（scalar value），标量值代表一个数据单元或一个简单值。实际上，函数可以返回任何数据类型，包括表、游标等可以返回完整的结果集的复杂类型。

对于 SQL 函数而言，参数表示输入变量或者值的占位符。函数可以有任意个参数，有些参数是必须的，而有些参数是可选的。可选参数通常被置于以逗号隔开的参数表的末尾，以便于在函数调用中去除不需要的参数。

由于数据库引擎的内部工作机制，SQL Server 必须根据所谓的确定性，将函数分成两个不同的组。这不是一种新时代的信仰，只和能否根据其输入参数或执行对函数输出结果进行预测有关。如果函数的输出只与输入参数的值相关，而与其他外部因素无关，这个函数就是确定性函数。如果函数的输出基于环境条件，或者产生随机或者依赖结果的算法，这个函数就是非确定性的。

在函数中可能需要使用用户变量。变量既可用于输入，也可用于输出。在 T-SQL 中，对变量要在赋值前先声明，用户变量以 @ 符号开头，用于声明为特定的数据类型。可以使用 SET 或者 SELECT 语句给变量赋值，使用 SELECT 语句来替代 SET 命令的主要优点是，可以在一个操作内同时给多个变量赋值。

关于函数命令的更多技术细节，将在第 4 章专门讨论，这里不再赘述。

第3章
SQL Server 存储过程

在 SQL Server 中，存储过程（Stored Procedure）是预先编写好的能够实现某种特定功能的由一组 T-SQL 指令构成的语句集，这个语句集可以作为 T-SQL 模块化程序设计的一个组成部分，是一种应用十分广泛的数据库对象。

3.1 存储过程简介

存储过程可以包含所有合法的 T-SQL 语句，如数据存取语句、流程控制语句、错误处理语句等，使得基于 SQL Server 的数据库设计和应用程序开发的架构非常有弹性。使用时，通过指定一个存储过程名称，经过 SQL Server 一次性编译后存放在数据库引擎中，再次使用时就可以通过存储过程名和参数（如果有参数的话）直接调用。存储过程在数据库中扮演了一个非常重要的角色，它是对数据自动处理的有效手段。

SQL Server 中的存储过程与其他高级编程语言中的过程类似。使用存储过程可以做到：

- 接收输入参数并以输出参数的格式向调用过程或批处理返回多个值。
- 包含用于在数据库中执行操作（包括调用其他过程）的编程语句。
- 向调用过程或批处理返回状态值，以指明成功或失败（以及失败的原因）。

可以使用 T-SQL 的 EXECUTE 语句来运行存储过程。存储过程与函数不同，因为存储过程不返回取代其名称的值，也不能直接在表达式中使用。

在 SQL Server 中使用存储过程而不使用存储在客户端计算机本地的 Transact-SQL 程序的好处如下所列。

（1）**可识别性**　存储过程可在 SQL Server 中注册，以取得数据库系统的认可。

（2）**安全性**　存储过程具有安全特性（例如权限）和所有权链接，以及可以附加到它们的证书。用户可以被授予权限来执行存储过程而不必直接对存储过程中引用的对象具有权限。

一方面，存储过程可作为一种数据库安全机制。当用户需要访问一个或多个关系表但又没有相应的存储权限时，可以设计一个存储过程来存取这些关系表中的数据。而当一个关系表没有设定权限但对关系表的数据操作又需要进行权限控制时，也可以设计一个存储过程来作为一个访问通道，实现对不同的用户使用不同的存储过程。

另一方面，存储过程可以强制应用程序的安全性。参数化存储过程有助于保护应用程序不受 SQL 注入式攻击（SQL Injection Attack）。关于 SQL 注入式攻击在数据库安全中详述。

（3）**模块化设计**　存储过程允许模块化程序设计。存储过程一旦创建，以后即可在程序中调用任意多次。这可以改进应用程序的可维护性，并允许应用程序统一访问数据库。

（4）**可编译性**　存储过程是命名代码，允许延迟绑定。这提供了一个用于简单代码演变的间接级别。即 SQL Server 预先将存储过程编译成二进制可执行代码，在使用时无须再次编译，从而加快程序执行速度。

（5）可聚合性 基于存储过程的很多行 T-SQL 代码集合的操作可以通过一条执行存储过程的语句来执行，而不需要在网络中发送成百上千行的 T-SQL 代码，从而在基于网络的分布式应用环境中减少网络通信流量。

3.2 存储过程的分类

在 SQL Server 中，存储过程是指封装了可重用代码的模块或例程。有 3 类存储过程：系统存储过程（System Stored Procedures）、扩展存储过程（Extended Stored Procedures）、用户定义的存储过程（User Defined）。

（1）系统存储过程 SQL Server 中的许多管理活动都是通过一种特殊的存储过程执行的，这种存储过程被称为系统存储过程。例如，sys.sp_changedbowner 就是一个系统存储过程。从物理意义上讲，系统存储过程存储在源数据库中，并且带有 sp_ 前缀。从逻辑意义上讲，系统存储过程出现在每个系统定义数据库和用户定义数据库的 sys 构架中。在 SQL Server 中，可将 GRANT、DENY 和 REVOKE 权限应用于系统存储过程。

（2）扩展存储过程 扩展存储过程允许使用编程语言（例如 C）创建自己的外部例程。扩展存储过程是指 Microsoft SQL Server 的实例可以动态加载和运行的 DLL。扩展存储过程直接在 SQL Server 的实例的地址空间中运行，可以使用 SQL Server 扩展存储过程 API 完成编程。

SQL Server 支持在 SQL Server 和外部程序之间提供一个接口，以实现各种维护活动的系统存储过程。这些扩展存储程序使用 xp_ 前缀。

（3）用户定义的存储过程 用户自行创建的存储过程可以接收输入参数、向应用客户端返回表格或标量结果和消息、调用数据定义语言（DDL）和数据操作语言（DML）语句，然后返回输出参数。

在 SQL Server 中，用户自定义存储过程有两种类型：T-SQL 存储过程和 CLR 存储过程。

① T-SQL 存储过程 T-SQL 存储过程是指保存的 Transact-SQL 语句集合，可以接收和返回用户提供的参数。例如，存储过程中可能包含根据客户端应用程序提供的信息在一个或多个表中插入新行所需的语句。存储过程也可能从数据库向客户端应用程序返回数据。例如，电子商务 Web 应用程序可能使用存储过程根据联机用户指定的搜索条件返回有关特定产品的信息。

② CLR 存储过程 CLR 存储过程是指对 Microsoft .NET Framework 公共语言运行时（CLR）方法的引用，可以接收和返回用户提供的参数。它们在 .NET Framework 程序集中是作为类的公共静态方法实现的。

3.3 系统存储过程

在 SQL Server 中，许多管理活动和信息活动都可以使用系统存储过程来执行。系统存储过程可分为表 3-1 所示的几类（除非特别说明，否则所有的系统存储过程将返回一个 0 值以表示执行成功；若要表示失败，则返回一个非零值）。

表 3-1 列出了 SQL Server 系统存储过程的摘要。限于篇幅，只对一些比较实用的系统存储过程类别进一步讲解。

表3-1 SQL Server系统存储过程

类别	说明
Active Directory 存储过程	用于在 Microsoft Windows 的 Active Directory 中注册 SQL Server 实例和 SQL Server 数据库
目录存储过程	用于实现 ODBC 数据字典功能，并隔离 ODBC 应用程序，使之不受基础系统表更改的影响
变更数据捕获存储过程	用于启用、禁用或报告变更数据捕获对象
游标存储过程	用于实现游标变量功能
数据库引擎存储过程	用于 SQL Server 数据库引擎的常规维护
数据库邮件存储过程	用于从 SQL Server 实例内执行电子邮件操作
数据库维护计划存储过程	用于设置管理数据库性能所需的核心维护任务
分布式查询存储过程	用于实现和管理分布式查询
全文搜索存储过程	用于实现和查询全文索引
日志传送存储过程	用于配置、修改和监视日志传送配置
自动化存储过程	用于使标准自动化对象能够在标准 Transact-SQL 批次中使用
基于策略的管理存储过程	用于基于策略的管理
复制存储过程	用于管理复制
安全性存储过程	用于管理安全性
时间探查器存储过程	由 SQL Server Profiler 用于监视性能和活动
代理存储过程	由 SQL Server 代理用于管理计划的活动和事件驱动的活动
XML 存储过程	用于 XML 文本管理
常规扩展存储过程	用于提供从 SQL Server 实例到外部程序的接口，以便进行各种维护活动
API 系统存储过程	用于 SQL Server Native Client OLE DB 访问接口和 SQL Server Native Client ODBC 驱动程序实现数据库 API 的功能

3.3.1 Active Directory 存储过程

SQL Server 支持表 3-2 所示的系统存储过程，这些存储过程用于在 Windows Active Directory 中注册 SQL Server 和 SQL Server 数据库的实例。

表3-2 Active Directory系统存储过程

存储过程	说明
sp_ActiveDirectory_Obj	控制 Microsoft SQL Server 数据库在 Microsoft Windows Active Directory 中的注册
sp_ActiveDirectory_SCP	控制 Microsoft SQL Server 实例在 Microsoft Windows Active Directory 中的注册。sp_ActiveDirectory_SCP 的操作始终应用于 SQL Server 的已连接实例

3.3.2 目录存储过程

SQL Server 支持表 3-3 所示的系统存储过程，这些存储过程用于实现 ODBC 数据字典功能并隔离 ODBC 应用程序，使之不受基础系统表更改的影响。

表3-3 目录系统存储过程

存储过程	说明
sp_column_privileges	返回当前环境中单个表的列特权信息
sp_columns	返回当前环境中可查询的指定表或视图的列信息
sp_databases	列出驻留在 SQL Server 数据库引擎实例中的数据库或可以通过数据库网关访问的数据库
sp_fkeys	返回当前环境的逻辑外键信息。该过程显示各种外键关系，包括禁用的外键
sp_pkeys	返回当前环境中单个表的主键信息
sp_server_info	返回 SQL Server、数据库网关或基础数据源的属性名称和匹配值的列表
sp_special_columns	返回一组唯一标识表中某个行的最优列。如果事务更新了行中的某个值，则还将返回自动更新的列
sp_sproc_columns	为当前环境中的单个存储过程或用户定义函数返回列信息
sp_statistics	返回针对指定的表或索引视图的所有索引和统计信息的列表
sp_stored_procedures	返回当前环境中的存储过程列表
sp_table_privileges	返回指定的一个或多个表的表权限（如 INSERT、DELETE、UPDATE、SELECT、REFERENCES）的列表
sp_tables	返回可在当前环境中查询的对象列表。也就是说，返回任何能够在 FROM 子句中出现的对象（不包括同义词对象）

3.3.3 游标存储过程

SQL Server 支持表 3-4 所示的系统存储过程，这些存储过程用于实现游标变量功能。

表3-4 游标系统存储过程

存储过程	说明
sp_cursor_list	报告当前为连接打开的服务器游标的属性
sp_cursor	在一个表数据流 (tabular data stream ,TDS) 分组中指定 ID=1 开始调用。在一个游标提取缓冲的一行或多行上执行操作
sp_cursorclose	关闭并释放游标
sp_cursorexecute	从由 sp_cursorprepare 创建的执行计划中重新创建并填充游标
sp_cursorfetch	从游标缓冲区中提取一行或多行
sp_cursoropen	定义与游标和游标选项相关的 T-SQL 语句，然后生成游标
sp_cursoroption	设置各种游标选项
sp_cursorprepare	把与游标有关的 T-SQL 语句或批处理编译成执行计划，但并不创建游标
sp_cursorprepexec	从由 sp_cursorprepare 创建的执行计划中创建并填充游标

续表

存储过程	说明
sp_cursorunprepare	废弃由 sp_cursorprepareexec 生成的执行计划
sp_describe_cursor	报告服务器游标的属性
sp_describe_cursor_columns	报告服务器游标结果集中的列属性
sp_describe_cursor_tables	报告由服务器游标引用的对象或基表

3.3.4 数据库引擎存储过程

SQL Server 支持表 3-5 所示的系统存储过程，这些存储过程用于对 SQL Server 实例进行常规维护。

表3-5 数据库引擎系统存储过程

存储过程	说明
sp_add_data_file_recover_suspect_db	如果文件组上的空间不足 (错误 1105) 而导致对一个数据库的恢复不能完成，应向文件组中添加一个数据文件
sp_add_log_file_recover_suspect_db	如果数据库上日志空间不足 (错误 9002) 而造成恢复不能完成，应将日志文件添加到文件组中
sp_addextendedproc	向 SQL Server 注册新扩展存储过程的名称
sp_addextendedproperty	为扩展存储过程添加属性
sp_addmessage	将用户定义错误消息存储在 SQL Server 数据库引擎实例中
sp_addtype	创建别名数据类型
sp_addumpdevice	将备份设备添加到 SQL Server 数据库引擎的实例中
sp_altermessage	更改 SQL Server 数据库引擎实例中用户定义消息的状态。可以使用 sys.messages 目录视图查看用户定义的消息
sp_attach_db	将数据库附加到服务器
sp_attach_single_file_db	将只有一个数据文件的数据库附加到当前服务器。sp_attach_single_file_db 不能用于多个数据文件
sp_autostats	显示或更改索引、统计信息对象、表或索引视图的自动统计信息更新选项 AUTO_UPDATE_STATISTICS
sp_bindefault	将默认值绑定到列或绑定到别名数据类型
sp_bindrule	将规则绑定到列或绑定到别名数据类型
sp_bindsession	将会话绑定到同一 SQL Server 数据库引擎实例中的其他会话，或取消它与这些会话的绑定。绑定会话允许两个或更多的会话参与同一事务并共享锁，直到发出 ROLLBACK TRANSACTION 或 COMMIT TRANSACTION 命令
sp_certify_removable	验证是否正确配置数据库，以便在可移动媒体上分发，并向用户报告所有问题
sp_clean_db_file_free_space	删除因 SQL Server 数据修改例程而留在数据库页上的残留信息。sp_clean_db_file_free_space 仅清除数据库的一个文件中的所有页
sp_clean_db_free_space	删除因 SQL Server 数据修改例程而留在数据库页上的残留信息。sp_clean_db_free_space 清除数据库中所有文件的所有页
sp_configure	显示或更改当前服务器的全局配置设置

续表

存储过程	说明
sp_control_plan_guide	删除、启用或禁用计划指南
sp_create_plan_guide	创建用于将查询提示或实际查询计划与数据库中的查询关联的计划指南
sp_create_removable	创建可移动介质数据库。创建三个或更多文件（一为系统目录表，一为事务日志，其余文件为数据表）并将数据库置于这些文件中
sp_createstats	调用 CREATE STATISTICS 语句，以便对不是统计信息对象中第一列的列创建单列统计信息
sp_cycle_errorlog	关闭当前的错误日志文件，并循环错误日志扩展编号（就像重新启动服务器）。新错误日志包含版本和版权信息，以及表明新日志已创建的一行
sp_datatype_info	返回有关当前环境所支持的数据类型的信息
sp_dbcmptlevel	将某些数据库行为设置为与指定的 SQL Server 版本兼容
sp_dbmmonitoraddmonitoring	创建数据库镜像监视器作业，该作业可定期更新服务器实例上每个镜像数据库的镜像状态
sp_dbmmonitorchangealert	添加或更改指定镜像性能指标的警告阈值
sp_dbmmonitorchangemonitoring	更改数据库镜像监视参数的值
sp_dbmmonitordropalert	通过将阈值设置为 NULL，删除指定性能指标的警告
sp_dbmmonitordropmonitoring	停止并删除服务器实例上所有数据库的镜像监视器作业
sp_dbmmonitorhelpalert	返回若干个关键数据库镜像监视器性能指标中的一个或所有指标的警告阈值信息
sp_dbmmonitorhelpmonitoring	返回当前更新持续时间
sp_dbmmonitorresults	从存储数据库镜像监视历史记录的状态表中返回所监视数据库的状态行，并允许用户选择该过程是否预先获得最新状态
sp_dboption	显示或更改数据库选项。不要使用 sp_dboption 修改针对 master 数据库或 tempdb 数据库的选项
sp_dbremove	删除数据库及其所有相关文件
sp_delete_backuphistory	通过删除早于指定日期的备份集条目，减小备份和还原历史记录表的大小
sp_depends	显示有关数据库对象依赖关系的信息
sp_detach_db	从服务器示例中分离当前未使用的数据库，并可以选择在分离前对所有表运行 UPDATE STATISTICS
sp_dropdevice	从 SQL Server 数据库引擎实例中删除数据库设备或备份设备，并从 master.dbo.sysdevices 中删除相应的项
sp_dropextendedproc	删除扩展存储过程
sp_dropextendedproperty	删除现有的扩展存储过程的属性
sp_dropmessage	从 SQL Server 数据库引擎实例中删除指定的用户定义的错误消息。可以使用 sys.messages 目录视图查看用户定义的消息
sp_droptype	从 systypes 删除别名数据类型
sp_execute	使用指定的句柄和可选参数值执行已准备好的 T-SQL 语句
sp_executesql	执行可以多次重复使用或动态生成的 Transact-SQL 语句或批处理。Transact-SQL 语句或批处理可以包含嵌入参数
sp_getapplock	对应用程序资源设置锁

续表

存储过程	说明
sp_getbindtoken	返回事务的唯一标识符。该唯一标识符是一个字符串，用来使用 sp_bindsession 绑定会话
sp_help	报告有关数据库对象（sys.sysobjects 兼容视图中列出的所有对象）、用户定义数据类型或某种数据类型的信息
sp_helpconstraint	返回一个列表，其内容包括所有约束类型、约束类型的用户定义或系统提供的名称、定义约束类型时用到的列，以及定义约束的表达式（仅适用于 DEFAULT 和 CHECK 约束）
sp_helpdb	报告有关指定数据库或所有数据库的信息
sp_helpdevice	报告有关 SQL Server 备份设备的信息
sp_helpextendedproc	报告当前定义的扩展存储过程，以及该过程（函数）所属的动态链接库（DLL）的名称
sp_helpfile	返回与当前数据库关联的文件的物理名称及属性。使用此存储过程确定附加到服务器或从服务器分离的文件名
sp_helpfilegroup	返回与当前数据库相关联的文件组的名称及属性
sp_helpindex	报告有关表或视图上索引的信息
sp_helplanguage	报告有关某个特定的替代语言或所有语言的信息
sp_helpserver	报告某个特定远程服务器或复制服务器的信息，或者报告两种类型的所有服务器的信息。提供服务器名称、服务器的网络名称、服务器的复制状态、服务器的标识号及排序规则名称。还提供连接到链接服务器的超时值，或对链接服务器进行查询的超时值
sp_helpsort	显示 SQL Server 实例的排序顺序和字符集
sp_helpstats	返回指定表中列和索引的统计信息
sp_helptext	显示用户定义规则的定义、默认值、未加密的 Transact-SQL 存储过程、用户定义 Transact-SQL 函数、触发器、计算列、CHECK 约束、视图或系统对象（如系统存储过程）
sp_helptrigger	返回对当前数据库的指定表定义的 DML 触发器的类型。sp_helptrigger 不能用于 DDL 触发器，而用于查询系统存储过程目录视图
sp_indexoption	为用户定义的聚集索引和非聚集索引或没有聚集索引的表设置锁选项值
sp_invalidate_textptr	使事务中指定的行内文本指针或所有行内文本指针失效。sp_invalidate_textptr 只能用于行内文本指针，这些指针来自启用了 text in row 选项的表
sp_lock	报告有关锁的信息
sp_monitor	显示有关 SQL Server 的监视器信息
sp_prepare	准备参数化的 Transact-SQL 语句并返回用于执行的语句“句柄”
sp_prepexec	准备并执行参数化的 Transact-SQL 语句。sp_prepexec 结合了 sp_prepare 和 sp_execute 的功能
sp_prepexecrpc	准备和执行已使用 RPC 标识符指定的参数化存储过程调用
sp_procoption	设置自动执行的存储过程。设置为自动执行的存储过程在每次启动 SQL Server 实例时运行
sp_recompile	使存储过程和触发器在下次运行时重新编译

续表

存储过程	说明
sp_refreshview	用于更新指定的未绑定到架构视图的元数据。由于视图所依赖的基础对象的更改，视图的持久元数据会过期
sp_releaseapplock	为应用程序资源释放锁
sp_rename	在当前数据库中更改用户创建对象的名称
sp_renamedb	更改数据库的名称
sp_resetstatus	重置数据库的状态
sp_serveroption	为远程服务器和链接服务器设置服务器选项
sp_setnetname	将 sys.servers 中的网络名称设置为用于远程 SQL Server 实例的实际网络计算机名。该过程可用于启用对计算机（其网络名中包含无效的 SQL Server 标识符）的远程存储过程调用执行
sp_settriggerorder	指定第一个激发或最后一个触发的 AFTER 触发器。在第一个和最后一个触发器之间触发的 AFTER 触发器将按未定义的顺序执行
sp_spaceused	显示行数、保留的磁盘空间及当前数据库中的表、索引视图或 Service Broker 队列所使用的磁盘空间，或显示由整个数据库保留和使用的磁盘空间
sp_tableoption	设置用户定义表的选项值
sp_unbindefault	在当前数据库中为列或者别名数据类型解除（删除）默认值绑定
sp_unbindrule	在当前数据库中取消列或别名数据类型的规则绑定
sp_updatestats	对当前数据库中所有用户定义表和内部表运行 UPDATE STATISTICS
sp_unprepare	放弃由 sp_prepare 存储过程创建的执行计划
sp_validname	检查有效的 SQL Server 标识符名称。所有非二进制及非零数据，包括可使用 nchar、nvarchar 或 ntext 数据类型存储的 Unicode 数据，都是可供标识符名称使用的有效字符
sp_who	提供有关 SQL Server 数据库引擎实例中的当前用户、会话和进程的信息。可以筛选信息以便只返回那些属于特定用户或特定会话的非空闲进程

3.3.5 全文搜索存储过程

SQL Server 支持表 3-6 所示的系统存储过程，这些存储过程用于实现和查询全文索引。

表3-6　全文搜索系统存储过程

存储过程	说明
sp_fulltext_catalog	创建并删除全文目录，然后启动和停止目录的索引操作。可为每个数据库创建多个全文目录
sp_fulltext_column	指定表的某个特定列是否参与全文索引
sp_fulltext_keymappings	返回文档标识符（DocId）与全文键值之间的映射
sp_fulltext_database	标记或取消标记要编制全文索引的数据库
sp_fulltext_load_thesaurus_file	分析和加载与 LCID 对应的更新后的同义词库文件中的数据，并导致重新编译使用此同义词库的全文查询
sp_fulltext_pendingchanges	为正在使用更改跟踪的指定表返回未处理的更改，如挂起的插入、更新和删除等

续表

存储过程	说明
sp_fulltext_service	更改 SQL Server 全文搜索的服务器属性
sp_fulltext_table	标记或取消标记要编制全文索引的表
sp_help_fulltext_catalog_components	返回用于当前数据库中所有全文目录的所有组件（筛选器、断字符和协议处理程序）的列表
sp_help_fulltext_catalogs	返回指定的全文目录的 ID、名称、根目录、状态及全文索引表的数量
sp_help_fulltext_columns	返回为全文索引指定的列
sp_help_fulltext_system_components	返回注册的断字器、筛选器和协议处理程序的信息，以及已经使用指定组件的数据库和全文目录的标识符列表
sp_help_fulltext_tables	返回为全文索引注册的表的列表

3.3.6 日志传送存储过程

SQL Server 支持表 3-7 所示的系统存储过程，这些存储过程用来配置、修改和监视日志传送配置。

表3-7 日志传送系统存储过程

存储过程	说明
sp_add_log_shipping_alert_job	此存储过程用于检查是否已在此服务器上创建了警报作业。如果警报作业不存在，此存储过程将创建警报作业并将其作业 ID 添加到 log_shipping_monitor_alert 表中。默认情况下，将启用警报作业并按计划每 2 分钟运行一次
sp_add_log_shipping_primary_database	设置日志传送配置（包括备份作业、本地监视记录及远程监视记录）的主数据库
sp_add_log_shipping_primary_secondary	此存储过程可在主服务器上添加辅助数据库项
sp_add_log_shipping_secondary_database	为日志传送设置辅助数据库
sp_add_log_shipping_secondary_primary	为指定的主数据库设置主服务器信息，添加本地和远程监视器链接，并在辅助服务器上创建复制作业和还原作业
sp_change_log_shipping_primary_database	更改主数据库设置
sp_change_log_shipping_secondary_database	更改主数据库设置
sp_change_log_shipping_secondary_primary	更改辅助数据库设置
sp_cleanup_log_shipping_history	此存储过程将根据保持期，清理本地和监视服务器上的历史记录
sp_delete_log_shipping_alert_job	如果存在警报作业且不存在其他需要监视的主要和辅助数据库，则从日志传送监视服务器中删除警报作业
sp_delete_log_shipping_primary_database	该存储过程删除主数据库的日志传送，包括备份作业、本地历史记录及远程历史记录。仅当使用 sp_delete_log_shipping_primary_secondary 删除辅助数据库后，才可使用此存储过程

续表

存储过程	说明
sp_delete_log_shipping_primary_secondary	该存储过程删除主数据库的日志传送，包括备份作业、本地历史记录及远程历史记录。仅当使用 sp_delete_log_shipping_primary_secondary 删除辅助数据库后，才可使用此存储过程
sp_delete_log_shipping_secondary_database	删除主服务器上的辅助数据库项
sp_delete_log_shipping_secondary_primary	该存储过程删除辅助数据库、本地历史记录和远程历史记录
sp_help_log_shipping_alert_job	此存储过程可从辅助服务器删除有关指定主服务器的信息，并从辅助服务器删除复制作业和还原作业
sp_help_log_shipping_monitor	此存储过程将从日志传送监视器返回警报作业的作业 ID
sp_help_log_shipping_monitor_primary	返回一个结果集，其中包含主服务器、辅助服务器或监视服务器上注册的主数据库和辅助数据库的状态和其他信息
sp_help_log_shipping_monitor_secondary	从监视表返回关于辅助数据库的信息
sp_help_log_shipping_primary_database	检索主数据库设置
sp_help_log_shipping_primary_secondary	此存储过程将返回有关给定主数据库的所有辅助数据库的信息
sp_help_log_shipping_secondary_database	此存储过程可检索一个或多个辅助数据库的设置
sp_help_log_shipping_secondary_primary	此存储过程将在辅助服务器上检索给定的主数据库的设置
sp_refresh_log_shipping_monitor	此存储过程使用指定日志传送代理的给定主服务器或辅助服务器中的最新信息来刷新远程监视器表。此过程将在主服务器或辅助服务器上被调用

3.3.7 安全性存储过程

SQL Server 支持表 3-8 所示的系统存储过程，这些存储过程用于管理安全性。

表3-8 安全性系统存储过程

存储过程	说明
sp_addapprole	向当前数据库中添加应用程序角色
sp_addlinkedsrvlogin	创建或更新 SQL Server 本地实例上的登录名与远程服务器中安全账户之间的映射
sp_addlogin	创建新的 SQL Server 登录，该登录允许用户使用 SQL Server 身份验证连接到 SQL Server 实例
sp_addremotelogin	在本地服务器上添加新的远程登录 ID。这使远程服务器能够连接并执行远程过程调用
sp_addrole	在当前数据库中创建新的数据库角色
sp_addrolemember	为当前数据库中的数据库角色添加数据库用户、数据库角色、Windows 登录名或 Windows 组
sp_addserver	定义 SQL Server 本地实例的名称。此存储过程也定义远程服务器
sp_addsrvrolemember	添加登录，使其成为固定服务器角色的成员
sp_adduser	向当前数据库中添加新的用户
sp_approlepassword	更改当前数据库中应用程序角色的密码

续表

存储过程	说明
sp_changedbowner	更改当前数据库的所有者
sp_changeobjectowner	更改当前数据库中对象的所有者
sp_change_users_login	将现有数据库用户映射到 SQL Server 登录名。后续版本的 Microsoft SQL Server 将删除该功能。应避免在新的开发工作中使用该功能，并着手修改当前还在使用该功能的应用程序，改用 ALTER USER
sp_dbfixedrolepermission	显示固定数据库角色的权限。sp_dbfixedrolepermission 在 SQL Server 2000 中可返回正确的信息。该输出不反映对 SQL Server 2005 中实现的权限层次结构的更改
sp_defaultdb	更改 Microsoft SQL Server 登录名的默认数据库
sp_defaultlanguage	更改 SQL Server 登录的默认语言
sp_denylogin	防止 Windows 用户或 Windows 组连接到 SQL Server 实例
sp_dropalias	删除将当前数据库中的用户连接到 SQL Server 登录名的别名
sp_dropapprole	从当前数据库删除应用程序角色
sp_droplinkedsrvlogin	删除运行 SQL Server 的本地服务器上的登录与链接服务器上的登录之间的现有映射
sp_droplogin	删除 SQL Server 登录名。这样将阻止使用该登录名对 SQL Server 实例进行访问
sp_dropremotelogin	删除映射到本地登录的远程登录，该远程登录用于对运行 SQL Server 的本地服务器执行远程存储过程
sp_droprolemember	从当前数据库的 SQL Server 角色中删除安全账户
sp_dropserver	从本地 SQL Server 实例中的已知远程服务器和链接服务器的列表中删除服务器
sp_dropsrvrolemember	从固定服务器角色中删除 SQL Server 登录或 Windows 用户或组
sp_dropuser	从当前数据库中删除数据库用户。sp_dropuser 提供可与 SQL Server 早期版本兼容
sp_grantdbaccess	将数据库用户添加到当前数据库
sp_grantlogin	创建 SQL Server 登录名
sp_helpdbfixedrole	返回固定的数据库角色的列表
sp_helplinkedsrvlogin	提供有关某些登录映射的信息，这些登录是针对特定的链接服务器定义的，而这些链接服务器是用于分布式查询和远程存储过程的
sp_helplogins	提供有关每个数据库中的登录及相关用户的信息
sp_helpntgroup	报告在当前数据库中有账户的 Windows 组的有关信息
sp_helpremotelogin	报告已经在本地服务器上定义的某个或所有远程服务器的远程登录的有关信息
sp_helprole	返回当前数据库中有关角色的信息
sp_helprolemember	返回有关当前数据库中某个角色的成员的信息
sp_helprotect	返回一个报表，报表中包含当前数据库中某对象的用户权限或语句权限的信息
sp_helpsrvrole	返回 SQL Server 固定的服务器角色的列表
sp_helpsrvrolemember	返回有关 SQL Server 固定服务器角色成员的信息
sp_helpuser	报告有关当前数据库中数据库级主体的信息
sp_password	为 SQL Server 登录名添加或更改密码

续表

存储过程	说明
sp_remoteoption	显示或更改在运行 SQL Server 的本地服务器中定义的远程登录的选项
sp_revokedbaccess	从当前数据库中删除数据库用户
sp_revokelogin	从 SQL Server 中删除使用 CREATE LOGIN、sp_grantlogin 或 sp_denylogin 为 Windows 用户或组创建的登录项
sp_setapprole	激活与当前数据库中的应用程序角色关联的权限
sp_srvrolepermission	显示固定服务器角色的权限
sp_validatelogins	报告有关映射到 SQL Server 主体

3.3.8 XML 存储过程

SQL Server 支持表 3-9 所示的系统存储过程，这些存储过程用于 XML 文本管理。

表3-9 XML系统存储过程

存储过程	说明
sp_xml_preparedocument	读取作为输入提供的 XML 文本，然后使用 MSXML 分析器（Msxmlsql.dll）对其进行分析，并提供分析后的文档供使用。分析后的文档对 XML 文档中各节点（元素、属性、文本和注释等）用树状表示形式。sp_xml_preparedocument 返回一个句柄，可用于访问 XML 文档的新创建的内部表示形式。该句柄在会话的持续时间内有效，或者通过执行 sp_xml_removedocument 使其在句柄失效前一直有效
sp_xml_removedocument	删除文档句柄指定的 XML 文档内部表示形式并使该文档句柄无效

3.4 用户自定义的存储过程

存储过程是已保存的 Transact-SQL 语句集合，或对 Microsoft .NET Framework 公共语言运行时（CLR）方法的引用，可接收并返回用户提供的参数。用户可以创建存储过程，以便永久使用，或在一个会话（局部临时过程）中临时使用，或在所有会话（全局临时过程）中临时使用。

3.4.1 用户自定义存储过程的设计原则

几乎所有可以写成批处理的 Transact-SQL 代码都可以用来创建存储过程，但要遵循如下设计原则：

- CREATE PROCEDURE 定义自身可以包括任意数量和类型的 SQL 语句，但不能在存储过程内部的任何位置使用这些语句：CREATE AGGREGATE、CREATE DEFAULT、CREATE FUNCTION、ALTER FUNCTION、CREATE PROCEDURE、ALTER PROCEDURE、SET PARSEONLY、SET SHOWPLAN_TEXT、USE database_name、CREATE RULE、CREATE SCHEMA、CREATE TRIGGER、ALTER TRIGGER、CREATE VIEW、ALTER VIEW、SET SHOWPLAN_ALL、SET SHOWPLAN_XML。
- 其他数据库对象均可在存储过程中创建。可以引用在同一存储过程中创建的对象，只要引用时已经创建了该对象即可。

■ 可以在存储过程中引用临时表。

■ 如果在存储过程内创建本地临时表，则临时表仅为该存储过程而存在；退出该存储过程后，临时表将消失。

■ 如果执行的存储过程将调用另一个存储过程，则被调用的存储过程可以访问由第一个存储过程创建的包括临时表在内所有对象。

■ 如果执行对远程 Microsoft SQL Server 实例进行更改的远程存储过程，则不能回滚这些更改。远程存储过程不参与事务处理。

■ 存储过程中参数的最大数目为 2100。

■ 存储过程中局部变量的最大数目仅受可用内存的限制。

■ 根据可用内存的不同，存储过程最大可达 128 MB。

3.4.2 创建用户自定义存储过程

可使用 T-SQL 命令 CREATE PROCEDURE 或 CREATE PROC 创建用户自定义存储过程。

语法格式：

```
CREATE {PROC | PROCEDURE} [schema_name.] procedure_name [; number]
    [{@parameter [type_schema_name.]data_type}
        [VARYING][= default][OUT | OUTPUT][READONLY]
    ][, ...n]
[WITH <procedure_option> [, ...n]]
[FOR REPLICATION]
AS {<sql_statement>[; ][...n] | <method_specifier>}
[; ]
<procedure_option>: : =
    [ENCRYPTION]
    [RECOMPILE]
    [EXECUTE AS Clause]

<sql_statement>: : =
{[BEGIN]statements [END]}
<method_specifier>: : =
EXTERNAL NAME assembly_name.class_name.method_name
```

参数意义：

● schema_name：过程所属架构的名称。

● procedure_name：新存储过程的名称。过程名称必须遵循有关标识符的规则，并且在架构中必须唯一。极力建议不在过程名称中使用前缀 sp_，此前缀由 SQL Server 使用，以指定系统存储过程。可在 procedure_name 前面使用一个数字符号 (#)（#procedure_name）来创建局部临时过程，使用两个数字符号（##procedure_name）来创建全局临时过程。对于 CLR 存储过程，不能指定临时名称。存储过程或全局临时存储过程的完整名称（包括 ##）不能超过 128 个字符。局部临时存储过程的完整名称（包括 #）不能超过 116 个字符。

● ; number：可选整数，用于对同名的过程进行分组。使用一个 DROP PROCEDURE 语句可将这些分组过程一起删除。例如，名称为 orders 的应用程序可能使用名为 orderproc;1、orderproc;2 等的过程。DROP PROCEDURE orderproc 语句将删除整个过程组。如果名称中包含分隔标识符，则数字不应包含在标识符中；只应在 procedure_name 前后使用适当的分隔符。

● parameter：过程中的参数。在 CREATE PROCEDURE 语句中可以声明一个或多个参数。除非定义了参数的默认值或者将参数设置为等于另一个参数，否则用户必须在调用过程时为每个声明的参数提供值。存储过程最多可以有 2100 个参数。如果过程包含表值参数，并且该参数在调用中缺失，则传入空表默认值。通过将 at 符号（@）用作第一个字符来指定参数名称。参数名称必须符合有关标识符的规则。每个过程的参数仅用于该过程本身；其他过程中可以使用相同的参数名称。默认情况下，参数只能代替常量表达式，而不能用于代替表名、列名或其他数据库对象的名称。如果指定了 FOR REPLICATION，则无法声明参数。

● [type_schema_name.]data_type：参数及所属架构的数据类型。所有数据类型都可以用作 Transact-SQL 存储过程的参数。可以使用用户定义表类型来声明表值参数作为 Transact-SQL 存储过程的参数。只能将表值参数指定为输入参数，这些参数必须带有 READONLY 关键字。cursor 数据类型只能用于 OUTPUT 参数。如果指定了 cursor 数据类型，则还必须指定 VARYING 和 OUTPUT 关键字。可以为 cursor 数据类型指定多个输出参数。

● VARYING：指定作为输出参数支持的结果集。该参数由存储过程动态构造，其内容可能发生改变。仅适用于 cursor 参数。

● default：参数的默认值。如果定义了 default 值，则无须指定此参数的值即可执行过程。默认值必须是常量或 NULL。如果过程使用带 LIKE 关键字的参数，则可包含下列通配符：%、_、[] 和 [^]。

● OUTPUT：指示参数是输出参数。此选项的值可以返回给调用 EXECUTE 的语句。使用 OUTPUT 参数将值返回给过程的调用方。除非是 CLR 过程，否则 text、ntext 和 image 参数不能用作 OUTPUT 参数。使用 OUTPUT 关键字的输出参数可以为游标占位符，CLR 过程除外。不能将用户定义表类型指定为存储过程的 OUTPUT 参数。

● READONLY：指示不能在过程主体中更新或修改参数。如果参数类型为用户定义的表类型，则必须指定 READONLY。

● RECOMPILE：指示数据库引擎不缓存该过程的计划，该过程在运行时编译。如果指定了 FOR REPLICATION，则不能使用此选项。对于 CLR 存储过程，不能指定 RECOMPILE。

● ENCRYPTION：指示 SQL Server 将 CREATE PROCEDURE 语句的原始文本转换为模糊格式。模糊代码的输出在 SQL Server 的任何目录视图中都不能直接显示。对系统表或数据库文件没有访问权限的用户不能检索模糊文本。但是，可以通过 DAC 端口访问系统表的特权用户或直接访问数据文件的特权用户可以使用此文本。此外，能够向服务器进程附加调试器的用户可在运行时从内存中检索已解密的过程。

● EXECUTE AS：指定在其中执行存储过程的安全上下文。

● FOR REPLICATION：指定不能在订阅服务器上执行为复制创建的存储过程。使用 FOR REPLICATION 选项创建的存储过程可用作存储过程筛选器，且只能在复制过程中执行。如果指定了 FOR REPLICATION，则无法声明参数。对于 CLR 存储过程，不能指定 FOR REPLICATION。对于使用 FOR REPLICATION 创建的过程，忽略 RECOMPILE 选项。FOR REPLICATION 过程将在 sys.objects 和 sys.procedures 中包含 RF 对象类型。

● <sql_statement>：要包含在过程中的一个或多个 Transact-SQL 语句。

● EXTERNAL NAME assembly_name.class_name.method_name：指定 .NET Framework 程

序集的方法，以便 CLR 存储过程引用。class_name 必须为有效的 SQL Server 标识符，并且该类必须存在于程序集中。如果类包含一个使用句点（.）分隔命名空间各部分的限定命名空间的名称，则必须使用方括号（[]）或引号（" "）将类名称分隔开。指定的方法必须为该类的静态方法。

注释说明：

- 存储过程没有预定义的最大大小。
- 只能在当前数据库中创建用户定义存储过程。临时过程对此是个例外，因为它们总是在 tempdb 中创建。如果未指定架构名称，则使用创建过程的用户的默认架构。有关架构的详细信息，可参阅用户架构分离。
- 在单个批处理中，CREATE PROCEDURE 语句不能与其他 Transact-SQL 语句组合使用。
- 默认情况下，参数可为空值。如果传递 NULL 参数值并且在 CREATE 或 ALTER TABLE 语句中使用该参数，而该语句中被引用列又不允许使用空值，则数据库引擎会产生一个错误。若要阻止向不允许使用空值的列传递 NULL，应为过程添加编程逻辑，或使用 CREATE TABLE 或 ALTER TABLE 的 DEFAULT 关键字，以便对该列使用默认值。
- 建议对于临时表中的每列，显式指定 NULL 或 NOT NULL。如果在 CREATE TABLE 或 ALTER TABLE 语句中未进行指定，则 ANSI_DFLT_ON 和 ANSI_DFLT_OFF 选项将控制数据库引擎为列指派 NULL 或 NOT NULL 属性的方式。如果某个连接执行的存储过程对这些选项的设置与创建该过程时连接的设置不同，则为第二个连接创建的表列可能会有不同的为 Null 性，并且显示出不同的行为。如果为每个列显式声明了 NULL 或 NOT NULL，那么将对所有执行该存储过程的连接使用相同的为 Null 性创建临时表。
- 使用 SET 选项：在创建或修改 Transact-SQL 存储过程时，数据库引擎将保存 SET QUOTED_IDENTIFIER 和 SET ANSI_NULLS 的设置。执行存储过程时，将使用这些原始设置。因此，所有客户端会话的 SET QUOTED_IDENTIFIER 和 SET ANSI_NULLS 设置在执行存储过程时都将被忽略。在创建或更改存储过程时不保存其他 SET 选项（例如 SET ARITHABORT、SET ANSI_WARNINGS 或 SET ANSI_PADDINGS）。如果存储过程的逻辑取决于特定的设置，则应在过程开头添加一条 SET 语句，以确保设置正确。从存储过程中执行 SET 语句时，该设置只在存储过程完成之前有效。之后，设置将还原为调用存储过程时的值。这样一来，单个客户端就可以设置所需的选项，而不会影响存储过程的逻辑。
- 获得有关存储过程的信息：若要显示 Transact-SQL 存储过程的定义，应使用该过程所在的数据库中的 sys.sql_modules 目录视图；若要获取有关某过程引用的对象的报表，应查询 sys.sql_expression_dependencies 目录视图或使用 sys.dm_sql_referenced_entities 和 sys.dm_sql_referencing_entities；若要显示有关存储过程中定义的参数的信息，应使用该过程所在的数据库中的 sys.parameters 目录视图。
- 延迟名称解析：可以创建引用尚不存在的表的存储过程。在创建时只进行语法检查，直到第一次执行该存储过程时才对其进行编译，只有在编译过程中才解析存储过程中引用的所有对象。因此，如果语法正确的存储过程引用了不存在的表，则仍可以成功创建；但如果被引用的表不存在，则存储过程将在运行时失败。
- 执行存储过程：当执行用户定义的存储过程时，无论是在批处理中还是在模块（例如用户定义的存储过程或函数）内，极力建议使用架构名称来限定存储过程名。如果存储过程编写为可以接收参数值，则可以提供参数值，该值必须是常量或变量，不能指定函数名作为参数值。变量可以是用户定义变量或系统变量，例如 @@SPID。第一次执行某个过程时，将编译该过程以确定检索数据的最优访问计划。如果已经生成的计划仍保留在数据库引擎计划缓存中，则存储过程随后执行的操作可能重新使用该计划。

● 使用 cursor 数据类型的参数：Transact-SQL 存储过程只能将 cursor 数据类型用于 OUTPUT 参数。如果为某个参数指定了 cursor 数据类型，则还需要 VARYING 和 OUTPUT 参数。如果为某个参数指定了 VARYING 关键字，则数据类型必须是 cursor，并且必须指定 OUTPUT 关键字。

● 临时存储过程：数据库引擎支持两种临时过程：局部临时过程和全局临时过程。局部临时过程只对创建该过程的连接可见，全局临时过程则可由所有连接使用。局部临时过程在当前会话结束时将被自动删除，全局临时过程在使用该过程的最后一个会话结束时被删除。

● 自动执行存储过程：SQL Server 启动时可以自动执行一个或多个存储过程。这些存储过程必须由系统管理员在 master 数据库中创建，并以 sysadmin 固定服务器角色作为后台进程执行，这些过程不能有任何输入或输出参数。有关详细信息，可参阅自动执行存储过程。

● 存储过程嵌套：存储过程可以被嵌套，这表示一个存储过程可以调用另一个存储过程。在被调用过程开始运行时，嵌套级将增加；在被调用过程运行结束后，嵌套级将减少。

3.4.3 执行用户自定义存储过程

执行用户自定义存储过程（不管是在批处理中还是在模块内，例如在用户定义存储过程或函数中）时，极力建议至少用架构名称限定存储过程名称。

可以使用 T-SQL 命令 EXCUTE 来执行存储过程。实际上，除了用户定义存储过程外，EXECUTE 不仅可以执行系统存储过程、扩展存储过程、标量值用户定义函数等模块，还可以执行 Transact-SQL 批中的命令字符串、字符串等。

语法格式：

```
Execute a stored procedure or function
[{EXEC | EXECUTE}]
    {
      [@return_status =]
      {module_name [; number] | @module_name_var}
        [[@parameter =]{value
                  | @variable [OUTPUT]
                  | [DEFAULT]
                 }
        ]
      [, ...n]
      [WITH RECOMPILE]
    }
[; ]

Execute a character string
{EXEC | EXECUTE}
        ({@string_variable | [N] 'tsql_string'} [+ ...n])
    [AS {LOGIN | USER} = 'name']
```

```
[; ]

Execute a pass-through command against a linked server
{EXEC | EXECUTE}
        ({@string_variable | [N] 'command_string [?]'} [+ ...n]
        [{, {value | @variable [OUTPUT]}} [...n]]
        )
    [AS {LOGIN | USER} = 'name']
    [AT linked_server_name]
[; ]
```

参数意义：

- @return_status：可选的整型变量，存储模块的返回状态。这个变量在用于 EXECUTE 语句前，必须在批处理、存储过程或函数中声明过。在用于调用标量值用户定义函数时，@return_status 变量可以为任意标量数据类型。
- module_name：要调用的存储过程或标量值用户定义函数的完全限定或者不完全限定名称。模块名称必须符合标识符规则。无论服务器的排序规则如何，扩展存储过程的名称总是区分大小写。用户可以执行在另一数据库中创建的模块，只要运行模块的用户拥有此模块或具有在该数据库中执行该模块的适当权限即可。用户可以在另一台运行 SQL Server 的服务器中执行模块，只要该用户有相应的权限使用该服务器（远程访问），并能在数据库中执行该模块即可。如果指定了服务器名称但没有指定数据库名称，则 SQL Server 数据库引擎会在用户的默认数据库中查找该模块。
- ; number：可选整数，用于对同名的过程分组。该参数不能用于扩展存储过程。
- @module_name_var：局部定义的变量名，代表模块名称。
- @parameter：module_name 的参数，与在模块中定义的相同。参数名称前必须加上符号（@）。在与 @parameter_name=value 格式一起使用时，参数名和常量不必按它们在模块中定义的顺序提供。但是，如果对任何参数使用了 @parameter_name=value 格式，则对所有后续参数都必须使用此格式。默认情况下，参数可为空值。
- value：传递给模块或传递命令的参数值。如果参数名称没有指定，参数值必须以在模块中定义的顺序提供。对链接服务器执行传递命令时，参数值的顺序取决于链接服务器的 OLE DB 访问接口。大多数 OLE DB 访问接口按从左到右的顺序将值绑定到参数。如果参数值是一个对象名、字符串或由数据库名称或架构名称限定，则整个名称必须用单引号括起来；如果参数值是一个关键字，则该关键字必须用双引号括起来；如果在模块中定义了默认值，用户执行该模块时可以不必指定参数。默认值也可以为 NULL。通常，模块定义会指定当参数值为 NULL 时应该执行的操作。
- @variable：用来存储参数或返回参数的变量。
- OUTPUT：指定模块或命令字符串返回一个参数。该模块或命令字符串中的匹配参数也必须已使用关键字 OUTPUT 创建。使用游标变量作为参数时使用该关键字。如果 value 定义为对链接服务器执行的模块的 OUTPUT，则 OLE DB 访问接口对相应 @parameter 所执行的任何更改都将在此模块执行结束时复制回此变量；如果正在使用 OUTPUT 参数，并且使用的目的是在执行调用的批处理或模块内的其他语句中使用其返回值，则此参数的值必须作为变量传递，如 @parameter = @variable。如果一个参数在模块中没有定义为 OUTPUT 参数，则不能通过对该参数指定 OUTPUT 执行模块。不能使用 OUTPUT 将常量传递给模块；返回参数需要变量名称。在执行过程之前，必须声明变量的数据类型并赋值。当对远程存储过程使用 EXECUTE 或对链接服务器执行传递命令时，OUTPUT 参数不能是任何大型对象（LOB）数据类型，返回参数可以是 LOB 数据类型之外的任意数据类型。

● DEFAULT：根据模块的定义，提供参数的默认值。当模块需要的参数值没有定义默认值并且缺少参数或指定了 DEFAULT 关键字时，会出现错误。

● WITH RECOMPILE：执行模块后，强制编译、使用和放弃新计划。如果该模块存在现有查询计划，则该计划将保留在缓存中。如果所提供的参数为非典型参数或者数据有很大的改变，则使用该选项。该选项不能用于扩展存储过程，建议尽量少使用该选项，因为它消耗较多系统资源。

● @string_variable：局部变量的名称，@string_variable 可以是任意 char、varchar、nchar 或 nvarchar 数据类型，其中包括（max）数据类型。

● [N] 'tsql_string'：常量字符串。tsql_string 可以是任意 nvarchar 或 varchar 数据类型。如果包含 N，则字符串将解释为 nvarchar 数据类型。

● LOGIN：指定要模拟的上下文是登录名。模拟范围为服务器。

● USER：指定要模拟的上下文是当前数据库中的用户。模拟范围只限于当前数据库。对数据库用户的上下文切换不会继承该用户的服务器级别权限。重要提示：当到数据库用户的上下文切换处于活动状态时，任何对数据库外部资源的访问尝试都会导致语句失败。这包括 USE database 语句、分布式查询和使用三部分或四部分标识符引用其他数据库的查询。若要将上下文切换的范围扩展到当前数据库之外，可参阅使用 EXECUTE AS 扩展数据库模拟。

● 'name'：有效的用户名或登录名。name 必须是 sysadmin 固定服务器角色的成员或分别为 sys.database_principals 或 sys.server_principals 的主体。name 不能为内置账户，如 NT AUTHORITY\LocalService、NT AUTHORITY\NetworkService 或 NT AUTHORITY\LocalSystem。

● [N] 'command_string'：常量字符串，包含要传递给链接服务器的命令。如果包含 N，则字符串将解释为 nvarchar 数据类型。

● [?]：指示参数，该参数的值在 EXEC('…', <arg-list>) AT <linkedsrv> 语句中所使用的 <arg-list> 传递命令中提供。

● AT linked_server_name：指定对 linked_server_name 执行 command_string，并将结果（如果有）返回客户端。linked_server_name 必须引用本地服务器中的现有链接服务器定义。链接服务器使用 sp_addlinkedserver 定义。

注释说明：

● 可以使用 value 或 @parameter_name = value 来提供参数。参数不是事务的一部分，如果在以后将回滚的事务中更改了参数，则此参数的值不会恢复为其以前的值，返回给调用方的值总是模块返回时的值。

● 当一个模块调用其他模块或通过引用公共语言运行时（CLR）模块、用户定义类型或聚合执行托管代码时，将出现嵌套。当开始执行调用模块或托管代码引用时，嵌套级别将增加，而当调用模块或托管代码引用完成时，嵌套级别将减少。嵌套级别最高为 32 级，超过 32 级时，会导致整个调用链失败。当前的嵌套级别存储在 @@NESTLEVEL 系统函数中。因为远程存储过程和扩展存储过程不在事务的范围内（除非在 BEGIN DISTRIBUTED TRANSACTION 语句中发出或者是和不同的配置选项一起使用），所以通过调用执行的命令不能回滚。当使用游标变量时，如果执行的过程传递一个分配有游标的游标变量，就会出错。在执行模块时，如果语句是批处理中的第一个语句，则不一定要指定 EXECUTE 关键字。

• 在存储过程中使用 EXECUTE：在执行存储过程时，如果语句是批处理中的第一个语句，则不一定要指定 EXECUTE 关键字。SQL Server 系统存储过程以字符 sp_ 开头。这些存储过程物理上存储在资源数据库中，但逻辑上出现在每个系统数据库和用户定义数据库的 sys 架构中。在批处理或模块（如用户定义存储过程或函数）中执行系统存储过程时，建议使用 sys 架构名称限定存储过程名称。SQL Server 系统扩展存储过程以字符 xp_ 开头，这些存储过程包含在 master 数据库的 dbo 架构中。在批处理或模块（如用户定义存储过程或函数）内执行系统扩展存储过程时，建议使用 master.dbo 限定存储过程名称。在批处理或模块（如用户定义存储过程或函数）内执行用户定义存储过程时，建议使用架构名限定存储过程名称。建议不要使用与系统存储过程相同的名称命名用户定义存储过程。有关执行存储过程的详细信息，可参阅执行存储过程（数据库引擎）。

3.4.4 删除用户自定义存储过程

可以通过 T-SQL 命令 DROP PROCEDURE 删除指定的存储过程或存储过程组。建议在删除之前判定存储过程的存在性。

语法格式：

```
DROP {PROC | PROCEDURE} {[schema_name.]procedure} [, ...n]
```

参数意义：

• schema_name：过程所属架构的名称。不能指定服务器名称或数据库名称。

• procedure：要删除的存储过程或存储过程组的名称。过程名称必须遵循有关标识符的规则。

注释说明：

• 若要查看过程名称的列表，应使用 sys.objects 目录视图。若要显示过程定义，应使用 sys.sql_modules 目录视图。删除某个存储过程时，也将从 sys.objects 和 sys.sql_modules 目录视图中删除有关该过程的信息。

• 不能删除编号过程组内的单个过程；但可删除整个过程组。

3.4.5 修改用户自定义存储过程

可以通过 T-SQL 命令 ALTER PROCEDURE 修改先前通过执行 CREATE PROCEDURE 语句创建的过程。ALTER PROCEDURE 不会更改权限，也不影响相关的存储过程或触发器。但是，当修改存储过程时，QUOTED_IDENTIFIER 和 ANSI_NULLS 的当前会话设置包含在该存储过程中。如果设置不同于最初创建存储过程时有效的设置，则存储过程的行为可能会更改。

语法格式：

```
ALTER {PROC | PROCEDURE} [schema_name.] procedure_name [; number]
    [{@parameter [type_schema_name.]data_type}
    [VARYING][= default][[OUT [PUT]
    ] [, ...n]
[WITH <procedure_option> [, ...n]]
```

```
[FOR REPLICATION]
AS
     {<sql_statement> [...n] | <method_specifier>}

<procedure_option> : : =
    [ENCRYPTION]
    [RECOMPILE]
    [EXECUTE_AS_Clause]

<sql_statement> : : =
{[BEGIN]statements [END]}

<method_specifier> : : =
EXTERNAL NAME
assembly_name.class_name.method_name
```

参数意义：

- schema_name：过程所属架构的名称。
- procedure_name：要更改的过程的名称。过程名称必须符合标识符规则。
- ; number：现有的可选整数，该整数用来对具有同一名称的过程进行分组，以便可以用一个 DROP PROCEDURE 语句全部删除它们。
- @ parameter：过程中的参数。最多可以指定 2100 个参数。
- [type_schema_name.]data_type：参数及其所属架构的数据类型。
- VARYING：指定作为输出参数支持的结果集。此参数由存储过程动态构造，并且其内容可以不同。仅适用于游标参数。
- default：参数的默认值。
- OUTPUT：指示参数是返回参数。
- RECOMPILE：指示 SQL Server 数据库引擎不会缓存该过程的计划，该过程在运行时重新编译。
- ENCRYPTION：指示数据库引擎会将 ALTER PROCEDURE 语句的原始文本转换为模糊格式。模糊代码的输出在 SQL Server 的任何目录视图中都不能直接显示。对系统表或数据库文件没有访问权限的用户不能检索模糊文本。但是，可以通过 DAC 端口访问系统表的特权用户或直接访问数据文件的特权用户可以使用此文本。此外，能够向服务器进程附加调试器的用户可在运行时从内存中检索原始过程。使用此选项创建的过程不能作为 SQL Server 复制的一部分发布。不能为公共语言运行时（CLR）存储过程指定此选项。
- EXECUTE AS：指定访问存储过程后执行该存储过程所用的安全上下文。
- FOR REPLICATION：指定不能在订阅服务器上执行为复制创建的存储过程。使用 FOR REPLICATION 选项创建的存储过程可用作存储过程筛选，且只能在复制过程中执行。如果指定了 FOR REPLICATION，则无法声明参数。对于使用 FOR REPLICATION 创建的过程，忽略 RECOMPILE 选项。
- AS：过程将要执行的操作。
- <sql_statement>：过程中要包含的任意数目和类型的 Transact-SQL 语句。但有一些限制。

● EXTERNAL NAME assembly_name.class_name.method_name：指定Microsoft.NET Framework程序集的方法，以便CLR存储过程引用。class_name必须为有效的SQL Server标识符，并且必须作为类存在于程序集中。如果类具有使用句点（.）分隔命名空间部分的命名空间限定名称，则必须使用方括号（[]）或引号（" "）来分隔类名。指定的方法必须为该类的静态方法。

3.5 存储过程应用实例

3.5.1 系统存储过程的应用

［例3-1］ 返回单个数据库的信息。以下示例显示有关AdventureWorks2019数据库的信息。

```
EXEC sp_helpdb N 'AdventureWorks2019';
```

［例3-2］ 返回所有数据库的信息。以下示例显示有关运行SQL Server的服务器上所有数据库的信息。

```
EXEC sp_helpdb;
```

［例3-3］ 使用游标。以下示例将打开一个全局游标，并使用sp_cursor_list报告该游标的属性。

```
USE AdventureWorks2019;
GO
/* 定义并打开一个键集驱动（keyset-driven）的游标 */
DECLARE abc CURSOR KEYSET FOR
   SELECT LastName
   FROM Person.Person
   WHERE LastName LIKE 'S%';
OPEN abc;
/* 定义一个游标变量以承接从 sp_cursor_list 输出的游标变量 */
DECLARE @Report CURSOR;
/* 调用 sp_cursor_list*/
EXEC master.dbo.sp_cursor_list @cursor_return = @Report OUTPUT, @cursor_scope = 2;
/* 提取所有从 sp_cursor_list 输出的游标 */
FETCH NEXT from @Report;
WHILE (@@FETCH_STATUS <> -1)
BEGIN
   FETCH NEXT from @Report;
END
/* 关闭并回收来自 sp_cursor_list 的临时游标 */
CLOSE @Report;
```

```
DEALLOCATE @Report;
/* 关闭并回收全局游标 */
CLOSE abc;
DEALLOCATE abc;
GO
```

3.5.2 用户自定义存储过程的应用

［例3-4］ 使用不带参数的简单过程。以下存储过程将从HumanResources. vEmployeeDepartment视图中返回所有雇员（提供姓和名）、职务及部门名称。此存储过程不使用任何参数。

```
USE AdventureWorks2019;
GO
IF OBJECT_ID('uspGetAllEmployees', 'P') IS NOT NULL
    DROP PROCEDURE uspGetAllEmployees;
GO
CREATE PROCEDURE uspGetAllEmployees
AS
    SET NOCOUNT ON;
    SELECT LastName, FirstName, JobTitle, Department
    FROM HumanResources.vEmployeeDepartment;
GO
EXECUTE uspGetAllEmployees;
GO
```

［例3-5］ 使用带有参数的简单过程。下面的存储过程只从视图中返回指定的雇员（提供名和姓）及其职务和部门名称。此存储过程接收与传递的参数精确匹配值。

```
USE AdventureWorks2019;
GO
IF OBJECT_ID('dbo.uspGetEmployees', 'P') IS NOT NULL
    DROP PROCEDURE dbo.uspGetEmployees;
GO
CREATE PROCEDURE dbo.uspGetEmployees
    @LastName nvarchar(50),
    @FirstName nvarchar(50)
AS

    SET NOCOUNT ON;
    SELECT FirstName, LastName, JobTitle, Department
    FROM HumanResources.vEmployeeDepartment
    WHERE FirstName = @FirstName AND LastName = @LastName;
GO
```

```
/* 调用过程 dbo.uspGetEmployees，三种方式等价 */
EXECUTE dbo.uspGetEmployees N' Ackerman', N 'Pilar';
EXECUTE dbo.uspGetEmployees @LastName = N 'Ackerman', @FirstName = N 'Pilar';
EXECUTE dbo.uspGetEmployees @FirstName = N 'Pilar', @LastName = N 'Ackerman';
GO
```

［例 3-6］ 使用带有通配符参数的简单过程。以下存储过程只从视图中返回指定的一些雇员（提供名和姓）及其职务和部门名称。此存储过程模式与所传递的参数相匹配，如果未提供参数，则使用预设的默认值（以字母 D 打头的姓）。

```
USE AdventureWorks2019;
GO
IF OBJECT_ID ('HumanResources.uspGetEmployees2', 'P') IS NOT NULL
    DROP PROCEDURE HumanResources.uspGetEmployees2;
GO
CREATE PROCEDURE HumanResources.uspGetEmployees2
    @LastName nvarchar (50) = N 'D%',
    @FirstName nvarchar (50) = N '%'
AS
    SET NOCOUNT ON;
    SELECT FirstName, LastName, JobTitle, Department
    FROM  HumanResources.vEmployeeDepartment
    WHERE FirstName LIKE @FirstName AND LastName LIKE @LastName;
GO

/* 多种组合方式调用 uspGetEmployees2 存储过程 */
EXECUTE HumanResources.uspGetEmployees2;
EXECUTE HumanResources.uspGetEmployees2 N 'Wi%';
EXECUTE HumanResources.uspGetEmployees2 @FirstName = N '%';
EXECUTE HumanResources.uspGetEmployees2 N '[CK]ars[OE]n';
EXECUTE HumanResources.uspGetEmployees2 N 'Hesse', N 'Stefen';
EXECUTE HumanResources.uspGetEmployees2 N 'H%', N 'S%';
GO
```

［例 3-7］ 返回多个结果集。以下存储过程返回两个结果集。

```
USE AdventureWorks2019;
GO
IF OBJECT_ID ('dbo.uspMultiResults', 'P') IS NOT NULL
    DROP PROCEDURE dbo.uspMultiResults;
GO
CREATE PROCEDURE dbo.uspMultiResults
AS
```

```
SELECT COUNT(BusinessEntityID) FROM Person.Person
SELECT COUNT(CustomerID) FROM Sales.Customer;
GO
EXECUTE dbo.uspMultiResults;
```

[例 3-8] 使用 OUTPUT 参数。以下示例将创建并使用 uspGetList 存储过程，此过程将返回价格不超过指定数值的产品的列表。此示例显示如何使用多个 SELECT 语句和多个 OUTPUT 参数。OUTPUT 参数允许外部过程、批处理或多条 Transact-SQL 语句在过程执行期间访问设置的某个值。

```
USE AdventureWorks2019;
GO
IF OBJECT_ID('Production.uspGetList', 'P') IS NOT NULL
    DROP PROCEDURE Production.uspGetList;
GO
/*创建存储过程 uspGetList，返回价格不超过指定数值的产品的列表*/
CREATE PROCEDURE Production.uspGetList
    @Product varchar(40),
    @MaxPrice money,
    @ComparePrice money OUTPUT,
    @ListPrice money OUT
AS
BEGIN
    SET NOCOUNT ON;
    SELECT p.[Name] AS Product, p.ListPrice AS 'List Price'
    FROM Production.Product AS p
    JOIN Production.ProductSubcategory AS s
      ON p.ProductSubcategoryID = s.ProductSubcategoryID
    WHERE s.[Name] LIKE @Product AND p.ListPrice < @MaxPrice;
    -- 设置输出变量 @ListPprice
    SET @ListPrice = (SELECT MAX(p.ListPrice)
        FROM Production.Product AS p
        JOIN  Production.ProductSubcategory AS s
          ON p.ProductSubcategoryID = s.ProductSubcategoryID
        WHERE s.[Name] LIKE @Product AND p.ListPrice < @MaxPrice);

   -- 设置输出变量 @ComparePrice
   SET @ComparePrice = @MaxPrice;
END
GO
/*执行存储过程 uspGetList，返回价格低于 $700 的产品的列表*/
DECLARE @ComparePrice money, @Cost money
EXECUTE Production.uspGetList '%Bikes%', 700,
```

```
    @ComparePrice OUTPUT,
    @Cost OUTPUT
IF @Cost <= @ComparePrice
BEGIN
    PRINT 'These products can be purchased for less than
    $'+RTRIM(CAST(@ComparePrice AS varchar(20)))+'.'
END
ELSE
    PRINT 'The prices for all products in this category exceed
    $' + RTRIM(CAST(@ComparePrice AS varchar(20))) + '.'
GO
```

[例 3-9] 使用 WITH ENCRYPTION 选项可阻止返回存储过程的定义。以下示例将创建 dbo.uspEncryptThis 存储过程并阻止输出其定义。

```
USE AdventureWorks2019;
GO
IF OBJECT_ID ( 'dbo.uspEncryptThis', 'P' ) IS NOT NULL
    DROP PROCEDURE dbo.uspEncryptThis;
GO
/* 使用 WITH ENCRYPTION 选项阻止输出存储过程的定义 */
CREATE PROCEDURE dbo.uspEncryptThis
WITH ENCRYPTION
AS
BEGIN
    SET NOCOUNT ON;
    SELECT BusinessEntityID, JobTitle, NationalIDNumber, VacationHours, SickLeaveHours
    FROM HumanResources.Employee;
END
GO
/* 执行 sp_helptext 验证能否输出存储过程定义 */
EXEC sp_helptext 'dbo.uspEncryptThis';
GO
```

[例 3-10] 下面的示例创建一个存储过程 uspGetManagerOfEmployees 以获取特定管理者信息。该存储过程需要一个参数（@BusinessEntityID），调用时可以向过程隐式传递参量，也可以显式传递参量。

```
USE AdventureWorks2019;
GO
SET ANSI_NULLS ON
```

```
GO
SET QUOTED_IDENTIFIER ON
GO
/* 判断对象的存在性 */
IF OBJECT_ID ( 'dbo.uspGetManagerOfEmployees', 'P' ) IS NOT NULL
    DROP PROCEDURE dbo.uspGetManagerOfEmployees;
GO
/* 获取特定管理者信息 */
CREATE PROCEDURE dbo.uspGetManagerOfEmployees
    @BusinessEntityID int
AS
BEGIN
    SET NOCOUNT ON;
    -- 使用递归查询列出特定管理者所管理的所有员工
   -- 定义 EMP_cte 的名称和所有列。cte ( Common Table Expression )
    WITH EMP_cte ( BusinessEntityID, OrganizationNode, FirstName, LastName,
             JobTitle, RecursionLevel )
   AS (
        -- 获取初始员工列表
        SELECT e.BusinessEntityID, e.OrganizationNode, p.FirstName, p.LastName,
               e.JobTitle, 0
        FROM HumanResources.Employee e
             INNER JOIN Person.Person as p
             ON p.BusinessEntityID = e.BusinessEntityID
        WHERE e.BusinessEntityID = @BusinessEntityID
        UNION ALL
        SELECT e.BusinessEntityID, e.OrganizationNode, p.FirstName, p.LastName,
               e.JobTitle, RecursionLevel + 1
        FROM HumanResources.Employee e
            INNER JOIN EMP_cte
            ON e.OrganizationNode = EMP_cte.OrganizationNode.GetAncestor (1)
            INNER JOIN Person.Person p
            ON p.BusinessEntityID = e.BusinessEntityID
   )
    -- 返回管理者名称
    SELECT EMP_cte.RecursionLevel, EMP_cte.BusinessEntityID, EMP_cte.FirstName,
       EMP_cte.LastName, EMP_cte.OrganizationNode.ToString ( ) AS OrganizationNode,
       p.FirstName AS 'ManagerFirstName', p.LastName AS 'ManagerLastName'
    FROM EMP_cte
        INNER JOIN HumanResources.Employee e
        ON EMP_cte.OrganizationNode.GetAncestor (1) = e.OrganizationNode
        INNER JOIN Person.Person p
```

```
        ON p.BusinessEntityID = e.BusinessEntityID
    ORDER BY RecursionLevel, EMP_cte.OrganizationNode.ToString ( )
    OPTION (MAXRECURSION 25)
END;
GO
/* 隐式传递参量执行存储过程 uspGetManagerOfEmployees*/
EXECUTE dbo.uspGetManagerOfEmployees 6;
GO
/* 显式传递参量执行存储过程 uspGetManagerOfEmployees*/
EXEC dbo.uspGetManagerOfEmployees @BusinessEntityID = 6;
GO
```

[例 3-11] 以下示例将删除当前数据库中名称为 dbo.uspMyProc 的存储过程。

```
DROP PROCEDURE dbo.uspMyProc;
```

第 4 章
SQL Server 函数命令

SQL Server 提供了许多内置函数，同时也允许用户创建自定义的函数。

4.1 函数的确定性

SQL Server 内置函数可以是确定的或是不确定的。

如果任何时候用一组特定的输入值调用内置函数，返回的结果总是相同的，则这些内置函数为确定的。如果每次调用内置函数时，即使用的是同一组特定输入值，也总返回不同结果，则这些内置函数为不确定的。

有多种用户定义函数的属性可通过对调用函数的计算列进行索引或通过引用函数的索引视图，确定 SQL Server 数据库引擎为函数的结果建立索引的功能。函数的确定性是一个属性。例如，如果一个视图引用了任何不确定性函数，则无法对该视图创建聚集索引。

用户无法影响任何内置函数的确定性。每个内置函数都根据 SQL Server 实现该函数的方式而分为确定性函数或非确定性函数。

所有聚合和字符串内置函数都是确定性函数。除聚合函数和字符串函数之外，下列内置函数也始终是确定性函数：ATAN、ATN2、CEILING、COALESCE、COS、COT、DATALENGTH、DATEADD、EXP、FLOOR、ISNULL、ISNUMERIC、LOG、LOG10、MONTH、NULLIF、SIGN、SIN、SQUARE、SQRT、TAN、YEAR。

所有配置、游标、元数据、安全和系统统计函数都是非确定性函数。其他类别中的下列内置函数也始终为非确定性函数：@@CONNECTIONS、@@CPU_BUSY、@@DBTS、@@IDLE、@@IO_BUSY、@@MAX_CONNECTIONS、@@PACK_RECEIVED、@@PACK_SENT、@@PACKET_ERRORS、@@TIMETICKS、@@TOTAL_ERRORS、@@TOTAL_READ、@@TOTAL_WRITE、CURRENT_TIMESTAMP、GETDATE、GETUTCDATE、GET_TRANSMISSION_STATUS、MIN_ACTIVE_ROWVERSION、NEWID、NEWSEQUENTIALID、PARSENAME、RAND、TEXTPTR。

4.2 函数的分类

按照操作对象来分，大致可分为集合函数和标量函数两大类，如表 4-1 所示。

表4-1　函数的分类

函数类别	函数	说明
集合函数	聚合函数	对一组值进行运算，但返回一个汇总值
	排名函数	对分区中的每一行均返回一个排名值
	行集函数	返回可在 SQL 语句中像表引用一样使用的对象
标量函数	日期和时间函数	对日期和时间输入值执行运算，然后返回字符串、数字或日期和时间值
	字符串函数	对字符串 (char 或 varchar) 输入值执行运算，然后返回一个字符串或数字值
	文本和图像函数	对文本或图像输入值或列执行运算，然后返回有关值的信息
	数学函数	基于作为函数的参数提供的输入值执行运算，然后返回数字值
	系统函数	执行运算后返回 SQL Server 实例中有关值、对象和设置的信息
	配置函数	返回当前配置信息
	元数据函数	返回有关数据库和数据库对象的信息
	安全函数	返回有关用户和角色的信息
	游标函数	返回游标信息
	加密函数	支持加密、解密、数字签名及数字签名验证

限于篇幅，笔者只对一些实用的内置函数进行详细说明。

4.3 聚合函数

聚合函数对一组值执行计算，并返回单个值。除了 COUNT 以外，聚合函数都会忽略空值。聚合函数经常与 SELECT 语句的 GROUP BY 子句一起使用。主要包括：AVG、CHECKSUM_AGG、COUNT、COUNT_BIG、GROUPING、MAX、MIN、SUM、STDEV、STDEVP、VAR、VARP。

所有聚合函数均为确定性函数。这表示任何时候使用一组特定的输入值调用聚合函数，所返回的值都是相同的。有关函数确定性的详细信息，可参阅确定性函数和不确定性函数。OVER 子句可以跟在除 CHECKSUM 以外的所有聚合函数后面。

聚合函数只能在以下位置作为表达式使用：

- SELECT 语句的选择列表（子查询或外部查询）。
- COMPUTE 或 COMPUTE BY 子句。
- HAVING 子句。

下面介绍一些常用的聚合函数。

4.3.1 AVG 函数

AVG 函数返回组中各值的平均值，将忽略空值。后面可能跟随 OVER 子句。

语法格式：

```
AVG ( [ALL | DISTINCT]expression )
```

参数意义:

● ALL：对所有的值进行聚合函数运算。ALL 是默认值。

● DISTINCT：指定 AVG 只在每个值的唯一实例上执行，而不管该值出现了多少次。

● expression：精确数值或近似数值数据类别（bit 数据类型除外）的表达式。不允许使用聚合函数和子查询。

返回类型:

● 由 expression 的计算结果类型确定。

注释说明:

● 如果 expression 是别名数据类型，则返回类型也具有别名数据类型。但是，如果别名数据类型的基本数据类型得到提升（例如，从 tinyint 提升到 int），则返回值具有提升的数据类型，而非别名数据类型。

● AVG（）可计算一组值的平均值，方法是用一组值的总和除以非空值的计数。如果值的总和超过返回值数据类型的最大值，将返回错误。

［例 4-1］ 使用 AVG（带 DISTINCT）。以下语句返回产品的平均标价。

```
USE AdventureWorks2019;
GO
SELECT AVG(DISTINCT ListPrice)
FROM Production.Product;
```

4.3.2 COUNT 函数

COUNT 函数返回组中的项数。后面可能跟随 OVER 子句。

语法格式:

```
COUNT({[[ALL | DISTINCT]expression] | *})
```

参数意义:

● ALL：对所有的值进行聚合函数运算。ALL 是默认值。

● DISTINCT：指定 COUNT 返回唯一非空值的数量。

● expression：除 text、image 或 ntext 以外任何类型的表达式。不允许使用聚合函数和子查询。

● *：指定应该计算所有行以返回表中行的总数。COUNT(*) 不需要任何参数，而且不能与 DISTINCT 一起使用。COUNT(*) 不需要 expression 参数，因为根据定义，该函数不使用有关任何特定列的信息。COUNT(*) 返回指定表中行数而不删除副本，它对各行分别计数，包括包含空值的行。

注释说明:

● COUNT(*) 返回组中的项数。包括 NULL 值和重复项。

● COUNT（ALL expression）对组中的每一行都计算 expression 并返回非空值的数量。

● COUNT（DISTINCT expression）对组中的每一行都计算 expression 并返回唯一非空值的数量。

［例 4-2］ 以下示例计算 Adventure Works Cycles 的雇员总数。

```
USE AdventureWorks2019;
GO
SELECT COUNT(*) FROM HumanResources.Employee;
GO
```

4.3.3 SUM 函数

SUM 函数返回表达式中所有值的和或仅非重复值的和。SUM 只能用于数字列。空值将被忽略。后面可以跟 OVER 子句。

语法格式：

```
SUM([ALL | DISTINCT]expression)
```

参数意义：

- ALL：对所有的值应用此聚合函数。ALL 是默认值。
- DISTINCT：指定 SUM 返回唯一值的和。
- expression：常量、列或函数与算术、位和字符串运算符的任意组合。expression 是精确数字或近似数字数据类型类别（bit 数据类型除外）的表达式。不允许使用聚合函数和子查询。

返回类型：

- 以最精确的 expression 数据类型返回所有 expression 值的和。

［例 4-3］ 在聚合中使用 SUM。以下示例显示了提供汇总数据的聚合函数。

```
USE AdventureWorks2019;
GO
SELECT Color, SUM(ListPrice), SUM(StandardCost)
FROM Production.Product
WHERE Color IS NOT NULL
    AND ListPrice != 0.00
    AND Name LIKE 'Mountain%'
GROUP BY Color
ORDER BY Color;
GO
```

［例 4-4］ 计算多列的组合。以下示例针对 Product 表中列出的每种颜色计算 ListPrice 与 Standard Cost 的和。

```
USE AdventureWorks2019;
GO
SELECT Color, SUM(ListPrice), SUM(StandardCost)
FROM Production.Product
GROUP BY Color
ORDER BY Color;
GO
```

4.3.4 MAX 函数

MAX 函数返回表达式的最大值。后面可能跟随 OVER 子句。

语法格式：

```
MAX ( [ALL | DISTINCT]expression )
```

参数意义：

- ALL：对所有的值应用此聚合函数。ALL 是默认值。
- DISTINCT：指定考虑每个唯一值。DISTINCT 对于 MAX 无意义，使用它仅仅是为了与 ISO 实现兼容。
- expression：常量、列名、函数及算术运算符、位运算符和字符串运算符的任意组合。MAX 可用于 numeric、character 列和 datetime 列，但不能用于 bit 列。不允许使用聚合函数和子查询。

返回类型：

- 返回与 expression 相同的值。

注释说明：

- MAX 忽略任何空值。对于字符列，MAX 查找按排序序列排列的最大值。

［例 4-5］ 以下示例返回最高（最大）税率。

```
USE AdventureWorks2019;
GO
SELECT MAX ( TaxRate )
FROM Sales.SalesTaxRate;
GO
```

4.3.5 MIN 函数

MIN 返回表达式的最小值。后面可能跟随 OVER 子句。

语法格式：

```
MIN ( [ALL | DISTINCT]expression )
```

参数意义：

- ALL：对所有的值应用此聚合函数。ALL 是默认值。
- DISTINCT：指定考虑每个唯一值。DISTINCT 对于 MIN 无意义，使用它仅仅是为了与 ISO 实现兼容。
- expression：常量、列名、函数及算术运算符、位运算符和字符串运算符的任意组合。MIN 可用于 numeric、character 列和 datetime 列，但不能用于 bit 列。不允许使用聚合函数和子查询。

返回类型：

- 返回与 expression 相同的值。

注释说明：

- MIN 忽略任何空值。对于字符列，MIN 查找按排序序列排列的最小值。

［例 4-6］ 以下示例返回最低（最小）税率。

```
USE AdventureWorks2019;
GO
SELECT MIN(TaxRate)
FROM Sales.SalesTaxRate;
GO
```

4.4 字符串处理函数

所有内置字符串函数都是具有确定性的函数。这意味着每次用一组特定的输入值调用它们时，都返回相同的值。

以下标量函数对字符串输入值执行操作，并返回字符串或数值：ASCII、CHAR、CHARINDEX、DIFFERENCE、LEFT、LEN、LOWER、LTRIM、NCHAR、PATINDEX、QUOTENAME、REPLACE、REPLICATE、REVERSE、RIGHT、RTRIM、SOUNDEX、SPACE、STR、STUFF、SUBSTRING、UNICODE、UPPER。

4.4.1 ASCII 和 CHAR 函数

（1）ASCII 函数　ASCII 函数返回字符表达式中最左侧字符的 ASCII 代码值。

语法格式：

```
ASCII(character_expression)
```

参数意义：

- character_expression：char 或 varchar 类型的表达式。

（2）CHAR 函数　CHAR 函数可将整型（int）的 ASCII 代码转换为字符。

语法格式：

```
CHAR(integer_expression)
```

参数意义：

- integer_expression：介于 0 ～ 255 之间的整数。如果该整数表达式不在此范围内，将返回 NULL。

注释说明：

- CHAR 可用于将控制字符插入字符串中。一些常用的控制字符有：制表符，char(9)；换行符，char(10)；回车符，char(13)。

［例 4-7］ 使用 ASCII 和 CHAR 打印字符串的 ASCII 值。以下示例将输出字符串 New Moon 中每个字符的 ASCII 值和字符。

```
SET TEXTSIZE 0
SET NOCOUNT ON
/*声明并初始化字符串和字符位置变量*/
DECLARE @position int, @string char(15)
SET @position = 1
SET @string = 'Du monde entier'
/*在循环中调用DATALENTH函数计算字符串长度*/
WHILE @position <= DATALENGTH(@string)
   BEGIN
   SELECT ASCII(SUBSTRING(@string, @position, 1)) AS ASCII_VALUE,
      CHAR(ASCII(SUBSTRING(@string, @position, 1))) AS ASCII_CHAR
   SET @position = @position + 1
   END
SET NOCOUNT OFF
```

4.4.2 UNICODE和NCHAR函数

（1）UNICODE函数　UNICODE函数按照Unicode标准的定义，返回输入表达式的第一个字符的整数值。

语法格式：

```
UNICODE('ncharacter_expression')
```

参数意义：

- 'ncharacter_expression'：nchar或nvarchar表达式。

（2）NCHAR函数　NCHAR函数根据Unicode标准的定义，返回具有指定的整数代码的Unicode字符。

语法格式：

```
NCHAR(integer_expression)
```

参数意义：

- integer_expression：介于0～65535之间的正整数。如果指定了超出此范围的值，将返回NULL。

［例4-8］　使用NCHAR和UNICODE。以下示例使用UNICODE和NCHAR函数输出København字符串中第二个字符的UNICODE值和NCHAR（Unicode字符），并输出实际的第二个字符ø。

```
DECLARE @nstring nchar(8)
SET @nstring = N'København'
SELECT UNICODE(SUBSTRING(@nstring, 2, 1)) AS UNICODE_VALUE,
   NCHAR(UNICODE(SUBSTRING(@nstring, 2, 1))) AS UNICODE_NCHAR
GO
```

4.4.3 LEFT和RIGHT函数

（1）LEFT函数　LEFT返回字符串中从左边开始指定个数的字符。

语法格式：

```
LEFT（character_expression，integer_expression）
```

参数意义：

● character_expression：字符或二进制数据表达式。character_expression可以是常量、变量或列。character_expression可以是任何能够隐式转换为varchar或nvarchar的数据类型，但text或ntext除外。否则，应使用CAST函数对character_expression进行显式转换。

● integer_expression：正整数，指定character_expression将返回的字符数。如果integer_expression为负，则将返回错误。如果integer_expression的数据类型为bigint且包含一个较大值，character_expression必须是大型数据类型，如varchar(max)。

返回类型：

● 当character_expression为非Unicode字符数据类型时，返回varchar。

● 当character_expression为Unicode字符数据类型时，返回nvarchar。

（2）RIGHT函数　RIGHT函数返回字符串中从右边开始指定个数的字符。

RIGHT函数用法与LEFT函数类似，不再赘述。

［例4-9］　对字符串使用LEFT。以下示例使用LEFT函数返回字符串abcdefg中最左边的两个字符。

```
SELECT LEFT（'abcdefg'，2）
GO
```

4.4.4 LOWER和UPPER函数

（1）LOWER函数　将大写字符数据转换为小写字符数据后返回字符表达式。

语法格式：

```
LOWER（character_expression）
```

参数意义：

● character_expression：字符或二进制数据的表达式。character_expression的数据类型可为常量、变量或列。character_expression必须为可隐式转换为varchar的数据类型。否则，应使用CAST显式转换character_expression。

返回类型：

● 当character_expression为非Unicode字符数据类型时，返回varchar。

● 当character_expression为Unicode字符数据类型时，返回nvarchar。

（2）UPPER函数　UPPER函数将小写字符数据转换为大写字符数据后返回字符表达式。

UPPER函数用法与LOWER函数类似，不再赘述。

［例4-10］　以下示例将使用LOWER函数、UPPER函数，并将UPPER函数嵌套在LOWER

函数中，选择价格在 $11 ～ $20 之间的产品名称。

```
USE AdventureWorks2019;
GO
SELECT LOWER(SUBSTRING(Name, 1, 20)) AS Lower,
   UPPER(SUBSTRING(Name, 1, 20)) AS Upper,
   LOWER(UPPER(SUBSTRING(Name, 1, 20))) As LowerUpper
FROM Production.Product
WHERE ListPrice between 11.00 and 20.00;
GO
```

4.4.5 LTRIM 和 RTRIM 函数

（1）LTRIM 函数　返回删除了前导空格之后的字符表达式。

语法格式：

```
LTRIM(character_expression)
```

参数意义：

- character_expression：字符数据或二进制数据的表达式。character_expression 可以是常量、变量或列。character_expression 必须属于某个可隐式转换为 varchar 的数据类型（text、ntext 和 image 除外）。否则，应使用 CAST 显式转换 character_expression。

返回类型：

- 当 character_expression 为非 Unicode 字符数据类型时，返回 varchar。
- 当 character_expression 为 Unicode 字符数据类型时，返回 nvarchar。

（2）RTRIM 函数　截断所有后缀空格后返回一个字符串。RTRIM 函数用法与 LTRIM 函数类似，不再赘述。

［例 4-11］　以下示例使用 LTRIM 删除字符变量中的前导空格。

```
DECLARE @string_to_trim varchar(60)
SET @string_to_trim ='     Five spaces are at the beginning of this string.'
SELECT 'Here is the string without the leading spaces: ' +
   LTRIM(@string_to_trim)
GO
```

4.4.6 CHARINDEX 和 PATINDEX 函数

（1）CHARINDEX 函数　CHARINDEX 函数按照指定的开始位置，从一个目标字符串中搜索一个模式字符串并返回其起始位置（如果找到）。

语法格式：

```
CHARINDEX(expression1 , expression2 [, start_location])
```

参数意义：

● expression1：包含要查找的模式字符表达式（pattern expression）。expression1 最大长度限制为 8000 个字符。

● expression2：供搜索的目标字符表达式（target expression）。

● start_location：表示搜索起始位置的整数或 bigint 表达式。如果未指定 start_location，或者 start_location 为负数或 0，则将从 expression2 的开头开始搜索。

返回类型：

● 如果 expression2 的数据类型为 varchar（max）、nvarchar（max）或 varbinary（max），则为 bigint，否则为 int。

注释说明：

● 如果 expression1 或 expression2 之一是 Unicode 数据类型（nvarchar 或 nchar）而另一个不是，则将另一个转换为 Unicode 数据类型。CHARINDEX 不能与 image 数据类型一起使用。

● 如果 expression1 或 expression2 之一为 NULL，并且数据库兼容级别为 70 或更高，则 CHARINDEX 将返回 NULL。如果数据库兼容级别为 65 或更低，则 CHARINDEX 将仅在 expression1 和 expression2 都为 NULL 时才返回 NULL 值。

● 如果在 expression2 内找不到 expression1，则 CHARINDEX 返回 0。

● CHARINDEX 将根据输入的排序规则执行比较操作。若要以指定排序规则进行比较，则可以使用 COLLATE 将显式排序规则应用于输入值。

● 返回的开始位置从 1 开始，而非从 0 开始。

［例 4-12］ 以下示例演示在 expression2 内找到和找不到 expression1 时的情形。

```
DECLARE @pattern varchar(64);
SELECT @pattern = 'Reflectors are vital safety'+
                  ' components of your bicycle.';
SELECT CHARINDEX('bicycle', @pattern, 5); -- 找得到的情形
SELECT CHARINDEX('bike', @pattern, 5); -- 找不得到的情形
GO
```

（2）PATINDEX 函数　PATINDEX 返回目标表达式中第一次出现模式字符串的起始位置；如果在全部有效的文本和字符数据类型中没有找到该模式，则返回 NULL。

语法格式：

```
PATINDEX('%pattern%', expression)
```

参数意义：

● 'pattern'：一个模式字符串。可以使用通配符，但 pattern 之前和之后必须有 % 字符（搜索第一个或最后一个字符时除外）。pattern 是字符串数据类型的表达式。

● expression：一个目标表达式，通常为要在其中搜索指定模式的列，expression 为字符串数据类型。

返回类型：

● 如果 expression 的数据类型为 varchar（max）或 nvarchar（max），则为 bigint，否则为 int。

注释说明：

● 如果 pattern 或 expression 之一为 NULL，并且数据库兼容级别为 70，则 PATINDEX 将返回 NULL。如果数据库兼容级别为 65 或更低，则 PATINDEX 将仅在 pattern 和 expression 都为 NULL 时才返回 NULL 值。

● PATINDEX 基于输入的排序规则执行比较。若要以指定排序规则进行比较，则可以使用 COLLATE 将显式排序规则应用于输入值。

［例 4-13］ 在 PATINDEX 中使用模式。以下示例查找模式字符串 ensure 在 Document 表的 DocumentSummary 列的某一特定行中的开始位置。

```
USE AdventureWorks2019;
GO
SELECT PATINDEX('%ensure%', DocumentSummary)
FROM Production.Document
WHERE DocumentNode = 0x7B40;
GO
```

4.4.7 REPLICATE 和 SPACE 函数

（1）REPLICATE 函数 REPLICATE 函数以指定的次数重复指定的字符串值。常用于格式化数据。

语法格式：

```
REPLICATE(string_expression ,integer_expression)
```

参数意义：

● string_expression：字符串或二进制数据类型的表达式。string_expression 可以是字符或二进制数据。

● integer_expression：任何整数类型的表达式，包括 bigint。如果 integer_expression 为负，则返回 NULL。

返回类型：

● 返回与 string_expression 相同的类型。

注释说明：

● 如果 string_expression 的类型不是 varchar（max）或 nvarchar（max），则 REPLICATE 将截断返回值，截断长度为 8000 字节。若要返回大于 8000 字节的值，则必须将 string_expression 显式转换为适当的大值数据类型。

［例 4-14］ 使用 REPLICATE 和 DATALENGTH。以下示例中，数值从数值数据类型转换为字符型或 Unicode 型时，从左填充数字以达到指定的长度。

```
USE AdventureWorks2019;
GO
/*创建临时示例表格 utb*/
CREATE TABLE utb
```

```
(
    c1 varchar(3), c2 char(3)
);
GO
INSERT INTO utb VALUES ('2', '2');
INSERT INTO utb VALUES ('37', '37');
INSERT INTO utb VALUES ('597', '597');
GO
SELECT REPLICATE('0', 3 - DATALENGTH(c1)) + c1 AS 'Varchar Column',
       REPLICATE('0', 3 - DATALENGTH(c2)) + c2 AS 'Char Column'
FROM utb;
GO
/*删除临时示例表格 utb*/
IF EXISTS(SELECT name FROM sys.tables WHERE name = 't1')
    DROP TABLE utb;
GO
```

（2）SPACE 函数　SPACE 函数返回由重复的空格组成的字符串。常用于格式化数据。

语法格式：

```
SPACE(integer_expression)
```

参数意义：

- integer_expression：指示空格个数的正整数。若 integer_expression 为负，则返回空字符串。

返回类型：

- varchar。

注释说明：

- 若要在 Unicode 数据中包括空格或返回 8000 个以上的字符空格，应使用 REPLICATE 而不是 SPACE。

[例 4-15]　以下示例剪裁姓氏，并将逗号、两个空格和 AdventureWorks2019 中的 Person 表列出的人员名字串联起来。

```
USE AdventureWorks2019;
GO
SELECT RTRIM(LastName) + ',' + SPACE(2) + LTRIM(FirstName)
FROM Person.Person
ORDER BY LastName, FirstName;
GO
```

4.4.8　REPLACE 函数

REPLACE 函数用另一个字符串值替换目标字符串中出现的所有指定的模式字符串。

语法格式：

```
REPLACE(string_expression, string_pattern, string_replacement)
```

参数意义：

● string_expression：要搜索的目标字符串表达式。string_expression 可以是字符或二进制数据类型。

● string_pattern：要查找的模式字符串。string_pattern 可以是字符或二进制数据类型，但不能是空字符串（''）。

● string_replacement：要替换的字符串。string_replacement 可以是字符或二进制数据类型。

返回类型：

● 如果其中的一个输入参数数据类型为 nvarchar，则返回 nvarchar；否则 REPLACE 返回 varchar。

● 如果任何一个参数为 NULL，则返回 NULL。

注释说明：

● REPLACE 根据输入的排序规则执行比较操作。若要以指定的排序规则执行比较操作，可以使用 COLLATE，显示指定输入的排序规则。

[例 4-16] 以下示例使用 xxx 替换 abcdefghi 中的字符串 cde。

```
SELECT REPLACE('abcdefghicde', 'cde', 'xxx');
```

4.4.9 REVERSE 函数

REVERSE 函数返回字符串值的逆向值。

语法格式：

```
REPLACE(string_expression)
```

参数意义：

● string_expression：是字符串或二进制数据类型的表达式。string_expression 可以是常量、变量，也可以是字符列或二进制数据列。

返回类型：

● varchar 或 nvarchar。

注释说明：

● string_expression 的数据类型必须可隐式转换为 varchar。否则，应使用 CAST 显式转换 string_expression。

[例 4-17] 以下示例从 int 数据类型隐式转换为 varchar 数据类型，然后反转结果。

```
SELECT REVERSE(123456789) AS Reversed ;
```

4.4.10 STR 函数

STR 函数返回由数字数据转换来的字符数据。

语法格式：

```
STR(float_expression [, length [, decimal]])
```

参数意义：

- float_expression：带小数点的近似数字（float）数据类型的表达式。
- length：总长度。它包括小数点、符号、数字及空格。默认值为 10。
- decimal：小数点后的位数。decimal 必须小于或等于 16。如果 decimal 大于 16，则会截断结果，使其保持为小数点后具有 16 位。

注释说明：

- 如果为 STR 提供 length 和 decimal 参数值，则这些值应该是正数。在默认情况下或小数参数为 0 时，数字舍入为整数。指定的长度应大于或等于小数点前面的部分加上数字符号（如果有）的长度。短的 float_expression 在指定长度内右对齐，长的 float_expression 则截断为指定的小数位数。例如，STR(12,10) 输出的结果是 12。它在结果集内右对齐。而 STR(1223,2) 则将结果集截断为 **。可以嵌套字符串函数。
- 若要转换为 Unicode 数据，应在 CONVERT 或 CAST 转换函数内使用 STR。

［例 4-18］ 以下示例将由五个数字和一个小数点组成的数字表达式转换为对应的字符串。

```
DECLARE @number float;
SET @number = 123.45;
/* 指定长度为 6，但数字的小数部分舍入为一个小数位 */
SELECT @number AS 'float data', STR(@number, 6, 1) AS 'char data';
/* 当表达式超出指定长度时，字符串为指定长度返回 ***/
SELECT @number AS 'float data', STR(@number, 2, 2) AS 'char data';
/* 即使数字数据嵌套在 STR 内，结果也是带指定格式的字符数据 */
SELECT @number AS 'float data', STR(FLOOR(@number), 8, 3) AS 'char data';
```

4.4.11 STUFF 函数

STUFF 函数将一个字符串插入另一字符串。它在第一个字符串中从指定位置删除指定长度的字符；然后将第二个字符串插入第一个字符串的开始删除位置。

语法格式：

```
STUFF(character_expression1 , start , length , character_expression2)
```

参数意义：

- character_expression1：源字符数据表达式。character_expression 可以是常量、变量，也可以是字符列或二进制数据列。
- start：一个整数值，指定删除和插入的开始位置。如果 start 或 length 为负，则返回空字符串。如果 start 比第一个 character_expression 长，则返回空字符串。start 可以是 bigint 类型。

- length：一个整数，指定要删除的字符数。如果 length 比第一个 character_expression 长，则最多删除到最后一个 character_expression 中的最后一个字符。length 可以是 bigint 类型。
- character_expression2：要插入的字符数据表达式。character_expression2 可以是常量、变量，也可以是字符列或二进制数据列。

返回类型：

- 如果 character_expression 是受支持的字符数据类型，则返回字符数据。如果 character_expression 是一个受支持的 binary 数据类型，则返回二进制数据。

注释说明：

- 如果开始位置或长度值是负数，或者如果开始位置大于第一个字符串的长度，将返回空字符串。如果要删除的长度大于第一个字符串的长度，将删除到第一个字符串中的第一个字符。
- 如果结果值大于返回类型支持的最大值，则产生错误。

[例 4-19] 以下示例在第一个字符串 abcdef 中删除从第 2 个位置（字符 b）开始的三个字符，然后在删除的起始位置插入第二个字符串，从而创建并返回一个新的字符串。

```
DECLARE @source char(50), @insert char(50), @return char(50);
SET @source = 'abcdef';
SET @insert = 'ijklmn';
SET @return = STUFF(@source, 2, 3, @insert);
SELECT @source AS 'Source String', @insert AS 'Insert String',
 @source AS 'Destnation String';
GO
```

4.4.12 SUBSTRING 函数

SUBSTRING 函数返回字符表达式、二进制表达式、文本表达式或图像表达式的一部分。

语法格式：

```
SUBSTRING(value_expression , start_expression , length_expression)
```

参数意义：

- value_expression：是 character、binary、text、ntext 或 image 表达式。
- start_expression ：指定返回字符起始位置的整数或 bigint 表达式。如果 start_expression 小于 1，则返回表达式的起始位置为 value_expression 中指定的第一个字符。在这种情况下，返回的字符数是 start_expression 与 length_expression 的和与 0 这两者中的较大值。如果 start_expression 大于值表达式中的字符数，将返回一个零长度的表达式。
- length_expression：是正整数或指定要返回的 value_expression 字符数的 bigint 表达式。如果 length_expression 是负数，会生成错误并终止语句。如果 start_expression 与 length_expression 的和大于 value_expression 中的字符数，则返回起始位置为 start_expression 的整个值表达式。

返回类型：

● 如果 expression 是其中一个受支持的字符数据类型，则返回字符数据。如果 expression 是支持的 binary 数据类型中的一种数据类型，则返回二进制数据。返回的字符串类型与指定表达式的类型相同，但下列情况除外：char/varchar/text 类型的表达式返回 varchar 类型；nchar/nvarchar/ntext 类型的表达式返回 nvarchar 类型；binary/varbinary/image 类型的表达式返回 varbinary 类型。

注释说明：

● 对于 ntext、char 或 varchar 数据类型，必须以字符数指定 start_expression 和 length_expression 的值；对于 text、image、binary 或 varbinary 数据类型，则必须以字节数指定。

● 当 start_expression 或 length_expression 包含大于 2147483647 的值时，value_expression 的数据类型必须为 varchar（max）或 varbinary（max）。

［例 4-20］ 使用 SUBSTRING、UNICODE、CONVERT 和 NCHAR。以下示例使用 SUBSTRING、UNICODE、CONVERT 和 NCHAR 函数打印字符串 København 中的字符数、Unicode 字符和每个字符的 UNICODE 值。

```
DECLARE @nstring nchar(9), @position int;
SET @position = 1
SET @nstring = N 'København'

WHILE @position <= DATALENGTH(@nstring)
   BEGIN
   SELECT @position AS Position,
      NCHAR(UNICODE(SUBSTRING(@nstring, @position, 1))) AS 'FUNC_NCHAR',
      CONVERT(NCHAR(17), SUBSTRING(@nstring, @position, 1)) AS 'FUNC_CONVERT',
      UNICODE(SUBSTRING(@nstring, @position, 1)) AS 'FUNC_UNICODE'
   SET @position = @position + 1
   END
GO
```

4.5 日期和时间函数

日期和时间函数很多。限于篇幅，这里不再详尽讲解各个具体函数的用法。

（1）用来获取系统日期和时间值的函数　所有系统日期和时间值均得自运行 SQL Server 实例的计算机的操作系统。具体有两类：精度较高的系统日期和时间函数、精度较低的系统日期和时间函数。

SQL Server 使用 GetSystemTimeAsFileTime() 来获取日期和时间值。精确程度取决于运行 SQL Server 实例的计算机硬件和 Windows 版本。此 API 的精度固定为 100ns。可通过使用 GetSystemTimeAdjustment() 确定该精确度。

精度较高的系统日期和时间函数如表 4-2 所示。

■ 表4-2　精度较高的系统日期和时间函数

函数	返回值	返回数据类型	确定性
SYSDATETIME	返回包含计算机的日期和时间的 datetime2(7) 值，SQL Server 的实例正在该计算机上运行。时区偏移量未包含在内	datetime2(7)	不具有确定性
SYSDATETIMEOFFSET	返回包含计算机的日期和时间的 datetimeoffset(7) 值，SQL Server 的实例正在该计算机上运行。时区偏移量包含在内	datetimeoffset(7)	不具有确定性
SYSUTCDATETIME	返回包含计算机的日期和时间的 datetime2(7) 值，SQL Server 的实例正在该计算机上运行。日期和时间作为 UTC 时间 (通用协调时间) 返回	datetime2(7)	不具有确定性

精度较低的系统日期和时间函数如表 4-3 所示。

■ 表4-3　精度较低的系统日期和时间函数

函数	返回值	返回数据类型	确定性
CURRENT_TIMESTAMP	返回包含计算机的日期和时间的 datetime2(7) 值，SQL Server 的实例正在该计算机上运行。时区偏移量未包含在内	datetime	不具有确定性
GETDATE	返回包含计算机的日期和时间的 datetime2(7) 值，SQL Server 的实例正在该计算机上运行。时区偏移量未包含在内	datetime	不具有确定性
GETUTCDATE	返回包含计算机的日期和时间的 datetime2(7) 值，SQL Server 的实例正在该计算机上运行。日期和时间作为 UTC 时间 (通用协调时间) 返回	datetime	不具有确定性

（2）用来获取日期和时间部分的函数　用来获取日期和时间部分的函数如表 4-4 所示。

■ 表4-4　获取日期和时间部分的函数

函数	返回值	返回数据类型	确定性
DATENAME	返回表示指定日期的指定 datepart 的字符串	nvarchar	不具有确定性
DATEPART	返回表示指定 date 的指定 datepart 的整数	int	不具有确定性
DAY	返回表示指定 date 的“日”部分的整数	int	具有确定性
MONTH	返回表示指定 date 的“月”部分的整数	int	具有确定性
YEAR	返回表示指定 date 的“年”部分的整数	int	具有确定性

（3）用来获取日期和时间差的函数　用来获取日期和时间差的函数如表 4-5 所示。

■ 表4-5　获取日期和时间差的函数

函数	返回值	返回数据类型	确定性
DATEDIFF	返回两个指定日期之间所跨的日期或时间 datepart 边界的数目	int	具有确定性

（4）**用来修改日期和时间值的函数**　用来修改日期和时间值的函数如表 4-6 所示。

表4-6　修改日期和时间值的函数

函数	返回值	返回数据类型	确定性
DATEADD	通过将一个时间间隔与指定 date 的指定 datepart 相加，返回一个新的 datetime 值	date 参数的数据类型	具有确定性
SWITCHOFFSET	SWITCH OFFSET 更改 DATETIMEOFFSET 值的时区偏移量并保留 UTC 值	具有 DATETIMEOFFSET 的小数精度的 datetimeoffset	具有确定性
TODATETIMEOFFSET	TODATETIMEOFFSET 将 datetime2 值转换为 datetimeoffset 值。datetime2 值被解释为指定 time_zone 的本地时间	具有 datetime 参数的小数精度的 datetimeoffset	具有确定性

（5）**用来设置或获取会话格式的函数**　用来设置或获取会话格式的函数如表 4-7 所示。

表4-7　用来设置或获取会话格式的函数

函数	返回值	返回数据类型	确定性
@@DATEFIRST	返回对会话进行 SET DATEFIRST 操作所得结果的当前值	tinyint	不具有确定性
SET DATEFIRST	将一周的第一天设置为 1 ～ 7 的一个数字	不适用	不适用
SET DATEFORMAT	设置用于输入 datetime 或 smalldatetime 数据的日期各部分 (月 / 日 / 年) 的顺序	不适用	不适用
@@LANGUAGE	返回当前使用的语言的名称。@@LANGUAGE 不是日期或时间函数。但是，语言设置会影响日期函数的输出	不适用	不适用
SET LANGUAGE	设置会话和系统消息的语言环境。SET LANGUAGE 不是日期或时间函数。但是，语言设置会影响日期函数的输出	不适用	不适用
sp_helplanguage	返回有关所有支持语言日期格式的信息。sp_helplanguage 不是日期或时间存储过程。但是，语言设置会影响日期函数的输出	不适用	不适用

（6）**用来验证日期和时间值的函数**　用来验证日期和时间值的函数如表 4-8 所示。

表4-8　用来验证日期和时间值的函数

函数	返回值	返回数据类型	确定性
ISDATE	确定 datetime 或 smalldatetime 输入表达式是否为有效的日期或时间值	int	只有与 CONVERT 函数一起使用，同时指定了 CONVERT 样式参数且样式不等于 0、100、9 或 109 时，ISDATE 才是确定的

4.6 排名函数

排名函数为分区中的每一行返回一个排名值。根据所用函数的不同，某些行可能与其他行接收到相同的值。排名函数具有不确定性。

排名函数主要包括：RANK、DENSE_RANK、NTILE、ROW_NUMBER。

4.7 行集函数

行集函数将返回一个可用于代替Transact-SQL语句中表引用的对象，主要包括：CONTAINSTABLE、FREETEXTTABLE、OPENDATASOURCE、OPENQUERY、OPENROWSET、OPENXML。

所有行集函数都具有不确定性。这意味着即使同一组输入值，也不会在每次调用这些函数时都返回相同的结果。

4.8 文本和图像函数

以下标量函数可对文本或图像输入值或列执行操作，并返回有关该值的信息：PATINDEX、TEXTVALID、TEXTPTR。

这些文本与图像函数是非确定性的。这意味着每次调用它们时（即使使用一组相同的输入值），所返回的结果不总是相同。

4.9 系统函数

下列函数对SQL Server中的值、对象和设置进行操作并返回有关信息。

Transact-SQL系统函数主要包括：APP_NAME、CASE、CAST、CONVERT、COALESCE、COLLATIONPROPERTY、COLUMNS_UPDATED、CURRENT_TIMESTAMP、CURRENT_USER、DATALENGTH、@@ERROR、ERROR_LINE、ERROR_MESSAGE、ERROR_NUMBER、ERROR_PROCEDURE、ERROR_SEVERITY、ERROR_STATE、fn_helpcollations、fn_servershareddrives、fn_virtualfilestats、FORMATMESSAGE、GETANSINULL、HOST_ID、HOST_NAME、IDENT_CURRENT、IDENT_INCR、IDENT_SEED、@@IDENTITY、IDENTITY、ISDATE、ISNULL、ISNUMERIC、NEWID、NULLIF、PARSENAME、ORIGINAL_LOGIN、@@ROWCOUNT、ROWCOUNT_BIG、SCOPE_IDENTITY、ServerPROPERTY、SESSIONPROPERTY、SESSION_USER、STATS_DATE、SYSTEM_USER、@@TRANCOUNT、UPDATE、USER_NAME、XACT_STATE。

4.10 配置函数

下列标量函数返回当前配置选项设置的信息：@@DATEFIRST、@@DBTS、@@LANGID、@@LANGUAGE、@@LOCK_TIMEOUT、@@MAX_CONNECTIONS、@@MAX_PRECISION、@@NESTLEVEL、@@OPTIONS、@@REMServer、@@ServerNAME、@@SERVICENAME、@@SPID、@@TEXTSIZE、@@VERSION。

所有配置函数都具有不确定性。这意味着即便使用相同的一组输入值，也不会在每次调用这些函数时都返回相同的结果。

4.11 元数据函数

以下标量函数返回有关数据库和数据库对象的信息：DATABASE_PRINCIPAL_ID、DATABASEPROPERTY、DATABASEPROPERTYEX、DB_ID、DB_NAME、FILE_ID、FILE_IDEX、FILE_NAME、FILEGROUP_ID、FILEGROUP_NAME、FILEGROUPPROPERTY、FILEPROPERTY、fn_listextendedproperty、OBJECT_DEFINITION、OBJECT_ID、OBJECT_NAME、OBJECT_SCHEMA_NAME、OBJECTPROPERTY、OBJECTPROPERTYEX、SCHEMA_ID、SCHEMA_NAME、SQL_VARIANT_PROPERTY、symkeyproperty、TYPE_ID、TYPE_NAME、TYPEPROPERTY。

所有元数据函数都具有不确定性。这意味着即便使用相同的一组输入值，也不会在每次调用这些函数时都返回相同的结果。

4.12 安全函数

下列函数返回对管理安全性有用的信息：CURRENT_USER、sys.fn_builtin_permissions、fn_my_permissions、HAS_PERMS_BY_NAME、IS_MEMBER、IS_SRVROLEMEMBER、ORIGINAL_LOGIN、PERMISSIONS、PWDCOMPARE、PWDENCRYPT、SCHEMA_ID、SETUSER、SUSER_ID、SUSER_SID、SUSER_SNAME、SYSTEM_USER、SUSER_NAME、USER_ID、USER_NAME。

4.13 游标函数

以下标量函数可返回有关游标的信息：@@CURSOR_ROWS、CURSOR_STATUS、@@FETCH_STATUS。

所有游标函数都是非确定性的。这意味着即便使用相同的一组输入值，也不会在每次调用这些函数时都返回相同的结果。

4.14 加密函数

以下函数支持加密、解密、数字签名及数字签名验证。

对称加密和解密：EncryptByKey、DecryptByKey、EncryptByPassPhrase、DecryptByPassPhrase。

非对称加密和解密：EncryptByAsmKey、DecryptByAsmKey、EncryptByCert、DecryptByCert、Cert_ID、AsymKey_ID、CertProperty。

签名和签名验证：SignByAsymKey、VerifySignedByAsmKey、SignByCert、VerifySigned ByCert。

4.15 用户自定义函数

用户自定义函数（User Definition Function，UDF）可以嵌入到查询、约束和计算列中。定义UDF的代码不能影响函数范围之外的数据库状态，即UDF代码不能修改表中的数据或调用会产生副作用的函数。另外，UDF的代码只能创建表变量，不能创建或访问临时表，也不允许使用动态执行。

4.15.1 用户自定义函数设计原则

（1）代码可重用性　用户定义函数作为数据库对象存储，并提供可以按下列方式使用的可重用代码：

- 在Transact-SQL语句（如SELECT）中。
- 在调用该函数的应用程序中。
- 在另一个用户定义函数的定义中。
- 用于参数化视图或改进索引视图的功能。
- 用于在表中定义列。
- 用于为列定义CHECK约束。
- 用于替换存储过程。

（2）函数类型　设计用户定义函数时，首先要确定最适合自己的函数类型。函数是否将：

- 返回一个标量（单个值）。
- 返回一个表（多行）。
- 执行一个复杂的计算。
- 首先访问SQL Server数据。

使用Transact-SQL或.NET Framework编写的用户定义函数可以同时返回标量值和表值。

（3）确定性　只要使用特定的输入值集并且数据库具有相同的状态，那么不管何时调用，确定性函数始终都会返回相同的结果。即使访问的数据库状态不变，每次使用特定的输入值集调用非确定性函数都可能会返回不同的结果。

数据库引擎会自动分析Transact-SQL函数体并评估函数是否为确定性函数。例如，如果函数调用其他非确定性函数，或调用扩展存储过程，则数据库引擎会将该函数标记为非确定性函数。对于公共语言运行时（CLR）函数，数据库引擎通过函数的作者将函数标记为确定性函数或不使用 SqlFunction 自定义属性。

（4）精度　如果用户定义函数不涉及任何浮点操作，就称其为精确函数。

数据库引擎会自动分析 Transact-SQL 函数体并评估函数是否为精确函数。对于 CLR 函数，数据库引擎通过函数的作者将函数标记为精确函数或不使用 SqlFunction 自定义属性。

（5）数据访问　此属性指明函数是否使用 SQL Server 进程内托管提供程序访问本地数据库服务器。有关详细信息，可参阅从 CLR 数据库对象进行数据访问。

数据库引擎会自动分析 Transact-SQL 函数体并评估函数是否执行数据访问。对于 CLR 函数，数据库引擎通过函数的作者，使用 SqlFunction 自定义属性指示数据访问特征。执行时，数据库引擎将强制执行此属性。如果函数指明 DataAccess = None，但又执行数据访问，那么函数将在执行时失败。

（6）系统数据访问　此属性指明函数是否使用 SQL Server 进程内托管提供程序访问本地数据库服务器中的系统元数据。

数据库引擎会自动分析 Transact-SQL 函数体并评估函数是否执行系统数据访问。对于 CLR 函数，数据库引擎通过函数的作者，使用 SqlFunction 自定义属性指示系统数据访问特征。执行时，数据库引擎将强制执行此属性。如果函数指明 SystemDataAccess = None，但又执行系统数据访问，那么函数将在执行时失败。

（7）IsSystemVerified　此属性指示数据库引擎是否可验证函数的确定性属性和精度属性。只要 Transact-SQL 函数不调用标记为 IsSystemVerified = false 的函数，这些函数的此属性就为 True。CLR 函数的此属性为 False。

数据库引擎会自动为函数派生 IsSystemVerified 属性。对于 Transact-SQL 函数，如果它们访问标记为 IsSystemVerified = false 的函数，这些函数本身将被标记为 IsSystemVerified = false。

4.15.2 用户自定义函数的分类

用户定义函数分为标量值函数（scalar function）或表值函数（table function）。如果 RETURNS 子句指定了一种标量数据类型，则函数为标量值函数。可以使用多条 Transact-SQL 语句定义标量值函数。如果 RETURNS 子句指定 TABLE，则函数为表值函数。根据函数主体的定义方式，表值函数可分为内联函数或多语句函数。

（1）标量值 UDF　标量值 UDF 返回单个（标量）值，可以在允许使用标量表达式（scalar expression）的地方调用标量 UDF，例如查询、约束、计算列等。标量 UDF 要求满足下面这几个语法要求：

■ 必须包含 BEGIN...END 块以定义函数的主体。

■ 调用时必须限定架构（除非像存储过程调一样被 EXECUTE 调用，如 EXECUTE myFunction 3，4）。

■ 调用时不允许忽略可选参数（有默认值的参数）；或者，至少为它们指定 DEFAULT 关键字。

（2）表值 UDF　返回 table 数据类型的用户定义函数功能强大，可以替代 SQL 视图，这种函数称为表值函数。在 Transact-SQL 查询中允许使用表或视图表达式的情况下，可以使用表值用户定义函数。值得一提的是，视图受限于单个 SELECT 语句，而用户定义函数可包含更多语句，这些语句的逻辑功能可以比视图中的逻辑功能更加强大。表值用户定义函数还可以替换返回单个结果集的存储过程。可以在 Transact-SQL 语句的 FROM 子句中引用由用户定义函数返回的表，但不能引用返回结果集的存储过程。

① 内联表值函数（Inline Table-Valued Functions） 在内联表值UDF中，和视图返回的表都是由一个查询来定义的。从这个意义来讲，它们具有一定相似性。然而，UDF的查询可以有输入参数，而视图没有，可以把内联表值UDF看作是参数化的视图。实际上，SQL Server对内联表值UDF的处理与视图非常相似。查询处理器（query processor）用内联表值UDF的定义替换其引用。换而言之，查询处理器展开UDF的定义并生成一个访问基表的执行计划。

② 多语句表值函数（Multistatement Table-Valued Functions） 多语句表值UDF是一种返回表变量的函数。它包含一个用于填充这个表变量的函数体。当需要一段程序来返回表且用单个查询无法实现该程序时，只能使用多条语句，此时就可以创建多语句表值UDF。

多语句表值UDF与内联表值UDF的使用方式类似，但它不能作为修改语句的目标。它只能用于SELECT查询的FROM子句。在内部，SQL Server对这两种函数的处理完全不同。它对待内联UDF的处理更像是视图，而对多语句表值UDF的处理更像是存储过程。与其他UDF一样，多语句表值UDF不允许产生副作用。

4.15.3 创建用户自定义函数

用户可以使用CREATE FUNCTION命令创建自定义的函数。

语法格式:

```
Scalar Functions
CREATE FUNCTION [schema_name.]function_name
([{@parameter_name [AS][type_schema_name.] parameter_data_type
    [= default][READONLY]}
    [, ...n]
  ]
)
RETURNS return_data_type
    [WITH <function_option> [, ...n]]
    [AS]
    BEGIN
        function_body
        RETURN scalar_expression
    END
[; ]

Inline Table-Valued Functions
CREATE FUNCTION [schema_name.]function_name
([{@parameter_name [AS][type_schema_name.] parameter_data_type
    [= default][READONLY]}
    [, ...n]
  ]
)
RETURNS TABLE
```

```
    [WITH <function_option> [, ...n]]
    [AS]
    RETURN [ ( ]select_stmt [ ) ]
[; ]
Multistatement Table-valued Functions
CREATE FUNCTION [schema_name.]function_name
( [{@parameter_name [AS][type_schema_name.] parameter_data_type
    [= default][READONLY]}
    [, ...n]
  ]
 )
RETURNS @return_variable TABLE <table_type_definition>
    [WITH <function_option> [, ...n]]
    [AS]
    BEGIN
        function_body
        RETURN
    END
[; ]
```

参数意义：

● schema_name：用户定义函数所属的架构的名称。

● function_name：用户定义函数的名称。函数名称必须符合有关标识符的规则，并且在数据库中以及对其架构来说是唯一的。注意：即使未指定参数，函数名称后也需要加上括号。

● @parameter_name：用户定义函数中的参数。可声明一个或多个参数。理论上一个函数最多可以有 2100 个参数。执行函数时，如果未定义参数的默认值，则用户必须提供每个已声明参数的值。通过将 at 符号（@）用作第一个字符来指定参数名称。参数名称必须符合标识符规则。参数是对应于函数的局部参数；其他函数中可使用相同的参数名称。参数只能代替常量，而不能用于代替表名、列名或其他数据库对象的名称。

● [type_schema_name.]parameter_data_type：参数的数据类型及其所属的架构，前者为可选项。对于 Transact-SQL 函数，允许使用除 timestamp 数据类型之外的所有数据类型（包括 CLR 用户定义类型和用户定义表类型）。对于 CLR 函数，允许使用除 text、ntext、image、用户定义表类型和 timestamp 数据类型之外的所有数据类型（包括 CLR 用户定义类型）。不能将非标量类型 cursor 和 table 指定为 Transact-SQL 函数或 CLR 函数中的参数数据类型。

● [= default]：参数的默认值。如果定义了 default 值，则无须指定此参数的值即可执行函数。如果函数的参数有默认值，则调用该函数以检索默认值时，必须指定关键字 DEFAULT。此行为与在存储过程中使用具有默认值的参数不同，在后一种情况下，不提供参数同样意味着使用默认值。

● READONLY：指示不能在函数定义中更新或修改参数。如果参数类型为用户定义的表类型，则应指定 READONLY。

• return_data_type：标量用户定义函数的返回值。对于 Transact-SQL 函数，可以使用除 timestamp 数据类型之外的所有数据类型（包括 CLR 用户定义类型）。对于 CLR 函数，允许使用除 text、ntext、image 和 timestamp 数据类型之外的所有数据类型（包括 CLR 用户定义类型）。不能将非标量类型 cursor 和 table 指定为 Transact-SQL 函数或 CLR 函数中的返回数据类型。

• function_body：指定一系列定义函数值的 Transact-SQL 语句，这些语句在一起使用不会产生负面影响（例如修改表）。function_body 仅用于标量函数和多语句表值函数。在标量函数中，function_body 是一系列 Transact-SQL 语句，这些语句一起使用的计算结果为标量值。在多语句表值函数中，function_body 是一系列 Transact-SQL 语句，这些语句将填充 TABLE 返回变量。

• scalar_expression：指定标量函数返回的标量值。

[例 4-21] 在工程控制应用中，返回的数据经常以二进制的形式存储，而这些二进制数据又是以每 4 个 bit 表示一个十六进制的数据内容。解析的时候，往往是 1 个字节（Byte）占用 8 个位（bit），高位 4bit 表示一个十六进制数据，低位 4bit 表示一个十六进制数据。然而在 SQL Server 数据库中，没有提供二进制数据与字符串数据之间的直接转换手段。为应对这种特殊需求，需要实现二进制 varbinary 数据类型和十六进制 varchar 数据类型的相互转换。

在查询编辑器中输入下面的 T-SQL 代码：

```
USE AdventureWorks2019;

IF OBJECT_ID ('dbo.ufnVarbin2Hexstr') IS NOT NULL
    DROP FUNCTION dbo.ufnVarbin2Hexstr
GO
/*ufnVarbin2Hexstr 函数将二进制 varbinary 类型转换为十六进制 varchar 类型*/
CREATE  FUNCTION  dbo.ufnVarbin2Hexstr (@bin varbinary (8000))
RETURNS varchar (8000)
AS
BEGIN
    DECLARE @re varchar (8000), @i int
    SELECT @re='', @i=datalength (@bin)
    WHILE @i>0
        SELECT @re=substring ('0123456789ABCDEF', substring (@bin, @i, 1) /16+1, 1)
                +substring ('0123456789ABCDEF', substring (@bin, @i, 1) %16+1, 1)
                +@re, @i=@i-1
    -- RETURN ('0x'+@re)
    RETURN @re
END
GO

IF OBJECT_ID ('dbo.ufnHexstr2Varbin') IS NOT NULL
    DROP FUNCTION dbo.ufnHexstr2Varbin
GO
```

```
/* ufnHexstr2Varbin 将十六进制 varchar 类型转换为将二进制 varbinary 类型 */
CREATE  FUNCTION  dbo.ufnHexstr2Varbin(@char varchar(8000))
RETURNS varbinary(8000)
AS
BEGIN
    DECLARE @re varbinary(8000), @tempchar varchar(2),
            @getchar varchar(1), @getint int, @n int,
            @totalint int, @i int, @tempint int, @runNum int

    SELECT @tempchar='', @i=datalength(@char), @re=0x;

    IF(@i>0)
    BEGIN
        IF(@i%2 = 0) set @runNum= @i/2
        ELSE SET @runNum= @i/2 + 1

        WHILE (@runNum > 0)
        BEGIN
            IF(@runNum = 1) SET @tempchar = @char
            ELSE SET @tempchar = substring(@char,(@runNum-1)*2, 2)

            SELECT @n=1, @totalint=0;

            -- 循环处理截取的每个字符串(这里的字符串长度为 2)
            WHILE @n <(datalength(@tempchar) + 1)
            BEGIN
                SET @getchar=substring(@tempchar, @n, 1);

                -- 将字符转换为十六进制对应的数字
                SELECT @getint=CASE
                                WHEN @getchar='a' THEN 10
                                WHEN @getchar='b' THEN 11
                                WHEN @getchar='c' THEN 12
                                WHEN @getchar='d' THEN 13
                                WHEN @getchar='e' THEN 14
                                WHEN @getchar='f' THEN 15
                       ELSE  convert(int, @getchar)end;

                SET @tempint=@getint*power(16, datalength(@tempchar)-@n)
                SET @totalint = @totalint + @tempint
                SET @n=@n+1
            END

           SET @re=convert(varbinary(1), @totalint) + @re;
           SET @runNum=@runNum-1;
        END
```

```
        END
      RETURN @re
   END
   GO

   /* 测试 ufnVarbin2Hexstr 函数 */
   DECLARE @vb1 varbinary(8000), @hs1 varchar(8000);
   SET @vb1 = 0x2fabcdef1234567890;
   SET @hs1 = dbo.ufnVarbin2Hexstr(@vb1);
   SELECT @vb1 AS 'varbinary', @hs1 AS 'varchar';
   GO
   /* 测试 ufnHexstr2Varbin 函数 */
   DECLARE @vb2 varbinary(8000), @hs2 varchar(8000);
   SET @hs2 = 'FFAAABBBB669977CE';
   SET @vb2 = dbo.ufnHexstr2Varbin(@hs2);
   SELECT @hs2 AS 'varchar', @vb2 AS 'varbinary';
   GO
```

[例 4-22] 下面的示例将返回内联表值函数。对于销售给商店的每个产品，该函数返回三列，分别为 ProductID、Name 及各个商店年初至今总数的累计 YTD Total。

```
USE AdventureWorks2019;
GO
IF OBJECT_ID (N 'Sales.ufnSalesByStore', N 'IF') IS NOT NULL
    DROP FUNCTION Sales.ufnSalesByStore;
GO
/* 创建内联表值函数 */
CREATE FUNCTION Sales.ufnSalesByStore (@storeid int)
RETURNS TABLE
AS
RETURN
(
    SELECT P.ProductID, P.Name, SUM(SD.LineTotal) AS 'Total'
    FROM Production.Product AS P
    JOIN Sales.SalesOrderDetail AS SD ON SD.ProductID = P.ProductID
    JOIN Sales.SalesOrderHeader AS SH ON SH.SalesOrderID = SD.SalesOrderID
    JOIN Sales.Customer AS C ON SH.CustomerID = C.CustomerID
    WHERE C.StoreID = @storeid
    GROUP BY P.ProductID, P.Name
);
GO

/* 测试函数 Sales.ufn_SalesByStore*/
SELECT * FROM Sales.ufnSalesByStore (602);
```

［例 4-23］ 下面的示例创建表值函数 fn_FindReports（InEmpID）。如果提供一个有效雇员 ID，该函数将返回一个表，该表对应于直接或间接向该雇员报告的所有雇员。该函数使用递归公用表达式（CTE）来生成雇员的层次结构列表。

```
USE AdventureWorks2019;
GO
IF OBJECT_ID (N 'dbo.ufn_FindReports', N 'TF') IS NOT NULL
    DROP FUNCTION dbo.ufn_FindReports;
GO
/* 创建多语句表值函数 */
CREATE FUNCTION dbo.ufn_FindReports (@InEmpID INTEGER)
RETURNS @retFindReports TABLE
(
    EmployeeID int primary key NOT NULL,
    FirstName nvarchar(255) NOT NULL,
    LastName nvarchar(255) NOT NULL,
    JobTitle nvarchar(50) NOT NULL,
    RecursionLevel int NOT NULL
)
/* 返回一个结果集。该结果集列出所有向特定员工直接或间接汇报的员工 */
AS
BEGIN
WITH EMP_cte(EmployeeID, OrganizationNode, FirstName,
             LastName, JobTitle, RecursionLevel)
     AS (
        SELECT e.BusinessEntityID, e.OrganizationNode,
               p.FirstName, p.LastName, e.JobTitle, 0
        FROM HumanResources.Employee e INNER JOIN Person.Person p
            ON p.BusinessEntityID = e.BusinessEntityID
        WHERE e.BusinessEntityID = @InEmpID
        UNION ALL
        SELECT e.BusinessEntityID, e.OrganizationNode,
               p.FirstName, p.LastName, e.JobTitle, RecursionLevel + 1
        FROM HumanResources.Employee e INNER JOIN EMP_cte
            ON e.OrganizationNode.GetAncestor(1) = EMP_cte.OrganizationNode
            INNER JOIN Person.Person p
                ON p.BusinessEntityID = e.BusinessEntityID
        )
   INSERT @retFindReports
   SELECT EmployeeID, FirstName, LastName, JobTitle, RecursionLevel
   FROM EMP_cte
   RETURN
END;
GO
/* 测试函数 dbo.ufn_FindReports*/
SELECT EmployeeID, FirstName, LastName, JobTitle, RecursionLevel
FROM dbo.ufn_FindReports(1);
GO
```

4.15.4 删除用户自定义函数

使用命令 DROP FUNCION 可从当前数据库中删除一个或多个用户定义函数。

语法格式：

```
DROP FUNCTION {[schema_name.]function_name} [, ...n]
```

参数意义：

- schema_name：用户定义函数所属的架构的名称。
- function_name：要删除的用户定义函数的名称。可以选择是否指定架构名称。不能指定服务器名称和数据库名称。

注释说明：

- 如果数据库中存在引用 DROP FUNCTION 的 Transact-SQL 函数或视图，并且这些函数或视图通过使用 SCHEMABINDING 创建，或者存在引用该函数的计算列、CHECK 约束或 DEFAULT 约束，则 DROP FUNCTION 将失败。
- 如果存在引用此函数并且已生成索引的计算列，则 DROP FUNCTION 将失败。
- 若要执行 DROP FUNCTION，用户至少应对函数所属架构具有 ALTER 权限，或对函数具有 CONTROL 权限。

［例 4-24］ 下面的示例从 AdventureWorks2019 示例数据库的 Sales 架构中删除 ufn_SalesByStore 用户定义函数。

```
USE AdventureWorks2019;
GO
IF OBJECT_ID (N 'Sales.fn_SalesByStore', N 'IF') IS NOT NULL
    DROP FUNCTION Sales.fn_SalesByStore;
GO
```

4.15.5 修改用户自定义函数

使用命令 ALTER FUNCION 可从当前数据库中修改一个或多个用户定义函数。更改先前通过执行 CREATE FUNCTION 命令创建的现有 Transact-SQL 或 CLR 函数，但不更改权限，也不影响任何相关的函数、存储过程或触发器。

语法格式：

```
Scalar Functions
ALTER FUNCTION [schema_name.]function_name
( [{@parameter_name [AS][type_schema_name.] parameter_data_type
    [= default]}
    [, ...n]
  ]
 )
RETURNS return_data_type
    [WITH <function_option> [, ...n]]
```

```
    [AS]
    BEGIN
                function_body
        RETURN scalar_expression
    END
[; ]

Inline Table-valued Functions
ALTER FUNCTION [schema_name.]function_name
([{@parameter_name [AS][type_schema_name.] parameter_data_type
    [= default]}
    [, ...n]
  ]
)
RETURNS TABLE
    [WITH <function_option> [, ...n]]
    [AS]
    RETURN [(]select_stmt [)]
[; ]

Multistatement Table-valued Functions
ALTER FUNCTION [schema_name.]function_name
([{@parameter_name [AS][type_schema_name.] parameter_data_type
    [= default]}
    [, ...n]
  ]
)
RETURNS @return_variable TABLE <table_type_definition>
    [WITH <function_option> [, ...n]]
    [AS]
    BEGIN
                function_body
        RETURN
    END
[; ]
```

参数意义：

- schema_name：用户定义函数所属的架构的名称。
- function_name：用户定义函数的名称。
- @parameter_name：用户定义函数中的参数。
- [type_schema_name.]parameter_data_type：参数的数据类型及其所属的架构，前者为可选项。
- [= default]：参数的默认值。
- READONLY：指示不能在函数定义中更新或修改参数。
- return_data_type：标量用户定义函数的返回值。
- function_body：指定一系列定义函数值的 Transact-SQL 语句。
- scalar_expression：指定标量函数返回的标量值。

第5章
SQL Server 服务器管理

SQL Server 的服务器管理是一个很复杂的过程。SQL Server 服务器的大部分功能组件按照默认安装后，都能满足开发者的工作需求。这里从实用性的角度出发，只从配置管理器 SSCM、管理工作室 SSMS 和命令行工具 CLI 三个方面简单阐释如何管理 SQL Server 服务器。

5.1 使用 SSCM 管理服务器

5.1.1 SSCM 的几个管理控制台版本

SQL Server Cpnfiguration Manager（SSCM）随 SQL Server 一起安装。它是一种可以通过 Windows“开始”菜单访问的管理控制台管理单元，也可以将其添加到任何其他管理控制台的显示界面中。管理控制台（mmc.exe）使用 SQLServerManager version.msc> 文件，例如 SQLServerManager13.msc 打开 SQL Server 2019 Configuration Manager。值得说明的是，需要使用相应的 SQL Server 配置管理器版本来管理与之匹配的特定版本的 SQL Server。最近几个 SQL Server 版本的 msc 文件如表 5-1 所示。

表5-1 SQL Server版本对应的msc文件

SQL Server 版本	对应的 msc 文件
SQL Server 2022	SQLServerManager16.msc
SQL Server 2019	SQLServerManager15.msc
SQL Server 2017	SQLServerManager14.msc
SQL Server 2019	SQLServerManager13.msc
SQL Server 2014	SQLServerManager12.msc

5.1.2 SSCM 的几种打开方式

可通过以下 3 种方式调出 SQL Server 配置管理器。

① 直接从 Windows“开始”菜单调出。

② 当“开始”菜单中没有 SQL Server 配置管理器选项时，可在 Windows 任何界面中，按下 Win+R 组合键打开运行窗口→在运行窗口中输入对应版本的 msc 文件名打开 SQL Server 配置管理器。

③ 当“开始”菜单中没有 SQL Server 配置管理器选项时，可右击桌面“此电脑”图标→选择快捷菜单的“管理”菜单项→在“计算机管理”窗口中展开左侧树形控件节点“服务和应用程

序”下的子节点“SQL Server 配置管理器”即可打开 SQL Server 配置管理器。

5.1.3 SSCM 管理数据库引擎服务

SQL Server 配置管理器的一个重要操作是启动 / 停止 SQL Server 服务。SQL Server 数据引擎处于启动状态是使用数据库管理系统或应用程序连接数据库的必要条件。当使用数据库管理系统或应用程序连接数据库出现异常时，首先需要检查 SQL Server 服务是否处于启动状态。

SQL Server 配置管理器的另一个重要操作是设置登录参数（包括登录账号和密码），用于数据库管理系统 SSMS 和各类应用程序与 SQL Server 的连接。

在单机环境中（数据库管理系统 SSMS 及应用程序与 SQL Server 引擎安装在同一台机器上），建议使用 Windows 内置账号 NT Service。

在联机环境中（数据库管理系统 SSMS 及应用程序与 SQL Server 引擎分别安装在不同的机器上），建议使用 SQL Server 默认账号 sa 和自定义的 sa 密码。

5.2 管理工作室 SSMS

5.2.1 SSMS 连接到数据库引擎

要保证 SSMS 正常工作，首先要正常连接到 SQL Server 数据引擎。连接登录过程中，主要有两种身份验证方式：Windows 身份验证和 SQL Server 身份验证，前者主要用于单机环境，后者主要用于网络联机连接环境。

在单机环境中，数据库管理系统 SSMS 使用 Windows 内置账号 NT Service 连接到 SQL Server 数据引擎。如图 5-1 所示。

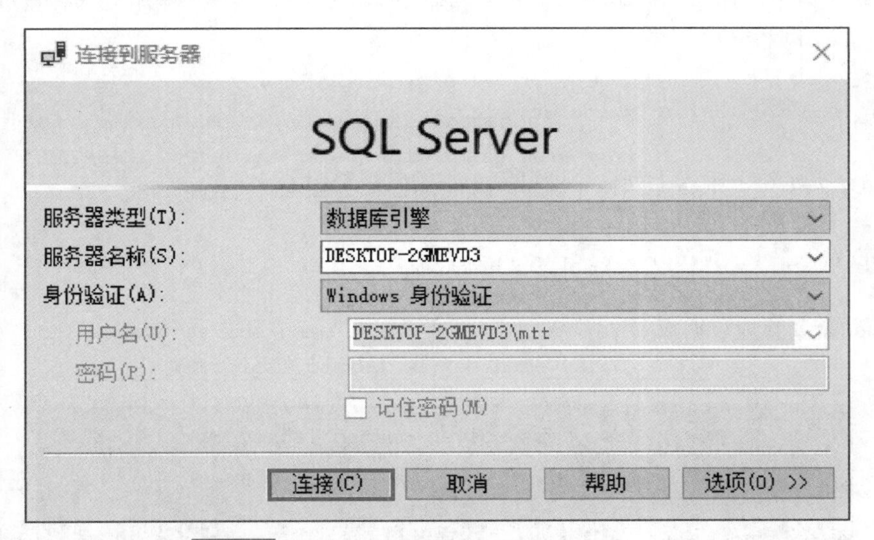

图 5-1 SSMS 使用内置账号连接 SQL Server

在联机环境中使用 SQL Server 默认账号 sa 和自定义的 sa 密码。这种方式更加灵活、可控、可定制。如图 5-2 所示。

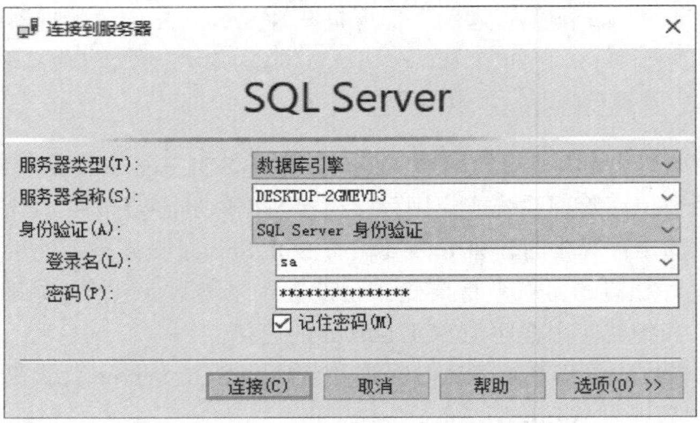

图 5-2 SSMS 使用 sa 账号连接 SQL Server

5.2.2 使用 SSMS 操作数据库引擎

关于 SSMS 的使用方式，有基于图形界面（Graphics User Interface，GUI）方式和命令行（Command Line Interface，CLI）两种方式。

SSMS 是 SQL Server 管理工具的核心，在以下的章节中，笔者将详尽阐述如何使用 SSMS 操作数据库引擎。这里不再赘述。

5.3 命令行工具管理

可以使用命令行命令 net 简单管理数据库引擎服务。以管理员身份运行 cmd.exe，打开 DOS 窗口。在 DOS 窗口中，在命令提示符后输入下列命令即可启动数据库引擎服务（其中 instancename 是数据库引擎实例名称）：

```
net start  "SQL Server  ( instancename )"
```

可在命令提示符下输入下列命令即可停止数据库引擎服务：

```
net start  "SQL Server  ( instancename )"
```

使用 net 命令管理数据库引擎服务如图 5-3 所示。

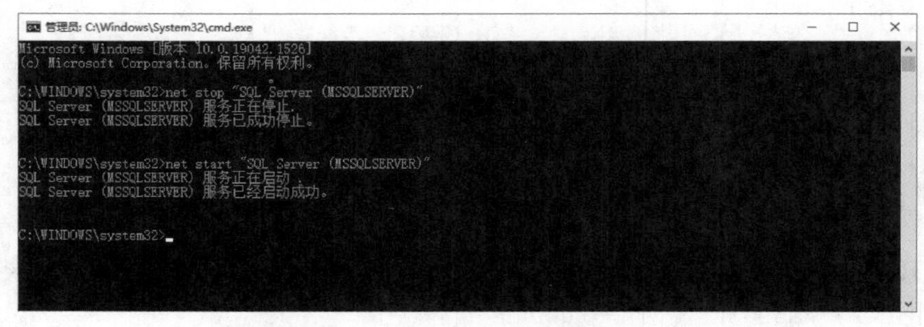

图 5-3 使用 net 命令管理数据库引擎服务

第6章
SQL Server 数据库管理

数据库的管理与操作主要包括创建、备份、还原等。

6.1 系统数据库简介

SQL Server 2019 中有很多的系统级数据库，master、model、msdb、tempdb、ReportServer 等，这里主要介绍 master、model、msdb、tempdb 几个数据库。

6.1.1 master 数据库

master 数据库是 SQL Server 中最重要的数据库，记录了 SQL Server 系统中所有的系统信息，包括登录账户、系统配置和设置、服务器中数据库的名称、数据库文件的位置、系统进程、链接服务器及 SQL Server 初始化信息等。该数据库的文件一旦丢失或损毁，将对整个 SQL Server 系统的运行造成重大的影响，甚至是整个系统瘫痪。因此，要经常对 master 数据库进行备份，以便在发生问题时，对数据库进行还原。

6.1.2 model 数据库

model 系统数据库是一个模板数据库，是建立新数据库的模板。它包含了建立新数据库时所需的基本对象，如系统表、查看表、登录信息等。在系统执行建立新数据库操作时，它会复制这个模板数据库的内容到新的数据库上。所有新建立的数据库都是继承这个 model 数据库而来的，如果更改 model 数据库中的内容，如增加 table/views/store procedures 等任何数据库对象，则稍后建立的数据库也都会包含该变动。由于 tempdb 数据库在 SQL Server 每次启动时都要重新创建，所以 model 数据库在 SQL Server database 中也是必需的，不能缺少的。

6.1.3 msdb 数据库

msdb 系统数据库提供“SQL Server 代理服务”，调度警报、作业及记录操作员。若不使用这些 SQL Server 代理服务，就不会用到该系统数据库。

SQL Server 代理服务是 SQL Server 中的一个 Windows 服务，用于运行任何已创建的计划作业。作业是指 SQL Server 中定义的能自动运行的一系列操作。例如，若希望在某一时间执行某一个任务，就可以通过配置 Job 让该任务在指定的时间按要求执行。若需要使用 Job 正常执行，除了 Job 正常建立及其代码无误外，还要确保 SQL Server 代理服务处理运行状态。另外，在该数据库中可以查看到系统有哪些 Job，以及 Job 的运行记录情况等。

6.1.4 tempdb 数据库

tempdb 数据库是存在于 SQL Server 会话期间的一个临时性的数据库。一旦 SQL Server 关闭或重启，tempdb 数据库保存的内容将自动消失。重启动 SQL Server 时，系统将重新创建新的、 空的 tempdb 数据库。如何配置好 Tempdb 对 production server 的性能发挥有着重要的影响。Tempdb 的参数的设置要根据实际的业务场景进行，不同的工作负荷其设置是不同的。

6.2 新建数据库

基于 SSMS 新建数据库有两种常见的方式：GUI 可视化方式和 T-SQL 编程方式。

6.2.1 GUI 可视化方式创建数据库

STEP 1：在【对象资源管理器】窗口中选择要操作的数据库实例→右击该实例下的【数据库】→在弹出的快捷菜单中选择【新建数据库】。如图 6-1 所示。

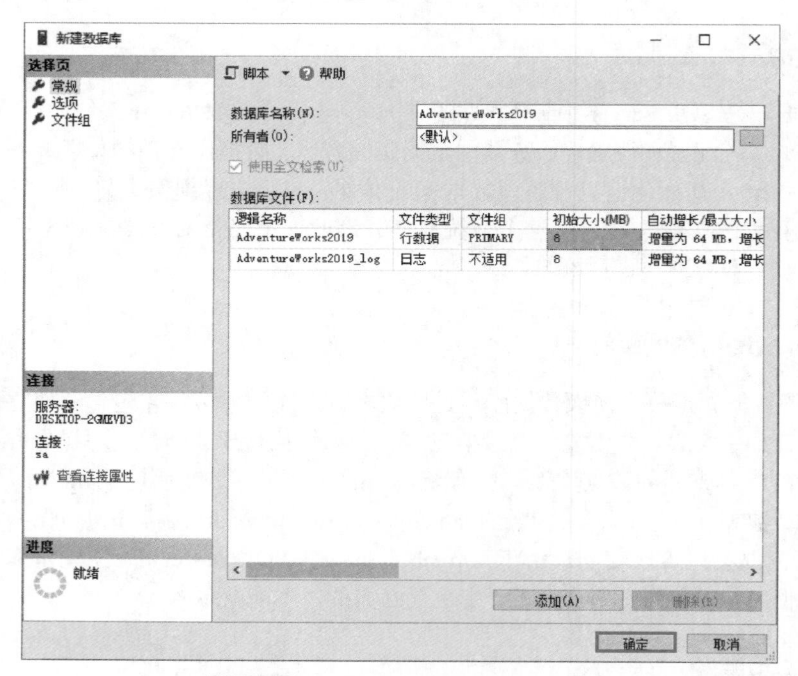

图 6-1 GUI 可视化方式创建数据库

STEP 2：在【常规】选项卡中，输入数据库名称是必要的操作。

STEP 3：查看【选项】、【文件组】等选项卡中的其他条目。

说明：虽然创建新数据库可以设置很多的参数，但如果没有特殊的需求，使用 SQL Server 的默认的设置即可。

6.2.2 T-SQL 编程方式创建数据库

可以使用 CREATE DATABASE 命令创建数据库。

语法格式:

```
CREATE DATABASE database_name
    [ON
        {[PRIMARY] [<filespec> [, ...n]
        [, <filegroup> [, ...n]]
    [LOG ON {<filespec> [, ...n]}]}
    ]
    [COLLATE collation_name]
    [WITH <external_access_option>]
]
[; ]

To attach a database
CREATE DATABASE database_name
        ON <filespec> [, ...n]
    FOR {ATTACH [WITH <service_broker_option>]
        | ATTACH_REBUILD_LOG}
[; ]

<filespec> : : =
{
(
    NAME = logical_file_name ,
        FILENAME = { 'os_file_name' | 'filestream_path'}
        [, SIZE = size [KB | MB | GB | TB]]
        [, MAXSIZE = {max_size [KB | MB | GB | TB] | UNLIMITED}]
        [, FILEGROWTH = growth_increment [KB | MB | GB | TB | %]]
) [, ...n]
}
<filegroup> : : =
{
FILEGROUP filegroup_name [CONTAINS FILESTREAM][DEFAULT]
    <filespec> [, ...n]
}

<external_access_option> : : =
{
  [DB_CHAINING {ON | OFF}]
  [,  TRUSTWORTHY {ON | OFF}]
}
<service_broker_option> : : =
{
    ENABLE_BROKER
   |  NEW_BROKER
   |  ERROR_BROKER_CONVERSATIONS
}
```

```
Create a database snapshot
CREATE DATABASE database_snapshot_name
    ON
        (
        NAME = logical_file_name,
        FILENAME = 'os_file_name'
        ) [, ...n]
    AS SNAPSHOT OF source_database_name
[; ]
```

参数意义：

• database_name：新数据库的名称。数据库名称在 SQL Server 的实例中必须唯一，并且必须符合标识符规则。

• ON：指定显式定义用来存储数据库数据部分的磁盘文件（数据文件）。当后面是以逗号分隔的、用以定义主文件组的数据文件的 <filespec> 项列表时，需要使用 ON。主文件组的文件列表可后跟以逗号分隔的、用以定义用户文件组及其文件的 <filegroup> 项列表（可选）。

• PRIMARY：指定关联的 <filespec> 列表定义主文件。在主文件组的 <filespec> 项中指定的第一个文件将成为主文件。一个数据库只能有一个主文件。如果没有指定 PRIMARY，则 CREATE DATABASE 语句中列出的第一个文件将成为主文件。

• LOG ON：指定显式定义用来存储数据库日志的磁盘文件（日志文件）。LOG ON 后跟以逗号分隔的用以定义日志文件的 <filespec> 项列表。如果没有指定 LOG ON，将自动创建一个日志文件，其大小为该数据库的所有数据文件大小总和的 25% 或 512 KB，取两者之中的较大者。此文件放置于默认的日志文件位置。有关此位置的信息，可参阅如何查看或更改数据文件和日志文件的默认位置（SQL Server Management Studio）。不能对数据库快照指定 LOG ON。

• COLLATE collation_name：指定数据库的默认排序规则。

• FOR ATTACH [WITH <service_broker_option>]：指定通过附加一组现有的操作系统文件来创建数据库。必须有一个指定主文件的 <filespec> 项。至于其他 <filespec> 项，只需要指定与第一次创建数据库或上一次附加数据库时路径不同的文件的那些项即可。必须有一个 <filespec> 项指定这些文件。

• <service_broker_option>：控制 Service Broker 消息传递和数据库的 Service Broker 标识符。仅当使用 FOR ATTACH 子句时，才能指定 Service Broker 选项。

• ENABLE_BROKER：指定对指定的数据库启用 Service Broker。

• NEW_BROKER：在 sys.databases 和还原数据库中都创建一个新的 service_broker_guid 值，并通过清除结束所有会话端点。Broker 已启用，但未向远程会话端点发送消息。必须使用新标识符重新创建任何引用旧 Service Broker 标识符的路由。

• ERROR_BROKER_CONVERSATIONS：结束所有会话，并产生一个错误指出数据库已附加或还原。Broker 一直处于禁用状态直到此操作完成，然后再将其启用。数据库保留现有的 Service Broker 标识符。

• FOR ATTACH_REBUILD_LOG：指定通过附加一组现有的操作系统文件来创建数据库。该选项只限于读 / 写数据库。必须有一个指定主文件的 <filespec> 项。如果缺少一个或多个事务日志文件，将重新生成日志文件。ATTACH_REBUILD_LOG 自动创建一个新的 1-MB 的日志文件。此文件放置于默认的日志文件位置。

● <filespec>：控制文件属性。

● NAME=logical_file_name：指定文件的逻辑名称。指定 FILENAME 时，需要使用 NAME，除非指定 FOR ATTACH 子句之一。无法将 FILESTREAM 文件组命名为 PRIMARY。

● logical_file_name：引用文件时在 SQL Server 中使用的逻辑名称。Logical_file_name 在数据库中必须是唯一的，必须符合标识符规则。名称可以是字符或 Unicode 常量，也可以是常规标识符或分隔标识符。

● FILENAME={'os_file_name' | 'filestream_path'}：指定操作系统（物理）文件名称。

● 'os_file_name'：创建文件时由操作系统使用的路径和文件名。

● 'filestream_path'：对于 FILESTREAM 文件组，FILENAME 指向将存储 FILESTREAM 数据的路径。在最后一个文件夹之前的路径必须存在，但不能存在最后一个文件夹。

● SIZE = size：指定文件的大小。

● MAXSIZE = max_size：指定文件可增大到的最大尺寸。

● UNLIMITED：指定文件将增长到磁盘充满。在 SQL Server 中，指定为不限制增长的日志文件的最大大小为 2 TB，而数据文件的最大大小为 16 TB。

● FILEGROWTH=growth_increment：指定文件的自动增量。文件的 FILEGROWTH 设置不能超过 MAXSIZE 设置。将 os_file_name 指定为 UNC 路径时，不能指定 FILEGROWTH。FILEGROWTH 不适用于 FILESTREAM 文件组。

● growth_increment：每次需要新空间时为文件添加的空间量。

● <filegroup>：控制文件组属性。不能对数据库快照指定文件组。

● FILEGROUP filegroup_name：文件组的逻辑名称。

● filegroup_name：filegroup_name 必须在数据库中唯一，不能是系统提供的名称 PRIMARY 和 PRIMARY_LOG。名称可以是字符或 Unicode 常量，也可以是常规标识符或分隔标识符。名称必须符合标识符规则。

● CONTAINS FILESTREAM：指定文件组在文件系统中存储 FILESTREAM 二进制大型对象（BLOB）。

● DEFAULT：指定命名文件组为数据库中的默认文件组。

● <external_access_option>：控制外部与数据库之间的双向访问。

● DB_CHAINING {ON | OFF}：当指定为 ON 时，数据库可以为跨数据库所有权链的源或目标；当为 OFF 时，数据库不能参与跨数据库所有权链接。默认值为 OFF。

● TRUSTWORTHY {ON | OFF}：当指定 ON 时，使用模拟上下文的数据库模块（例如，视图、用户定义函数或存储过程）可以访问数据库以外的资源；当为 OFF 时，模拟上下文中的数据库模块不能访问数据库以外的资源。默认值为 OFF。

● database_snapshot_name：新数据库快照的名称。数据库快照名称必须在 SQL Server 的实例中唯一，并且必须符合标识符规则。database_snapshot_name 最多可以包含 128 个字符。

● ON（NAME = logical_file_name, FILENAME = 'os_file_name'）[,...n]：若要创建数据库快照，应在源数据库中指定文件列表。若要使快照工作，必须分别指定所有数据文件。但是，日志文件不允许用于数据库快照。数据库快照不支持 FILESTREAM 文件组。如果在 CREATE DATABASE ON 子句中包含了 FILESTREAM 数据文件，该语句将失败，并且会引发错误。

● AS SNAPSHOT OF source_database_name：指定要创建的数据库为 source_database_name 指定的源数据库的数据库快照。快照和源数据库必须位于同一实例中。

注释说明：

● 创建、修改或删除用户数据库后，应备份 master 数据库。

● CREATE DATABASE 语句必须以自动提交模式（默认事务管理模式）运行，不允许在显式或隐式事务中使用。

● 使用一条 CREATE DATABASE 语句即可创建数据库以及存储该数据库的文件。

● 在一个 SQL Server 的实例中最多可以指定 32767 个数据库。

● 每个数据库都有一个所有者，它可以在数据库中执行特殊操作。所有者是创建数据库的用户。可以使用 sp_changedbowner 更改数据库所有者。

[例 6-1] 下面示例使用 CREATE DATABASE 命令创建数据库。

在查询编辑器中输入如下 T-SQL 代码片段，即可在当前连接的数据库引擎中创建一个名称为“AdventureWorks2019”的新数据库，数据库文件保存在 SQL Sever 默认安装路径中。

```
USE master;
GO
IF exists (SELECT * FROM sysdatabases WHERE NAME = 'AdventureWorks2019')
   DROP DATABASE AdventureWorks2019;
GO
DECLARE @dir NVARCHAR(520);
SELECT @dir = SUBSTRING(FILENAME, 1, CHARINDEX(N 'master.mdf', LOWER(FILENAME))-1)
FROM master.dbo.sysaltfiles WHERE DBID = 1 AND fileid = 1;
GO
EXECUTE('CREATE DATABASE AdventureWorks2019
  ON PRIMARY(NAME = N "AdventureWorks2019_data",
             FILENAME = " '+ @dir + N' AdventureWorks2019.mdf")
  LOG ON(NAME = N "AdventureWorks2019_log",
         FILENAME = " '+ @dir + N' AdventureWorks2019.ldf")');
GO
```

以下 T-SQL 语句可实现同样的功能：

```
CREATE DATABASE AdventureWorks2019
ON
(
    NAME = AdventureWorks2019_dat,
    FILENAME = 'C:\Program Files\Microsoft SQL Server\MSSQL15.MSSQLSERVER\
MSSQL\DATA\AdventureWorks2019.mdf',
    SIZE = 10, MAXSIZE = 50,  FILEGROWTH = 5
)
LOG ON
(
    NAME = AdventureWorks2019_log,
    FILENAME = 'C:\Program Files\Microsoft SQL Server\MSSQL15.MSSQLSERVER\
MSSQL\DATA\AdventureWorks2019.ldf',
    SIZE = 5MB, MAXSIZE = 25MB, FILEGROWTH = 5MB
);
GO
```

说明：数据库创建成功后需要刷新当前数据库引擎连接状态，才能在 SSMS 的对象资源管理器中看到新建的数据库对象。

6.3 附加数据库

基于 SSMS 附加数据库也有两种常见的方式：GUI 可视化方式和 T-SQL 编程方式。

6.3.1 GUI 可视化方式附加数据库

STEP 1：在【对象资源管理器】窗口中右击连接实例下的【数据库】节点→在弹出的快捷菜单中选择【附加】→打开【附加数据库】对话框。

STEP 2：在【附加数据库】对话框中，选择要附加的数据文件。如图 6-2 所示。

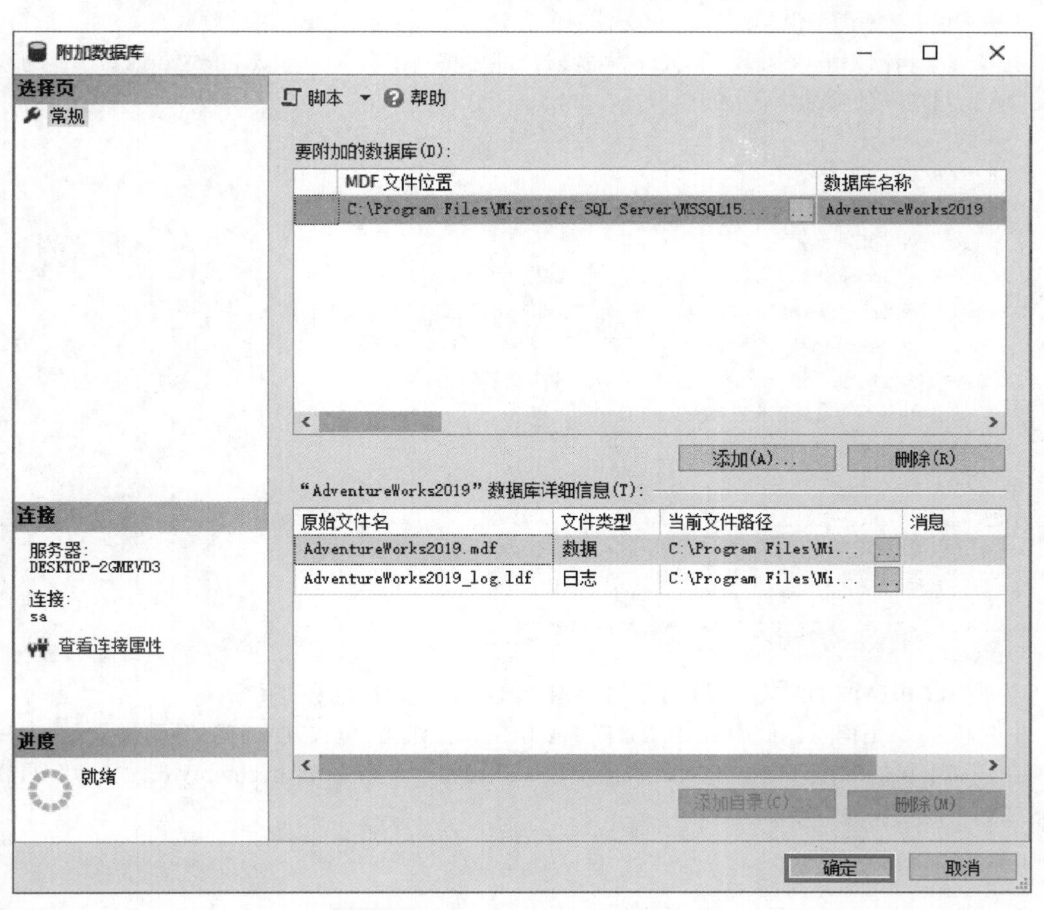

图 6-2 GUI 可视化方式附加数据库

STEP 3：点击【确定】即可完成附加数据库操作。

6.3.2 T-SQL 编程方式附加数据库

有两种 T-T-SQL 编程方式附加数据库：sp_attach_db 存储过程和 CREATE DATABASE 命令

的 FOR ATTACH 选项。

① 使用 master 数据库的存储过程 sp_attach_db 附加数据库。

语法格式：

```
sp_attach_db [@dbname=] 'dbname', [@filename1=] 'filename_n' [, ...16]
```

参数说明：

- [@dbname=] 'dbname'：要附加到该服务器的数据库的名称。该名称必须是唯一的。dbname 的数据类型为 sysname，默认值为 NULL。
- [@filename1=]'filename_n'：数据库文件的物理名称，包括路径。filename_n 的数据类型为 nvarchar(260)，默认值为 NULL。最多可以指定 16 个文件名。参数名称从 @filename1 开始，一直增加到 @filename16。文件名列表至少必须包括主文件。主文件中包含指向数据库中其他文件的系统表。该列表还必须包括在数据库分离之后移动的所有文件。

［例 6-2］ 下面示例使用 master 数据库的存储过程 sp_attach_db 附加数据库。

在查询编辑器中输入如下 T-SQL 代码片段，即可将一个名为“AdventureWorks2019”的数据库附加到当前连接的数据库引擎中。

```
USE master;
GO
/* 定义数据库文件变量 */
DECLARE @dbname nvarchar(100); -- 数据库名称
DECLARE @dir nvarchar(100); -- 数据文件和日志文件的存储目录
DECLARE @filename1 nvarchar(120); -- 数据文件访问路径
DECLARE @filename2 nvarchar(120); -- 日志文件访问路径
SET @dbname='AdventureWorks2019';
SET @dir='f:\';
SET @filename1=LTRIM(RTRIM(@dir)) + @dbname + '.mdf';
SET @filename2=LTRIM(RTRIM(@dir)) + @dbname + '.ldf';
GO
/* 执行系统存储过程 sp_attach_db 附加数据库 */
EXECUTE sp_attach_db @dbname, @filename1, @filename2;
```

② 使用 CREATE DATABASE 命令的 FOR ATTACH 选项附加数据库。

［例 6-3］ 下面示例使用 CREATE DATABASE 命令的 FOR ATTACH 选项附加数据库。

在查询编辑器中输入如下 T-SQL 代码片段，即可将一个名为“AdventureWorks2019”的数据库附加到当前连接的数据库引擎中。

```
USE master;
GO
CREATE DATABASE AdventureWorks2019
ON (FILENAME = 'f:\AdventureWorks2019.mdf')
LOG ON (FILENAME = 'f:\AdventureWorks2019.ldf')
FOR ATTACH ;
GO
```

说明：要确保要附加的数据库文件（包括数据文件和日志文件）应具有相应的文件访问权限，否则附加操作不能成功。

6.4 备份数据库

基于 SSMS 备份数据库也有两种常见的方式：GUI 可视化方式和 T-SQL 编程方式。

6.4.1 GUI 可视化方式备份数据库

STEP 1：在【对象资源管理器】窗口中展开该连接实例下的【数据库】节点→右击要备份的数据库对象→在弹出的快捷菜单中选择级联菜单【任务】选项及【备份】子项→打开【备份数据库】对话框。

STEP 2：在打开的【备份数据库】对话框中，设置必要的备份参数。如图 6-3 所示。

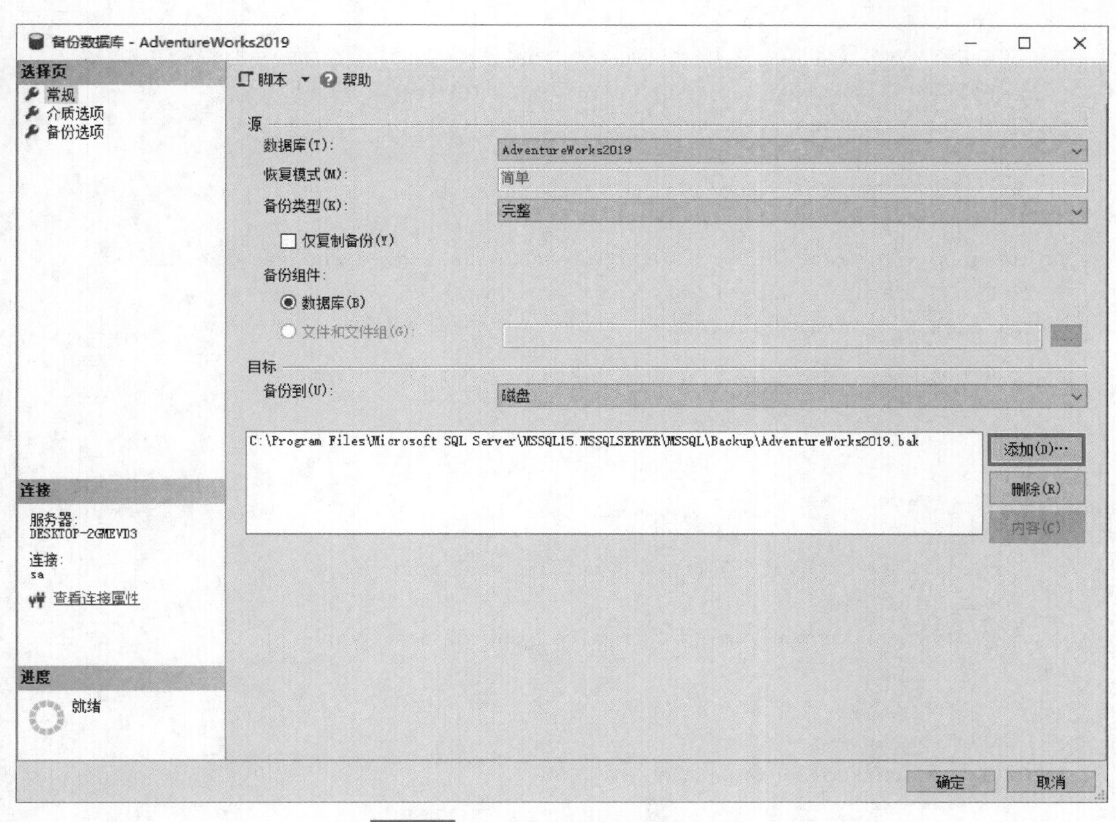

图 6-3 GUI 可视化方式备份数据库

STEP 3：点击【确定】即可完成指定数据库的备份。

6.4.2 T-SQL 编程方式备份数据库

可以使用 SQL 语句 BACKUP DATABASE 命令备份数据库。

语法格式:

```
BACKUP DATABASE {database_name | @database_name_var}
  TO <backup_device> [, ...n]
  [<MIRROR TO clause> ] [next-mirror-to]
  [WITH {DIFFERENTIAL | <general_WITH_options> [, ...n]} ]
[; ]

Backing Up Specific Files or Filegroups
BACKUP DATABASE {database_name | @database_name_var}
 <file_or_filegroup> [, ...n]
  TO <backup_device> [, ...n]
  [<MIRROR TO clause> ] [next-mirror-to]
  [WITH {DIFFERENTIAL | <general_WITH_options> [, ...n]} ]
[; ]

Creating a Partial Backup
BACKUP DATABASE {database_name | @database_name_var}
 READ_WRITE_FILEGROUPS [, <read_only_filegroup> [, ...n]]
  TO <backup_device> [, ...n]
  [<MIRROR TO clause> ] [next-mirror-to]
  [WITH {DIFFERENTIAL | <general_WITH_options> [, ...n]}]
[; ]
Backing Up the Transaction Log （full and bulk-logged recovery models）
BACKUP LOG {database_name | @database_name_var}
  TO <backup_device> [, ...n]
  [<MIRROR TO clause> ] [next-mirror-to]
  [WITH {<general_WITH_options> | <log-specific_optionspec>} [, ...n] ]
[; ]

<backup_device>: : =
 {
   {logical_device_name | @logical_device_name_var}
 |  {DISK | TAPE} =
     { 'physical_device_name' | @physical_device_name_var}
 }

<MIRROR TO clause>: : =
 MIRROR TO <backup_device> [, ...n]

<file_or_filegroup>: : =
 {
   FILE = {logical_file_name | @logical_file_name_var}
 |  FILEGROUP = {logical_filegroup_name | @logical_filegroup_name_var}
 }

<read_only_filegroup>: : =
```

```
FILEGROUP = {logical_filegroup_name | @logical_filegroup_name_var}

<general_WITH_options> [, ...n]: : =
--Backup Set Options
   COPY_ONLY
  | {COMPRESSION | NO_COMPRESSION}
  | DESCRIPTION = { 'text' | @text_variable}
  | NAME = {backup_set_name | @backup_set_name_var}
  | PASSWORD = {password | @password_variable}
  | {EXPIREDATE = { 'date' | @date_var}
        | RETAINDAYS = {days | @days_var}}

--Media Set Options
   {NOINIT | INIT}
  | {NOSKIP | SKIP}
  | {NOFORMAT | FORMAT}
  | MEDIADESCRIPTION = { 'text' | @text_variable}
  | MEDIANAME = {media_name | @media_name_variable}
  | MEDIAPASSWORD = {mediapassword | @mediapassword_variable}
  | BLOCKSIZE = {blocksize | @blocksize_variable}

--Data Transfer Options
   BUFFERCOUNT = {buffercount | @buffercount_variable}
  | MAXTRANSFERSIZE = {maxtransfersize | @maxtransfersize_variable}

--Error Management Options
   {NO_CHECKSUM | CHECKSUM}
  | {STOP_ON_ERROR | CONTINUE_AFTER_ERROR}

--Compatibility Options
   RESTART

--Monitoring Options
   STATS [= percentage]

--Tape Options
   {REWIND | NOREWIND}
  | {UNLOAD | NOUNLOAD}

--Log-specific Options
   {NORECOVERY | STANDBY = undo_file_name}
  | NO_TRUNCATE
```

参数意义：

- DATABASE：指定一个完整数据库备份。如果指定了一个文件和文件组的列表，则仅备份该列表中的文件和文件组。在进行完整数据库备份或差异数据库备份的过程中，SQL Server 会备份足够多的事务日志，以便在还原备份时生成一个一致的数据库。还原由 BACKUP DATABASE（“数据备份”）创建的备份时，将还原整个备份。只有日志备份才能还原到备份中的特定时间或事务。
- LOG：指定仅备份事务日志。该日志是从上一次成功执行的日志备份到当前日志的末尾。必须创建完整备份，才能创建第一个日志备份。通过在 RESTORE LOG 语句中指定 WITH STOPAT、STOPATMARK 或 STOPBEFOREMARK，可以将日志备份还原到备份中的特定时间或事务。
- {database_name | @database_name_var}：备份事务日志、部分数据库或完整的数据库时所用的源数据库。如果作为变量（@database_name_var）提供，则可以将此名称指定为字符串常量（@database_name_var = database name）或指定为字符串数据类型（ntext 或 text 数据类型除外）的变量。
- <file_or_filegroup> [,...n]：只能与 BACKUP DATABASE 一起使用，用于指定某个数据库文件或文件组包含在文件备份中，或指定某个只读文件或文件组包含在部分备份中。
- FILE = {logical_file_name | @logical_file_name_var}：文件或变量的逻辑名称，其值等于要包含在备份中的文件的逻辑名称。
- FILEGROUP = {logical_filegroup_name | @logical_filegroup_name_var}：文件组或变量的逻辑名称，其值等于要包含在备份中的文件组的逻辑名称。在简单恢复模式下，只允许对只读文件组执行文件组备份。
- n：一个占位符，表示可以在逗号分隔的列表中指定多个文件和文件组。数量不受限制。
- READ_WRITE_FILEGROUPS：指定在部分备份中备份所有读 / 写文件组。如果数据库是只读的，则 READ_WRITE_FILEGROUPS 仅包括主文件组。
- FILEGROUP = {logical_filegroup_name | @logical_filegroup_name_var}：只读文件组或变量的逻辑名称，其值等于要包含在部分备份中的只读文件组的逻辑名称。有关详细信息，可参阅本主题前面的 "<file_or_filegroup>"。
- TO <backup_device> [,...n]：指示附带的备份设备集是一个未镜像的介质集，或者是镜像介质集中的第一批镜像（为其声明了一个或多个 MIRROR TO 子句）。
- <backup_device>：指定用于备份操作的逻辑备份设备或物理备份设备。
- {logical_device_name | @logical_device_name_var}：要将数据库备份到的备份设备的逻辑名称。逻辑名称必须遵守标识符规则。如果作为变量（@logical_device_name_var）提供，则可以将该备份设备名称指定为字符串常量（@logical_device_name_var = logical backup device name）或任何字符串数据类型（ntext 或 text 数据类型除外）的变量。
- {DISK | TAPE} = { ‘physical_device_name’ | @physical_device_name_var}：指定磁盘文件或磁带设备。
- MIRROR TO <backup_device> [,...n]：指定一组辅助备份设备（最多三个），其中每个设备都将镜像 TO 子句中指定的备份设备。必须对 MIRROR TO 子句和 TO 子句指定相同类型和数量的备份设备。最多可以使用三个 MIRROR TO 子句。
- [next-mirror-to]：一个占位符，表示一个 BACKUP 语句除了包含一个 TO 子句外，最多还可包含三个 MIRROR TO 子句。

* WITH 选项：指定要用于备份操作的选项。

［例 6-4］ 下面示例使用 BACKUP DATABASE 命令备份数据库。

在查询编辑器中输入如下 T-SQL 代码片段，即可在当前连接的数据库引擎中备份一个名称为“AdventureWorks2019”的数据库，备份文件扩展名为“.bak”，存储路径由用户指定。

```
BACKUP DATABASE AdventureWorks2019
TO DISK='C:\Program Files\Microsoft SQL Server\MSSQL15.MSSQLSERVER\
MSSQL\Backup\AdventureWorks2019.bak'
WITH FORMAT,
    MEDIANAME = 'AdventureWorks2019',
    MEDIADESCRIPTION = 'AdventureWorks2019';
GO
```

6.5 还原数据库

基于 SSMS 还原数据库也有两种常见的方式：GUI 可视化方式和 T-SQL 编程方式。

6.5.1 GUI 可视化方式还原数据库

STEP 1：在【对象资源管理器】窗口中右击该实例下的【数据库】节点→在弹出的快捷菜单中选择【还原数据库】选项→打开【还原数据库】对话框。

STEP 2：在【还原数据库】对话框中设置必要的还原参数，如图 6-4 所示。

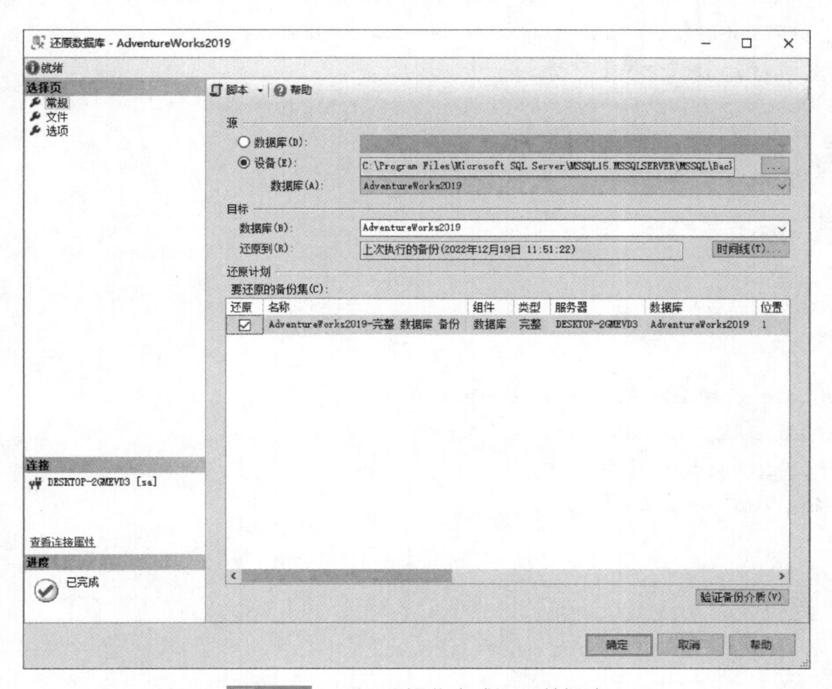

图 6-4 GUI 可视化方式还原数据库

STEP 3：点击【确定】即可完成数据库的还原操作。

6.5.2 T-SQL 编程方式还原数据库

可以使用 SQL 语句 RESTORE DATABASE 还原数据库。

语法格式：

```
--To Restore an Entire Database from a Full database backup (a Complete Restore):
RESTORE DATABASE {database_name | @database_name_var}
 [ FROM <backup_device> [, ...n]]
 [ WITH
   {
    [RECOVERY | NORECOVERY | STANDBY =
        {standby_file_name | @standby_file_name_var}
       ]
    | ,  <general_WITH_options> [, ...n]
    | , <replication_WITH_option>
    | , <change_data_capture_WITH_option>
    | , <service_broker_WITH options>
    | ,  <point_in_time_WITH_options—RESTORE_DATABASE>
   } [, ...n]
 ]
[; ]

--To perform the first step of the initial restore sequence
-- of a piecemeal restore:
RESTORE DATABASE {database_name | @database_name_var}
   <files_or_filegroups> [, ...n]
 [ FROM <backup_device> [, ...n]]
   WITH
      PARTIAL, NORECOVERY
      [ ,  <general_WITH_options> [, ...n]
        | ,  <point_in_time_WITH_options—RESTORE_DATABASE>
      ] [, ...n]
[; ]

--To Restore Specific Files or Filegroups:
RESTORE DATABASE {database_name | @database_name_var}
   <file_or_filegroup> [, ...n]
 [FROM <backup_device> [, ...n]]
   WITH
   {
      [ RECOVERY | NORECOVERY]
      [ ,  <general_WITH_options> [, ...n] ]
```

```
   } [, ...n]
[; ]

--To Restore Specific Pages:
RESTORE DATABASE {database_name | @database_name_var}
   PAGE = 'file: page [, ...n]'
  [ , <file_or_filegroups>][, ...n]
 [ FROM <backup_device> [, ...n]]
    WITH
       NORECOVERY
      [ ,  <general_WITH_options> [, ...n] ]
[; ]

--To Restore a Transaction Log:
RESTORE LOG {database_name | @database_name_var}
 [ <file_or_filegroup_or_pages> [, ...n]]
 [ FROM <backup_device> [, ...n]]
 [ WITH
   {
     [RECOVERY | NORECOVERY | STANDBY =
          {standby_file_name | @standby_file_name_var}
       ]
     |  ,  <general_WITH_options> [, ...n]
     |  , <replication_WITH_option>
     |  ,   <point_in_time_WITH_options—RESTORE_LOG>
   } [, ...n]
 ]
[; ]

--To Revert a Database to a Database Snapshot:
RESTORE DATABASE {database_name | @database_name_var}
FROM DATABASE_SNAPSHOT = database_snapshot_name

<backup_device>: : =
{
   {logical_backup_device_name  |
               @logical_backup_device_name_var}
  | {DISK | TAPE} = { 'physical_backup_device_name'  |
                @physical_backup_device_name_var}
}

<files_or_filegroups>: : =
{
      FILE = {logical_file_name_in_backup | @logical_file_name_in_backup_var}
  |  FILEGROUP = {logical_filegroup_name | @logical_filegroup_name_var}
```

```
  | READ_WRITE_FILEGROUPS
}

<general_WITH_options> [, ...n]: : =
--Restore Operation Options
     MOVE  'logical_file_name_in_backup' TO 'operating_system_file_name'
           [, ...n]
  | REPLACE
  | RESTART
  | RESTRICTED_USER

--Backup Set Options
  | FILE = {backup_set_file_number | @backup_set_file_number}
  | PASSWORD = {password | @password_variable}

--Media Set Options
  | MEDIANAME = {media_name | @media_name_variable}
  | MEDIAPASSWORD = {mediapassword | @mediapassword_variable}
  | BLOCKSIZE = {blocksize | @blocksize_variable}

--Data Transfer Options
  | BUFFERCOUNT = {buffercount | @buffercount_variable}
  | MAXTRANSFERSIZE = {maxtransfersize | @maxtransfersize_variable}

--Error Management Options
  | {CHECKSUM | NO_CHECKSUM}
  | {STOP_ON_ERROR | CONTINUE_AFTER_ERROR}

--Monitoring Options
  | STATS [= percentage]

--Tape Options
  | {REWIND | NOREWIND}
  | {UNLOAD | NOUNLOAD}

<replication_WITH_option>: : =
  | KEEP_REPLICATION

<change_data_capture_WITH_option>: : =
  | KEEP_CDC

<service_broker_WITH_options>: : =
```

```
  | ENABLE_BROKER
  | ERROR_BROKER_CONVERSATIONS
  | NEW_BROKER

<point_in_time_WITH_options—RESTORE_DATABASE>: : =
  | {
   STOPAT = { 'datetime' | @datetime_var}
  | STOPATMARK = { 'lsn: lsn_number'}
                 [AFTER 'datetime']
  | STOPBEFOREMARK = { 'lsn: lsn_number'}
                 [AFTER 'datetime']
   }

<point_in_time_WITH_options—RESTORE_LOG>: : =
  | {
   STOPAT = { 'datetime' | @datetime_var}
  | STOPATMARK = { 'mark_name' | 'lsn: lsn_number'}
                 [AFTER 'datetime']
  | STOPBEFOREMARK = {'mark_name' | 'lsn: lsn_number'}
                 [AFTER 'datetime']
   }
```

参数意义：

- DATABASE：指定目标数据库。如果指定了文件和文件组列表，则只还原那些文件和文件组。
- LOG：指示对该数据库应用事务日志备份。必须按顺序应用事务日志。SQL Server 检查已备份的事务日志，以确保按正确的序列将事务加载到正确的数据库。若要应用多个事务日志，应在除上一个外的所有还原操作中使用 NORECOVERY 选项。
- {database_name | @database_name_var}：是将日志或整个数据库还原的数据库。如果作为变量（@database_name_var）提供，则可以将该名称指定为字符串常量（@database_name_var = database_name）或字符串数据类型（ntext 或 text 数据类型除外）的变量。
- <file_or_filegroup_or_page> [,...n]：指定要包含在 RESTORE DATABASE 或 RESTORE LOG 语句中的逻辑文件或文件组或页面的名称。可以指定文件或文件组列表。
- FILE = {logical_file_name_in_backup | @logical_file_name_in_backup_var}：命名一个要包含在数据库还原任务中的文件。
- FILEGROUP = {logical_filegroup_name | @logical_filegroup_name_var}：命名一个要包含在数据库还原任务中的文件组。
- READ_WRITE_FILEGROUPS：选择所有读写文件组。如果希望在还原读写文件组之后，并在还原只读文件组之前还原某些只读文件组，该选项尤其有用。
- PAGE = 'file：page [,...n]'：指定用于页面还原的一页或多页列表（只有使用完整恢复模式或大容量日志恢复模式的数据库支持页面还原）。这些值如下所示：

PAGE：指示一个由一个或多个文件和页面构成的列表。

file：文件的文件 ID，该文件包含要还原的特定页面。

page：文件中要还原的页面的页 ID。

n：指示可以指定多个页面的占位符。可按还原顺序还原到任何单个文件中的最大页面数是1000。然而，如果文件中损坏的页面过多，则应考虑还原整个文件而不是还原这些页面。

[,...n]：一个占位符，表示可以在以逗号分隔的列表中指定多个文件、文件组和页。数量不受限制。

- FROM {<backup_device> [,...n] | <database_snapshot>}：通常指定要从哪些备份设备还原备份。此外，在 RESTORE DATABASE 语句中，FROM 子句可以指定要向哪个数据库快照还原数据库，在这种情况下不允许使用 WITH 子句。
- <backup_device> [,...n]：指定还原操作要使用的逻辑或物理备份设备。
- <backup_device>：：=：指定用于备份操作的逻辑备份设备或物理备份设备。
- {logical_backup_device_name | @logical_backup_device_name_var}：是由 sp_addumpdevice 创建的备份设备（数据库将从该备份设备还原）的逻辑名称，该名称必须符合标识符规则。如果作为变量（@logical_backup_device_name_var）提供，则可以将备份设备名称指定为字符串常量（@logical_backup_device_name_var = logical_backup_device_name）或字符串数据类型（ntext 或 text 数据类型除外）的变量。
- {DISK | TAPE} = {'physical_backup_device_name' | @physical_backup_device_name_var}：允许从指定的磁盘或磁带设备还原备份。
- DATABASE_SNAPSHOT = database_snapshot_name：将数据库恢复为由 database_snapshot_name 指定的数据库快照。DATABASE_SNAPSHOT 选项只能用于完整数据库还原。在还原操作中，数据库快照将取代完整数据库备份。
- WITH 选项：指定还原操作要使用的选项。

［例 6-5］ 下面示例使用 RESTORE DATABASE 命令还原数据库。

在查询编辑器中输入如下 T-SQL 代码片段，即可从扩展名为“.bak”的备份文件将一个名称为“AdventureWorks2019”的数据库恢复到当前连接的数据库引擎中。

```
RESTORE DATABASE AdventureWorks2019
FROM DISK='F:\AdventureWorks2019.bak'
```

6.6 删除数据库

基于 SSMS 删除数据库也有两种常见的方式：GUI 可视化方式和 T-SQL 编程方式。

6.6.1 GUI 可视化方式删除数据库

STEP 1：在【对象资源管理器】窗口中展开该实例下的【数据库】节点→右击要删除的数据库对象，在弹出的快捷菜单中选择【删除】→打开【删除对象】对话框。

STEP 2：在【删除对象】对话框中设置必要的删除参数。如图 6-5 所示。

STEP 3：点击【确定】即可完成指定数据库的删除操作。

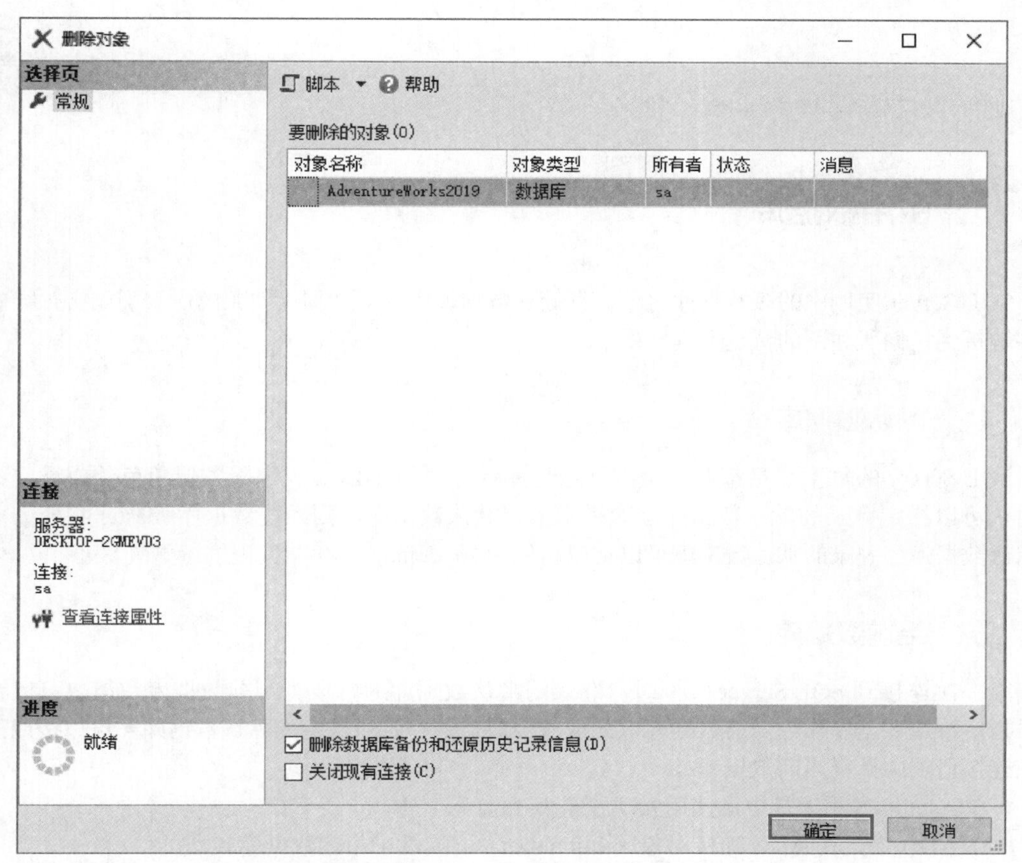

图 6-5 GUI 可视化方式删除数据库

6.6.2 T-SQL 编程方式删除数据库

可以使用 T-SQL 命令 DROP DATABASE 删除数据库。

语法格式：

```
DROP DATABASE {database_name | database_snapshot_name} [, ...n]
```

参数意义：

- database_name：指定要删除的数据库的名称。若要显示数据库列表，应使用 sys.databases 目录视图。
- database_snapshot_name：指定要删除的数据库快照的名称。

注释说明：

- 若要使用 DROP DATABASE，则连接的数据库上下文不能与要删除的数据库或数据库快照相同。
- DROP DATABASE 语句必须在自动提交模式下运行，并且不允许在显式或隐式事务中使用。

[例 6-6] 下面示例使用 DROP DATABASE 命令删除数据库。

在查询编辑器中输入如下 T-SQL 代码片段，即可从当前连接的数据库引擎中删除一个数据库。

```
DROP DATABASE AdventureWorks2019;
```

6.7 引用数据库

SQL Server 实例中的多数据库对象都存储在数据库中。对数据库对象的所有引用必须显式或隐式解析到它们所驻留的特定数据库中。

6.7.1 默认数据库

SQL Server 的每个登录都有一个默认数据库。在由 sysadmin 固定服务器角色的成员定义登录时，可以指定登录的默认数据库。如果未指定默认数据库，则系统数据库 master 将成为登录的默认数据库。登录的默认数据库可以在以后使用 sp_defaultdb 存储过程进行更改。

6.7.2 当前数据库

第一次连接到 SQL Server 实例时，登录的默认数据库通常成为当前数据库。但也可以在连接时指定特定数据库作为当前数据库，此请求会覆盖该登录所指定的默认数据库。可以按以下方式在连接请求中指定当前数据库：

■ 在 sqlcmd 实用工具中，使用 /d 开关指定数据库名称。

■ 在 ADO 中，在 ADO 连接对象的 Initial Catalog 属性中指定数据库名称。

■ 在 SQL Server Native Client OLE DB 访问接口中，在 DBPROP_INIT_CATALOG 属性中指定数据库名称。

■ 在 SQL Server Native Client ODBC 驱动程序中，可以使用 Microsoft SQL Server DSN 配置向导的“数据库”框，或针对 SQLConfigDataSource 的调用使用 DATABASE = parameter，在 ODBC 数据源中设置一个数据库名称。还可以针对调用 SQLDriverConnect 或 SQLBrowseConnect 指定 DATABASE =。

6.7.3 显式引用数据库

用户可以在连接到 SQL Server 实例时切换到当前数据库，称为使用或选择一个数据库。可以按以下方式切换当前数据库：

■ 在 SQL Server Management Studio 中，打开查询编辑器后，可以直接执行 T-SQL 的 USE 命令，也可以在查询工具栏上从可用数据库列表中选择一个数据库。

■ 在 SQL Server Native ClientODBC 驱动程序中，调用 SQLSetConnectAttr 以设置 SQL_ATTR_CURRENT_CATALOG 连接属性。

■ 在应用程序所使用的数据库 API 中，可以设置连接字符串。

[例 6-7] 显式数据库引用。下面的示例显式引用 AdventureWorks2019 数据库。

```
SELECT BusinessEntityID, LoginID, NationalIDNumber
FROM AdventureWorks2019.HumanResources.Employee;
```

这种方式适用于单事务序列。对于多事务序列，可以使用USE命令将操作上下文统一切换至当前数据库，上述代码可改写为：

```
USE AdventureWorks2019;
GO
SELECT BusinessEntityID, LoginID, NationalIDNumber
FROM HumanResources.Employee;
```

6.7.4 隐式引用数据库

为了解析隐式数据库引用，SQL Server使用当前数据库的概念。每个与SQL Server实例的连接总有一个数据库设为当前数据库。如果所有对象引用均未指定数据库名称，则假定其引用当前数据库。例如，如果一个连接将AdventureWorks2019设定为其当前数据库，则所有引用名为Product的对象的语句都被解析到AdventureWorks2019中的Product表。

[例6-8] 隐式数据库引用。下面的示例隐式引用AdventureWorks2019数据库（假设当前数据库为AdventureWorks2019）：

```
SELECT BusinessEntityID, LoginID, NationalIDNumber
FROM HumanResources.Employee;
```

第7章
SQL Server 表结构管理

在 SQL Server 中，表（TABLE）是数据库中用来存储数据的对象，是有结构的数据集合。作为数据库中最重要的对象，它们是数据存储的容器，是整个数据库系统的核心基础。

表结构定义为列字段的集合。与电子表格相似，数据在表中是按行和列字段的格式组织排列字段的。表中的每一列字段都设计为存储某种类型的信息（例如日期、名称、美元金额或数字）。表上有多种控制（约束、规则、默认值和自定义用户数据类型）机制用于确保数据的有效性。

7.1 表的分类

用户在开发应用程序的过程中，接触最多的是用户表，除此之外 SQL Server 还提供了多种类型的表，这些表在数据库中起着特殊的作用。按照表的用途，表可以分为系统表、分区表、临时表、宽表和用户表。

7.1.1 系统表

SQL Server 将定义服务器配置及其所有表的数据存储在一组特殊的表中，这组表称为系统表。系统表主要用于维护 SQL Server 服务器和数据库的正常运行，除非通过专用的管理员连接，否则用户无法直接查询或更新系统表。通常 SQL Server 的每个新版本都会更改系统表。对于直接引用系统表的应用程序，可能必须经过重写才能升级到具有不同版本的系统表的 SQL Server 更新版本。可以通过目录视图查看系统表中的信息。

在 SQL Server 2008 以及后续版本中，数据库引擎系统表已作为只读视图实现，目的是保证 SQL Server 2008 中的向后兼容性。无法直接使用这些系统表中的数据。用户可通过使用目录视图访问 SQL Server 元数据。

任何用户都不应直接更改系统表。例如，不要尝试使用 DELETE、UPDATE、INSERT 语句或用户定义的触发器修改系统表。但允许在系统表中引用所记录的列字段。然而，系统表中的许多列字段都未被记录。不应编写应用程序直接查询未记录的列字段。相反，若要检索存储在系统表中的信息，应用程序应使用下列字段组件之一：

- 系统存储过程。
- Transact-SQL 语句和函数。
- SQL Server 管理对象（SMO）。
- 复制管理对象（RMO）。
- 数据库 API 目录函数。

这些组件构成一个已发布的 API，用以从 SQL Server 获取系统信息。Microsoft 维护这些组件在不同版本间的兼容性。系统表的格式取决于 SQL Server 的内部体系结构，并且可能因不同的版本而异。因此，直接访问系统表中未记录列字段的应用程序可能需要进行更改，然后才能访问 SQL Server 的更高版本。

7.1.2 分区表

分区表是将数据水平划分为多个单元的表，这些单元可以分布到数据库中的多个文件组中。在维护整个集合的完整性时，使用分区可以快速而有效地访问或管理数据子集，从而使大型表或索引更易于管理。在分区方案下，SQL Server 将数据从 OLTP 加载到 OLAP 系统中这样的操作只需几秒，而不是像在早期版本中那样需要几分钟或几小时。对数据子集执行的维护操作也将更有效，因为它们的目标只是所需的数据，而不是整个表。

如果表非常大或者有可能变得非常大，并且属于下列字段任一情况，那么分区表将很有意义：

- 表中包含或可能包含以不同方式使用的许多数据。
- 对表的查询或更新没有按照预期的方式执行，或者维护开销超出了预定义的维护期。

分区表支持所有与设计和查询标准表关联的属性和功能，包括约束、默认值、标识和时间戳值、触发器和索引。

7.1.3 宽表

宽表是定义了列字段集的表。宽表使用稀疏列字段，从而将表可以包含的总列字段数增大为 30000 列字段。索引数和统计信息数也分别增大为 1000 和 30000。宽表行的最大大小为 8019 个字节。因此，任何特定行中的大部分数据都应为 NULL。若要创建宽表或将表改为宽表，可在相应表定义中添加列字段集。宽表中非稀疏列字段和计算列字段的列字段数之和仍不得超过 1024。

通过使用宽表，可以在应用程序中创建灵活的架构，可以根据需要随时添加或删除列字段。使用宽表时具有独特的性能注意事项，例如运行时和编译时内存需求增大。

7.1.4 临时表

临时表有两种类型：本地表和全局表。在与首次创建或引用表时相同的 SQL Server 实例连接期间，本地临时表只对于创建者是可见的。当用户与 SQL Server 实例断开连接后，将删除本地临时表。全局临时表在创建后对任何用户和任何连接都是可见的，当引用该表的所有用户都与 SQL Server 实例断开连接后，将删除全局临时表。

可以创建本地临时表和全局临时表。本地临时表仅在当前会话中可见，而全局临时表在所有会话中都可见。临时表不能分区。

本地临时表的名称前面有一个数字符号（#table_name），而全局临时表的名称前面有两个数字符号（##table_name）。SQL 语句使用 CREATE TABLE 语句中为 table_name 指定的值引用临时表。

如果在单个存储过程或批处理中创建了多个临时表，则它们必须有不同的名称。如果本地临时表由存储过程创建或由多个用户同时执行的应用程序创建，则数据库引擎必须能够区分由不同用户创建的表。为此，数据库引擎在内部为每个本地临时表的表名追加一个数字后缀。存储在 tempdb 的 sysobjects 表中的临时表，其全名由 CREATE TABLE 语句中指定的表名和系统生成的数字后缀组成。为了允许追加后缀，为本地临时表指定的 table_name 不能超过

116个字符。

除非使用DROP TABLE显式删除临时表，否则临时表将在退出其作用域时由系统自动删除：

■ 当存储过程完成时，将自动删除在存储过程中创建的本地临时表。由创建表的存储过程执行的所有嵌套存储过程都可以引用此表。但调用创建此表的存储过程的进程无法引用此表。

■ 所有其他本地临时表在当前会话结束时都将被自动删除。

■ 全局临时表在创建此表的会话结束且其他所有任务停止对其引用时将被自动删除。任务与表之间的关联只在单个Transact-SQL语句的生存周期内保持。换言之，当创建全局临时表的会话结束时，最后一条引用此表的Transact-SQL语句完成后，将自动删除此表。

在存储过程或触发器中创建的本地临时表的名称可以与在调用存储过程或触发器之前创建的临时表名称相同。但是，如果查询引用临时表，而同时有两个同名的临时表，则不定义针对哪个表解析该查询。嵌套存储过程同样可以创建与调用它的存储过程所创建的临时表同名的临时表。但是，为了对其进行修改以解析为在嵌套过程中创建的表，此表必须与调用过程创建的表具有相同的结构和列字段名。

［例7-1］ 下面的示例在存储过程中创建局部临时表和批处理中创建全局临时表。这些表的名称和结构均相同，但作用域明显不同。

```
USE tempdb;
GO
IF exists (SELECT * FROM sys.procedures WHERE NAME = 'Test1')
DROP PROCEDURE Test1;
GO
/* 在存储过程中创建同名局部临时表，其生命周期随存储过程结束而结束 */
CREATE PROCEDURE Test1
AS
BEGIN
    CREATE TABLE #t (x INT PRIMARY KEY);
    INSERT INTO #t VALUES (1);
    SELECT Test1Column = x FROM #t;
END
GO
EXECUTE Test1;
GO
/* 在存储过程中创建同名局部临时表，其生命周期随存储过程结束而结束 */
IF exists (SELECT * FROM sys.procedures WHERE NAME = 'Test2')
DROP PROCEDURE Test2;
GO
CREATE PROCEDURE Test2
AS
BEGIN
    CREATE TABLE #t (x INT PRIMARY KEY);
    INSERT INTO #t VALUES (2);
    SELECT Test2Column = x FROM #t;
END
```

```
GO
EXECUTE Test2;
GO

IF OBJECT_ID (N 'tempdb.dbo.##t', N 'U') IS NOT NULL
DROP TABLE tempdb.dbo.##t;
/* 在批处理中创建同名全局临时表，其生命周期一直存在于 tempdb 数据库中。
除非使用 DROP TABLE 命令显式删除 */
CREATE TABLE ##t (x INT PRIMARY KEY);
INSERT INTO ##t VALUES (3);
SELECT Test3Column = x FROM ##t;
GO
```

7.1.5 用户表

用户表定义基于数据库应用程序所需的各种表格信息。将表格数据传递到存储过程或用户定义函数中时，用户表可作为参数使用。用户表不能用于表示数据库表中的列字段。

Database 对象具有 UserDefinedTableTypes 属性，该属性可引用 UserDefinedTableTypeCollection 对象。该集合中的每个 UserDefinedTableType 对象都具有 Columns 属性，该属性可引用列字段出用户定义表中的列字段的 Column 对象集合。使用 Add 方法可向用户定义表添加列字段。

使用 UserDefinedTableType 对象定义新的用户定义表时，必须提供列字段和基于其中一列字段的主键。

用户定义表类型在创建之后，将无法更改。UserDefinedTableType 不支持 Alter 方法。用户定义表类型可以具有检查约束，但因为该类型不可更改，所以某些检查操作将引发异常。

DataType 类用于指定与列字段和参数关联的数据类型。使用此类型可指定用户定义表类型作为用户定义函数和存储过程的参数。

7.2 表的数据结构

创建表结构是通过逐步创建表所包含的列字段来完成的。构造关系表的过程，也是创建这个表的列集合的过程。定义表的列字段，要为其指定字段名、字段类型、长度、约束、是否允许为空值、是否自动增长和排序规则等。

一个完整的表的数据结构包含三部分：列字段名称、列字段类型和长度、列字段约束。

7.2.1 列字段名称

列字段名称实际上是一个标识符，指定列字段名称的操作是很简单的。列字段名称的指派需要遵循两个基本原则：

- 符合标识符命名规范。
- 结合具体的应用程序给属性列字段赋予适当的语义。

7.2.2 列字段类型和长度

设计表时要执行的一个重要操作是为每个列字段指定数据类型。数据类型定义了各列字段允许使用的数据值。通过下列字段方法之一可以为列字段指定数据类型：

■ 使用 SQL Server 系统数据类型。

■ 创建基于系统数据类型的别名数据类型。

■ 从在 Microsoft .NET Framework 公共语言运行时（CLR）中创建的类型中创建用户定义类型。

例如，如果希望某列字段中只含有名称，则可以将一种字符数据类型指定给列字段。同样，如果希望列字段中只包含数字，则可以指定一种 numeric 数据类型。

系统类型、别名类型和用户定义类型可用于强制数据完整性。这是因为输入或更改的数据必须符合原始 CREATE TABLE 语句中指定的类型。例如，无法在定义为 datetime 的列字段中存储姓氏，因为 datetime 列字段只接受有效日期。通常，将数值数据存储在数字列字段中，尤其以后必须计算数值数据时。

7.2.3 列字段约束

设计表时要执行的一个重要操作是根据需求为每个字段指定约束或规则。主要有以下几类：

（1）PRIMARY KEY 约束　一个表只能包含一个 PRIMARY KEY 约束。由 PRIMARY KEY 约束生成的索引不会使表中的非聚集索引超过 999 个，聚集索引超过 1 个。

如果没有为 PRIMARY KEY 约束指定 CLUSTERED 或 NONCLUSTERED，并且没有为 UNIQUE 约束指定聚集索引，则将对该 PRIMARY KEY 约束使用 CLUSTERED。

在 PRIMARY KEY 约束中定义的所有列字段都必须定义为 NOT NULL。如果没有指定为 Null 性，则加入 PRIMARY KEY 约束的所有列字段的为 Null 性都将设置为 NOT NULL。

（2）FOREIGN KEY 约束　如果在 CLR 用户定义类型的列字段中定义主键，则该类型的实现必须支持二进制排序。

如果在 FOREIGN KEY 约束的列字段中输入非 NULL 值，则此值必须在被引用列字段中存在；否则，将返回违反外键约束的错误信息。

如果未指定源列字段，则 FOREIGN KEY 约束适用于前面所讲的列字段。FOREIGN KEY 约束仅能引用位于同一服务器上的同一数据库中的表。跨数据库的引用完整性必须通过触发器实现。FOREIGN KEY 约束可引用同一表中的其他列字段，此行为称为自引用。

列字段级 FOREIGN KEY 约束的 REFERENCES 子句只能列出一个引用列字段。此列字段的数据类型必须与定义约束的列字段的数据类型相同。表级 FOREIGN KEY 约束的 REFERENCES 子句中引用列字段的数目必须与约束列字段表中的列字段数相同。每个引用列字段的数据类型也必须与列字段表中相应列字段的数据类型相同。

如果类型为 timestamp 的列字段是外键或被引用键的一部分，则不能指定 CASCADE、SET NULL 或 SET DEFAULT。可将 CASCADE、SET NULL、SET DEFAULT 和 NO ACTION 在相互存在引用关系的表上进行组合。如果数据库引擎遇到 NO ACTION，它将停止并回滚相关的 CASCADE、SET NULL 和 SET DEFAULT 操作。如果 DELETE 语句导致 CASCADE、SET NULL、SET DEFAULT 和 NO ACTION 操作的组合，则在数据库引擎检查所有 NO ACTION 前，将应用所有 CASCADE、SET NULL 和 SET DEFAULT 操作。

对于表可包含的引用其他表的 FOREIGN KEY 约束的数目或其他表所拥有的引用特定

表的 FOREIGN KEY 约束的数目，数据库引擎都没有预定义的限制。尽管如此，可使用的 FOREIGN KEY 约束的实际数目还是受硬件配置及数据库和应用程序设计的限制。建议表中包含的 FOREIGN KEY 约束不要超过 253 个，并且引用该表的 FOREIGN KEY 约束也不要超过 253 个。有效的限制还是或多或少取决于应用程序和硬件。在设计数据库和应用程序时应考虑强制 FOREIGN KEY 约束的开销。

对于临时表不强制 FOREIGN KEY 约束。FOREIGN KEY 约束只能引用所引用的表的 PRIMARY KEY 或 UNIQUE 约束中的列字段或所引用的表上 UNIQUE INDEX 中的列字段。

如果在 CLR 用户定义类型的列字段上定义外键，则该类型的实现必须支持二进制排序。仅当 FOREIGN KEY 约束引用的主键也定义为类型 varchar（max）时，才能在此约束中使用类型为 varchar（max）的列字段。

（3）CHECK 约束　列字段可以有任意多个 CHECK 约束，并且约束条件中可以包含用 AND 和 OR 组合起来的多个逻辑表达式。列字段上的多个 CHECK 约束按创建顺序进行验证。搜索条件必须取值为布尔表达式，并且不能引用其他表。

列字段级 CHECK 约束只能引用被约束的列字段，表级 CHECK 约束只能引用同一表中的列字段。当执行 INSERT 和 UPDATE 语句时，CHECK CONSTRAINTS 和规则具有相同的数据验证功能。当列字段上存在规则和一个或多个 CHECK 约束时，将验证所有限制。不能在 text、ntext 或 image 列字段上定义 CHECK 约束。

（4）DEFAULT 约束　每列字段只能有一个 DEFAULT 定义。DEFAULT 定义可以包含常量值、函数或 NULL。

DEFAULT 定义中的 constant_expression 不能引用表中的其他列字段，也不能引用其他表、视图或存储过程。不能对数据类型为 timestamp 的列字段或具有 IDENTITY 属性的列字段创建 DEFAULT 定义。如果别名数据类型绑定到默认对象，则不能对该别名数据类型的列字段创建 DEFAULT 定义。

（5）UNIQUE 约束　如果没有为 UNIQUE 约束指定 CLUSTERED 或 NONCLUSTERED，则默认使用 NONCLUSTERED。每个 UNIQUE 约束都生成一个索引。UNIQUE 约束的数目不会使表中的非聚集索引超过 999 个，聚集索引超过 1 个。如果在 CLR 用户定义类型的列字段中定义唯一约束，则该类型的实现必须支持二进制或基于运算符的排序。

（6）Null 规则　在表定义中，列字段为 Null 决定该列字段中是否允许以空值（NULL）作为其数据。可以为列字段设定显式或隐式的 Null 规则。默认情况下，列字段的 Null 规则隐式设置为空值；则如果不允许空值，则在列字段后直接使用 NOT NULL 显式设置 Null 规则。

7.2.4 表数据结构范例

AdventureWorks2019 数据库的 Sales.SalesOrderDetailHeader 关系表的数据结构定义如表 7-1 所示，它描述了常规或父级销售订单信息。

表7-1　关系表Sales.SalesOrderDetailHeader的数据结构

列	数据类型	空性	说明
SalesOrderID	int	非空	PK；销售订单标识号
RevisionNumber	tinyint	非空	随着时间的推移跟踪销售订单更改的递增编号

续表

列	数据类型	空性	说明
OrderDate	datetime	非空	创建销售订单的日期
DueDate	datetime	非空	客户订单到期的日期
ShipDate	datetime	空	发送给客户的日期
Status	tinyint	非空	订单的当前状态：1= 处理中；2= 已批准；3= 预定；4= 已拒绝；5= 已发货；6= 已取消
OnlineOrderFlag	Flag(bit)	非空	下单类型：0= 销售人员下的订单；1= 客户在线下的订单
SalesOrderNumber	计算 ,nvarchar(25)	非空	唯一的销售订单标识号。计算方式：ISNULL(N'SO' + CONVERT(nvarchar(23), [SalesOrderID]), N'*** ERROR ***')
PurchaseOrderNumber	OrderNumber:(nvarchar(25))	空	客户采购订单号引用
AccountNumber	AccountNumber:(nvarchar(15))	空	财务账号引用
CustomerID	int	非空	FK，指向 Customer.CustomerID；客户标识号
SalesPersonID	int	空	FK，指向 SalesPerson. BusinessEntityID；创建销售订单的销售人员
TerritoryID	int	空	FK，指向 SalesTerritory.SalesTerritoryID；进行销售的地区
BillToAddressID	int	非空	FK，指向 Address.AddressID；客户开票地址
ShipToAddressID	int	非空	FK，指向 Address.AddressID；客户收货地址
ShipMethodID	int	非空	FK，指向 ShipMethod.ShipMethodID；发货方法
CreditCardID	int	空	FK，指向 CreditCard.CreditCardID；信用卡标识号
CreditCardApprovalCode	varchar(15)	空	信用卡公司提供的批准代码
CurrencyRateID	int	空	FK，指向 CurrencyRate.CurrencyRateID；所使用的外币兑换率
SubTotal	money	非空	销售小计，计算方式为：SUM(SalesOrderDetail.LineTotal)
TaxAmt	money	非空	税额
Freight	money	非空	运费
TotalDue	计算 ,money	非空	客户的应付款总计，计算方式为：ISNULL(SubTotal+TaxAmt+Freight,0)
Comment	nvarchar(128)	空	销售代表添加的备注
rowguid	uniqueidentifier	非空	唯一标识行的 ROWGUIDCOL 号
ModifiedDate	datetime	非空	行的上次更新日期和时间

7.3 创建用户表结构

基于 SSMS 创建用户表结构有两种方式：GUI 可视化方式和 T-SQL 编程方式。下面介绍两种方式创建表 7-1 所示的数据结构。

7.3.1 GUI 可视化方式创建表结构

GUI 可视化方式创建表 7-1 所定义的关系表结构（部分）。

STEP 1：在【对象资源管理器】窗口中展开连接实例下的【数据库】节点→展开【AdventureWorks2019】节点→选择并右击【表】节点→在弹出的快捷菜单中选择【新建】选项→选择级联菜单【表】子项，打开【表设计器】。

STEP 2：创建 SalesOrderID 列，该列是以步幅为 1 自动增长的主键列。在【表设计器】视图中，输入字段名称 SalesOrderID、选择数据类型 int、不勾选允许 Null 值，完成基本设置；在【列属性】选项卡中的【标识规范】行选择“是”，完成自动增长设置；在【表设计器】视图中，选中并右击 SalesOrderID 列，在快捷菜单中选择【设置主键】，即可将此列设置为主键列。如图 7-1 所示。

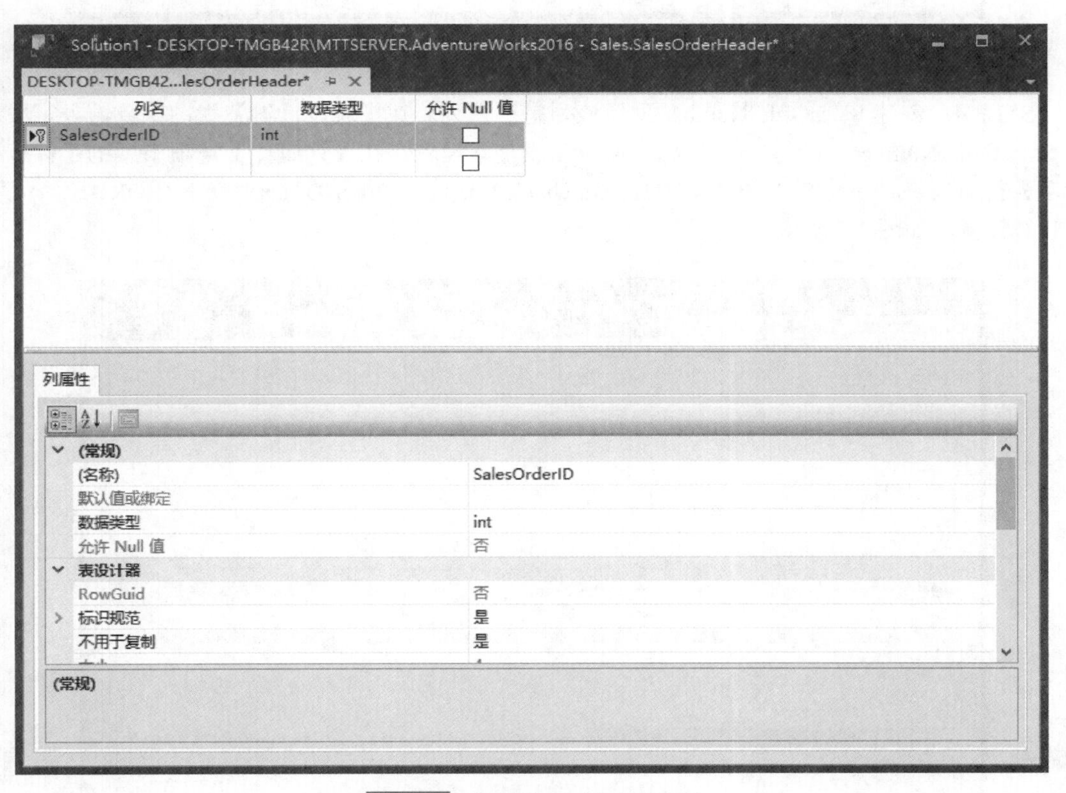

图 7-1　创建 SalesOrderID 列

STEP 3：创建 OrderDate 列，该列默认值为当前日期。在【表设计器】视图中，输入字段名称 OrderDate、选择数据类型 tinyint、不勾选允许 Null 值，完成基本设置；在【列属性】选项卡中的【默认值或绑定】行输入（getdate()），完成默认值设置。如图 7-2 所示。

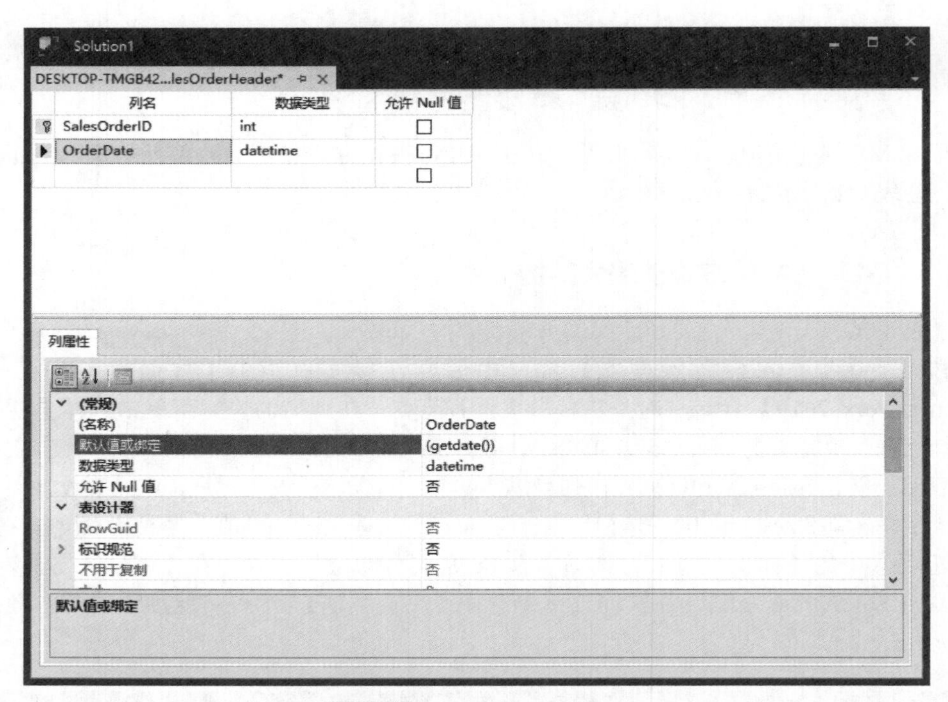

图 7-2　创建 OrderDate 列

STEP 4：创建 SalesOrderNumber 列，该列是计算列。在【表设计器】视图中，输入字段名称 SalesOrderNumber，不勾选允许 Null 值，完成基本设置；在【列属性】选项卡中的【计算列规范】行输入 (isnull(N 'SO'+CONVERT([nvarchar](23),[SalesOrderID]),N '*** ERROR ***'))，完成计算设置。如图 7-3 所示。

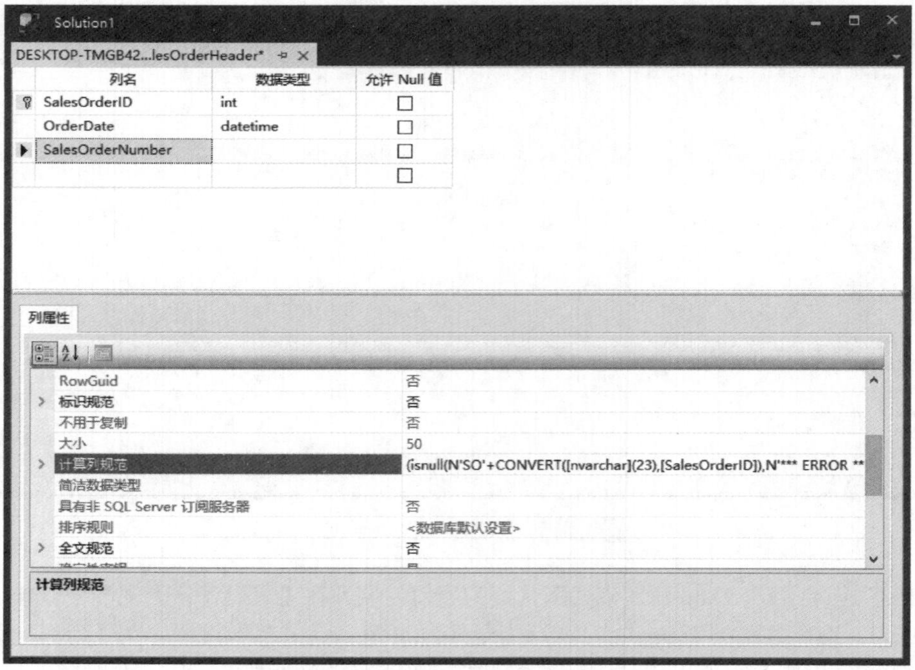

图 7-3　创建 SalesOrderNumber 列

STEP 5：创建 SalesPersonID 列，该列是外键列且允许空值。在【表设计器】视图中，输入字段名称 SalesPersonID、选择数据类型 int、勾选允许 Null 值，完成基本设置。如图 7-4 所示。

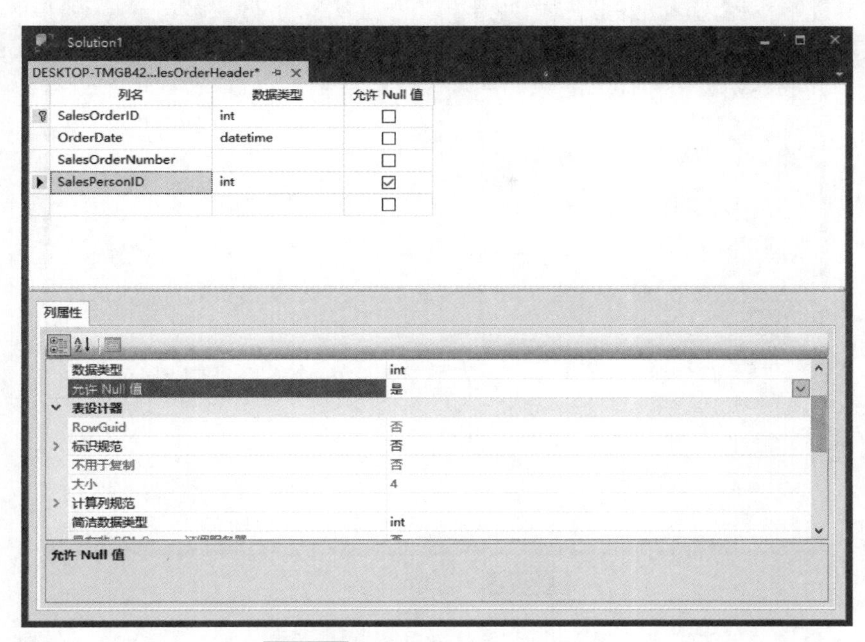

图 7-4　创建 SalesPersonID 列

选中 SalesPersonID 列，右击并选择快捷菜单【关系】选项，打开【外键关系】对话框编辑外键引用关系，完成外键设置。如图 7-5 所示。

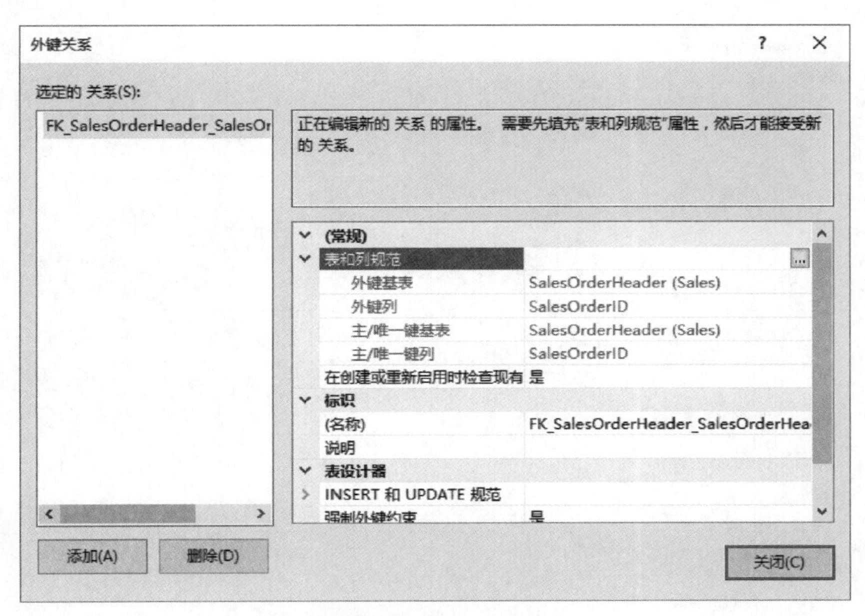

图 7-5　设置外键引用关系

STEP 6：创建 rowguid 列，该列具有默认值。在【表设计器】视图中，输入字段名称 rowguid、选择数据类型 uniqueidentifier、不勾选允许 Null 值，完成基本设置；在【列属性】选项卡中的【默认值或绑定】行输入（newid()），完成默认值设置。如图 7-6 所示。

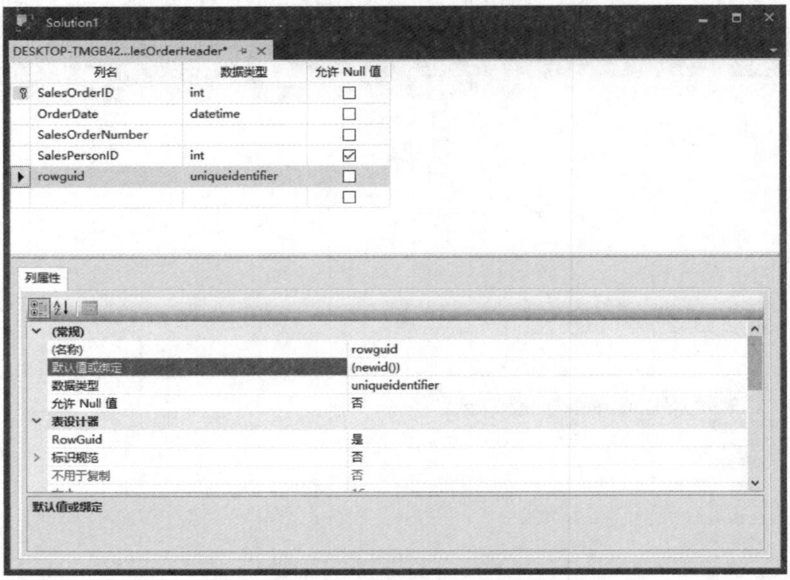

图 7-6　创建 rowgiud 列

STEP 7：创建用户自定义类型 Flag，该类型继承自系统类型 bit。在【对象资源管理器】窗口中展开连接实例下的【数据库】节点→展开【AdventureWorks2019】节点→展开【可编程性】节点→展开【类型】节点→选择并右击【用户定义数据类型】，打开【新建用户定义数据类型】，设置必要的参数，完成用户数据类型定义。如图 7-7 所示。

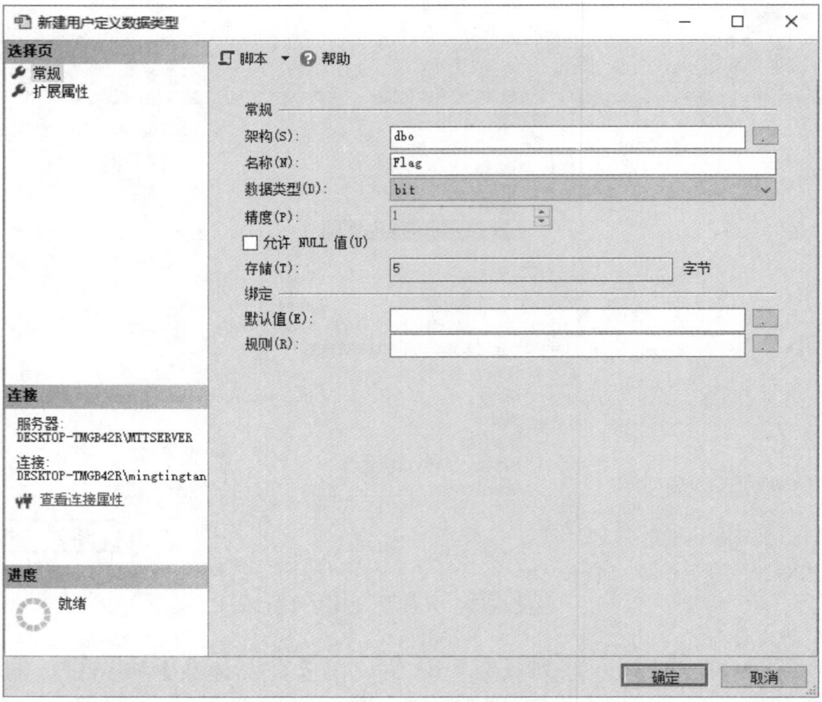

图 7-7　创建用户自定义类型

7.3.2 T-SQL 编程方式创建表结构

在 T-SQL 中可以使用 CREATE TABLE 命令创建表结构（部分）。

语法格式：

```
CREATE TABLE
    [database_name . [schema_name]. | schema_name.]table_name
        ({<column_definition> | <computed_column_definition>
                | <column_set_definition>}
        [<table_constraint>][, ...n])
    [ON {partition_scheme_name ( partition_column_name ) | filegroup
        | "default" }]
    [{TEXTIMAGE_ON {filegroup | "default" }]
    [FILESTREAM_ON {partition_scheme_name | filegroup
        | "default" }]
    [WITH ( <table_option> [, ...n] ) ]
[; ]

<column_definition> : : =
column_name <data_type>
    [FILESTREAM]
    [COLLATE collation_name]
    [NULL | NOT NULL]
    [
    [CONSTRAINT constraint_name]DEFAULT constant_expression]
  | [IDENTITY [ ( seed , increment ) ][NOT FOR REPLICATION]
 ]
    [ROWGUIDCOL] [<column_constraint> [...n]]
    [SPARSE]

<data type> : : =
[type_schema_name.]type_name
    [ ( precision [, scale] | max |
        [{CONTENT | DOCUMENT}]xml_schema_collection ) ]

<column_constraint> : : =
[CONSTRAINT constraint_name]
{    {PRIMARY KEY | UNIQUE}
        [CLUSTERED | NONCLUSTERED]
        [
      WITH FILLFACTOR = fillfactor
          | WITH ( < index_option > [, ...n] )
        ]
        [ON {partition_scheme_name ( partition_column_name )
      | filegroup | "default" }]
```

```
    | [FOREIGN KEY]
        REFERENCES [schema_name.]referenced_table_name [ ( ref_column ) ]
        [ON DELETE {NO ACTION | CASCADE | SET NULL | SET DEFAULT}]
        [ON UPDATE {NO ACTION | CASCADE | SET NULL | SET DEFAULT}]
        [NOT FOR REPLICATION]
    | CHECK [NOT FOR REPLICATION] ( logical_expression )
}

<computed_column_definition> : : =
column_name AS computed_column_expression
[PERSISTED [NOT NULL]]
[
    [CONSTRAINT constraint_name]
    {PRIMARY KEY | UNIQUE}
        [CLUSTERED | NONCLUSTERED]
        [
      WITH FILLFACTOR = fillfactor
          | WITH ( <index_option> [, ...n] )
        ]
    | [FOREIGN KEY]
        REFERENCES referenced_table_name [ ( ref_column ) ]
        [ON DELETE {NO ACTION | CASCADE}]
        [ON UPDATE {NO ACTION}]
        [NOT FOR REPLICATION]
    | CHECK [NOT FOR REPLICATION] ( logical_expression )
     [ON {partition_scheme_name ( partition_column_name )
     | filegroup | "default" }]
]

<column_set_definition> : : =
column_set_name XML COLUMN_SET FOR ALL_SPARSE_COLUMNS

< table_constraint > : : =
[CONSTRAINT constraint_name]
{
    {PRIMARY KEY | UNIQUE}
        [CLUSTERED | NONCLUSTERED]
                ( column [ASC | DESC][, ...n] )
        [
     WITH FILLFACTOR = fillfactor
            | WITH ( <index_option> [, ...n] )
        ]
        [ON {partition_scheme_name  ( partition_column_name )
     | filegroup | "default" }]
    | FOREIGN KEY
                ( column [, ...n] )
```

```
        REFERENCES referenced_table_name [ ( ref_column [, ...n] ) ]
        [ON DELETE {NO ACTION | CASCADE | SET NULL | SET DEFAULT}]
        [ON UPDATE {NO ACTION | CASCADE | SET NULL | SET DEFAULT}]
        [NOT FOR REPLICATION]
    | CHECK [NOT FOR REPLICATION] ( logical_expression )
}
<table_option> : : =
{
    DATA_COMPRESSION = {NONE | ROW | PAGE}
      [ON PARTITIONS ( {<partition_number_expression> | <range>}
            [, ...n] ) ]
}

<index_option> : : =
{
    PAD_INDEX = {ON | OFF}
  | FILLFACTOR = fillfactor
  | IGNORE_DUP_KEY = {ON | OFF}
  | STATISTICS_NORECOMPUTE = {ON | OFF}
  | ALLOW_ROW_LOCKS = {ON | OFF}
  | ALLOW_PAGE_LOCKS ={ON | OFF}
  | DATA_COMPRESSION = {NONE | ROW | PAGE}
       [ON PARTITIONS ( {<partition_number_expression> | <range>}
       [, ...n] ) ]
}
<range> : : =
<partition_number_expression> TO <partition_number_expression>
```

参数意义：

- database_name：在其中创建表的数据库的名称。database_name 必须指定现有数据库的名称。如果未指定，则 database_name 默认为当前数据库。当前连接的登录名必须与 database_name 所指定数据库中的一个现有用户 ID 关联，并且该用户 ID 必须具有 CREATE TABLE 权限。
- schema_name：新表所属架构的名称。
- table_name：新表的名称。表名必须遵循标识符规则。除了本地临时表名（以单个数字符号（#）为前缀的名称）不能超过 116 个字符外，table_name 最多可包含 128 个字符。
- column_name：表中列字段的名称。列字段名必须遵循有关标识符的规则，而且在表中必须是唯一的。column_name 最多可包含 128 个字符。对于使用 timestamp 数据类型创建的列字段，可以省略 column_name。如果未指定 column_name，则 timestamp 列字段的名称默认为 timestamp。
- computed_column_expression：定义计算列字段的值的表达式。计算列字段是虚拟列字段，并非实际存储在表中，除非此列字段标记为 PERSISTED。该列字段由同一表中的其他列字段通过表达式计算得到。例如，计算列字段可以定义为 cost AS price * qty。表达式可以是非计算列字段的列字段名、常量、函数、变量，也可以是用一个或多个运算符连接的上述元素的任意组合。表达式不能是子查询，也不能包含别名数据类型。计算列字段可用于选择列字段表、WHERE

子句、ORDER BY 子句或任何可使用正则表达式的其他位置，但下列字段情况除外：计算列字段不能用作 DEFAULT 或 FOREIGN KEY 约束定义，也不能与 NOT NULL 约束定义一起使用。但是，如果计算列字段的值由具有确定性的表达式定义，并且索引列字段中允许计算结果的数据类型，则可将该列字段用作索引中的键列字段，或用作 PRIMARY KEY 或 UNIQUE 约束的一部分；计算列字段不能作为 INSERT 或 UPDATE 语句的目标；计算列字段的为 Null 性是由数据库引擎根据使用的表达式自动确定的。即使只有不可为空的列字段，大多数表达式的结果也认为是可为空的，因为可能的下溢或溢出也将生成 NULL 结果。使用带 AllowsNull 属性的 COLUMNPROPERTY 函数可查明表中任何计算列字段的为 Null 性。通过与 check_expression 常量一起指定 ISNULL（其中，常量是替换所有 NULL 结果的非空值），可以将可为空的表达式转换为不可为空的表达式。对于基于公共语言运行时（CLR）用户定义类型表达式的计算列字段，需要对此类型有 REFERENCES 权限。

• PERSISTED：指定 SQL Server 数据库引擎将在表中物理存储计算值，而且，当计算列字段依赖的任何其他列字段发生更新时对这些计算值进行更新。将计算列字段标记为 PERSISTED 可允许用户对具有确定性、但不精确的计算列字段创建索引。有关详细信息，可参阅为计算列字段创建索引。用作已分区表的分区依据列字段的所有计算列字段都必须显式标记为 PERSISTED。指定 PERSISTED 时，computed_column_expression 必须具有确定性。

• TEXTIMAGE_ON {filegroup | "default"}：指示 text、ntext、image、xml、varchar（max）、nvarchar（max）、varbinary（max）和 CLR 用户定义类型的列字段存储在指定文件组的关键字。如果表中没有较大值的列字段，则不允许使用 TEXTIMAGE_ON。如果指定了 <partition_scheme>，则不能指定 TEXTIMAGE_ON。如果指定了 "default"，或者根本未指定 TEXTIMAGE_ON，则较大值的列字段存储在默认文件组中。CREATE TABLE 中指定的任何较大值列字段的数据存储以后都不能进行更改。

• FILESTREAM_ON {partition_scheme_name | filegroup | "default"}：指定 FILESTREAM 数据的文件组。如果表包含 FILESTREAM 数据并且已分区，则必须包含 FILESTREAM_ON 子句并指定 FILESTREAM 文件组的分区方案。此分区方案必须使用与表分区方案相同的分区函数和分区列字段；否则，将引发错误。

• [type_schema_name.]type_name：指定列字段的数据类型以及该列字段所属的架构。数据类型可以是下列字段类型之一：系统数据类型或 CLR 用户定义类型。必须先用 CREATE TYPE 语句创建 CLR 用户定义类型，然后才能将其用于表定义中。若要创建 CLR 用户定义类型的列字段，则需要对此类型具有 REFERENCES 权限。如果未指定 type_schema_name，则 SQL Server 数据库引擎将按以下顺序引用 type_name：SQL Server 系统数据类型；当前数据库中当前用户的默认架构；当前数据库中的 dbo 架构。

• precision：指定的数据类型的精度。有关有效精度值的详细信息，可参阅精度、小数位数和长度。

• scale：是指定数据类型的小数位数。有关有效小数位数值的详细信息，可参阅精度、小数位数和长度。

• max：只适用于 varchar、nvarchar 和 varbinary 数据类型，用于存储 2^{31} 个字节的字符和二进制数据，以及 2^{30} 个字节的 Unicode 数据。

• CONTENT：指定 column_name 中每个数据类型为 xml 的实例都可包含多个顶级元素。CONTENT 仅适用于 xml 数据类型，并且只有在同时指定了 xml_schema_collection 时才能指定 CONTENT。如果未指定，则 CONTENT 为默认行为。

• DOCUMENT：指定 column_name 中每个数据类型为 xml 的实例都只能包含一个顶级元素。

DOCUMENT 仅适用于 xml 数据类型，并且只有同时指定了 xml_schema_collection 时才能指定 DOCUMENT。

● xml_schema_collection：仅适用于 xml 数据类型，用于将 XML 架构集合与该类型相关联。在架构中键入 xml 列字段之前，必须先使用 CREATE XML SCHEMA COLLECTION 在数据库中创建该架构。

● DEFAULT：如果在插入过程中未显式提供值，则指定为列字段提供的值。DEFAULT 定义可适用于除定义为 timestamp 或带 IDENTITY 属性的列字段以外的任何列字段。如果为用户定义类型列字段指定了默认值，则该类型应当支持从 constant_expression 到用户定义类型的隐式转换。删除表时，将删除 DEFAULT 定义。只有常量值（例如字符串）、标量函数（系统函数、用户定义函数或 CLR 函数）或 NULL 可用作默认值。为了与 SQL Server 的早期版本兼容，可以为 DEFAULT 分配约束名称。

● constant_expression：用作列字段默认值的常量、NULL 或系统函数。

● IDENTITY：指示新列字段是标识列字段。在表中添加新行时，数据库引擎将为该列字段提供一个唯一的增量值。标识列字段通常与 PRIMARY KEY 约束一起用作表的唯一行标识符。可以将 IDENTITY 属性分配给 tinyint、smallint、int、bigint、decimal(p,0) 或 numeric(p,0) 列字段。每个表只能创建一个标识列字段。不能对标识列字段使用绑定默认值和 DEFAULT 约束。必须同时指定种子和增量，或者两者都不指定。如果二者都未指定，则取默认值（1,1）。

● seed：装入表的第一行所使用的值。

● increment：向装载的前一行的标识值中添加的增量值。

● NOT FOR REPLICATION：在 CREATE TABLE 语句中，可为 IDENTITY 属性、FOREIGN KEY 约束和 CHECK 约束指定 NOT FOR REPLICATION 子句。如果为 IDENTITY 属性指定了该子句，则复制代理执行插入时，标识列字段中的值将不会增加。如果为约束指定了此子句，则当复制代理执行插入、更新或删除操作时，将不会强制执行此约束。

● ROWGUIDCOL：指示新列字段是行 GUID 列字段。对于每个表，只能将其中的一个 uniqueidentifier 列字段指定为 ROWGUIDCOL 列字段。应用 ROWGUIDCOL 属性将使列字段能够使用 $ROWGUID 进行引用。ROWGUIDCOL 属性只能分配给 uniqueidentifier 列字段。如果数据库兼容级别小于或等于 65，则 ROWGUIDCOL 关键字无效。用户定义数据类型列字段不能使用 ROWGUIDCOL 指定。ROWGUIDCOL 属性并不强制列字段中所存储值的唯一性。ROWGUIDCOL 也不会为插入表的新行自动生成值。若要为每列字段生成唯一值，可对 INSERT 语句使用 NEWID 或 NEWSEQUENTIALID 函数，或使用这些函数作为该列字段的默认值。

● SPARSE：指示列字段为稀疏列字段。

● FILESTREAM：仅对 varbinary（max）列字段有效。可为 varbinary（max）BLOB 数据指定 FILESTREAM 存储。

● COLLATE collation_name：指定列字段的排序规则。排序规则名称可以是 Windows 排序规则名称或 SQL 排序规则名称。collation_name 只适用于 char、varchar、text、nchar、nvarchar 和 ntext 等数据类型列字段。如果没有指定该参数，则该列字段的排序规则是用户定义数据类型的排序规则（如果列字段为用户定义数据类型）或数据库的默认排序规则。

● CONSTRAINT：可选关键字，表示 PRIMARY KEY、NOT NULL、UNIQUE、FOREIGN KEY 或 CHECK 约束定义的开始。

● constraint_name：约束的名称。约束名称必须在表所属的架构中唯一。

● NULL | NOT NULL：确定列字段中是否允许使用空值。严格来讲，NULL 不是约束，但可以像指定 NOT NULL 那样指定它。只有同时指定了 PERSISTED 时，才能为计算列字段指定

NOT NULL。

● PRIMARY KEY：通过唯一索引对给定的一列字段或多列字段强制实体完整性的约束。每个表只能创建一个 PRIMARY KEY 约束。

● UNIQUE：一个约束，该约束通过唯一索引为一个或多个指定列字段提供实体完整性。一个表可以有多个 UNIQUE 约束。

● CLUSTERED | NONCLUSTERED：指示为 PRIMARY KEY 或 UNIQUE 约束创建聚集索引还是非聚集索引。PRIMARY KEY 约束默认为 CLUSTERED，UNIQUE 约束默认为 NONCLUSTERED。在 CREATE TABLE 语句中，可只为一个约束指定 CLUSTERED。如果在为 UNIQUE 约束指定 CLUSTERED 的同时又指定了 PRIMARY KEY 约束，则 PRIMARY KEY 将默认为 NONCLUSTERED。

● FOREIGN KEY REFERENCES：为列字段中的数据提供引用完整性的约束。FOREIGN KEY 约束要求列字段中的每个值在所引用的表中对应的被引用列字段中都存在。FOREIGN KEY 约束只能引用在所引用的表中是 PRIMARY KEY 或 UNIQUE 约束的列字段，或所引用的表中在 UNIQUE INDEX 内的被引用列字段。计算列字段上的外键也必须标记为 PERSISTED。

● [schema_name.]referenced_table_name：FOREIGN KEY 约束引用的表的名称，以及该表所属架构的名称。

● （ref_column [,... n]）：FOREIGN KEY 约束所引用的表中的一列字段或多列字段。

● ON DELETE {NO ACTION | CASCADE | SET NULL | SET DEFAULT}：指定如果已创建表中的行具有引用关系，并且被引用行已从父表中删除，则对这些行采取的操作。默认值为 NO ACTION。

● ON UPDATE {NO ACTION | CASCADE | SET NULL | SET DEFAULT}：指定在发生更改的表中，如果行有引用关系且引用的行在父表中被更新，则对这些行采取什么操作。默认值为 NO ACTION。

● CHECK：一个约束，该约束通过限制可输入一列字段或多列字段中的可能值来强制实现域完整性。计算列字段上的 CHECK 约束也必须标记为 PERSISTED。

● logical_expression：返回 TRUE 或 FALSE 的逻辑表达式。别名数据类型不能作为表达式的一部分。

● column：用括号括起来的一列字段或多列字段，在表约束中表示这些列字段用在约束定义中。

● [ASC | DESC]：指定加入到表约束中的一列字段或多列字段的排序顺序。默认值为 ASC。

● partition_scheme_name：分区架构的名称，该分区架构定义要将已分区表的分区映射到的文件组。数据库中必须存在该分区架构。

● [partition_column_name.]：指定对已分区表进行分区所依据的列字段。该列字段必须在数据类型、长度和精度方面与 partition_scheme_name 所使用的分区函数中指定的列字段相匹配。必须将参与分区函数的计算列字段显式标记为 PERSISTED。

● WITH FILLFACTOR = fillfactor：指定数据库引擎存储索引数据时每个索引页的填充程度。用户指定的 fillfactor 值的范围可以为 1 到 100。如果未指定值，则默认值为 0。填充因子的值 0 和 100 在所有方面都是相同的。

● column_set_name XML COLUMN_SET FOR ALL_SPARSE_COLUMNS：列字段集的名称。列字段集是一种非类型化的 XML 表示形式，它将表的所有稀疏列字段合并为一种结构化的输出。

● < table_option> ：：=：指定一个或多个表选项。

● DATA_COMPRESSION：为指定的表、分区号或分区范围指定数据压缩选项。选项如下所示：

NONE：不压缩表或指定的分区。

ROW：使用行压缩来压缩表或指定的分区。

PAGE：使用页压缩来压缩表或指定的分区。

● ON PARTITIONS({<partition_number_expression> | <range>} [,...n])：指定对其应用 DATA_COMPRESSION 设置的分区。如果表未分区，则 ON PARTITIONS 参数将生成错误。如果不提供 ON PARTITIONS 子句，则 DATA_COMPRESSION 选项将应用于分区表的所有分区。

● <index_option> ：：=：指定一个或多个索引选项。有关这些选项的完整说明，可参阅 CREATE INDEX (Transact-SQL)。

● PAD_INDEX = {ON | OFF}：如果为 ON，则 FILLFACTOR 指定的可用空间百分比将应用于该索引的中间级别页。如果未指定 OFF 或 FILLFACTOR 值，则考虑到中间级别页的键集，将中间级别页填充到一个近似容量，以留出足够的空间来容纳至少一个索引的最大行。默认值为 OFF。

● FILLFACTOR = fillfactor：指定一个百分比，指示在创建或更改索引期间，数据库引擎对各索引页的叶级填充的程度。fillfactor 必须为介于 1 ～ 100 之间的整数值。默认值为 0。填充因子的值 0 和 100 在所有方面都是相同的。

● IGNORE_DUP_KEY = {ON | OFF}：指定在插入操作尝试向唯一索引插入重复键值时的错误响应。IGNORE_DUP_KEY 选项仅适用于创建或重新生成索引后发生的插入操作。当执行 CREATE INDEX、ALTER INDEX 或 UPDATE 时，该选项无效。默认值为 OFF。

● STATISTICS_NORECOMPUTE = {ON | OFF}：如果为 ON，则过期的索引统计信息不会自动重新计算。如果为 OFF，则启用自动统计信息更新。默认值为 OFF。

● ALLOW_ROW_LOCKS = {ON | OFF}：如果为 ON，则访问索引时允许使用行锁。数据库引擎确定何时使用行锁。如果为 OFF，则不使用行锁。默认值为 ON。

● ALLOW_PAGE_LOCKS = {ON | OFF}：如果为 ON，则访问索引时允许使用页锁。数据库引擎确定何时使用页锁。如果为 OFF，则不使用页锁。默认值为 ON。

T-SQL 编程方式创建表 7-1 所定义的关系表结构（部分）。

［例 7-2］ 在下面的示例中，使用 CREATE TABLE 创建 Sales.SalesOrderDetailHeader 表结构的部分列。

```
USE AdventureWorks2019;
GO
SET ANSI_NULLS ON
GO
SET QUOTED_IDENTIFIER ON
GO
CREATE TABLE Sales.SalesOrderHeader
(
    SalesOrderID   int  IDENTITY(1, 1)NOT FOR REPLICATION NOT NULL,
    RevisionNumber   tinyint  NOT NULL,
    OrderDate   datetime  NOT NULL,
    DueDate   datetime  NOT NULL,
```

```
    ShipDate   datetime  NULL,
    Status   tinyint  NOT NULL,
    OnlineOrderFlag   dbo.Flag  NOT NULL,
    SalesOrderNumber   AS  (isnull(N'SO' + CONVERT(nvarchar (23), SalesOrderID),
N'*** ERROR ***')),
    PurchaseOrderNumber   dbo.OrderNumber  NULL,
    AccountNumber   dbo.AccountNumber  NULL,
    CustomerID   int  NOT NULL,
    SalesPersonID   int  NULL,
    TerritoryID   int  NULL,
    BillToAddressID   int  NOT NULL,
    ShipToAddressID   int  NOT NULL,
    ShipMethodID   int  NOT NULL,
    CreditCardID   int  NULL,
    CreditCardApprovalCode   varchar (15) NULL,
    CurrencyRateID   int  NULL,
    SubTotal   money  NOT NULL,
    TaxAmt   money  NOT NULL,
    Freight   money  NOT NULL,
    TotalDue   AS  (isnull((SubTotal + TaxAmt) + Freight ,(0))),
    Comment   nvarchar (128) NULL,
    rowguid   uniqueidentifier  ROWGUIDCOL  NOT NULL,
    ModifiedDate   datetime  NOT NULL,
    CONSTRAINT  PK_SalesOrderHeader_SalesOrderID  PRIMARY KEY CLUSTERED
    (
       SalesOrderID  ASC
    )
)
GO
```

在下面的示例中，使用命令 CREATE TYPE 创建别名类型 Flag：

```
USE AdventureWorks2019;
GO
/*创建别名类型 Flag，它继承自基类型 bit*/
CREATE TYPE dbo.Flag FROM bit NOT NULL;
GO
```

7.4 修改用户表结构

在表结构已定义的基础上，可以更改用户表结构，包括调整列的排列顺序、插入新列、修改列属性等。

基于 SSMS 更改用户表结构也有两种方式：GUI 可视化方式和 T-SQL 编程方式。

7.4.1 GUI 可视化方式修改表结构

GUI 可视化方式修改表 7-1 所定义的关系表结构（部分）：

在 OrderDate 列后插入一个新列 OnlineOrderFlag，该列具有用户自定义类型 Flag：bit。在【对象资源管理器】窗口中展开连接实例下的【数据库】节点→展开【AdventureWorks2019】节点→展开【表】节点→选择并右击【Sales.SalesOrderHeader】选项→在弹出的快捷菜单中选择【设计】子项，打开【表设计器】→选中【OrderDate 列】→输入列名称 OnlineOrderFlag、选择自定义类型 Flag：bit、不勾选 Null 值，完成基本设置。如图 7-8 所示。

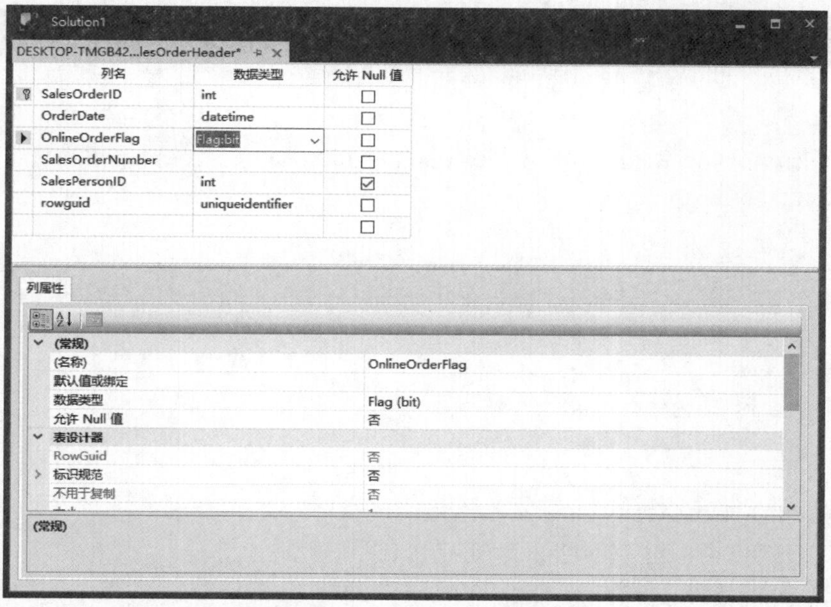

图 7-8 修改 OnlineOrderFlag 列

7.4.2 T-SQL 编程方式修改表结构

在 T-SQL 中可以使用 ALTER TABLE 命令修改表结构。通过更改、添加或删除列和约束，重新分配分区，或者启用或禁用约束和触发器，从而修改表的定义。

语法格式：

```
ALTER TABLE[database_name.[schema_name]. | schema_name.]table_name
{
    ALTER COLUMN column_name
    {
        [type_schema_name.]type_name [({precision [, scale]
            | max | xml_schema_collection})]
        [COLLATE collation_name]
        [NULL | NOT NULL][SPARSE]
```

```
    | {ADD | DROP}
        {ROWGUIDCOL | PERSISTED | NOT FOR REPLICATION | SPARSE}
    }
        | [WITH {CHECK | NOCHECK}]
    | ADD
    {
      <column_definition>
      | <computed_column_definition>
      | <table_constraint>
      | <column_set_definition>
    } [, ...n]
    | DROP
    {
      [CONSTRAINT]constraint_name
        [WITH (<drop_clustered_constraint_option> [, ...n])]
      | COLUMN column_name
} [, ...n]

    | [WITH {CHECK | NOCHECK}]{CHECK | NOCHECK} CONSTRAINT
        {ALL | constraint_name [, ...n]}

    | {ENABLE | DISABLE} TRIGGER
        {ALL | trigger_name [, ...n]}

    | {ENABLE | DISABLE} CHANGE_TRACKING
        [WITH (TRACK_COLUMNS_UPDATED = {ON | OFF})]
    | SWITCH [PARTITION source_partition_number_expression]
        TO target_table
    [PARTITION target_partition_number_expression]

    | SET (FILESTREAM_ON = {partition_scheme_name | filegroup |
                "default" | "NULL" })

    | REBUILD
    [ [PARTITION = ALL]
        [WITH (<rebuild_option>[, ...n])]
      | [PARTITION = partition_number
          [WITH (<single_partition_rebuild_option> [, ...n])]
        ]
    ]

    | (<table_option>)
}
[; ]
```

```
<column_set_definition> : : =
        column_set_name XML COLUMN_SET FOR ALL_SPARSE_COLUMNS

  <drop_clustered_constraint_option> : : =
      {
          MAXDOP = max_degree_of_parallelism
   /ONLINE = {ON | OFF}
        | MOVE TO {partition_scheme_name ( column_name ) | filegroup
            | "default" }
     }
  <table_option> : : =
     {
          SET ( LOCK_ESCALATION = {AUTO | TABLE | DISABLE} )
     }

  <single_partition_rebuild__option> : : =
  {
        SORT_IN_TEMPDB = {ON | OFF}
       | MAXDOP = max_degree_of_parallelism
       | DATA_COMPRESSION = {NONE | ROW | PAGE}}
  }
```

参数意义：

- database_name：要在其中创建表的数据库的名称。
- schema_name：表所属架构的名称。
- table_name：要更改的表的名称。如果表不在当前数据库中，或者不包含在当前用户所拥有的架构中，则必须显式指定数据库和架构。
- ALTER COLUMN：指定要更改命名列。
- column_name：要更改、添加或删除的列的名称。
- [type_schema_name.]type_name：更改后的列的新数据类型或添加的列的数据类型。
- precision：指定的数据类型的精度。有关有效精度值的详细信息，可参阅精度、小数位数和长度（Transact-SQL）。
- scale：指定数据类型的小数位数。有关有效小数位数值的详细信息，可参阅精度、小数位数和长度（Transact-SQL）。
- max ：仅应用于 varchar、nvarchar 和 varbinary 数据类型，以便存储 2^31-1 个字节的字符、二进制数据以及 Unicode 数据。
- xml_schema_collection：仅应用于 xml 数据类型，以便将 XML 架构与类型相关联。
- COLLATE < collation_name >：指定更改后的列的新排序规则。
- SPARSE NULL | NOT NULL：指定列是否是稀疏列或是否可接受 Null 值。
- [{ADD | DROP} ROWGUIDCOL]：指定在指定列中添加或删除 ROWGUIDCOL 属性。
- [{ADD | DROP} PERSISTED]：指定在指定列中添加或删除 PERSISTED 属性。
- DROP NOT FOR REPLICATION：指定当复制代理执行插入操作时，标识列中的值将增加。

- SPARSE：指定要添加或删除的列是稀疏列。
- WITH CHECK | WITH NOCHECK：指定表中的数据是否用新添加的或重新启用的FOREIGN KEY或CHECK约束进行验证。
- ADD：指定添加一个或多个列定义、计算列定义或者表约束。
- DROP {[CONSTRAINT]constraint_name | COLUMN column_name}：指定从表中删除constraint_name或column_name。
- WITH <drop_clustered_constraint_option>：指定设置一个或多个删除聚集约束选项。
- MAXDOP = max_degree_of_parallelism：只在操作期间覆盖max degree of parallelism配置选项。
- ONLINE = {ON | OFF}：指定在索引操作期间基础表和关联的索引是否可用于查询和数据修改操作。默认为OFF。
- MOVE TO {partition_scheme_name(column_name [1, ... n]) | filegroup | "default" }：指定一个位置以移动聚集索引的叶级别中的当前数据行。表被移至新位置。
- {CHECK | NOCHECK} CONSTRAINT：指定启用或禁用指定名称constraint_name的约束。
- {ENABLE | DISABLE} TRIGGER：指定启用或禁用指定名称trigger_name的触发器。
- trigger_name：指定要启用或禁用的触发器的名称。
- {ENABLE | DISABLE} CHANGE_TRACKING：指定是启用还是禁用表的更改跟踪。默认情况下会禁用更改跟踪。
- WITH(TRACK_COLUMNS_UPDATED = {ON | OFF})：指定数据库引擎是否跟踪哪些更改已更新。默认值为OFF。
- SWITCH [PARTITION source_partition_number_expression] TO [schema_name.] target_table [PARTITION target_ partition_number_expression]：切换数据块。
- SET(FILESTREAM_ON = {partition_scheme_name | filestream_filegroup_name | "default" | "NULL"})：指定FILESTREAM数据的存储位置。

T-SQL编程方式修改表7-1所定义的关系表结构（部分）。

[例7-3] 在下面的示例中，使用ALTER TABLE...ADD语句创建向Sales.SalesOrderHeader表添加OnlineOrderFlag列：

```
USE AdventureWorks2019;
GO
ALTER TABLE Sales.SalesOrderHeader
ADD OnlineOrderFlag dbo.Flag NOT NULL;
GO
```

[例7-4] 在下面的示例中，使用ALTER TABLE...ADD CONSTRAINT语句为Sales.Sales Order Header表添加各种约束：

```
USE AdventureWorks2019;
GO
ALTER TABLE  Sales.SalesOrderHeader
ADD CONSTRAINT  DF_SalesOrderHeader_RevisionNumber
DEFAULT  ( (0)) FOR  RevisionNumber
```

```
GO
ALTER TABLE  Sales.SalesOrderHeader
ADD CONSTRAINT  DF_SalesOrderHeader_OrderDate
DEFAULT  (getdate()) FOR  OrderDate
GO
ALTER TABLE  Sales.SalesOrderHeader
ADD CONSTRAINT  DF_SalesOrderHeader_Status
DEFAULT  ((1)) FOR  Status
GO
ALTER TABLE  Sales.SalesOrderHeader
ADD CONSTRAINT  DF_SalesOrderHeader_OnlineOrderFlag
DEFAULT  ((1)) FOR  OnlineOrderFlag
GO
ALTER TABLE  Sales.SalesOrderHeader
ADD CONSTRAINT  DF_SalesOrderHeader_SubTotal
DEFAULT  ((0.00)) FOR  SubTotal
GO
ALTER TABLE  Sales.SalesOrderHeader
ADD CONSTRAINT  DF_SalesOrderHeader_TaxAmt
DEFAULT  ((0.00)) FOR  TaxAmt
GO
ALTER TABLE  Sales.SalesOrderHeader
ADD CONSTRAINT  DF_SalesOrderHeader_Freight
DEFAULT  ((0.00)) FOR  Freight
GO
ALTER TABLE Sales.SalesOrderHeader
ADD CONSTRAINT DF_SalesOrderHeader_rowguid
DEFAULT  (newid()) FOR  rowguid
GO
ALTER TABLE Sales.SalesOrderHeader
ADD CONSTRAINT  DF_SalesOrderHeader_ModifiedDate
DEFAULT  (getdate()) FOR  ModifiedDate
GO
ALTER TABLE  Sales.SalesOrderHeader
ADD CONSTRAINT  FK_SalesOrderHeader_Address_BillToAddressID
FOREIGN KEY  (BillToAddressID)
REFERENCES  Person .Address  (AddressID)
GO
ALTER TABLE  Sales.SalesOrderHeader
ADD CONSTRAINT  FK_SalesOrderHeader_Address_ShipToAddressID
FOREIGN KEY  (ShipToAddressID)
REFERENCES  Person .Address  (AddressID)
GO
ALTER TABLE  Sales.SalesOrderHeader
ADD CONSTRAINT  FK_SalesOrderHeader_CreditCard_CreditCardID
```

```
FOREIGN KEY(CreditCardID)
REFERENCES  Sales.CreditCard  (CreditCardID)
GO
ALTER TABLE  Sales.SalesOrderHeader
ADD CONSTRAINT  FK_SalesOrderHeader_CurrencyRate_CurrencyRateID
FOREIGN KEY(CurrencyRateID)
REFERENCES  Sales.CurrencyRate  (CurrencyRateID)
GO
ALTER TABLE  Sales.SalesOrderHeader  ADD
CONSTRAINT  FK_SalesOrderHeader_Customer_CustomerID  FOREIGN KEY(CustomerID)
REFERENCES  Sales.Customer  (CustomerID)
GO
ALTER TABLE  Sales.SalesOrderHeader
ADD CONSTRAINT  FK_SalesOrderHeader_SalesPerson_SalesPersonID
FOREIGN KEY(SalesPersonID)
REFERENCES  Sales.SalesPerson  (BusinessEntityID)
GO
ALTER TABLE  Sales.SalesOrderHeader
ADD CONSTRAINT  FK_SalesOrderHeader_SalesTerritory_TerritoryID
FOREIGN KEY(TerritoryID)
REFERENCES  Sales.SalesTerritory  (TerritoryID)
GO
ALTER TABLE  Sales.SalesOrderHeader
ADD CONSTRAINT  FK_SalesOrderHeader_ShipMethod_ShipMethodID
FOREIGN KEY(ShipMethodID)
REFERENCES  Purchasing .ShipMethod  (ShipMethodID)
GO
ALTER TABLE  Sales.SalesOrderHeader  ADD CONSTRAINT  CK_SalesOrderHeader_DueDate
CHECK  ((DueDate >= OrderDate))
GO
ALTER TABLE  Sales.SalesOrderHeader  ADD CONSTRAINT  CK_SalesOrderHeader_Freight
CHECK  ((Freight >=(0.00)))
GO
ALTER TABLE  Sales.SalesOrderHeader  ADD CONSTRAINT  CK_SalesOrderHeader_ShipDate
CHECK  ((ShipDate >= OrderDate  OR  ShipDate  IS NULL))
GO
ALTER TABLE  Sales.SalesOrderHeader  ADD CONSTRAINT  CK_SalesOrderHeader_Status
CHECK  ((Status >=(0) AND  Status <=(8)))
GO
ALTER TABLE  Sales.SalesOrderHeader  ADD CONSTRAINT  CK_SalesOrderHeader_SubTotal
CHECK  ((SubTotal >=(0.00)))
GO
ALTER TABLE  Sales.SalesOrderHeader  ADD CONSTRAINT  CK_SalesOrderHeader_TaxAmt
CHECK  ((TaxAmt >=(0.00)))
GO
```

7.5 删除用户表结构

在表结构已定义的基础上，可以删除用户表结构，包括删除某列定义和删除全部列定义。

基于 SSMS 删除用户表结构也有两种方式：GUI 可视化方式和 T-SQL 编程方式。

7.5.1 GUI 可视化方式删除表结构

GUI 可视化方式删除表 7-1 所定义的关系表结构（部分或全部）。

（1）删除部分列　STEP 1：在【对象资源管理器】窗口中展开连接实例下的【数据库】节点→展开【AdventureWorks2019】节点→展开【表】节点→选择并右击【Sales.SalesOrderHeader】选项→在弹出的快捷菜单中选择【设计】子项，打开【表设计器】。

STEP 2：在【表设计器】中，选择要删除的列（如果要选择多列，可以在点击鼠标的同时按键 Shift 或 Ctrl），右击要删除的列 RevisionNumber、DueDate、ShipDate，在弹出的快捷菜单中选择【删除列】，即可删除部分列。如图 7-9 所示。

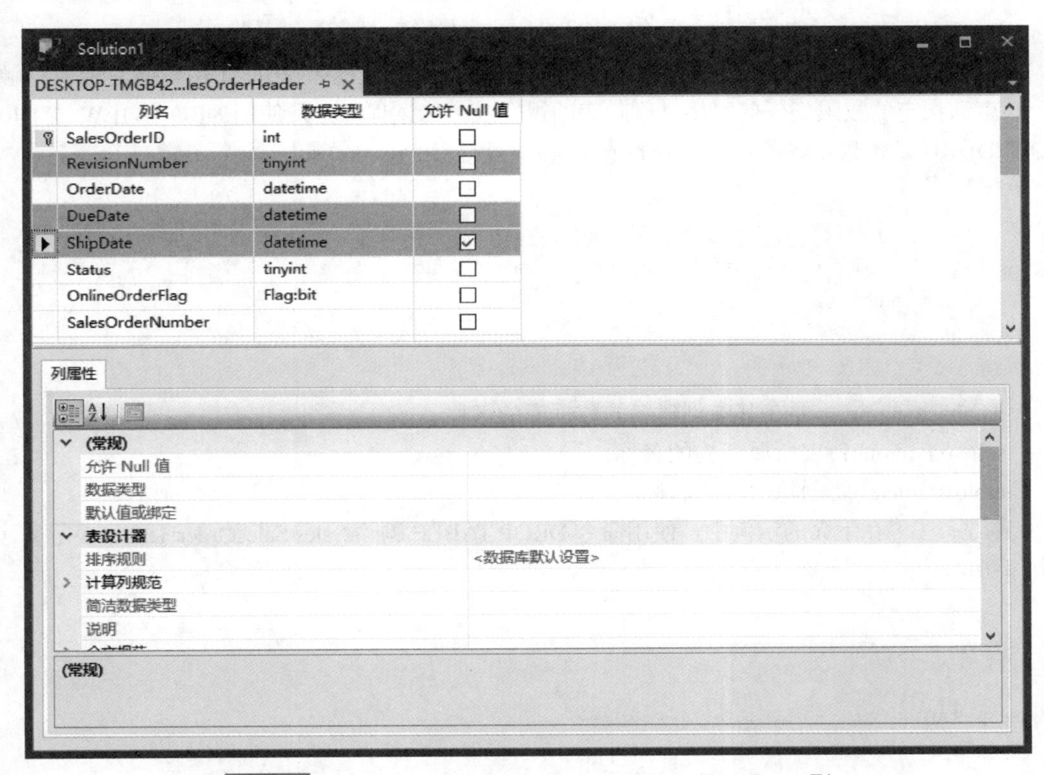

图 7-9　删除 RevisionNumber、DueDate、ShipDate 列

（2）删除全部列　在【对象资源管理器】窗口中展开连接实例下的【数据库】节点→展开【AdventureWorks2019】节点→展开【表】节点→选择并右击【Sales.SalesOrderHeader】选项→在弹出的快捷菜单中选择【删除】子项，即可删除全部列。

说明：以上操作会删除与列有关的全部定义信息，包括列名、数据类型及长度、约束等。如果关系表中已经存在数据，将连同列数据一起删除。在一个稳定的数据库设计中，不宜频繁变更关系表的数据结构。

7.5.2 T-SQL 编程方式删除表结构

T-SQL 编程方式删除表 7-1 所定义的关系表结构（部分或全部）。

（1）删除部分列　可使用命令 ALTER TABLE...DROP 修改数据表的部分列。

［例 7-5］　在下面的示例中，使用命令 ALTER TABLE...DROP 从 Sales.SalesOrder Header 表删除 RevisionNumber、DueDate、ShipDate 三个列：

```
USE AdventureWorks2019;
GO
ALTER TABLE Sales.SalesOrderHeader DROP RevisionNumber;
GO
ALTER TABLE Sales.SalesOrderHeader DROP DueDate;
GO
ALTER TABLE Sales.SalesOrderHeader DROP ShipDate;
GO
```

（2）删除全部列　删除全部列实际上是删除整个表。

可以使用 DROP TABLE 命令删除一个或多个表定义以及这些表的所有数据、索引、触发器、约束和指定的权限。任何引用已删除表的视图或存储过程都必须使用 DROP VIEW 或 DROP PROCEDURE 显式删除。若要报告表的依赖关系，可使用 sys.dm_sql_referencing_entities。

语法格式：

```
DROP TABLE [database_name . [schema_name]. | schema_name.]
   table_name [, ...n][; ]
```

参数意义：

- database_name：要在其中创建表的数据库的名称。
- schema_name：表所属架构的名称。
- table_name：要删除的表的名称。

［例 7-6］　在下面的示例中，使用命令 DROP TABLE 删除 Sales.SalesOrderHeader 表定义（删除全部列）。

```
USE AdventureWorks2019;
GO
DROP TABLE Sales.SalesOrderHeader;
GO
```

第 8 章 SQL Server 表数据操作

○○ ——— ○○ ○ ○○ ———

SQL Server 数据操作语言（Data Manipulation Language，DML）为用户提供了操作数据库中的数据的能力。具体而言，数据操作包括四个方面：数据查询（SELECT）、数据插入（INSERT）、数据更新（UPDATE）和数据删除（DELETE）。

8.1 数据查询操作

8.1.1 数据查询操作核心动词 SELECT

在 SQL Server 中，数据查询操作的核心动词是 SELECT，其功能十分强大，具备足够的数据查询能力。

语法格式：

```
SELECT select_list
[INTO new_table_name]
FROM table_list
[WHERE search_conditions]
[GROUP BY group_by_list]
[HAVING search_conditions]
[ORDER BY order_list [ASC | DESC]]
```

参数意义：

- select_list：描述结果集的列。它是一个逗号分隔的表达式列表。每个表达式同时定义格式（数据类型和大小）和结果集列的数据来源。通常，每个选择列表表达式都是对数据所在的源表或视图中的列的引用，但也可能是对任何其他表达式（例如，常量或 Transact-SQL 函数）的引用。在选择列表中使用 * 表达式可指定返回源表的所有列。
- INTO new_table_name：指定使用结果集来创建新表。new_table_name 指定新表的名称。
- FROM table_list：包含从中检索到结果集数据的表的来源。这些来源可以是：运行 SQLServer 的本地服务器中的基表；本地 SQL Server 实例中的视图。SQL Server 在内部将一个视图引用按照组成该视图的基表解析为多个引用链接表，它们是 OLE DB 数据源中的表，SQL Server 可以访问它们，称之为“分布式查询”。通过将 OLE DB 数据源链接为链接服务器，或在 OPENROWSET 或 OPENQUERY 函数中引用数据源，可以从 SQL Server 访问 OLE DB 数据源。
- WHERE search_conditions：WHERE 子句是一个筛选，它定义了源表中的行要满足

SELECT 语句的要求所必须达到的条件。只有符合条件的行才向结果集提供数据。不符合条件的行，其中的数据将不被采用。

● GROUP BY group_by_list：GROUP BY 子句根据 group_by_list 列中的值将结果集分成组。

● HAVING search_conditions：HAVING 子句是应用于结果集的附加筛选。从逻辑上讲，HAVING 子句是从应用了任何 FROM、WHERE 或 GROUP BY 子句的 SELECT 语句而生成的中间结果集中筛选行。尽管 HAVING 子句前并不是必须要有 GROUP BY 子句，但 HAVING 子句通常与 GROUP BY 子句一起使用。

● ORDER BY order_list[ASC|DESC]：ORDER BY 子句定义了结果集中行的排序顺序。order_list 指定组成排序列表的结果集列。关键字 ASC 和 DESC 用于指定排序行的排列顺序是升序还是降序。

8.1.2 使用 AS 子句分配别名

AS 子句是在 ISO 标准中定义的语法，可用于列名，也可用于表名。

（1）AS 子句用于分配列名　可用来更改结果列的名称或为派生列分配名称。

如果结果列是通过对表或视图中某一列的引用来定义的，则一般结果列的名称与被引用列的名称相同。为增强可读性，可使用 AS 子句为结果列分配不同的名称或别名。

［例 8-1］　以下示例中使用 AS 子句为结果列分配别名。

```
USE AdventureWorks2019;
GO
SELECT BusinessEntityID AS"Employee Identification Number"
FROM HumanResources.Employee;
GO
```

如果在选择列表中，有些列进行了具体指定，而不是指定为对列的简单引用，这些列便是派生列。除非使用 AS 子句分配了名称，否则派生列没有名称。

［例 8-2］　在以下示例中，如果删除 AS 子句，则使用 DATEDIFF 函数指定的派生列将会没有名称。

```
USE AdventureWorks2019;
GO
/* 使用 AS，派生列有分配的列名 */
SELECT SalesOrderID, DATEDIFF (dd, ShipDate, GETDATE ( )) AS DaysSinceShipped
FROM Sales.SalesOrderHeader
WHERE ShipDate IS NOT NULL ;
GO
/* 不使用 AS，派生列无列名 */
SELECT SalesOrderID, DATEDIFF (dd, ShipDate, GETDATE ( ))
FROM Sales.SalesOrderHeader
WHERE ShipDate IS NOT NULL ;
GO
```

（2）AS 子句用于分配表名　SELECT 语句的可读性可通过为表指定别名来提高，别名也称为相关名称或范围变量。在分配表别名时，可以使用 AS 关键字（table_name AS table alias），也可以不使用（table_name table_alias）。

［例 8-3］ 在以下示例中，将别名 c 分配给 Customer，而将别名 s 分配给 Store。

```
USE AdventureWorks2019;
GO
SELECT c.CustomerID, s.Name
FROM Sales.Customer AS c JOIN Sales.Store AS s ON c.CustomerID=s.  BusinessEntityID;
```

值得一提的是，如果为表分配了别名，则在 T-SQL 语句中对该表的所有显式引用都必须使用别名，而不能使用表名。

［例 8-4］ 以下 SELECT 语句将产生语法错误，因为该语句在已分配别名的情况下又使用了表名。

```
USE AdventureWorks2019;
GO
SELECT Sales.Customer.CustomerID, /* Illegal reference to Sales.Customer. */
    s.Name
FROM Sales.Customer AS c
JOIN Sales.Store AS s
ON c.CustomerID = s.BusinessEntityID;
GO
```

8.1.3 选择所有列

这种查询操作会将数据来源中的所有列纳入结果集，有时候可以使用星号（*）代替结果集中的列集。

在 SELECT 语句中，星号（*）具有以下特殊的意义：

■ 如果没有使用限定符指定，星号（*）将被解析为对 FROM 子句中指定的所有表或视图中的所有列的引用。

■ 如果使用表或视图名称进行限定，星号（*）将被解析为对表或视图中的所有列的引用。

■ 当使用星号（*）时，结果集中的列的顺序与 CREATE TABLE、ALTER TABLE 或 CREATE VIEW 语句中所指定的顺序相同。

■ 由于 SELECT * 将查找表中当前存在的所有列，因此每次执行 SELECT * 语句时，表结构的更改（通过添加、删除或重命名列）都会自动反映出来。

■ 如果在与结果集中的列集具有逻辑相关性的应用程序或脚本中使用 SELECT，最好指定选择列表中的所有列，而不是指定一个星号。假设稍后在 SELECT 语句所引用的表或视图中添加了列，如果单独指定列，则应用程序将不会受更改的影响；如果指定了星号（*），新列将成为结果集的一部分，这可能会影响到应用程序或脚本的逻辑。因此尽量避免使用星号（*），尤其是对视图目录、动态管理视图和系统表值函数。

［例 8-5］ 下列示例将检索 Customer 表中的所有列，并按照创建 Customer 表时所定义的顺序显示这些列。

```
USE AdventureWorks2019;
GO

/* 显式指定结果集中的列集，其顺序要与原始顺序完全一致，必须先了解原始顺序 */
SELECT  CustomerID, PersonID, StoreID, TerritoryID, AccountNumber, rowguid,
ModifiedDate
FROM Sales.Customer
ORDER BY CustomerID ASC
GO
/* 隐式指定结果集中的列集，其顺序自动与原始顺序完全一致 */
SELECT *
FROM Sales.Customer
ORDER BY CustomerID ASC;
GO
```

[例 8-6] 下列示例使用星号引用 Product 表中的所有列。

```
USE AdventureWorks2019;
GO
SELECT s.UnitPrice, p.*
FROM Production.Product p JOIN Sales.SalesOrderDetail s
   ON (p.ProductID = s.ProductID)
ORDER BY p.ProductID;
GO
```

8.1.4 选择特定列

若要选择表中的特定列，应在选择列表中明确地列出每一列。在选择列表中，对列的指定还可以指定别名。

[例 8-7] 在下面的示例中，只列出 Persons.Person 表中人员的名字及其电话号码。

```
USE AdventureWorks2019;
GO
SELECT p.FirstName, pp.PhoneNumber
FROM.Person.Person AS p JOIN Person.PersonPhone AS pp
   ON p.BusinessEntityID = pp.BusinessEntityID
ORDER BY FirstName ASC;
GO
```

8.1.5 选择常量列

通常不将常量指定为结果集中的单独列。对于应用程序本身而言，与要求服务器将常量值合并到跨网络返回的每一个结果集的行中相比，在显示结果时将常量值内置于结果中更为有效。

下面是此通用规则的例外情况：

■ 存储过程可以由许多不同的应用程序或脚本调用。这些存储过程对合并到结果中的常量值没有访问权限。那么，过程本身中的 SELECT 语句应将常量指定为选择列表的一部分。

■ 当一个站点需要实施一个格式或显示标准时，该格式可内置于视图或存储过程中。

■ 当从服务器返回结果集之后，通过不支持将常量合并到结果集中的脚本或工具执行 SELECT 语句。

■ 当字符列串联起来时，为了保证正确的格式和可读性，需要在其中包含字符串常量。

［例 8-8］ 以下示例中将 LastName 列和 FirstName 列合并成一列。在合并后的新列中，字符串 ','将名称的两个部分分隔开。

```
USE AdventureWorks2019;
GO
SELECT LastName + ', '+FirstName AS ContactName
FROM Person.Person
ORDER BY LastName, FirstName ASC;
GO
```

8.1.6 选择派生列

选择列表可包含通过对一个或多个简单表达式应用运算符而生成的表达式。这使结果集中得以包含基表中不存在，但是根据基表中存储的值计算得到的值。这些结果列被称为派生列。

通过在带有算术运算符、函数、转换或嵌套查询的选择列表中使用数值列或数值常量，可以对数据进行计算和运算。算术运算符允许对数值数据进行加（+）、减（-）、乘（*）、除（/）、模（%）运算。

进行加、减、乘、除运算的算术运算符可在任何数值列或表达式中使用：int、smallint、tinyint、decimal、numeric、float、real、money 或 smallmoney。模运算符只能在 int、smallint 或 tinyint 列或表达式中使用。

使用日期函数或常规加 / 减算术运算符，也可对日期和时间数据类型列执行算术运算。

可使用算术运算符执行涉及一个或多个列的计算。在算术表达式中使用常量是可选的。

［例 8-9］ 以下示例通过对数值列或常量使用算术运算符或函数进行的计算和运算得到派生列。

```
USE AdventureWorks2019;
GO
SELECT ProductID, ROUND((ListPrice * .9), 2) AS DiscountPrice
FROM Production.Product
WHERE ProductID=748;
GO
```

［例 8-10］ 以下示例通过数据类型转换得到派生列。

```
USE AdventureWorks2019;
GO
SELECT (CAST(ProductID AS VARCHAR(10)) + ': ' + Name) AS ProductIDName
FROM Production.Product;
GO
```

[例 8-11] 以下示例通过计算 CASE 表达式得到派生列。

```
USE AdventureWorks2019;
GO
SELECT ProductID, Name,
    CASE Class
        WHEN 'H' THEN ROUND((ListPrice * .6), 2)
        WHEN 'L' THEN ROUND((ListPrice * .7), 2)
        WHEN 'M' THEN ROUND(ListPrice * .8), 2)
        ELSE ROUND((ListPrice * .9), 2)
    END AS DiscountPrice
FROM Production.Product;
GO
```

[例 8-12] 以下示例通过子查询得到派生列。

```
USE AdventureWorks2019;
GO
SELECT Prd.ProductID, Prd.Name,
    (   SELECT SUM(OD.UnitPrice * OD.OrderQty)
        FROM Sales.SalesOrderDetail AS OD
        WHERE OD.ProductID = Prd.ProductID
    )AS SumOfSales
FROM Production.Product AS Prd
ORDER BY Prd.ProductID;
GO
```

[例 8-13] 以下示例通过计算多个列得到派生列。

```
USE AdventureWorks2019;
GO
SELECT p.ProductID, p.Name, SUM(p.ListPrice * i.Quantity)AS InventoryValue
FROM Production.Product p JOIN Production.ProductInventory i
ON p.ProductID = i.ProductID
GROUP BY p.ProductID, p.Name
ORDER BY p.ProductID;
GO
```

8.1.7 使用 DISTINCT 选项消除重复行

DISTINCT 关键字可从 SELECT 语句的结果中消除重复的行。如果没有指定 DISTINCT，则返回所有行，这可能包括重复的行。如果使用了 DISTINCT，就可以消除重复的行。

与 DISTINCT 相关的另一个关键字是 ALL。为了与 ISO 标准兼容，ALL 关键字可以显式请求所有行。但是 ALL 是默认的，无须指定它。

值得一提的是，对于 DISTINCT 关键字来说，空值将被认为是相互重复的内容。当 SELECT

语句中包括 DISTINCT 时，不论遇到多少个空值，结果中只返回一个 NULL。

［例 8-14］ 在以下示例中，在查看 ProductInventory 中的所有产品 ID 时只查看唯一的产品 ID。

```
USE AdventureWorks2019;
GO
SELECT DISTINCT ProductID
FROM Production.ProductInventory ;
GO
```

8.1.8 使用 WHERE 子句筛选行

SELECT 语句中的 WHERE 子句可以控制用于生成结果集的源表中的行。WHERE 是行筛选器。该子句通过指定一系列搜索条件，将那些满足搜索条件的行纳入结果集。换言之，只有满足搜索条件的行包含在结果集中。

［例 8-15］ 在以下示例中，SELECT 语句中的 WHERE 子句仅将结果集限定在特定的销售区域。

```
USE AdventureWorks2019;
GO
SELECT c.CustomerID, s.Name
FROM Sales.Customer c JOIN Sales.Store s ON s.BusinessEntityID = c.CustomerID
WHERE c.TerritoryID = 1;
GO
```

WHERE 子句中的筛选条件包括：比较、范围、列表、模式等。

（1）比较搜索条件 比较搜索条件使用下列比较运算符：等于（=）、大于（>）、小于（<）、不等于（!=）、不大于（!>）、不小于（!<）、大于或等于（>=）、小于或等于（<=）。

运算符是在两个表达式之间指定比较的。

［例 8-16］ 以下示例检索标价高于 $50 的产品的名称。

```
USE AdventureWorks2019;
GO
SELECT Name
FROM Production.Product
WHERE ListPrice > $50.00;
GO
```

值得一提的是，当比较字符串数据时，字符的逻辑顺序由字符数据的排序规则来定义。比较运算符（例如 < 和 >）的结果由排序规则所定义的字符顺序控制。此外，在比较过程中将忽略尾随空格。

［例 8-17］ 下列条件表达式是等效的：

```
WHERE LastName = 'White'
WHERE LastName = 'White'
WHERE LastName = 'White' +SPACE(1)
```

可以使用 NOT 谓词对表达式求反。

[例 8-18] 以下示例将查找标价为 $50 或更高的所有产品，这在逻辑上等价于查找标价不低于 $50 的所有产品。

```
USE AdventureWorks2019;
GO
SELECT ProductID, Name, ListPrice
FROM Production.Product
WHERE NOT ListPrice < $50
ORDER BY ProductID;
GO
```

（2）范围搜索条件 范围搜索返回介于两个指定值之间的所有值。包括范围返回与两个指定值匹配的所有值。排他范围不返回与两个指定值匹配的任何值。

BETWEEN 关键字指定要搜索的包括范围。

[例 8-19] 以下示例中，SELECT 语句返回标价在 $15 ～ $25 之间的所有产品。

```
USE AdventureWorks2019;
GO
SELECT ProductID, Name
FROM Production.Product
WHERE ListPrice BETWEEN 15 AND 25;
GO
```

若要指定排他范围，应使用大于和小于运算符（> 和 <）。NOT BETWEEN 查找指定范围之外的所有行。

[例 8-20] 在以下示例中，可查找库存单位数量不在 15 ～ 25 内的所有产品。

```
USE AdventureWorks2019;
GO
SELECT ProductID, Name
FROM Production.Product
WHERE ListPrice NOT BETWEEN 15 AND 25;
GO
```

（3）列表搜索条件 IN 关键字可以选择与列表中的任意值匹配的行。在使用中，IN 关键字之后的各项必须用逗号隔开，并且括在括号中。IN 关键字最重要的应用是在嵌套查询（也称为子查询）中。有关子查询的详细信息，可参阅子查询基础知识。

[例 8-21] 在以下示例中，查找具有长袖徽标运动衫产品型号的所有产品。

```
USE AdventureWorks2019;
GO
SELECT DISTINCT Name
FROM Production.Product
```

```
WHERE ProductModelID IN
                    ( SELECT ProductModelID
                      FROM Production.ProductModel
                      WHERE Name = 'Long-sleeve logo jersey');
GO
```

[例 8-22] 在以下示例中，查找不在长袖徽标运动衫产品型号内的产品的名称。

```
USE AdventureWorks2019;
GO
SELECT DISTINCT Name
FROM Production.Product
WHERE ProductModelID NOT IN
                    ( SELECT ProductModelID
                      FROM Production.ProductModel
                      WHERE Name = 'Long-sleeve logo jersey');
GO
```

（4）**模式搜索条件** 模式搜索也称为模式匹配。

LIKE 关键字用于搜索与指定模式匹配的字符串、日期或时间值。LIKE 关键字使用常规表达式包含所要匹配的模式。

模式包含要搜索的字符串，字符串中可包含四种通配符的任意组合：

- %：包含零个或多个字符的任意字符串。
- _：任何单个字符。
- []：指定范围（比如 [a-f]）或集合（比如 [abcdef]）内的任何单个字符。
- [^]：不在指定范围（比如 [^a - f]）或集合（比如 [^abcdef]）内的任何单个字符。

使用时，需要将通配符和字符串用单引号引起来。下列是常用的示例情况：

- LIKE 'Mc%' 将搜索以字母 Mc 开头的所有字符串（如 McBadden）。
- LIKE '%inger' 将搜索以字母 inger 结尾的所有字符串（如 Ringer 和 Stringer）。
- LIKE '%en%' 将搜索任意位置包含字母 en 的所有字符串（如 Bennet、Green 和 McBadden）。
- LIKE '_heryl' 将搜索以字母 heryl 结尾的所有六个字母的名称（如 Cheryl 和 Sheryl）。
- LIKE '[CK]ars[eo]n' 将搜索 Carsen、Karsen、Carson 和 Karson（如 Carson）。
- LIKE '[M-Z]inger' 将搜索以字母 inger 结尾、以 M 到 Z 中的任何单个字母开头的所有名称（如 Ringer）。
- LIKE 'M[^c]%' 将搜索以字母 M 开头，并且第二个字母不是 c 的所有名称（如 MacFeather）。

[例 8-23] 在以下示例中，在 Person.PersonPhone 表中查找区号为 415 的所有电话号码。

```
USE AdventureWorks2019;
GO
SELECT PhoneNumber
FROM Person.PersonPhone
WHERE PhoneNumber LIKE '415%'
GO
```

此外，还可以将 NOT LIKE 与相同通配符配合使用。

［例 8-24］　在以下示例中，在 Person.PersonPhone 表中查找区号不是 415 的所有电话号码。

```
USE AdventureWorks2019;
GO
/* 第一种方式 */
SELECT PhoneNumber
FROM Person.PersonPhone
WHERE PhoneNumber NOT LIKE '415%' ;
GO
/* 第二种方式，与第一种方式等价 */
SELECT PhoneNumber
FROM Person.PersonPhone
WHERE NOT PhoneNumber LIKE '415%' ;
GO
```

IS NOT NULL 子句可以与通配符及 LIKE 子句配合使用。

［例 8-25］　在以下示例中，将从 Person.PersonPhone 表检索非空且以 415 开头的电话号码。

```
USE AdventureWorks2019;
GO
SELECT PhoneNumber
FROM Person.PersonPhone
WHERE ( PhoneNumber IS NOT NULL ) AND ( PhoneNumber LIKE '415%' );
GO
```

不使用 LIKE 的通配符将被解释为常量，而不是作为一种模式，也就是说，它们仅表示其自身的值。

［例 8-26］　在以下示例中，将试图查找仅包含 415% 这四个字符的所有电话号码。它不会查找以 415 开头的电话号码。

```
USE AdventureWorks2019;
GO
SELECT PhoneNumber
FROM Person.PersonPhone
WHERE PhoneNumber = '415%' ;
GO
```

8.1.9　使用 HAVING 子句筛选行

SELECT 语句中的 HAVING 子句也可以控制用于生成结果集的源表中的行。与 WHERE 一样，HAVING 也是行筛选器。通过指定一系列搜索条件，将那些满足搜索条件的行纳入结果集。换言之，只有满足搜索条件的行包含在结果集中。

WHERE 子句的筛选条件同样适用于 HAVING 子句。

HAVING 子句通常与 GROUP BY 子句一起使用来筛选聚合值的结果。但是，也可以不使用 GROUP BY 而单独指定 HAVING。在 WHERE 子句筛选之后，可使用 HAVING 子句用作其他的筛选器，这些筛选器可应用于选择列表中使用的聚合函数。

[例 8-27] 在下面的示例中，WHERE 子句仅限定产品销售单价超过 $100 的订单，而 HAVING 子句还将结果限制为那些仅包括 100 多个单位的订单。

```
USE AdventureWorks2019;
GO
SELECT OrdD1.SalesOrderID AS OrderID,
       SUM(OrdD1.OrderQty) AS "Units Sold",
       SUM(OrdD1.UnitPrice * OrdD1.OrderQty) AS Revenue
FROM Sales.SalesOrderDetail AS OrdD1
WHERE OrdD1.SalesOrderID in (SELECT OrdD2.SalesOrderID
                             FROM Sales.SalesOrderDetail AS OrdD2
                             WHERE OrdD2.UnitPrice > $100)
GROUP BY OrdD1.SalesOrderID
HAVING SUM(OrdD1.OrderQty) > 100;
GO
```

8.1.10 使用 ORDER BY 子句排序

ORDER BY 子句按一列或多列对结果集进行排序。特别地，从 SQL Server 2005 开始，SQL Server 允许在 FROM 子句中指定对 SELECT 列表中未指定的表中的列进行排序。

ORDER BY 子句中引用的列名必须明确地对应于 SELECT 列表中的列或 FROM 子句中的表中的列。如果列名已在 SELECT 列表中有了别名，则 ORDER BY 子句中只能使用别名。同样，如果表名已在 FROM 子句中有了别名，则 ORDER BY 子句中只能使用别名来限定它们的列。

排序可以是升序的（ASC），也可以是降序的（DESC）。如果未指定是升序还是降序，默认为升序的（ASC）。

[例 8-28] 在下面的示例中，将返回按 ProductID 升序排序的结果。

```
USE AdventureWorks2019;
GO
SELECT ProductID, ProductLine, ProductModelID
FROM Production.Product
ORDER BY ProductID;
GO
```

如果 ORDER BY 子句中指定了多个列，则排序是嵌套的。

[例 8-29] 在下面的示例中，先按产品子类别降序排序 Production.Product 表中的行，然后在每个产品子类别中按 ListPrice 升序排序这些行。

```
USE AdventureWorks2019;
GO
SELECT ProductID, ProductSubcategoryID, ListPrice
FROM Production.Product
ORDER BY ProductSubcategoryID DESC, ListPrice;
GO
```

ORDER BY 子句的准确结果取决于被排序的列的排序规则。

对于 char、varchar、nchar 和 nvarchar 列，可以指定 ORDER BY 操作按照表或视图中定义的列的排序规则之外的排序规则执行。可以指定 Windows 排序规则名称或 SQL 排序规则名称。

无法对数据类型为 text、ntext、image 或 xml 的列使用 ORDER BY。

此外，在 ORDER BY 列表中也不允许使用子查询、聚合和常量表达式。但是，可以在聚合或表达式的选择列表中使用用户指定的名称。

ORDER BY 只保证查询的最外面的 SELECT 语句的排序结果。

8.1.11 使用 GROUP BY 子句分组

GROUP BY 子句按一个或多个列或表达式的值将一组选定行组合成一个摘要行集。针对每一组返回一行。SELECT 子句 选择列表中的聚合函数提供有关每个组（而不是各行）的信息。

GROUP BY 子句可分为简单子句和常规子句两种类型：

■ 简单 GROUP BY 子句不包括 GROUPING SETS、CUBE、ROLLUP、WITH CUBE 或 WITH ROLLUP。值得注意的是 GROUP BY（），也叫总计，被视为简单 GROUP BY。

■ 常规 GROUP BY 子句包括 GROUPING SETS、CUBE、ROLLUP、WITH CUBE 或 WITH ROLLUP。

语法格式：

```
ISO-Compliant Syntax
GROUP BY <group by spec>
<group by spec> : : =
    <group by item> [, ...n]
<group by item> : : =
    <simple group by item>
    | <rollup spec>
    | <cube spec>
    | <grouping sets spec>
    | <grand total>

<simple group by item> : : =
    <column_expression>

<rollup spec> : : =
    ROLLUP (<composite element list>)

<cube spec> : : =
```

```
    CUBE (<composite element list>)

<composite element list> : : =
    <composite element> [, ...n]

<composite element> : : =
    <simple group by item>
    | (<simple group by item list>)

<simple group by item list> : : =
    <simple group by item> [, ...n]

<grouping sets spec> : : =
    GROUPING SETS (<grouping set list> )

<grouping set list> : : =
    <grouping set> [, ...n]

<grouping set> : : =
    <grand total>
    | <grouping set item>
    | (<grouping set item list>)

<empty group> : : =
        ( )
<grouping set item> : : =
    <simple group by item>
    | <rollup spec>
    | <cube spec>

<grouping set item list> : : =
    <grouping set item> [, ...n]

Non-ISO-Compliant Syntax
[GROUP BY [ALL] group_by_expression [, ...n]
    [WITH {CUBE | ROLLUP}]
]
```

参数意义：

- <column_expression>：针对其执行分组操作的表达式。
- ROLLUP（）：生成简单的GROUP BY聚合行及小计行或超聚合行，再生成一个总计行。
- CUBE（）：生成简单的GROUP BY 聚合行、ROLLUP 超聚合行和交叉表格行。
- GROUPING SETS（）：在一个查询中指定数据的多个分组。仅聚合指定组，而不聚合由 CUBE 或 ROLLUP 生成的整组聚合。其结果与针对指定的组执行 UNION ALL 运算等效。GROUPING SETS 可以包含单个元素或元素列表。GROUPING SETS 可以指定与 ROLLUP 或

CUBE 返回的内容等效的分组。

● ()：空组生成总计。

注释说明：

● GROUP BY 子句中的表达式可以包含 FROM 子句中表、派生表或视图的列。这些列不必显示在 SELECT 子句选择列表中。

● 选择列表中任何非聚合表达式中的每个表的列或视图的列都必须包括在 GROUP BY 列表中。

● 如果 SELECT 子句 的选择列表中包含聚合函数，则 GROUP BY 将计算每组的汇总值。这些函数称为矢量聚合。

● 执行任何分组操作之前，不满足 WHERE 子句中条件的行将被删除。

● HAVING 子句与 GROUP BY 子句一起用来筛选结果集内的组。

● GROUP BY 子句不能对结果集进行排序。使用 ORDER BY 子句可以对结果集进行排序。

● 如果组合列包含 Null 值，则所有的 Null 值都将被视为相等，并会置入一个组中。

● 不能使用带有别名的 GROUP BY 来替换 AS 子句中的列名，除非别名将替换 FROM 子句内派生表中的列名。

[例 8-30] 使用简单 GROUP BY 子句。以下示例检索 SalesOrderDetail 表中各 SalesOrderID 的总数。

```
USE AdventureWorks2019;
GO
SELECT SalesOrderID, SUM(LineTotal)AS SubTotal
FROM Sales.SalesOrderDetail sod
GROUP BY SalesOrderID
ORDER BY SalesOrderID;
GO
```

[例 8-31] 将 GROUP BY 子句用于多个表。下面的示例检索与 EmployeeAddress 表连接的 Address 表中的各 City 的雇员数。

```
USE AdventureWorks2019;
GO
SELECT a.City, COUNT(b.AddressID)EmployeeCount
FROM Person.BusinessEntityAddress b INNER JOIN Person.Address a
                                    ON b.AddressID=a.AddressID
GROUP BY a.City
ORDER BY a.City;
GO
```

[例 8-32] 将 GROUP BY 子句用于表达式，注意 SELECT 列表和 GROUP BY 子句中必须有相同的表达式。以下示例使用 DATEPART 函数检索每年的销售总额。

```
USE AdventureWorks2019;
GO
SELECT DATEPART(yyyy, OrderDate)AS N 'Year',
```

```
        SUM ( TotalDue ) AS N 'Total Order Amount'
FROM Sales.SalesOrderHeader
GROUP BY DATEPART ( yyyy, OrderDate )
ORDER BY DATEPART ( yyyy, OrderDate );
GO
```

［例 8-33］ 将 GROUP BY 子句与 HAVING 子句一起使用。下面的示例使用 HAVING 子句来指定应当将 GROUP BY 子句中生成的哪个组包括在结果集内。

```
USE AdventureWorks2019;
GO
SELECT DATEPART ( yyyy, OrderDate ) AS N 'Year',
        SUM ( TotalDue ) AS N 'Total Order Amount'
FROM Sales.SalesOrderHeader
GROUP BY DATEPART ( yyyy, OrderDate ) HAVING DATEPART ( yyyy, OrderDate ) > = N '2003'
ORDER BY DATEPART ( yyyy, OrderDate );
GO
```

8.1.12 使用连接查询

通过连接，可以从两个或多个表中根据各个表之间的逻辑关系来检索数据。连接指明了 SQL Server 应如何使用一个表中的数据来选择另一个表中的行。

连接查询的一个重要方面是指定连接条件。连接条件与 WHERE 和 HAVING 搜索条件相结合，用于控制从 FROM 子句所引用的基表中选定的行。连接条件可通过以下方式定义两个表在查询中的关联方式：

■ 指定每个表中要用于连接的列。典型的连接条件在一个表中指定一个外键，而在另一个表中指定与其关联的键。

■ 指定用于比较各列的值的逻辑运算符（例如 = 或 <>）。

在 FROM 子句中指定连接条件有助于将这些连接条件与 WHERE 子句中可能指定的其他任何搜索条件分开，建议用这种方法来指定连接。下面介绍简化的 ISO FROM 子句连接。

语法格式：

```
FROM first_table join_type second_table [ON (join_condition) ]
```

参数意义：

- first_table：参与连接的第一个表，即左表。
- second_table：参与连接的第二个表，即右表。
- join_type：指定要执行的连接类型，包括内部连接、外部连接或交叉连接。
- join_condition：定义对每一对连接行进行求值的谓词。

［例 8-34］ 在下面的示例中，使用连接查询返回某个公司所提供的一组产品以及供应商信息，该公司名以字母 F 开头，并且产品价格在 10 美元以上。

```
USE AdventureWorks2019;
GO
SELECT ProductID, pv.BusinessEntityID, Name
FROM Purchasing.ProductVendor AS ppv JOIN Purchasing.Vendor AS pv
    ON (ppv.BusinessEntityID = pv.BusinessEntityID)
WHERE StandardPrice > $10 AND Name LIKE N 'F%'
GO
```

如果某个列名在查询涉及的两个或多个表中重复，则对该列的引用就必用表名加以限定。如果没有指明提供每个列的表，则 SELECT 语句有时会难以理解。如果所有的列都用它们的表名加以限定，将会提高查询的可读性。如果使用了表的别名，将会进一步提高可读性，尤其是当表名自身必须用数据库名和所有者名加以限定时。

[例 8-35] 在 FROM 中指定连接条件。在下面的示例中，使用连接查询返回某个公司所提供的一组产品以及供应商信息，该公司名以字母 F 开头，并且产品价格在 10 美元以上。在此例中，分配了表的别名并且用表的别名对列加以限定，从而提高了可读性。

```
USE AdventureWorks2019;
GO
SELECT ppv.ProductID, pv.BusinessEntityID, pv.Name
FROM Purchasing.ProductVendor AS ppv JOIN Purchasing.Vendor AS pv
    ON (ppv.BusinessEntityID = pv.BusinessEntityID)
WHERE ppv.StandardPrice > $10 AND pv.Name LIKE N'F%' ;
GO
```

[例 8-36] 在 WHERE 中指定连接条件。在下面的示例中，使用连接查询返回某个公司所提供的一组产品以及供应商信息，该公司名以字母 F 开头，并且产品价格在 10 美元以上。在此例中，分配了表的别名并且用表的别名对列加以限定，从而提高了可读性。

```
USE AdventureWorks2019;
GO
SELECT ppv.ProductID, pv.BusinessEntityID, pv.Name
FROM Purchasing.ProductVendor AS ppv, Purchasing.Vendor AS pv
WHERE ppv.BusinessEntityID = pv.BusinessEntityID
     AND ppv.StandardPrice > $10 AND pv.Name LIKE N 'F%' ;
```

连接选择列表可以引用连接表中的所有列或任意一部分列。选择列表不必包含连接中每个表的列。例如，在三表连接中，只能用一个表作为中间表来连接另外两个表，而选择列表不必引用该中间表的任何列。

虽然连接条件通常使用相等比较（=），但也可像指定其他谓词一样指定其他比较运算符或关系运算符。

当 SQL Server 处理连接时，查询引擎会从多种可行的方法中选择最有效的方法来处理连接。

由于各种连接的实际执行过程会采用多种不同的优化，因此无法可靠地预测。

连接条件中用到的列不必具有相同的名称或相同的数据类型。但如果数据类型不相同，则必须兼容，或者是可由 SQL Server 进行隐式转换的类型。如果数据类型不能进行隐式转换，则连接条件必须使用 CAST 函数显式转换数据类型。

大多数使用连接的查询可以用子查询（嵌套在其他查询中的查询）重写，并且大多数子查询可以重写为连接。有关子查询的详细信息，可参阅子查询基础知识。

值得一提的是，不能在 ntext、text 或 image 列上直接连接表。但可以使用 SUBSTRING 在 ntext、text 或 image 列上间接连接表。

下面逐一介绍内部连接、外部连接（含完全外部连接、左外部连接、右外部连接）、交叉连接、自身连接和多表连接。

（1）内部连接 内部连接是使用比较运算符比较要连接列中的值的连接。在 ISO 标准中，可以在 FROM 子句或 WHERE 子句中指定内部连接。

[例 8-37] 下面是一个内部连接示例。此内部连接称为同等连接。它返回两个表中的所有列，但只返回在连接列中具有相等值的行。

```
USE AdventureWorks2019;
GO
SELECT *
FROM HumanResources.Employee AS e INNER JOIN Person.Person AS p
    ON e.BusinessEntityID = p.BusinessEntityID
ORDER BY p.LastName
GO
```

除使用等号的内部连接外，还可以连接两个不相等的列中的值。用于内部连接的运算符和谓词同样也可用于不等连接。实际中，很少使用不等连接（< >），通常不等连接只有与自连接同时使用才有意义。

[例 8-38] 在以下示例中，使用小于连接（<）查找产品 718 中小于所建议标价的零售价格。

```
USE AdventureWorks2019;
GO
SELECT DISTINCT p.ProductID, p.Name, p.ListPrice, s.UnitPrice AS 'Selling Price'
FROM Sales.SalesOrderDetail AS s JOIN Production.Product AS p
   ON s.ProductID = p.ProductID AND s.UnitPrice < p.ListPrice
WHERE p.ProductID = 718;
GO
```

（2）使用外部连接 仅当两个表中都至少有一个行符合连接条件时，内部连接才返回行。内部连接消除了与另一个表中的行不匹配的行。而外部连接会返回 FROM 子句中提到的至少一个表或视图中的所有行，只要这些行符合任何 WHERE 或 HAVING 搜索条件。将检索通过左外部连接引用的左表中的所有行，以及通过右外部连接引用的右表中的所有行。在完全外部连接中，将返回两个表的所有行。

SQL Server 对 FROM 子句中指定的外部连接使用下列 ISO 关键字：

- LEFT OUTER JOIN 或 LEFT JOIN
- RIGHT OUTER JOIN 或 RIGHT JOIN
- FULL OUTER JOIN 或 FULL JOIN

① 使用左外部连接　若要在连接的结果中保留左表中与右表不匹配的行，应使用左外部连接。SQL Server 提供了左外部连接运算符 LEFT OUTER JOIN/LEFT JOIN，它将包括左表中的所有行，不论右表中是否有匹配的值。

［例 8-39］　在以下示例中，通过 ProductID 列左连接 Product 表和 ProductReview 表。不管是否与 ProductReview 表的 ProductID 列相匹配，LEFT OUTER JOIN 都会在结果中包括 Product 表的所有行；但对于结果中没有匹配的产品审核 ID 的产品，各行的 ProductReviewID 列中都包含一个空值。ISO 左外部连接运算符 LEFT OUTER JOIN 指明：不管右表中是否有匹配的数据，结果中都将包括左表中的所有行。

```
USE AdventureWorks2019;
GO
SELECT p.Name, r.ProductReviewID
FROM Production.Product p LEFT OUTER JOIN Production.ProductReview r
   ON p.ProductID=r.ProductID
GO
```

② 使用右外部连接　若要在连接的结果中保留右表中与左表不匹配的行，应使用右外部连接。SQL Server 提供了右外部连接运算符 RIGHT OUTER JOIN/RIGHT JOIN，它将包括右表中的所有行，不论左表中是否有匹配的值。

［例 8-40］　在以下示例中，通过 TerritoryID 列右连接 SalesTerritory 表和 SalesPerson 表。结果显示已分配给销售人员的任何区域。ISO 右外部连接运算符 RIGHT OUTER JOIN 指明：不管左表中是否有匹配的数据，结果中都将包括右表中的所有行。

```
USE AdventureWorks2019;
GO
SELECT st.Name AS Territory, sp.BusinessEntityID
FROM Sales.SalesTerritory st RIGHT OUTER JOIN Sales.SalesPerson sp
   ON st.TerritoryID = sp.TerritoryID;
GO
```

③ 使用完全外部连接　若要通过在连接的结果中包括不匹配的行来保留不匹配信息，应使用完全外部连接。SQL Server 提供了完全外部连接运算符 FULL OUTER JOIN/FULL JOIN，它将包括两个表中的所有行，不论另一个表中是否有匹配的值。

［例 8-41］　在以下示例中，通过 ProductID 列完全外连接 Product 表和 SalesOrderDetail 表。结果只显示有销售订单的产品。ISO 完全外部连接运算符 FULL OUTER JOIN 运算符指明：不管表中是否有匹配的数据，结果中都将包括两个表中的所有行。

```
USE AdventureWorks2019;
GO
```

```
SELECT p.Name, s.SalesOrderID
FROM Production.Product p FULL OUTER JOIN Sales.SalesOrderDetail s
    ON p.ProductID = s.ProductID
WHERE p.ProductID IS NULL OR s.ProductID IS NULL
ORDER BY p.Name;
GO
```

（3）**使用交叉连接**　没有 WHERE 子句的交叉连接将产生连接所涉及的表的笛卡尔积。第一个表的行数乘以第二个表的行数等于笛卡尔积结果集的大小。

SQL Server 提供了交叉连接运算符 CROSS JOIN。

［例 8-42］　以下示例显示了如何使用交叉连接。

```
USE AdventureWorks2019;
GO
SELECT sp.BusinessEntityID, st.Name AS Territory
FROM Sales.SalesPerson sp CROSS JOIN Sales.SalesTerritory st
ORDER BY sp.BusinessEntityID;
GO
```

但是，如果添加了 WHERE 子句，则交叉连接的行为将与内部连接行为相似。

［例 8-43］　以下示例中，使用 WHERE 子句的交叉连接查询与内部连接查询生成相似的结果集。

```
USE AdventureWorks2019;
GO
/* 使用 WHERE 子句的交叉连接 */
SELECT p.BusinessEntityID, t.Name AS Territory
FROM Sales.SalesPerson p CROSS JOIN Sales.SalesTerritory t
WHERE p.TerritoryID=t.TerritoryID
ORDER BY p.BusinessEntityID;
GO
/* 不使用 WHERE 子句的内部连接 */
SELECT p.BusinessEntityID, t.Name AS Territory
FROM Sales.SalesPerson p INNER JOIN Sales.SalesTerritory t
    ON p.TerritoryID = t.TerritoryID
ORDER BY p.BusinessEntityID;
GO
```

（4）**使用自身连接**　连接可以使用自连接 / 自身连接。若要创建将某个表中的记录与同一表中的其他记录相连接的结果集时，使用自连接；若要在同一查询中两次列出某个表，必须至少为该表名称的一个实例提供表别名。此表别名帮助查询处理器确定列应从表的右边还是左边样式呈现数据。

［例 8-44］　以下示例使用自连接查找由多个供应商提供的产品。此查询涉及 ProductVendor

表与其自身的连接，因此 ProductVendor 表将以两种角色出现。若要区分这两种角色，必须在 FROM 子句中为 ProductVendor 表给定两个不同的别名（pv1 和 pv2）。这些别名用于限定查询其余部分中的列名。

```
USE AdventureWorks2019;
GO
SELECT DISTINCT pv1.ProductID, pv1.BusinessEntityID
FROM Purchasing.ProductVendor pv1 INNER JOIN Purchasing.ProductVendor pv2
   ON pv1.ProductID=pv2.ProductID AND pv1.BusinessEntityID <> pv2.BusinessEntityID
ORDER BY pv1.ProductID;
GO
```

［例 8-45］ 以下示例使用自连接匹配销售人员及其区域。该查询执行 Sales.SalesPerson 表的自连接，以生成所有区域以及在这些区域中工作的销售人员的列表。

```
USE AdventureWorks2019;
GO
SELECT st.Name AS TerritoryName, sp.BusinessEntityID, sp.SalesQuota, sp.SalesYTD
FROM Sales.SalesPerson AS sp JOIN Sales.SalesTerritory AS st
   ON sp.TerritoryID = st.TerritoryID
ORDER BY st.Name, sp.BusinessEntityID
GO
```

（5）**使用多表连接** 一般情况下，每个连接规范只连接两个表，但 FROM 子句可包含多个连接规范。这样的连接查询可以连接许多表。

如果同一语句中包含多个连接运算符，无论是用于连接两个以上的表还是用于连接两个以上的列时，连接表达式都可以通过 AND 或 OR 连接在一起。

［例 8-46］ 以下示例将查找特定子类别的所有产品的名称和产品供应商的名称。在此查询中，ProductVendor 表是参与连接的其他表之间的中间连接点，因此连接的中间表（ProductVendor 表）可称为“转换表”或“中间表”。

```
USE AdventureWorks2019;
GO
SELECT p.Name, v.Name
FROM Production.Product p
   JOIN Purchasing.ProductVendor pv
      ON p.ProductID=pv.ProductID
   JOIN Purchasing.Vendor v
      ON pv.BusinessEntityID = v.BusinessEntityID
WHERE ProductSubcategoryID = 15
ORDER BY v.Name;
GO
```

8.1.13 使用嵌套查询

通常将一个 SELECT-FROM-WHERE 语句称为一个查询块，将一个查询块嵌套在另一个查询块的 WHERE 子句 或 HAVING 短语的条件中的查询称为嵌套查询，在嵌套查询的外层查询称为父查询，在嵌套查询的内层查询称为子查询。

嵌套查询允许用户采用多个简单查询构造复杂的查询结构，这也体现了 SQL 的结构化的特征。

从相关性的角度出发，嵌套查询分为不相关子查询和相关子查询两类：

■ 不相关子查询：子查询的查询条件不依赖父查询。

■ 相关子查询：子查询的查询条件依赖父查询。

子查询受下列限制的制约：

■ 通过比较运算符引入的子查询选择列表只能包括一个表达式或列名称（对 SELECT * 执行的 EXISTS 或对列表执行的 IN 子查询除外）。

■ 如果外部查询的 WHERE 子句包括列名称，它必须与子查询选择列表中的列是连接兼容的。

■ ntext、text 和 image 数据类型不能用在子查询的选择列表中。

■ 由于必须返回单个值，所以由未修改的比较运算符（即后面未跟关键字 ANY 或 ALL 的运算符）引入的子查询不能包含 GROUP BY 和 HAVING 子句。

■ 包含 GROUP BY 的子查询不能使用 DISTINCT 关键字。

■ 不能指定 COMPUTE 和 INTO 子句。

■ 只有指定了 TOP 时才能指定 ORDER BY。

■ 不能更新使用子查询创建的视图。

■ 按照惯例，由 EXISTS 引入的子查询的选择列表有一个星号（*），而不是单个列名。因为由 EXISTS 引入的子查询创建了存在测试并返回 TRUE 或 FALSE 而非数据，所以其规则与标准选择列表的规则相同。

（1）使用别名的子查询 如果子查询和父查询引用同一表，则这种嵌套查询相当于自连接（将某个表与自身连接）。

由于自连接的表会以两种不同的角色出现，因此必须有表别名。别名也可用于在内部查询和外部查询中引用同一表的嵌套查询。

［例 8-47］ 使用子查询查找特定州的员工的地址。在下面的示例中，采用嵌套查询和自连接两种方式，得到完全相同的结果集。

```
USE AdventureWorks2019;
GO
/* 采用嵌套查询 */
SELECT StateProvinceID, AddressID
FROM Person.Address
WHERE AddressID IN
                    ( SELECT AddressID
                      FROM Person.Address
                      WHERE StateProvinceID=39);
GO
```

```
/* 采用自连接 */
SELECT e1.StateProvinceID, e1.AddressID
FROM Person.Address AS e1 INNER JOIN Person.Address AS e2
   ON e1.AddressID = e2.AddressID
   AND e2.StateProvinceID = 39;
GO
```

在上例中，显式别名清楚地表明，在子查询中对 Person.Address 的引用并不等同于在外部查询中的该引用。

（2）使用带 IN/NOT IN 谓词的子查询 通过 IN 谓词引入的子查询结果是包含零个值或多个值的列表。子查询返回结果之后，外部查询将利用这些结果。

［例 8-48］ 在以下示例中，使用带 IN 谓词的嵌套查询查找 Adventure Works Cycles 生成的所有车轮产品的名称。在该例中，T-SQL 语句分两步进行评估。首先，内部查询返回与名称 'Wheel' 匹配的子类别标识号。然后，这些值将替换到外部查询中，此外部查询将在 Product 中查找与子类别标识号匹配的产品名称。

```
USE AdventureWorks2019;
GO
SELECT Name
FROM Production.Product
WHERE ProductSubcategoryID IN
                             (SELECT ProductSubcategoryID
                              FROM Production.ProductSubcategory
                              WHERE Name = 'Wheels');
GO
```

使用连接与不使用子查询处理该问题及类似问题的不同之处在于，连接可以在结果中显示多个表中的列，连接总是可以表示为子查询，子查询经常（但不总是）可以表示为连接。这是因为连接是对称的：无论以何种顺序连接表 A 和 B，都将得到相同的结果。而对子查询来说，情况则并非如此。

［例 8-49］ 在以下示例中，查找所有信誉度良好，与 Adventure Works Cycles 有过至少 20 项订购记录，并且其平均交付时间小于 16 天的所有供应商的名称。在该例中，嵌套查询首先评估内部查询后，产生符合子查询限定条件的供应商的 ID 号；然后评估外部查询。值得一提的是，在内部和外部查询的 WHERE 子句中，都可以包括多个条件。该 T-SQL 包含带 IN 谓词的子查询和连接两个版本。

```
Use AdventureWorks2019;
GO
SELECT Name
FROM Purchasing.Vendor
WHERE CreditRating = 1
AND BusinessEntityID IN
                        (SELECT BusinessEntityID
```

```
                                    FROM Purchasing.ProductVendor
                                    WHERE MinOrderQty > = 20
                                    AND AverageLeadTime < 16);
GO
SELECT DISTINCT Name
FROM Purchasing.Vendor v INNER JOIN Purchasing.ProductVendor p
   ON v.BusinessEntityID = p.BusinessEntityID
WHERE CreditRating = 1 AND MinOrderQty > = 20 AND AverageLeadTime < 16;
GO
```

通过 NOT IN 关键字引入的子查询也返回一列零值或更多值。

［例 8-50］ 在以下示例中，采用带 NOT IN 关键字的嵌套查询查找不是成品自行车的产品名称。此查询无法转换为一个连接查询。

```
USE AdventureWorks2019;
GO
SELECT Name
FROM Production.Product
WHERE ProductSubcategoryID NOT IN
                                       (SELECT ProductSubcategoryID
                                        FROM Production.ProductSubcategory
                                        WHERE Name = 'Mountain Bikes'
                                          OR Name = 'Road Bikes'
                                          OR Name = 'Touring Bikes');
GO
```

（3）使用无修饰比较运算符的子查询 使用比较运算符的子查询可以由一个比较运算符（=、<>、>、>=、<、!>、!<或<=）引入。

与使用 IN 谓词引入的子查询一样，由未修饰的比较运算符（即后面不接 ANY 或 ALL 的比较运算符）引入的子查询必须返回单个值而不是值列表。如果这样的子查询返回多个值，SQL Server 将显示一条错误信息。

要使用由未修改的比较运算符引入的子查询，必须对数据和问题的本质非常熟悉，以了解该子查询实际是否只返回一个值。

［例 8-51］ 在以下示例中，使用带上简单的比较运算符（=）引入的子查询查找 Linda Mitchell 所负责区域的客户（假定每个销售员只负责一片销售区域）。在该例中，如果 Linda Mitchell 负责的销售区域不止一个，则会产生一条错误信息。这时可以用 IN 表达式（= ANY 也可以）来代替 = 比较运算符。

```
USE AdventureWorks2019;
GO
SELECT CustomerID
FROM Sales.Customer
WHERE TerritoryID =
```

```
                    (SELECT TerritoryID
                     FROM Sales.SalesPerson
                     WHERE BusinessEntityID = 276);
GO
```

通过未修改的比较运算符引入的子查询经常包括聚合函数，因为这些子查询要返回单个值。

［例 8-52］ 在下面的示例中，查找定价高于平均定价的所有产品的名称。

```
USE AdventureWorks2019;
GO
SELECT Name
FROM Production.Product
WHERE ListPrice >
                 (SELECT AVG(ListPrice)
                  FROM Production.Product);
GO
```

因为由未修改的比较运算符引入的子查询必须返回单个值，所以除非知道 GROUP BY 或 HAVING 子句本身会返回单个值，否则不能包括 GROUP BY 或 HAVING 子句。

［例 8-53］ 在下面的示例中，查找子类别 14 中定价高于最低定价的产品。

```
USE AdventureWorks2019;
GO
SELECT Name
FROM Production.Product
WHERE ListPrice >
                 (SELECT MIN(ListPrice)
                  FROM Production.Product
                  GROUP BY ProductSubcategoryID
                  HAVING ProductSubcategoryID=14);
GO
```

（4）使用 SOME/ANY/ALL 修饰比较运算符的子查询 可以用 ALL 或 ANY 关键字修饰引入子查询的比较运算符。SOME 是与 ANY 等效的 ISO 标准。

通过修饰的比较运算符引入的子查询可返回零个值或多个值的列表，并且可以包括 GROUP BY 或 HAVING 子句。这些子查询可以用 EXISTS 重新表述。

以 > 比较运算符为例，>ALL 表示大于每一个值。换言之，它表示大于最大值。例如，>ALL（1，2，3）表示大于 3。>ANY 表示至少大于一个值，即大于最小值。因此 >ANY（1，2，3）表示大于 1。

若要使带有 >ALL 的子查询中的行满足外部查询中指定的条件，引入子查询的列中的值必须大于子查询返回的值列表中的每个值。

同样，>ANY 表示要使某一行满足外部查询中指定的条件，引入子查询的列中的值必须至少大于子查询返回的值列表中的一个值。

［例 8-54］ 以下示例提供一个由 ANY 修饰的比较运算符引入的子查询。它查找定价高于或等于任何产品子类别的最高定价的产品。

```
USE AdventureWorks2019;
GO
SELECT Name
FROM Production.Product
WHERE ListPrice > = ANY
                    (SELECT MAX(ListPrice)
                     FROM Production.Product
                     GROUP BY ProductSubcategoryID);
GO
```

在该例中，对于每个产品子类别，内部查询查找最高定价。外部查询查看所有这些值，并确定定价高于或等于任何产品子类别的最高定价的单个产品。如果 ANY 更改为 ALL，查询将只返回定价高于或等于内部查询返回的所有定价的那些产品。如果子查询不返回任何值，则整个查询将不会返回任何值。

一般地，运算符 =ANY 与谓词 IN 等效；运算符 <>ALL 与谓词 NOT IN 等效。

［例 8-55］ 在以下示例中，查找 Adventure Works Cycles 生产的所有轮子产品的名称。该查询分别使用谓词（IN）和带修饰符的比较运算符（=ANY）的嵌套查询，得到相同的结果集。

```
USE AdventureWorks2019;
GO
/* 使用 =ANY 比较运算符 */
SELECT Name
FROM Production.Product
WHERE ProductSubcategoryID = ANY
    (SELECT ProductSubcategoryID
     FROM Production.ProductSubcategory
     WHERE Name = 'Wheels');
GO
/* 使用 IN 谓词 */
SELECT Name
FROM Production.Product
WHERE ProductSubcategoryID IN
    (SELECT ProductSubcategoryID
     FROM Production.ProductSubcategory
     WHERE Name = 'Wheels');
GO
```

<>ANY 运算符则不等同于 NOT IN：<>ANY 表示不等于 a，或者不等于 b，或者不等于 c；NOT IN 表示不等于 a、不等于 b 并且不等于 c。

［例 8-56］ 在以下示例中，查找位于任何销售人员都不负责的地区的客户。在该例中，结果包含除销售地区为 NULL 的客户以外的所有客户，因为分配给客户的每个地区都由一个销售人员负责。内部查询查找销售人员负责的所有销售地区，然后对于每个地区，外部查询查找不在

任一地区的客户。

```
Use AdventureWorks2019;
GO
SELECT CustomerID
FROM Sales.Customer
WHERE TerritoryID <> ANY
                    (SELECT TerritoryID
                     FROM Sales.SalesPerson);
GO
```

（5）使用EXISTS/NOT EXISTS的子查询 在使用EXISTS关键字引入子查询后，子查询的作用就相当于进行存在测试。外部查询的WHERE子句测试子查询返回的行是否存在。子查询实际上不产生任何数据，它只返回TRUE或FALSE值。

[例8-57] 在以下示例中，使用带EXISTS谓词的子查询查找Wheels子类别中所有产品的名称。

```
USE AdventureWorks2019;
GO
SELECT Name
FROM Production.Product
WHERE EXISTS
            (SELECT *
             FROM Production.ProductSubcategory
             WHERE ProductSubcategoryID = Production.Product.ProductSubcategoryID
                   AND Name = 'Wheels');
GO
```

使用EXISTS引入的子查询在下列方面与其他子查询略有不同：

- EXISTS关键字前面没有列名、常量或其他表达式。
- 由EXISTS引入的子查询的选择列表通常几乎都是由星号（*）组成。由于只是测试是否存在符合子查询中指定条件的行，因此不必列出列名。

尽管一些使用EXISTS创建的查询不能以任何其他方法表示，但许多查询都可以使用IN或者由ANY或ALL修改的比较运算符来获取类似结果。

[例8-58] 在以下示例中，使用带IN谓词的子查询查找Wheels子类别中所有产品的名称。

```
USE AdventureWorks2019;
GO
SELECT Name
FROM Production.Product

WHERE ProductSubcategoryID IN
                          (SELECT ProductSubcategoryID
                          FROM Production.ProductSubcategory
                          WHERE Name = 'Wheels');
GO
```

NOT EXISTS 与 EXISTS 的工作方式类似，只是如果子查询不返回行，则使用 NOT EXISTS 的 WHERE 子句会得到令人满意的结果。

[例 8-59] 在以下示例中，使用带谓词 NOTEXISTS 的子查询查找不在轮子类别中的产品的名称。

```
USE AdventureWorks2019;
GO
SELECT Name
FROM Production.Product AS p
WHERE NOT EXISTS
                  (SELECT *
                  FROM Production.ProductSubcategory AS s
                  WHERE s.ProductSubcategoryID=p.ProductSubcategoryID
                     AND Name = 'Wheels');
GO
```

（6）使用别名的相关子查询　相关子查询可用于从外部查询所引用的表中选择数据之类的操作。在这种情况下，必须使用表别名（也称为相关名称）明确指定要使用哪个表引用。

[例 8-60] 在以下示例中，使用相关子查询查找由多个供应商提供的产品，为此需要用别名来区分在其中出现 ProductVendor 表的两个不同角色。本例还提供了另一个使用自连接的版本。

```
USE AdventureWorks2019;
GO
/* 使用相关子查询 */
SELECT DISTINCT pv1.ProductID, pv1.BusinessEntityID
FROM Purchasing.ProductVendor pv1
WHERE ProductID IN
    (SELECT pv2.ProductID
    FROM Purchasing.ProductVendor pv2
    WHERE pv1.BusinessEntityID <> pv2.BusinessEntityID)
ORDER  BY pv1.BusinessEntityID;
GO
/* 与相关子查询等价的自连接查询 */
SELECT DISTINCT pv1.ProductID, pv1.BusinessEntityID
FROM Purchasing.ProductVendor pv1
INNER JOIN Purchasing.ProductVendor pv2
ON pv1.ProductID = pv2.ProductID
   AND pv1.BusinessEntityID <> pv2.BusinessEntityID
ORDER BY pv1.BusinessEntityID;
GO
```

（7）Having 子句中的相关子查询　相关子查询还可以用于外部查询的 HAVING 子句中。

[例 8-61] 以下示例在 HAVING 子句中使用相关子查询，查找最高标价超过其平均价格两倍的产品型号。本例中，将为外部查询中定义的每个组（即为每个产品型号）各评估一次子查询。

```
USE AdventureWorks2019;
GO
SELECT p1.ProductModelID
FROM Production.Product p1
GROUP BY p1.ProductModelID
HAVING MAX(p1.ListPrice) > = ALL
                                    (SELECT 2 * AVG(p2.ListPrice)
                                    FROM Production.Product p2
                                    WHERE p1.ProductModelID = p2.ProductModelID);
GO
```

（8）使用多层嵌套查询　子查询自身可以包括一个或多个子查询。一个语句中可以嵌套任意数量的子查询。

[例 8-62]　以下示例采用多层嵌套查询查找作为销售人员的雇员的姓名。在本例中，最里层查询将返回销售人员的 ID。再上一层查询将用这些销售人员 ID 进行取值，并返回雇员的联系 ID 号。最后，外部查询将使用这些联系 ID 查找雇员的姓名。在本例中，还提供了一个等价的连接查询版本。

```
Use AdventureWorks2019;
GO
/* 使用多层嵌套查询 */
SELECT LastName, FirstName
FROM Person.Person
WHERE BusinessEntityID IN
    (SELECT BusinessEntityID
     FROM HumanResources.Employee
     WHERE BusinessEntityID IN
        (SELECT BusinessEntityID
         FROM Sales.SalesPerson)
    )
GO
/* 与多层嵌套查询等价的连接查询 */
SELECT LastName, FirstName
FROM Person.Person c
INNER JOIN HumanResources.Employee e
ON c.BusinessEntityID = e.BusinessEntityID
JOIN Sales.SalesPerson s
ON e.BusinessEntityID = s.BusinessEntityID;
GO
```

8.2 数据插入操作

8.2.1 数据插入操作核心动词 INSERT

在 SQL Server 中，数据插入操作的核心动词是 Insert。

语法格式：

```
INSERT
{

            [TOP ( expression ) [PERCENT]]
            [INTO]
            {<object> | rowset_function_limited
              [WITH (  < table_hint_limited > [...n]) ]
            }
        {
            [ ( column_list ) ]
            [< OUTPUT Clause >]
            {VALUES ( {DEFAULT | NULL | expression}[, ...n] ) [, ...n   ]
            | derived_table
            | execute_statement
            | <dml_table_source>
            | DEFAULT VALUES
            }
        }
}
```

参数意义：

● TOP（expression ）[PERCENT]：指定将插入的随机行的数目或百分比。expression 可以是行数或行的百分比。在和 INSERT、UPDATE 或 DELETE 语句结合使用的 TOP 表达式中引用的行不按任何顺序排列。在 INSERT、UPDATE 和 DELETE 语句中，需要使用括号分隔 TOP 中的 expression。

● INTO：一个可选的关键字，可以将它用在 INSERT 和目标表之间。

● rowset_function_limited ：OPENQUERY 或 OPENROWSET 函数。使用这些函数受到访问远程对象的 OLE DB 访问接口的性能的限制。

● WITH（<table_hint_limited> [... n] ）：指定目标表允许的一个或多个表提示。需要有 WITH 关键字和括号。

●（column_list ）：要在其中插入数据的一列或多列的列表。必须用括号将 column_list 括起来，并且用逗号进行分隔。如果某列不在 column_list 中，则数据库引擎必须能够基于该列的定义提供一个值；否则不能加载行。如果列满足下面的条件，则数据库引擎将自动为列提供值：具有 IDENTITY 属性，使用下一个增量标识值；有默认值，使用列的默认值；具有 timestamp 数据类型，使用当前的时间戳值；可以为 Null，使用 Null 值；可以是计算列，使用计算值。

● VALUES：引入要插入的数据值的一个或多个列表。对于 column_list（如果已指定）或表中的每个列，都必须有一个数据值。必须用圆括号将值列表括起来。如果值列表中的各值与表中各列的顺序不相同，或者未包含表中各列的值，则必须使用 column_list 显式指定存储每个传入值的列。

● DEFAULT：强制数据库引擎加载为列定义的默认值。如果某列并不存在默认值，并且该列允许 Null 值，则插入 NULL。对于使用 timestamp 数据类型定义的列，插入下一个时间戳值。DEFAULT 对标识列无效。

● expression：一个常量、变量或表达式。表达式不能包含 EXECUTE 语句。

8.2.2 使用 VALUES 子句插入数据

VALUES 关键字为表的某一行或多个行指定值。这些值指定为逗号分隔的标量表达式列表，表达式的数据类型、精度和小数位数必须与列的列表中对应列一致，或者可以隐式转换为列的列表中对应列。如果没有指定列的列表，指定值的顺序必须与表或视图中的列顺序一致。

[例 8-63] 以下示例使用 VALUES 子句将一个行插入到 UnitMeasure 表中。

```
USE AdventureWorks2019;
GO
INSERT INTO Production.UnitMeasure
   VALUES (N 'FT', N 'Feet', '20080414');
GO
```

使用单个 INSERT 语句可插入的最大行数为 1000。

[例 8-64] 以下示例将创建表 dbo.Departments，然后向表中插入五行数据。由于提供了所有列的值并按表中各列的顺序列出这些值，因此不必在列列表中指定列名。

```
USE AdventureWorks2019;
GO
IF OBJECT_ID (N 'dbo.Departments', N 'U') IS NOT NULL
    DROP TABLE dbo.Departments;
GO
CREATE TABLE dbo.Departments
(   DeptID tinyint NOT NULL PRIMARY KEY,
    DeptName nvarchar (30),
    Manager nvarchar (50)
);
GO
INSERT INTO dbo.Departments
    VALUES (1, 'Human Resources', 'Margheim'), (2, 'Sales', 'Byham'),
           (3, 'Finance', 'Gill'), (4, 'Purchasing', 'Barber'),
           (5, 'Manufacturing', 'Brewer');
GO
```

8.2.3 使用 SELECT INTO 插入数据

SELECT INTO 语句可用于创建一个新表，并用 SELECT 语句的结果集填充该表。SELECT INTO 可将几个表或视图中的数据组合成一个表。也可用于创建一个包含选自链接服务器的数据的新表。新表的结构由选择列表中表达式的属性定义。

[例 8-65] 以下示例从多个雇员和与地址相关的表中选择七列来创建新表 dbo.EmployeeAddresses。

```
USE AdventureWorks2019;
GO
IF OBJECT_ID (N 'dbo.EmployeeAddresses', N 'U') IS NOT NULL
```

```
    DROP TABLE dbo.EmployeeAddresses;
GO

SELECT c.FirstName, c.LastName, e.JobTitle, a.AddressLine1, a.City,
    sp.Name AS[State/Province], a.PostalCode
INTO dbo.EmployeeAddresses
FROM Person.Person AS c
    JOIN HumanResources.Employee AS e
        ON e.BusinessEntityID = c.BusinessEntityID
    JOIN Person.BusinessEntityAddress AS bea
        ON e.BusinessEntityID = bea.BusinessEntityID
    JOIN Person.Address AS a
        ON bea.AddressID = a.AddressID
    JOIN Person.StateProvince as sp
        ON sp.StateProvinceID = a.StateProvinceID;
GO
```

值得一提的是，不能使用 SELECT INTO 创建已分区表，SELECT INTO 不使用源表的分区方案。而新表是在默认文件组中创建的，若要向已分区表插入行，首先必须创建已分区表，然后再使用 INSERT INTO...SELECT FROM 语句。

8.2.4 使用子查询插入数据

在 INSERT 语句中，使用 SELECT 子查询可将一个或多个表或视图中的值添加到另一个表中。使用 SELECT 子查询还可以同时插入多行。

子查询的选择列表必须与 INSERT 语句的列列表匹配。如果没有指定列列表，选择列表必须与正在其中执行插入操作的表或视图的列匹配。

［例 8-66］ 以下示例使用 INSERT 语句将 Sales.SalesReason 表中 SalesReason 为 Marketing 的所有行中的一些数据插入到一个单独的表中。

```
USE AdventureWorks2019;
GO
CREATE TABLE MySalesReason (
    SalesReasonID int NOT NULL,
    Name nvarchar(50),
    ModifiedDate datetime);
GO

/* 以子查询方式插入表 */
INSERT INTO MySalesReason
    SELECT SalesReasonID, Name, ModifiedDate
    FROM AdventureWorks2019.Sales.SalesReason
    WHERE ReasonType = N 'Marketing' ;
GO
```

```
SELECT SalesReasonID, Name, ModifiedDate
FROM MySalesReason;
GO
```

8.3 数据更新操作

8.3.1 数据更新操作核心动词 UPDATE

数据更新操作的核心动词是 UPDATE。

UPDATE 语句可以更改表或视图中单行、行组或所有行的数据值。还可以用该语句更新远程服务器上的行（使用链接服务器名称或 OPENROWSET、OPENDATASOURCE 和 OPENQUERY 函数），前提是用来访问远程服务器的 OLE DB 访问接口支持更新操作。引用某个表或视图的 UPDATE 语句每次只能更改一个基表中的数据。

语法格式：

```
UPDATE
    [TOP ( expression ) [PERCENT]]
    {<object> | rowset_function_limited
     [WITH ( <Table_Hint_Limited> [...n] ) ]
    }
        SET
         {column_name={expression | DEFAULT | NULL}
           | {udt_column_name.{{property_name = expression
                                  | field_name = expression}
                                  | method_name ( argument[, ...n] )
                               }

           }
           | column_name {.WRITE ( expression , @Offset , @Length ) }
           | @variable=expression
           | @variable=column=expression
           | column_name { + = | - = | * = | / = | % = | & = | ^ = |  | = } expression
           | @variable { + = | - = | * = | / = | %= | & = ^ = |  | = } expression
           | @variable=column { + = | - = | * = | /= | % = | & = | ^ = |  | = } expression
        } [, ...n]

    [<OUTPUT Clause>]
    [FROM{<table_source>} [, ...n]]
    [WHERE {<search_condition>
            | {[CURRENT OF
                  {{[GLOBAL] cursor_name}
```

```
                        | cursor_variable_name
                      }
                    ]
                  }
                }
        ]
        [OPTION ( <query_hint> [, ...n] ) ]
```

参数意义：

- TOP（expression ）[PERCENT]：指定将要更新的行数或行百分比。expression 可以为行数或行百分比。
- rowset_function_limited：OPENQUERY 或 OPENROWSET 函数。使用这些函数受到访问远程对象的 OLE DB 访问接口的性能的限制。
- WITH（<Table_Hint_Limited> ）：指定目标表允许的一个或多个表提示。需要有 WITH 关键字和括号。不允许使用 NOLOCK 和 READUNCOMMITTED。有关表提示的信息，可参阅表提示（Transact-SQL）。
- SET：指定要更新的列或变量名称的列表。
- column_name：包含要更改的数据的列。column_name 必须已存在于 table_or view_name 中。不能更新标识列。
- expression：返回单个值的变量、文字值、表达式或嵌套 select 语句（加括号）。expression 返回的值替换 column_name 或 @variable 中的现有值。
- DEFAULT：指定用为列定义的默认值替换列中的现有值。如果该列没有默认值并且定义为允许 Null 值，则该参数也可用于将列更改为 NULL。
- {+=|-=|*=|/=|%=|&=|^=||=}：复合赋值运算符。
- udt_column_name：用户定义类型列。
- property_name|field_name：用户定义类型的公共属性或公共数据成员。
- @variable：已声明的变量，该变量将设置为 expression 所返回的值。SET @variable=column=expression 将变量设置为与列相同的值。这与 SET @variable=column，column=expression 不同，后者将变量设置为列更新前的值。
- <OUTPUT_Clause>：在 UPDATE 操作中，返回更新后的数据或基于更新后的数据的表达式。针对远程表或视图的任何 DML 语句都不支持 OUTPUT 子句。有关详细信息，可参阅 OUTPUT 子句（Transact-SQL）。
- FROM <table_source>：指定将表、视图或派生表源用于为更新操作提供条件。如果所更新对象与 FROM 子句中的对象相同，并且在 FROM 子句中对该对象只有一个引用，则指定或不指定对象别名均可。如果更新的对象在 FROM 子句中出现了不止一次，则对该对象的一个（并且只有一个）引用不能指定表别名。FROM 子句中对该对象的所有其他引用都必须包含对象别名。
- WHERE：指定条件来限定所更新的行。根据所使用的 WHERE 子句的形式，有两种更新形式：搜索更新指定搜索条件来限定要删除的行；定位更新使用 CURRENT OF 子句指定游标。更新操作发生在游标的当前位置。
- <search_condition>：为要更新的行指定需满足的条件。搜索条件也可以是连接所基于的条件。对搜索条件中可以包含的谓词数量没有限制。

注释说明：

- UPDATE 语句将完全记入日志；但是，对使用 .WRITE 子句对较大值数据类型的部分更新进行最小日志记录。
- 仅当所修改的表是表变量时，才允许在用户定义函数的主体中使用 UPDATE 语句。
- 如果对行的更新违反了某个约束或规则，或违反了对列的 NULL 设置，或者新值是不兼容的数据类型，则取消该语句、返回错误并且不更新任何记录。
- 当 UPDATE 语句在表达式求值过程中遇到算术错误（溢出、被零除或域错误）时，不进行更新。批处理的剩余部分不再执行，并且返回错误消息。
- 如果对参与聚集索引的一列或多列的更新导致聚集索引和行的大小超过 8060 字节，则更新失败并且返回错误消息。
- 所有的 char 和 nchar 列向右填充至定义长度。

8.3.2 使用 SET 子句更新数据

SET 子句指定要更改的列和这些列的新值。

对所有符合 WHERE 子句搜索条件的行，将使用 SET 子句中指定的值更新指定列中的值。

[例 8-67] 下面的示例对符合指定城市的行，更改邮政编码值。

```
USE AdventureWorks2019;
GO
UPDATE Person.Address
SET PostalCode = '98000'
WHERE City = 'Bothell' ;
GO
```

如果没有指定 WHERE 子句，则更新所有行。

[例 8-68] 以下示例对 SalesPerson 表中的所有行更新 Bonus、CommissionPct 和 SalesQuota 列中的值。

```
USE AdventureWorks2019;
GO
UPDATE Sales.SalesPerson
SET Bonus = 6000, CommissionPct = .10, SalesQuota = NULL;
GO
```

计算列的值可在更新操作中计算和使用。

[例 8-69] 以下示例将 Product 表中所有行的 ListPrice 列的值加倍。

```
USE AdventureWorks2019;
GO
UPDATE Production.Product
SET ListPrice=ListPrice * 2;
GO
```

SET 子句中使用的表达式还可以是只返回一个值的子查询。

［例 8-70］ 以下示例修改 SalesPerson 表中的 SalesYTD 列，以反映 SalesOrderHeader 表中记录的最近销售情况。这些子查询通过 UPDATE 聚合了语句中每个销售人员的销售信息。

```
USE AdventureWorks2019;
GO
UPDATE Sales.SalesPerson
SET SalesYTD=SalesYTD+
    (SELECT SUM(so.SubTotal)
      FROM Sales.SalesOrderHeader AS so
      WHERE so.OrderDate =(SELECT MAX(OrderDate)
                           FROM Sales.SalesOrderHeader AS so2
                           WHERE so2.SalesPersonID=so.SalesPersonID)
      AND Sales.SalesPerson.BusinessEntityID=so.SalesPersonID
      GROUP BY so.SalesPersonID);
GO
```

8.3.3 使用 WHERE 子句更新数据

在更新操作中，WHERE 子句执行以下功能： 指定要更新的行；如果同时指定了 FROM 子句，则指定源表中可以为更新提供值的行，如果没有指定 WHERE 子句，则将更新表中的所有行。

［例 8-71］ 以下示例实现 SalesReason 表中的一个名称的名称更改。WHERE 子句将要更新的行限制为包含名称 Other 的行。

```
USE AdventureWorks2019;
GO
UPDATE Sales.SalesReason
SET Name = N 'Unknown'
WHERE Name = N 'Other' ;
GO
```

8.3.4 使用 FROM 子句更新数据

使用 FROM 子句可以将数据从一个或多个表或视图中拉入要更新的表中。

［例 8-72］ 以下示例修改 SalesPerson 表中的 SalesYTD 列，以反映 SalesOrderHeader 表中记录的最近销售情况。

```
USE AdventureWorks2019;
GO
UPDATE Sales.SalesPerson
SET SalesYTD = SalesYTD+SubTotal
```

```
FROM Sales.SalesPerson AS sp
JOIN Sales.SalesOrderHeader AS so
    ON sp.BusinessEntityID = so.SalesPersonID
    AND so.OrderDate = ( SELECT MAX ( OrderDate )
                         FROM Sales.SalesOrderHeader
                         WHERE SalesPersonID=sp.BusinessEntityID );
GO
```

8.4 数据删除操作

8.4.1 数据删除操作核心动词 DELETE

数据删除操作的核心动词是 DELETE。

语法格式:

```
DELETE
    [TOP ( expression ) [PERCENT]]
    [FROM]
    {< object > | rowset_function_limited
        [WITH ( < table_hint_limited > [...n] ) ]
    }
    [ < OUTPUT Clause > ]
    [FROM < table_source> [, ...n]]
    [WHERE { < search_condition >
            | {[CURRENT OF
                {{[GLOBAL] cursor_name}
                  | cursor_variable_name
                }
              ]
            }
        }
    ]
    [OPTION (  < Query Hint > [, ...n] ) ]
```

参数意义:

- TOP（expression ）[PERCENT]：指定将要删除的任意行数或任意行的百分比。expression 可以为行数或行的百分比。
- FROM：可选的关键字，可用在 DELETE 关键字与目标 table_or_view_name 或 rowset_function_limited 之间。
- rowset_function_limited：OPENQUERY 或 OPENROWSET 函数，视提供程序的功能而定。
- WITH（< table_hint_limited > [... n] ）：指定目标表所允许的一个或多个表提示。需要有 WITH 关键字和括号。不允许 NOLOCK 和 READUNCOMMITTED。

● <OUTPUT_Clause>：将已删除行或基于这些行的表达式作为 DELETE 操作的一部分返回。

● FROM <table_source>：指定附加的 FROM 子句。这个对 DELETE 的 Transact-SQL 扩展允许从 <table_source> 指定数据，并从第一个 FROM 子句内的表中删除相应的行。这个扩展指定连接，可在 WHERE 子句中取代子查询来标识要删除的行。

● WHERE：指定用于限制删除行数的条件。如果没有提供 WHERE 子句，则 DELETE 删除表中的所有行。基于 WHERE 子句中所指定的条件，有两种形式的删除操作：搜索删除指定搜索条件以限定要删除的行；定位删除使用 CURRENT OF 子句指定游标。删除操作在游标的当前位置执行。这比使用 WHERE search_condition 子句限定要删除的行的搜索 DELETE 语句更为精确。如果搜索条件不唯一标识单行，则搜索 DELETE 语句删除多行。

● <search_condition>：指定删除行的限定条件。对搜索条件中可以包含的谓词数量没有限制。

注释说明：

● 如果所修改的对象是 table 变量，则 DELETE 可用在用户定义函数的正文中。

● 如果 DELETE 语句违反了触发器，或试图删除另一个有 FOREIGN KEY 约束的表内的数据被引用行，则可能会失败。如果 DELETE 删除了多行，而在删除的行中有任何一行违反触发器或约束，则将取消该语句，返回错误且不删除任何行。

● 当 DELETE 语句遇到在表达式计算过程中发生的算术错误（溢出、被零除或域错误）时，数据库引擎将处理这些错误，就好像 SET ARITHABORT 设置为 ON。将取消批处理中的其余部分并返回错误消息。

● 对远程表和本地及远程分区视图上的 DELETE 语句将忽略 SET ROWCOUNT 选项的设置。

● 如果要删除表中的所有行，应使用未指定 WHERE 子句的 DELETE 语句，或者使用 TRUNCATE TABLE。TRUNCATE TABLE 比 DELETE 速度快，且使用的系统和事务日志资源少。

8.4.2 使用 WHERE 子句删除数据

在删除操作中，WHERE 子句指定要删除的行，如果未指定 WHERE 子句，则删除所有行。

[例 8-73] 以下示例从 SalesPersonQuotaHistory 表中删除所有行，该例未使用 WHERE 子句限制删除的行集。

```
USE AdventureWorks2019;
GO
DELETE FROM Sales.SalesPersonQuotaHistory;
GO
```

[例 8-74] 以下示例从 ProductCostHistory 表中删除 StandardCost 列的值大于 1000.00 的所有行。

```
USE AdventureWorks2019;
GO
DELETE FROM Production.ProductCostHistory
WHERE StandardCost > 1000.00;
GO
```

［例 8-75］ 以下示例基于本年度迄今为止的销售业绩从 SalesPersonQuotaHistory 表中删除行，其中本年度迄今为止的销售业绩存储在 SalesPerson 表中。本例是从基于连接或相关子查询的基表中删除记录，包含与 ISO 兼容的子查询解决方案和 T-SQL 扩展解决方案。

```
USE AdventureWorks2019;
GO
/* 与 ISO 兼容的子查询解决方案 */
DELETE FROM Sales.SalesPersonQuotaHistory
WHERE BusinessEntityID IN
    (SELECT BusinessEntityID
     FROM Sales.SalesPerson
     WHERE SalesYTD > 2500000.00);
GO
/*T-SQL 扩展解决方案 */
DELETE FROM Sales.SalesPersonQuotaHistory
FROM Sales.SalesPersonQuotaHistory AS spqh INNER JOIN Sales.SalesPerson AS sp
    ON spqh.BusinessEntityID = sp.BusinessEntityID
WHERE sp.SalesYTD > 2500000.00;
GO
```

8.4.3 使用 TRUNCATE TABLE 删除数据

若要删除表中的所有行，则 TRUNCATE TABLE 语句是一种快速、有效的方法。TRUNCATE TABLE 与不含 WHERE 子句的 DELETE 语句类似。但是，TRUNCATE TABLE 速度更快，并且使用更少的系统资源和事务日志资源。

与 DELETE 语句相比，TRUNCATE TABLE 具有以下优点：

■ 所用的事务日志空间较少。

■ DELETE 语句每次删除一行，并在事务日志中为所删除的每行记录一个项。TRUNCATE TABLE 通过释放用于存储表数据的数据页来删除数据，并且在事务日志中只记录页释放。

■ 使用的锁通常较少。

■ 当使用行锁执行 DELETE 语句时，将锁定表中各行以便删除。TRUNCATE TABLE 始终锁定表和页，而不是锁定各行。

■ 在表中不会留有任何页。执行 DELETE 语句后，表仍会包含空页。例如，必须至少使用一个排他（LCK_M_X）表锁，才能释放堆中的空表。如果执行删除操作时没有使用表锁，表（堆）中将包含许多空页。对于索引，删除操作会留下一些空页，但这些页会通过后台清除进程迅速释放。

与 DELETE 语句相同，使用 TRUNCATE TABLE 清空的表的定义与其索引和其他关联对象一起保留在数据库中。如果表中包含标识列，该列的计数器将重置为该列定义的种子值。如果未定义种子，则使用默认值 1。若要保留标识计数器，应使用 DELETE。

［例 8-76］ 下面的示例删除 JobCandidate 表中的所有数据。在 TRUNCATE TABLE 语句之前和之后使用 SELECT 语句来比较结果。

```
USE AdventureWorks2019;
GO
SELECT COUNT(*) AS BeforeTruncateCount
FROM HumanResources.JobCandidate;
GO
TRUNCATE TABLE HumanResources.JobCandidate;
GO
SELECT COUNT(*) AS AfterTruncateCount
FROM HumanResources.JobCandidate;
GO
```

8.5 数据融合操作

8.5.1 子查询用于查询 / 插入 / 更新 / 删除的表达式

在 T-SQL 中，除了在 ORDER BY 列表中以外，在 SELECT、UPDATE、INSERT 和 DELETE 语句中任何能够使用表达式的地方都可以用子查询替代。换言之，可以在 UPDATE、DELETE、INSERT 和 SELECT 数据操作（DML）语句中嵌套子查询。

[例 8-77] 以下示例查找所有山地车产品的价格、平均价格及两者之间的差价。

```
USE AdventureWorks2019;
GO
SELECT Name, ListPrice,
  (SELECT AVG(ListPrice) FROM Production.Product) AS Average,
  (ListPrice - (SELECT AVG(ListPrice) FROM Production.Product)) AS Difference
FROM Production.Product
WHERE ProductSubcategoryID = 1;
GO
```

[例 8-78] 以下示例使得 Production.Product 表的 ListPrice 列中的值加倍。WHERE 子句中的子查询将引用 Purchasing.ProductVendor 表以便将 Product 表中更新的行仅限制为 BusinessEntity 为 1540 对应的那些行。

```
USE AdventureWorks2019;
GO
UPDATE Production.Product
SET ListPrice=ListPrice * 2
WHERE ProductID IN
                  (SELECT ProductID
                   FROM Purchasing.ProductVendor
                   WHERE BusinessEntityID = 1540);
GO
```

8.5.2 使用 MERGE 语句插入 / 更新 / 删除数据

在 SQL Server 2019 中，可以使用 MERGE 语句在一条语句中执行插入、更新或删除操作。MERGE 语句允许用户将数据源与目标表或视图连接，然后根据该连接的结果对目标执行多项操作。

可以使用 MERGE 语句执行以下操作：

- 有条件地在目标表中插入或更新行。
- 如果目标表中存在相应行，则更新一个或多个列；否则，会将数据插入新行。
- 同步两个表。
- 根据与源数据的差别在目标表中插入、更新或删除行。

MERGE 语法包括五个主要子句：

- MERGE 子句用于指定作为插入、更新或删除操作目标的表或视图。
- USING 子句用于指定要与目标连接的数据源。
- ON 子句用于指定决定目标与源的匹配位置的连接条件。
- WHEN 子句（WHEN MATCHED、WHEN NOT MATCHED BY TARGET 和 WHEN NOT MATCHED BY SOURCE）基于 ON 子句的结果和在 WHEN 子句中指定的任何其他搜索条件指定所要采取的操作。
- OUTPUT 子句针对插入、更新或删除的目标中的每一行返回一行。

应当了解源数据和目标数据是如何合并到单个输入流中的，以及如何使用其他搜索条件正确筛选出不需要的行，这一点十分重要。否则，指定的其他搜索条件可能会产生不正确的结果。

源数据中的行基于在 ON 子句中指定的连接谓词与目标中的行进行匹配。结果是合并后的输入流。对于每个输入行，会执行一个插入、更新或删除操作。根据在语句中指定的 WHEN 子句，输入行可能是以下内容之一：

- 由来自目标的一个行和来自源的一个行组成的一个匹配对。这是 WHEN MATCHED 子句的结果。
- 来自源的一个行，在目标中没有与之对应的行。这是 WHEN NOT MATCHED BY TARGET 子句的结果。
- 来自目标的一个行，在源中没有与之对应的行。这是 WHEN NOT MATCHED BY SOURCE 子句的结果。

在 MERGE 语句中指定的 WHEN 子句的组合，决定了由查询处理器实现并影响最终输入流的连接类型。

有关 MERGE 的语法和规则的完整详细信息，限于篇幅，这里不再赘述。这里只举一些应用场景，以飨读者。

[例 8-79] 使用 MERGE 语句执行 INSERT 和 UPDATE 操作的应用场景。

假定需要一个 FactBuyingHabits 表，该表用于跟踪每个客户购买特定产品的最后日期；第二个表 Purchases 用于记录给定周的购买情况。现在每周都要从 Purchases 表向 FactBuyingHabits 表中添加特定客户以前从未购买过的产品的行。对于以前曾经购买过的产品的客户的行，只需更新 FactBuyingHabits 表中的购买日期即可。可以使用 MERGE 在一条语句中执行这些插入和更新操作。

```
USE AdventureWorks2019;
GO
```

```
IF OBJECT_ID(N'dbo.Purchases', N'U') IS NOT NULL
    DROP TABLE dbo.Purchases;
GO
/*先创建 Purchases 表*/
CREATE TABLE dbo.Purchases(
    ProductID int, CustomerID int, PurchaseDate datetime,
    CONSTRAINT PK_PurchProdID PRIMARY KEY(ProductID, CustomerID));
GO
/*向 Purchases 表插入示例数据*/
INSERT INTO dbo.Purchases VALUES
(707, 11794, '20060821'), (707, 15160, '20060825'), (708, 18529, '20060821'),
(711, 11794, '20060821'), (711, 19585, '20060822'), (712, 14680, '20060825'),
(712, 21524, '20060825'), (712, 19072, '20060821'), (870, 15160, '20060823'),
(870, 11927, '20060824'), (870, 18749, '20060825');
GO
IF OBJECT_ID(N'dbo.FactBuyingHabits', N'U') IS NOT NULL
    DROP TABLE dbo.FactBuyingHabits;
GO
/*先创建 FactBuyingHabits 表*/
CREATE TABLE dbo.FactBuyingHabits(
    ProductID int, CustomerID int, LastPurchaseDate datetime,
    CONSTRAINT PK_FactProdID PRIMARY KEY(ProductID, CustomerID));
GO
/*向 FactBuyingHabits 表插入示例数据*/
INSERT INTO dbo.FactBuyingHabits VALUES
(707, 11794, '20060814'), (707, 18178, '20060818'), (864, 14114, '20060818'),
(866, 13350, '20060818'), (866, 20201, '20060815'), (867, 20201, '20060814'),
(869, 19893, '20060815'), (870, 17151, '20060818'), (870, 15160, '20060817'),
(871, 21717, '20060817'), (871, 21163, '20060815'), (871, 13350, '20060815'),
(873, 23381, '20060815');
GO
/*使用 MERGE 执行复杂操作*/
MERGE dbo.FactBuyingHabits AS Target
USING(SELECT CustomerID, ProductID, PurchaseDate FROM dbo.Purchases) AS Source
ON(Target.ProductID=Source.ProductID AND Target.CustomerID=Source.CustomerID)
/*Purchases 表有购买记录，则更新 FactBuyingHabits 表*/
WHEN MATCHED THEN
    UPDATE SET Target.LastPurchaseDate=Source.PurchaseDate
/*Purchases 表无购买记录，则插入 FactBuyingHabits 表*/
WHEN NOT MATCHED BY TARGET THEN
    INSERT(CustomerID, ProductID, LastPurchaseDate)
    VALUES(Source.CustomerID, Source.ProductID, Source.PurchaseDate)
OUTPUT $action, Inserted.*, Deleted.*;
GO
```

［例 8-80］ 使用 MERGE 语句执行 UPDATE 和 DELETE 操作的应用场景。

假设需要根据 SalesOrderDetail 表中已处理的订单，每天更新 ProductInventory 表。使用以下 MERGE 语句后，ProductInventory 表的 Quantity 列将通过减去每天为每种产品所下订单数的方式进行更新。如果某种产品的订单数导致该产品的库存下降为 0 或 0 以下，则会从 ProductInventory 表中删除该产品的行。

```
USE AdventureWorks2019;
GO
IF OBJECT_ID(N 'Production.usp_UpdateInventory', N 'P'(IS NOT NULL
    DROP PROCEDURE Production.usp_UpdateInventory;
GO
CREATE PROCEDURE Production.usp_UpdateInventory
    @OrderDate datetime
AS
MERGE Production.ProductInventory AS target
USING(SELECT ProductID, SUM(OrderQty)FROM Sales.SalesOrderDetail AS sod
    JOIN Sales.SalesOrderHeader AS soh
    ON sod.SalesOrderID=soh.SalesOrderID
    AND soh.OrderDate = @OrderDate
    GROUP BY ProductID)AS source(ProductID, OrderQty)
ON(target.ProductID = source.ProductID)
WHEN MATCHED AND target.Quantity - source.OrderQty < = 0
    THEN DELETE
WHEN MATCHED
    THEN UPDATE SET target.Quantity=target.Quantity - source.OrderQty,
                    target.ModifiedDate=GETDATE()
OUTPUT $action, Inserted.ProductID, Inserted.Quantity,
                Inserted.ModifiedDate, Deleted.ProductID,
                Deleted.Quantity, Deleted.ModifiedDate;
GO
EXECUTE Production.usp_UpdateInventory '20030501' ;
GO
```

[例 8-81] 使用 MERGE 语句执行 INSERT、UPDATE 和 DELETE 操作的应用场景。

假设有一个小公司，该公司有五个部门，每个部门有一位部门经理。该公司决定对这些部门进行重组，对部门所做的组织更改存储在源表（Departments_delta）中，重组结果要在目标表（Departments）中展示，重组必须实现以下更改：

- 现有的一些部门将不会变化。
- 现有的一些部门将任命新的经理。
- 将会新建一些部门。
- 一些部门在重组后将不再存在。

为此，需要执行一系列步骤：

首先，创建目标表 Departments，并在表中填充相应的示例数据。

然后，创建源表 Departments_delta，并在表中填充相应的示例数据。

最后，为在目标表中反映公司重组结果，需要使用 MERGE 语句将源表 dbo.Departments_delta 与目标表 dbo.Departments 进行比较，比较的搜索条件在该语句的 ON 子句中定义。根据比较的结果，将执行以下操作：

■ 在表 Departments 中，在源表和目标表中都存在的部门都将使用新名称、新经理或这两者进行更新。如果没有变化，则不进行任何更新。这是通过 WHEN MATCHED THEN 子句完成的。

■ 在 Departments 中不存在但存在于 Departments_delta 中的所有部门，将插入到 Departments 中。这是通过 WHEN NOT MATCHED THEN 子句完成的。

■ 在 Departments_delta 中不存在但存在于 Departments 中的所有部门将从 Departments 中删除。这是通过 WHEN NOT MATCHED BY SOURCE THEN 子句完成的。

```
USE AdventureWorks2019;
GO
IF OBJECT_ID(N'dbo.Departments', N'U') IS NOT NULL
    DROP TABLE dbo.Departments;
GO
/*创建目标表 Departments*/
CREATE TABLE dbo.Departments
( DeptID tinyint NOT NULL PRIMARY KEY,
  DeptName nvarchar(30),
  Manager nvarchar(50));
GO
/*向目标表 Departments 填充示例数据*/
INSERT INTO dbo.Departments
    VALUES (1, 'Human Resources', 'Margheim'), (2, 'Sales', 'Byham'),
           (3, 'Finance', 'Gill'), (4, 'Purchasing', 'Barber'),
           (5, 'Manufacturing', 'Brewer');
GO

IF OBJECT_ID(N'dbo.Departments_delta', N'U') IS NOT NULL
    DROP TABLE dbo.Departments_delta;
GO
/*创建源表 Departments_delta*/
CREATE TABLE dbo.Departments_delta
(   DeptID tinyint NOT NULL PRIMARY KEY,
    DeptName nvarchar(30),
    Manager nvarchar(50)
);
GO
/*向源表 Departments_delta 填充示例数据*/
INSERT INTO dbo.Departments_delta VALUES
    (1, 'Human Resources', 'Margheim'), (2, 'Sales', 'Erickson'),
    (3, 'Accounting', 'Varkey'), (4, 'Purchasing', 'Barber'),
    (6, 'Production', 'Jones'), (7, 'Customer Relations', 'Smith');
GO
/*使用 MERGE 执行复杂操作*/
MERGE dbo.Departments AS d
USING dbo.Departments_delta AS dd
ON (d.DeptID=dd.DeptID)
WHEN MATCHED AND d.Manager <> dd.Manager OR d.DeptName <> dd.DeptName
```

```
    THEN UPDATE SET d.Manager = dd.Manager, d.DeptName=dd.DeptName
WHEN NOT MATCHED THEN
    INSERT ( DeptID, DeptName, Manager )
        VALUES ( dd.DeptID, dd.DeptName, dd.Manager )
WHEN NOT MATCHED BY SOURCE THEN
    DELETE
OUTPUT $action,
       inserted.DeptID AS SourceDeptID,
       inserted.DeptName AS SourceDeptName,
       inserted.Manager AS SourceManager,
       deleted.DeptID AS TargetDeptID,
       deleted.DeptName AS TargetDeptName,
       deleted.Manager AS TargetManager;
GO
```

8.5.3 使用 TOP 子句限制查询 / 插入 / 更新 / 删除操作

可以使用 TOP 子句限制结果集中返回的行数。这个行集可以是某一数量的行，也可以是某一百分比数量的行。TOP 表达式可用在 SELECT、INSERT、UPDATE、MERGE 和 DELETE 语句中。

语法格式：

```
TOP (expression ) [PERCENT] [WITH TIES]
```

参数意义：

- expression：指定返回行数的数值表达式。如果指定了 PERCENT，则 expression 将隐式转换为 float 值；否则，它将转换为 bigint。在 INSERT、UPDATE、MERGE 和 DELETE 语句中，需要使用括号来分隔 TOP 中的 expression。为保证向后兼容性，支持在 SELECT 使用不包含括号的 TOP expression，但不推荐这种用法。如果查询包含 ORDER BY 子句，则将返回按 ORDER BY 子句排序的前 expression 行或 expression% 的行。如果查询没有 ORDER BY 子句，则行的顺序是随意的。
- PERCENT：指示查询只返回结果集中前 expression % 的行。
- WITH TIES：指定从基本结果集中返回额外的行，对于 ORDER BY 列中指定的排序方式参数，这些额外的返回行的该参数值与 TOP n（PERCENT）行中的最后一行的该参数值相同。只能在 SELECT 语句中且只有在指定了 ORDER BY 子句之后，才能指定 TOP...WITH TIES。

（1）使用 TOP 子句限制结果集中返回的行数　在数据查询操作中，TOP 子句可用于限制结果集中返回的行数。

［例 8-82］　在 TOP 中使用变量。以下示例使用变量获取 HumanResources.Employee 表中的前 10 个雇员。

```
USE AdventureWorks2019;
GO
DECLARE @p AS int;
SET @p = 10;
```

```
SELECT TOP (@p) *
FROM HumanResources.Employee;
GO
```

[例 8-83] 在 TOP 中使用 PERCENT 和 WITH TIES。以下示例获取所有雇员中薪金最高的 10 个百分比的雇员，并根据基本薪金按降序返回。指定 WITH TIES 可确保结果集中，同时包含其薪金与返回的最低薪金相同的所有雇员，即使这样做会超过雇员总数的 10 个百分比。

```
USE AdventureWorks2019;
GO
SELECT TOP (10) PERCENT WITH TIES p.FirstName, p.LastName,
e.JobTitle, e.Gender, r.Rate
FROM Person.Person AS p
INNER JOIN HumanResources.Employee AS e
        ON p.BusinessEntityID = e.BusinessEntityID
    INNER JOIN HumanResources.EmployeePayHistory AS r
        ON r.BusinessEntityID = e.BusinessEntityID
ORDER BY Rate DESC;
GO
```

（2）使用 TOP 子句限制向数据表中插入的行数　在数据插入操作中，TOP 子句可用于限制插入的行数。

[例 8-84] 以下示例创建 NewEmployee 表，并将 Employee 表中的前 10 名雇员的地址数据插入到该表中。然后执行 SELECT 语句以验证 NewEmployee 表的内容。

```
USE AdventureWorks2019;
GO
IF OBJECT_ID (N 'HumanResources.NewEmployee', N 'U') IS NOT NULL
    DROP TABLE HumanResources.NewEmployee;
GO
CREATE TABLE HumanResources.NewEmployee
(
    BusinessEntityID int NOT NULL, LastName nvarchar (50) NOT NULL,
    FirstName nvarchar (50) NOT NULL, PhoneNumber Phone NULL,
    AddressLine1 nvarchar (60) NOT NULL, City nvarchar (30) NOT NULL,
    State nchar (3) NOT NULL, PostalCode nvarchar (15) NOT NULL,
    CurrentFlag Flag
);
GO
INSERT TOP (10) INTO HumanResources.NewEmployee
    SELECT
       e.BusinessEntityID, c.LastName, c.FirstName, pp.PhoneNumber,
       a.AddressLine1, a.City, sp.StateProvinceCode,
       a.PostalCode, e.CurrentFlag
    FROM HumanResources.Employee e
        INNER JOIN Person.BusinessEntityAddress AS bea
        ON e.BusinessEntityID=bea.BusinessEntityID
```

```
        INNER JOIN Person.Address AS a
        ON bea.AddressID = a.AddressID
        INNER JOIN Person.PersonPhone AS pp
        ON e.BusinessEntityID = pp.BusinessEntityID
        INNER JOIN Person.StateProvince AS sp
        ON a.StateProvinceID = sp.StateProvinceID
        INNER JOIN Person.Person as c
        ON e.BusinessEntityID = c.BusinessEntityID;
GO
SELECT  BusinessEntityID, LastName, FirstName, PhoneNumber,
        AddressLine1, City, State, PostalCode, CurrentFlag
FROM HumanResources.NewEmployee;
GO
```

（3）使用 TOP 子句限制从数据表中更新的行数 在数据更新操作中，可以使用 TOP 子句来限制 UPDATE 语句中修改的行数。

当 TOP(n) 子句与 UPDATE 一起使用时，将针对随机选择的 n 行执行删除操作。

当需要使用 TOP 来应用按有意义的时间顺序排列的更新，则必须同时使用 TOP 和 ORDERBY 子句。

［例 8-85］ 以下示例更新雇佣最早的 10 名雇员的假期小时数。

```
UPDATE HumanResources.Employee
SET VacationHours = VacationHours+8
FROM ( SELECT TOP 10 BusinessEntityID
     FROM HumanResources.Employee
     ORDER BY HireDate ASC ) AS th
WHERE HumanResources.Employee.BusinessEntityID = th.BusinessEntityID;
GO
```

（4）使用 TOP 子句限制从数据表中删除的行数 在数据删除操作中，可以使用 TOP 子句限制 DELETE 语句中删除的行数。

当 TOP (n) 子句与 DELETE 一起使用时，将针对随机选择的第 n 行执行删除操作。

当需要使用 TOP 来删除按有意义的时间顺序排列的行，必须同时使用 TOP 和 ORDER BY 子句。

［例 8-86］ 以下示例从 PurchaseOrderDetail 表中删除了其到期日期最早的 10 行。为了确保仅删除 10 行，嵌套查询中指定的列将成为表的主键。如果指定列包含重复的值，则在嵌套 Select 语句中使用非主键列时可能会导致删除的行超过 10 个。

```
USE AdventureWorks2019;
GO
DELETE FROM Purchasing.PurchaseOrderDetail
WHERE PurchaseOrderDetailID IN
                              ( SELECT TOP 10 PurchaseOrderDetailID
                               FROM Purchasing.PurchaseOrderDetail
                               ORDER BY DueDate ASC );
GO
```

第9章 SQL Server 完整性管理

9.1 完整性概述

数据库的完整性用于保证数据库中数据的正确性。系统在进行更新、插入或删除等操作时都要检查数据的完整性，核实其约束条件，即关系模型的完整性规则。换言之，数据库的完整性规则是对关系集合的各种约束条件，各种关系的值随着时间变化时应该满足一些约束条件，这些约束条件来自于现实世界的业务要求。任何关系在任何时刻都要满足这些语义约束。

数据库完整性对于数据库应用系统非常关键，其作用主要体现在以下几个方面：

■ 完整性约束能够防止合法用户向数据库中添加不合语义的数据。

■ 利用基于 DBMS 的完整性控制机制来实现业务规则，易于定义，容易理解，而且可以降低应用程序的复杂性，提高应用程序的运行效率。同时，基于 DBMS 的完整性控制机制是集中管理的，因此比应用程序更容易实现关系模型的完整性。

■ 合理进行完整性设计，能够同时兼顾数据库的完整性和数据库系统的效能。

■ 在应用软件的功能测试中，完善的完整性有助于尽早发现应用软件的错误。

9.2 完整性约束分类

数据库完整性约束的分类有多种方式：

■ 从开发设计的角度看，可分为数据库级完整性约束和应用程序级完整性约束，前者由 DBMS 集中管理，后者由应用程序统一控制。

■ 从运行状态的角度看，可分为静态完整性约束和动态完整性约束，前者由 DBMS 集中管理，后者由应用程序统一控制。

■ 从约束层级的角度看，可分为关系级完整性约束、行级完整性约束、列级完整性约束。

■ 从关系模型的角度看，可分为实体完整性、域完整性、参照完整性、用户定义的完整性。其中最重要的是实体完整性、域完整性和参照完整性约束条件，通常由 DBMS 进行集中管理；用户定义的完整性通常由应用程序进行统一控制。

完整性约束的一般性提法都是从关系模型的角度进行的。这里重点介绍实体完整性（Entity Integrity）、参照完整性（Reference Integrity）和域完整性（Domain Integrity）。

9.2.1 实体完整性

绝大部分关系型数据库管理系统 RDBMS 都可自动支持关系完整性规则，只要用户在定义

（建立）表的结构时选定主键、外键及其参照表，RDBMS 可自动实现其完整性约束条件。

实体完整性主要用于保证操作的数据（记录）非空、唯一且不重复。即实体完整性要求每个关系（表）有且仅有一个主键，每一个主键的值必须唯一，而且不允许为空值或重复。

实体完整性规则要求。若属性 A 是基本关系 R 的主属性，则属性 A 不能取空值，即主属性不可为空值。其中的空值（NULL）不是 0，也不是空格或空字符串，而是没有值，而是指“暂时没有存放的值”“不知道”或“无意义”的值。由于主键是实体数据（记录）的唯一标识，若主属性取空值，关系中就会存在不可标识（区分）的实体数据（记录），这与实体的定义矛盾，而对于非主属性可以取空值（NULL），因此，将此规则称为实体完整性规则。

实体完整性通常纳入行级约束的范畴。SQL Server 中的 PRIMARY KEY 约束主要用于控制实体完整性。

9.2.2 参照完整性

对于永久关系的相关表，在更新、插入或删除记录时，如果只改其一，就会影响数据的完整性。如删除父表的某记录后，子表的相应记录未删除，致使这些记录成为孤立记录。对于更新、插入或删除表间数据的完整性，统称为参照完整性。通常，在客观现实中的实体之间存在一定联系，在关系模型中实体及实体间的联系都是以关系进行描述，因此，操作时就可能存在着关系与关系间的关联和引用。

在关系数据库中，关系之间的联系是通过公共属性实现的。这个公共属性经常是一个表的主键，同时是另一个表的外键。参照完整性体现在两个方面：实现了表与表之间的联系；外键的取值必须是另一个表的主键的有效值，或是空值。

参照完整性可纳入表间约束的范畴。SQL Server 中的 FOREIGN KEY 约束主要用于控制参照完整性。

9.2.3 域完整性

域完整性是指数据库表中的列必须满足某种特定的数据类型，包括取值范围、精度等规定。

域完整性通常纳入列级约束的范畴。SQL Server 中的 CHECK、DEFAULT、NOT NULL/NULL、UNIQUE 约束主要用于控制域完整性。

9.3 PRIMARY KEY 约束

表通常具有包含唯一标识表中每一行（元组）的值的一列或一组列，这样的一列或多列称为表的主键（PK），用于强制实现表的实体完整性。在创建或修改表时，用户可以通过定义 PRIMARY KEY 约束来创建主键。

一个表只能有一个 PRIMARY KEY 约束，并且 PRIMARY KEY 约束中的列不能接受空值。由于 PRIMARY KEY 约束可保证数据的唯一性，因此经常对标识列定义这种约束。

如果为表指定了 PRIMARY KEY 约束，则数据库引擎会自动创建唯一的索引来强制实施 PRIMARY KEY 约束的唯一性要求。当在查询中使用主键时，此索引还可用来对数据进行快速访问。因此，所选的主键必须遵守创建唯一索引的规则。如果表中不存在聚集索引或未显式指定非聚集索引，则将创建唯一的聚集索引以强制实施 PRIMARY KEY 约束。

如果是对单列定义 PRIMARY KEY 约束，则此列的分量值不能重复，此时可在列级或表级定义 PRIMARY KEY 约束；如果对多列定义了 PRIMARY KEY 约束，则列组中的某列的某些分量值可能会重复，但来自 PRIMARY KEY 约束定义中所有列的任何分量值的组合必须唯一，此时只能在表级定义 PRIMARY KEY 约束。

9.3.1 创建 PRIMARY KEY 约束

可以在创建表时创建单个 PRIMARY KEY 约束作为表定义的一部分。如果表已存在，且没有 PRIMARY KEY 约束，则可以添加 PRIMARY KEY 约束。一个表只能包含一个 PRIMARY KEY 约束。

为表中的现有列添加 PRIMARY KEY 约束时，数据库引擎将检查现有列的数据和元数据以确保主键符合以下规则：

■ 列不允许有空值。创建表时指定的 PRIMARY KEY 约束列隐式转换为 NOT NULL。由于稀疏列必须允许空值，因此稀疏列不能用作主键的一部分。

■ 不能有重复的值。如果为具有重复值或允许有空值的列添加 PRIMARY KEY 约束，则数据库引擎将返回一个错误并且不添加约束。

创建 PRIMARY KEY 约束有多种表达方式：

■ 如果主键列是单列，可以在 CREATE TABLE 语句中某列的数据类型之后使用 PRIMARY KEY 子句添加主键约束。

■ 如果主键列是单列，可以在 CREATE TABLE 语句中另起一行使用 PRIMARY KEY 子句添加主键约束。

■ 如果主键列是单列，可以在 ALTER TABLE 语句中使用 ADD CONSTRAINT 子句添加主键约束。

■ 如果主键列是列组，可以在 CREATE TABLE 语句中使用另起一行使用 PRIMARY KEY 子句添加主键约束。

■ 如果主键列是列组，可以在 ALTER TABLE 语句中使用 ADD CONSTRAINT... PRIMARY KEY 子句添加主键约束。

操作建议：

■ 在创建表时，虽然在字段后添加 PRIMARY KEY 约束，但一般不这样混用，推荐将添加 PRIMARY KEY 约束和建表的语句分开编写。

■ 推荐给 PRIMARY KEY 约束指定一个有一定语义的名称 primarykeyname，其一般格式为 PK_tablename_columnname。

［例 9-1］ 在下面的示例中，Person.BusinessEntity 表的主键列是 BusinessEntityID。

① 在 CREATE TABLE 语句中直接在列级隐式定义 PRIMARY KEY 约束：

```
USE AdventureWorks2019;
GO
CREATE TABLE Person.BusinessEntity
(
    /* 在列级隐式定义 PRIMARY KEY 约束 */
    BusinessEntityID int PRIMARY KEY
);
GO
```

② 在 CREATE TABLE 语句中使用 PRIMARY KEY 子句在表级隐式定义 PRIMARY KEY 约束：

```
USE AdventureWorks2019;
GO
CREATE TABLE Person.BusinessEntity
(
   BusinessEntityID int,
/* 在表级隐式定义 PRIMARY KEY 约束 */
   PRIMARY KEY (BusinessEntityID)
);
GO
```

③ 在 ALTER TABLE 语句中使用 ADD CONSTRAINT...PRIMARY KEY 子句显式定义 PRIMARY KEY 约束：

```
USE AdventureWorks2019;
GO
CREATE TABLE Person.BusinessEntity
(
   BusinessEntityID int
);
GO
/* 以命名方式显式定义主键 */
ALTER TABLE Person.BusinessEntity ADD CONSTRAINT PK_BusinessEntity_BusinessEntityID
PRIMARY KEY CLUSTERED (BusinessEntityID);
GO
```

9.3.2 删除 PRIMARY KEY 约束

如果存在以下情况，则不能删除 PRIMARY KEY 约束：

■ 如果另一个表中的 FOREIGN KEY 约束引用了 PRIMARY KEY 约束，则必须先删除 FOREIGN KEY 约束。

■ 表包含应用于自身的 PRIMARY XML 索引。

在创建表时或修改表时已经给定 PRIMARY KEY 约束名称的情况下，可以在 T-SQL 中使用 ALTER TABLE ...DROP CONSTRAINT 语句删除 PRIMARY KEY 约束。

操作建议：在一个稳定的数据库设计中，不宜经常改变 PRIMARY KEY 约束，这会破坏原有的表间引用关系，特别是在表中已经存在数据的情况下。

[例 9-2] 在下面的示例中，可以删除表 Person.BusinessEntity 的 PRIMARY KEY 约束。

```
USE AdventureWorks2019;
GO
/* 删除以命名方式定义的 PRIMARY KEY 约束 */
```

```
ALTER TABLE Person.BusinessEntity DROP CONSTRAINT PK_BusinessEntity_
BusinessEntityID;
GO
```

9.3.3 修改 PRIMARY KEY 约束

如果要修改 PRIMARY KEY 约束，必须先删除现有的 PRIMARY KEY 约束，然后再用新定义重新创建该约束。

操作建议：在一个稳定的数据库设计中，不宜经常改变 PRIMARY KEY 约束，这会破坏原有的表间引用关系，特别是在表中已经存在数据的情况下。

［例 9-3］ 在下面的示例中，可以修改 Person.BusinessEntity 表的 PRIMARY KEY 约束（假设原有的 FOREIGN KEY 名称为 PK_test）。

```
USE AdventureWorks2019;
GO
/* 先删除原有的 PRIMARY KEY 约束 */
ALTER TABLE Person.BusinessEntity DROP CONSTRAINT PK_test;
GO
/* 再重新以命名方式添加 PRIMARY KEY 约束 */
 ALTER TABLE Person.BusinessEntity ADD CONSTRAINT PK_BusinessEntity_BusinessEntityID
PRIMARY KEY CLUSTERED （BusinessEntityID）;
GO
```

9.4 FOEREIGN KEY 约束

外键（FK）是用于建立和加强两个表数据之间链接的单列或列组。当创建或修改表时可通过定义 FOREIGN KEY 约束来创建外键。

在外键引用中，当一个表的列被引用作为另一个表的主键值的列时，就在两表之间创建了链接。这个列就成为第二个表的外键。例如，因为销售订单和销售人员之间存在一种逻辑关系，所以 AdventureWorks2019 数据库中的 Sales.SalesOrderHeader 表含有一个指向 Sales.SalesPerson 表的链接。Sales.SalesOrderHeader 表中的 SalesPersonID 列与 Sales.SalesPerson 表中的主键列 BusinessEntityID 相对应。SalesOrderHeader 表中的 SalesPersonID 列是指向 SalesPerson 表的外键。

尽管 FOREIGN KEY 约束的主要目的是控制可以存储在外键表中的数据，但它还可以控制对主键表中数据的更改。例如，如果在 Sales.SalesPerson 表中删除一个销售人员行，而这个销售人员的 ID 被 Sales.SalesOrderHeader 表中的销售订单使用，则删除时将破坏这两个表之间关联的完整性，导致 SalesOrderHeader 表中删除的销售人员的销售订单因为与 SalesPerson 表中的数据没有链接而变得孤立。

FOREIGN KEY 约束可防止这种情况的发生。如果主键表中数据的更改使之与外键表中数据的链接失效，则这种更改将无法实现，从而确保了引用完整性。如果试图删除主键表中的行或更改主键值，而该主键值与另一个表的 FOREIGN KEY 约束中的值相对应，则该操作将失败。若要成功更改或删除 FOREIGN KEY 约束的行，必须先在外键表中删除或更改外键数据，这将把外键链接到不同的主键数据上去。

说明：

■ 如果在 FOREIGN KEY 约束的列中输入非 NULL 值，则此值必须在被引用列中存在；否则，将返回违反外键约束的错误信息。

■ 如果未指定源列，则 FOREIGN KEY 约束适用于前面所讲的列。

■ FOREIGN KEY 约束仅能引用位于同一服务器上的同一数据库中的表。跨数据库的引用完整性必须通过触发器实现。

■ FOREIGN KEY 约束可引用同一表中的其他列。此行为称为自引用。

■ 列级 FOREIGN KEY 约束的 REFERENCES 子句只能列出一个引用列。此列的数据类型必须与定义约束的列的数据类型相同。

■ 表级 FOREIGN KEY 约束的 REFERENCES 子句中引用列的数目必须与约束列列表中的列数相同。每个引用列的数据类型也必须与列表中相应列的数据类型相同。

■ 如果类型为 timestamp 的列是外键或被引用键的一部分，则不能指定 CASCADE、SET NULL 或 SET DEFAULT。

■ 可将 CASCADE、SET NULL、SET DEFAULT 和 NO ACTION 在相互存在引用关系的表上进行组合。如果数据库引擎遇到 NO ACTION，它将停止并回滚相关的 CASCADE、SET NULL 和 SET DEFAULT 操作。如果 DELETE 语句导致 CASCADE、SET NULL、SET DEFAULT 和 NO ACTION 操作的组合，则在数据库引擎检查所有 NO ACTION 前，将应用所有 CASCADE、SET NULL 和 SET DEFAULT 操作。

■ 对于表可包含的引用其他表的 FOREIGN KEY 约束的数目或其他表所拥有的引用特定表的 FOREIGN KEY 约束的数目，数据库引擎都没有预定义的限制。

■ 尽管如此，可使用的 FOREIGN KEY 约束的实际数目还是受硬件配置以及数据库和应用程序设计的限制。建议表中包含的 FOREIGN KEY 约束不要超过 253 个，并且引用该表的 FOREIGN KEY 约束也不要超过 253 个。有效的限制还是或多或少取决于应用程序和硬件。在设计数据库和应用程序时应考虑强制 FOREIGN KEY 约束的开销。

■ 对于临时表不强制 FOREIGN KEY 约束。

■ FOREIGN KEY 约束只能引用所引用的表的 PRIMARY KEY 或 UNIQUE 约束中的列或所引用的表上 UNIQUE INDEX 中的列。

■ 如果在 CLR 用户定义类型的列上定义外键，则该类型的实现必须支持二进制排序。

■ 仅当 FOREIGN KEY 约束引用的主键也定义为类型 varchar（max） 时，才能在此约束中使用类型为 varchar（max） 的列。

9.4.1 创建 FOREIGN KEY 约束

创建表时，可以创建 FOREIGN KEY 约束作为表定义的一部分。如果表已经存在，则可以添加 FOREIGN KEY 约束（假设该 FOREIGN KEY 约束被链接到了另一个或同一个表中某个现有的 PRIMARY KEY 约束或 UNIQUE 约束）。一个表可含有多个 FOREIGN KEY 约束。

添加 FOREIGN KEY 约束有多种表达方式（外键列不区分单列和列组）：

■ 可以在 CREATE TABLE 语句中列的数据类型之后直接使用 REFERENCES 子句隐式添加 FOREIGN KEY 约束。

■ 可以在 CREATE TABLE 语句中使用 FOREIGN KEY...REFERENCES 子句隐式添加 FOREIGN KEY 约束。

■ 可以在 ALTER TABLE 语句中使用 ADD CONSTRAINT... FOREIGN KEY...REFERENCES 子句显式添加 FOREIGN KEY 约束。

操作建议：

■ 在创建表时，虽然在字段后添加 FOREIGN KEY 约束，但一般不这样混用，推荐将添加 FOREIGN KEY 约束和建表的语句分开编写。

■ 推荐给 FOREIGN KEY 约束指定一个有一定语义的名称 foreignkeyname，其一般格式为 FK_tablename_columnname。

［例 9-4］ 在下面的示例中，Sales.SalesOrderHeader 表的有多个外键列。这里只列出 2 个，分别是：

FK（Sales.SalesOrderHeader.CustomerID）→ Sales.Customer.CustomerID；

FK（Sales.SalesOrderHeader.SalesPersonID）→ PK（Sales.SalesPerson.BusinessEntityID）

① 在 CREATE TABLE 语句中，直接使用 REFERENCES 子句在列级隐式定义 FOREIGN KEY 约束：

```
USE AdventureWorks2019;
GO
CREATE TABLE Sales.SalesOrderHeader
(
/* 在列级隐式定义 FOREIN KEY 约束 */
    CustomerID int NULL REFERENCES Sales.Customer(CustomerID),
    SalesPersonID int NULL REFERENCES Sales.SalesPerson(BusinessEntityID),
);
GO
```

② 在 CREATE TABLE 语句中，使用 FOREIGN KEY...REFERENCES 子句在表级隐式定义 FOREIGN KEY 约束：

```
USE AdventureWorks2019;
GO
CREATE TABLE Sales.SalesOrderHeader
(
    CustomerID int NULL,
    SalesPersonID int NULL,
    /* 在表级隐式定义 FOREIN KEY 约束 */
    FOREIGN KEY (CustomerID) REFERENCES Sales.Customer(CustomerID),
    FOREIGN KEY (SalesPersonID) REFERENCES Sales.SalesPerson(BusinessEntityID)
);
GO
```

③ 在 ALTER TABLE 语句中使用 ADD CONSTRAINT... FOREIGN KEY...REFERENCES 子句显式定义 FOREIGN KEY 约束：

```
USE AdventureWorks2019;
GO
CREATE TABLE Sales.SalesOrderHeader
(
   CustomerID int NULL,
   SalesPersonID int NUL
)
GO
/* 以命名方式显式定义 FOREIGN KEY 约束 */
ALTER TABLE Sales.SalesOrderHeader
ADD  CONSTRAINT FK_SalesOrderHeader_Customer_CustomerID
FOREIGN KEY  (CustomerID) REFERENCES Sales.Customer (CustomerID);
GO
ALTER TABLE Sales.SalesOrderHeader
ADD  CONSTRAINT FK_SalesOrderHeader_SalesPerson_SalesPersonID
FOREIGN KEY (SalesPersonID) REFERENCES Sales.SalesPerson  (BusinessEntityID);
GO
```

9.4.2 删除 FOREIGN KEY 约束

如果 FOREIGN KEY 约束已经存在，则可以删除它。删除 FOREIGN KEY 约束可消除外键列与另一表中相关主键列或 UNIQUE 约束列之间的引用完整性要求。

在创建表时或修改表时已经给定 FOREIGN KEY 约束名称的情况下，可以在 T-SQL 中使用 ALTER TABLE ...DROP CONSTRAINT 语句删除 FOREIGN KEY 约束。

操作建议：在一个稳定的数据库设计中，不宜经常改变 FOREIGN KEY 约束，这会破坏原有的表间引用关系，特别是在表中已经存在数据的情况下。

[例 9-5] 在下面的示例中，可以删除表 Sales.SalesOrderHeader 的 FOREIGN KEY 约束。

```
USE AdventureWorks2019;
GO
/* 删除以命名方式定义的 FOREIGN KEY 约束 */
ALTER TABLE Sales.SalesOrderHeader
DROP  CONSTRAINT FK_SalesOrderHeader_Customer_CustomerID;
GO
ALTER TABLE Sales.SalesOrderHeader
DROP  CONSTRAINT FK_SalesOrderHeader_SalesPerson_SalesPersonID;
GO
```

9.4.3 修改 FOREIGN KEY 约束

如果 FOREIGN KEY 约束已经存在，则可以修改它。例如，可能需要使表的 FOREIGN KEY 约束引用其他列。但是，不能更改定义了 FOREIGN KEY 约束的列的长度。

若要修改 FOREIGN KEY 约束，必须首先删除现有的 FOREIGN KEY 约束，然后用新定义重新创建。

操作建议：在一个稳定的数据库设计中，不宜经常改变 FOREIGN KEY 约束，这会破坏原有的表间引用关系，特别是在表中已经存在数据的情况下。

[例 9-6] 在下面的示例中，可以修改 Sales.SalesOrderHeader 表的 FOREIGN KEY 约束（假设原有的 FOREIGN KEY 名称为 FK_test1 和 FK_test2)。

```
USE AdventureWorks2019;
GO
/* 先删除原有 FOREIGN KEY 约束 */
ALTER TABLE Sales.SalesOrderHeader
DROP  CONSTRAINT FK_test1;
GO
ALTER TABLE Sales.SalesOrderHeader
DROP  CONSTRAINT FK_test2;
GO

/* 再重新以命名方式定义 FOREIGN KEY 约束 */
ALTER TABLE Sales.SalesOrderHeader
ADD  CONSTRAINT FK_SalesOrderHeader_Customer_CustomerID
FOREIGN KEY  (CustomerID) REFERENCES Sales.Customer(CustomerID);
GO
ALTER TABLE Sales.SalesOrderHeader
ADD  CONSTRAINT FK_SalesOrderHeader_SalesPerson_SalesPersonID
FOREIGN KEY(SalesPersonID) REFERENCES Sales.SalesPerson  (BusinessEntityID);
GO
```

9.5 CHECK 约束

在数据库中，CHECK 约束是指约束表中某一个或者某些列中可接受的数据值或者数据格式。

CHECK 约束会检查输入到记录中的值是否满足一个条件，如果不满足这个条件则对数据库做的修改不会成功。比如，一个人的年龄是不可能为负数的，一个人的入学日期不可能早于出生日期，出厂月份不可能大于 12。可以在 CHECK 条件中使用任意有效的 SQL 表达式（包括常量表达式、函数等），CHECK 约束对于插入、更新等任何会引起数据存储状态变化的操作都进行检查。

使用说明：

■ CHECK 约束可以应用于一个或者多个列，也可以将多个 CHECK 约束应用于一个列。

■ 列可以有任意多个 CHECK 约束，并且约束条件中可以包含用 AND 和 OR 组合起来的多个逻辑表达式。列上的多个 CHECK 约束按创建顺序进行验证。

■ 搜索条件必须取值为布尔表达式，并且不能引用其他表。

■ 列级 CHECK 约束只能引用被约束的列，表级 CHECK 约束只能引用同一表中的列。

■ 当执行 INSERT 和 UPDATE 语句时，CHECK CONSTRAINTS 和规则具有相同的数据验证功能。

■ 当列上存在规则和一个或多个 CHECK 约束时，将验证所有限制。

■ 不能在 text、ntext 或 image 列上定义 CHECK 约束。

■ 当删除某个表时，对这个表的 CHECK 约束也将同时被去除。

9.5.1 创建 CHECK 约束

创建表时，可以创建 CHECK 约束作为表定义的一部分。如果表已经存在，则可以添加 CHECK 约束。表和列可以包含多个 CHECK 约束。

添加 CHECK 约束有多种表达方式：

■ 可以在 CREATE TABLE 语句中某列的数据类型之后直接使用 CHECK 子句隐式添加 CHECK 约束。

■ 可以在 CREATE TABLE 语句中另起一行使用 CHECK 子句隐式添加 CHECK 约束。

■ 可以在 ALTER TABLE 语句中使用 ADD CONSTRAINT...CHECK 子句显式添加 CHECK 约束。

操作建议：

■ 在创建表时，虽然在字段后添加 CHECK 约束，但一般不这样混用，推荐将添加 CHECK 约束和建表的语句分开编写。

■ 推荐给 CHECK 约束指定一个有一定语义的名称 checkname，其一般格式为 CK_tablename_columnname。

［例 9-7］ 在下面的示例中，Purchasing.Vendor 表的 CreditRating 列约定只有五个等级。

① 在 CREATE TABLE 语句中，直接使用 CHECK 子句在列级隐式定义 CHECK 约束：

```
USE AdventureWorks2019;
GO
CREATE TABLE Purchasing.Vendor
(
    /* 在列级隐式定义 CHECK 约束 */
    CreditRating tinyint NOT NULL CHECK (CreditRating >= 1 and CreditRating <= 5),
);
GO
```

② 在 CREATE TABLE 语句中，另起一行使用 CHECK 子句在表级隐式添加 CHECK 约束：

```
USE AdventureWorks2019;
GO
CREATE TABLE Purchasing.Vendor
(
   CreditRating tinyint NOT NULL,
   /* 在表级隐式定义 CHECK 约束 */
   CHECK  ((CreditRating >= 1) AND (CreditRating <= 5)),
);
GO
```

③ 在 ALTER TABLE 语句中使用 ADD CONSTRAINT...CHECK 子句显式定义 CHECK 约束：

```
USE AdventureWorks2019;
GO
CREATE TABLE Purchasing.Vendor
(
   CreditRating tinyint NOT NULL,
)
/* 以命名方式显式定义 CHECK 约束 */
ALTER TABLE Purchasing.Vendor
ADD  CONSTRAINT CK_Vendor_CreditRating
CHECK  ((CreditRating >= 1) AND (CreditRating <= 5));
GO
```

9.5.2 删除 CHECK 约束

如果已存在 CHECK 约束，则可以删除它。

操作建议：在一个稳定的数据库设计中，不宜经常改变 CHECK 约束。删除 CHECK 约束可能会取消对约束表达式所包含列中可接受数据值的限制。

[例 9-8] 在下面的示例中，可以删除 Purchasing.Vendor 表的 CHECK 约束。

```
USE AdventureWorks2019;
GO
/* 删除以命名方式定义的 CHECK 约束 */
ALTER TABLE Purchasing.Vendor
DROP  CONSTRAINT CK_Vendor_CreditRating;
GO
```

9.5.3 修改 CHECK 约束

如果已存在 CHECK 约束，则可以修改它。例如，可能需要修改表中某列的 CHECK 约束使用的表达式。

要修改 CHECK 约束，必须首先删除现有的 CHECK 约束，然后使用新定义重新创建，才能修改 CHECK 约束。

操作建议：在一个稳定的数据库设计中，不宜经常改变 CHECK 约束。

[例 9-9] 在下面的示例中，可以修改 Purchasing.Vendor 表的 CHECK 约束（假设原有的 CHECK 名称为 CK_test）。

```
USE AdventureWorks2019;
GO
/* 先删除以命名方式定义的 CHECK 约束 */
ALTER TABLE Purchasing.Vendor DROP  CONSTRAINT CK_test
GO
```

```
/* 再重新以命名方式定义 CHECK 约束 */
ALTER TABLE Purchasing.Vendor ADD  CONSTRAINT CK_Vendor_CreditRating
CHECK   ((CreditRating >= 1) AND (CreditRating <= 5));
GO
```

9.6 DEFAULT 约束

DEFAULT 约束用于向列中插入默认值。如果没有规定其他的值，那么会将默认值添加到所有的新记录。

DEFAULT 约束的作用是在执行 insert 命令时，如果命令没有显式给指定的列赋值，则把默认约束值插入到该列中；如果在 INSERT 命令中显式为指定的列赋值，则将该列插入用户显式指定的值。每一列只能有一个 DEFAULT 约束。DEFAULT 约束除了应用于 INSERT 命令中，也可以用于 UPDATE 命令，在执行 UPDATE 命令时，如果为一列指定 DEFAULT 约束，则把该列更新为该列的新的默认值。

数据库系统有一个隐式的默认值，如果一个数据列可为 NULL，那么 NULL 就是该列的默认值。

DEFAULT 约束可以定义在列级别上，也可以定义在表级别上。

将 DEFAULT 定义添加到表中的现有列后，默认情况下，数据库引擎仅将新的默认值应用于添加到该表的新数据行。使用以前的 DEFAULT 定义插入的现有数据不受影响。但是，向现有的表中添加新列时，可以指定数据库引擎在该表中现有行的新列中插入默认值（由 DEFAULT 定义指定），而不是空值。

如果删除了 DEFAULT 定义，则当新行中的该列没有输入值时，数据库引擎将插入空值而不是默认值。但是，表中的现有数据保持不变。

不能为如下定义的列创建 DEFAULT 定义：

■ timestamp 数据类型。

■ 稀疏列，因为稀疏列必须允许存在 null 值。

■ IDENTITY 或 ROWGUIDCOL 属性。

■ 现有的 DEFAULT 定义或 DEFAULT 对象。默认值必须与要应用 DEFAULT 定义的列的数据类型相配。例如，int 列的默认值必须是整数，而不能是字符串。

使用说明：

■ 每列只能有一个 DEFAULT 定义。

■ DEFAULT 定义可以包含常量值、标量值函数或 NULL。

■ DEFAULT 定义中的 constant_expression 不能引用表中的其他列，也不能引用其他表、视图或存储过程。

■ 不能对数据类型为 timestamp 的列或具有 IDENTITY 属性的列创建 DEFAULT 定义。

■ 如果别名数据类型绑定到默认对象，则不能对该别名数据类型的列创建 DEFAULT 定义。

9.6.1 创建 DEFAULT 约束

在创建表时，可以创建 DEFAULT 定义作为表定义的一部分。如果某个表已经存在，则可以为其添加 DEFAULT 定义。表中的每一列都可以包含一个 DEFAULT 定义。

添加 DEFAULT 约束有多种表达方式：

■ 可以在 CREATE TABLE 语句中某列的数据类型之后直接使用 DEFAULT 子句隐式添加 DEFAULT 约束。

■ 可以在 ALTER TABLE 语句中使用 ADD CONSTRAINT...DEFAULT...FOR 子句显式添加 DEFAULT 约束。

操作建议：

■ 在创建表时，虽然可以在字段后添加 DEFAULT 约束，但一般不这样混用，推荐将添加 DEFAULT 约束和建表的语句分开编写。

■ 推荐给 DEFAULT 约束指定一个有一定语义的名称 defaultname，其一般格式为 DF_tablename_columnname。

［例 9-10］ 在下面的示例中，HumanResources.Employee 表的 VacationHours、SickLeaveHours、CurrentFlag、rowguid、ModifiedDate 等几个列都设置有默认值。

① 在 CREATE TABLE 语句中，直接使用 DEFAULT 子句在列级隐式定义 DEFAULT 约束：

```
USE AdventureWorks2019
GO
CREATE TABLE HumanResources.Employee
(
    /* 在列级隐式定义 DEFAULT 约束 */
    VacationHours smallint NOT NULL DEFAULT (1),
    SickLeaveHours smallint NOT NULL DEFAULT (0),
    CurrentFlag dbo.Flag NOT NULL DEFAULT (1),
    rowguid uniqueidentifier ROWGUIDCOL  NOT NULL DEFAULT (newid ( )),
    ModifiedDate datetime NOT NULL DEFAULT (getdate ( )),
);
GO
```

② 在 ALTER TABLE 语句中使用 ADD CONSTRAINT...DEFAULT...FOR 子句显式定义 DEFAULT 约束：

```
USE AdventureWorks2019
GO
CREATE TABLE HumanResources.Employee
(
    VacationHours smallint NOT NULL,
    SickLeaveHours smallint NOT NULL,
    CurrentFlag dbo.Flag NOT NULL,
    rowguid uniqueidentifier ROWGUIDCOL  NOT NULL,
    ModifiedDate datetime NOT NULL,
)
/* 以命名方式显式定义 DEFAULT 约束 */
ALTER TABLE HumanResources.Employee ADD CONSTRAINT DF_Employee_VacationHours
DEFAULT (1) FOR VacationHours
GO
```

```
ALTER TABLE HumanResources.Employee ADD CONSTRAINT DF_Employee_SickLeaveHours
DEFAULT (0) FOR SickLeaveHours
GO
ALTER TABLE HumanResources.Employee ADD CONSTRAINT DF_Employee_CurrentFlag
DEFAULT (1) FOR CurrentFlag
GO
ALTER TABLE HumanResources.Employee ADD CONSTRAINT DF_Employee_rowguid
DEFAULT (newid ( )) FOR rowguid
GO
ALTER TABLE HumanResources.Employee ADD CONSTRAINT DF_Employee_ModifiedDate
DEFAULT (getdate ( )) FOR ModifiedDate
GO
```

9.6.2 删除 DEFAULT 约束

如果已存在 DEFAULT 约束，则可以删除它。

操作建议：在一个稳定的数据库设计中，不宜经常改变 DEFAULT 约束。删除 DEFAULT 约束，可能会取消对约束表达式所包含列中可接受数据值的限制。

[例 9-11] 在下面的示例中，可以删除 HumanResources.Employee 表的 DEFAULT 约束。

```
USE AdventureWorks2019
GO
/* 删除以命名方式定义的 DEFAULT 约束 */
ALTER TABLE HumanResources.Employee DROP CONSTRAINT DF_Employee_VacationHours;
GO
ALTER TABLE HumanResources.Employee DROP CONSTRAINT DF_Employee_SickLeaveHours;
GO
ALTER TABLE HumanResources.Employee DROP CONSTRAINT DF_Employee_CurrentFlag;
GO
ALTER TABLE HumanResources.Employee DROP CONSTRAINT DF_Employee_rowguid;
GO
ALTER TABLE HumanResources.Employee DROP CONSTRAINT DF_Employee_ModifiedDate;
GO
```

9.6.3 修改 DEFAULT 约束

如果已存在 DEFAULT 约束，则可以修改它。例如，可能需要修改表中某列的 DEFAULT 约束使用的表达式。

要修改 DEFAULT 约束，必须首先删除现有的 DEFAULT 约束，然后使用新定义重新创建，才能修改 DEFAULT 约束。

操作建议：在一个稳定的数据库设计中，不宜经常改变 DEFAULT 约束。

[例 9-12] 在下面的示例中，可以修改 HumanResources.Employee 表的 DEFAULT 约束（假设原有的 DEFAULT 名称为 CK_test1、CK_test2、CK_test3、CK_test4、CK_test5）。

```
USE AdventureWorks2019;
GO
/* 先删除以命名方式定义的 DEFAULT 约束 */
ALTER TABLE HumanResources.Employee DROP CONSTRAINT CK_test1
GO
ALTER TABLE HumanResources.Employee DROP CONSTRAINT CK_test2
GO
ALTER TABLE HumanResources.Employee DROP CONSTRAINT CK_test3
GO
ALTER TABLE HumanResources.Employee DROP CONSTRAINT CK_test4
GO
ALTER TABLE HumanResources.Employee DROP CONSTRAINT CK_test5
GO
/* 再重新以命名方式定义 DEFAULT 约束 */
ALTER TABLE HumanResources.Employee ADD CONSTRAINT DF_Employee_VacationHours
DEFAULT 0 FOR VacationHours
GO
ALTER TABLE HumanResources.Employee ADD CONSTRAINT DF_Employee_SickLeaveHours
DEFAULT 0 FOR SickLeaveHours
GO
ALTER TABLE HumanResources.Employee ADD CONSTRAINT DF_Employee_CurrentFlag
DEFAULT 1 FOR CurrentFlag
GO
ALTER TABLE HumanResources.Employee ADD CONSTRAINT DF_Employee_rowguid
DEFAULT (newid()) FOR rowguid
GO
ALTER TABLE HumanResources.Employee ADD CONSTRAINT DF_Employee_ModifiedDate
DEFAULT (getdate()) FOR ModifiedDate
GO
```

9.7 UNIQUE 约束

UNIQUE 约束强制实施列集中值的唯一性。

根据 UNIQUE 约束，表中的任何两行都不能有相同的列值。另外，PRIMARY KEY 约束也强制实施唯一性，但 PRIMARY KEY 约束不允许 NULL 作为一个唯一值。PRIMARY KEY 拥有自动定义的 UNIQUE 约束。

创建表时，可以创建 UNIQUE 约束作为表定义的一部分。如果表已经存在，可以添加 UNIQUE 约束（假设组成 UNIQUE 约束的列或列组合仅包含唯一的值）。一个表可含有多个 UNIQUE 约束。

默认情况下，向表中的现有列添加 UNIQUE 约束后，数据库引擎将检查列中的现有数据，以确保所有值都是唯一的。如果向含有重复值的列添加 UNIQUE 约束，数据库引擎将返回错误消息，并且不添加约束。

数据库引擎将自动创建 UNIQUE 索引来强制执行 UNIQUE 约束的唯一性要求。因此，如果试图插入重复行，数据库引擎将返回错误消息，说明该操作违反了 UNIQUE 约束，不能将该行添加到表中。除非显式指定了聚集索引，否则，默认情况下将创建唯一的非聚集索引以强制执行 UNIQUE 约束。

使用说明：

■ 如果没有为 UNIQUE 约束指定 CLUSTERED 或 NONCLUSTERED，则默认使用 NONCLUSTERED。

■ 每个 UNIQUE 约束都生成一个索引。UNIQUE 约束的数目不会使表中的非聚集索引超过 999 个，聚集索引超过 1 个。

■ 如果在 CLR 用户定义类型的列中定义唯一约束，则该类型的实现必须支持二进制或基于运算符的排序。

9.7.1 创建 UNIQUE 约束

创建表时，可以创建 UNIQUE 约束作为表定义的一部分。如果表已经存在，则可以添加 UNIQUE 约束。表和列可以包含多个 UNIQUE 约束。

添加 UNIQUE 约束有多种表达方式：

■ 可以在 CREATE TABLE 语句中某列的数据类型之后直接使用 UNIQUE 子句隐式添加 UNIQUE 约束。

■ 可以在 ALTER TABLE 语句中使用 ADD CONSTRAINT...UNIQUE 子句显式添加 UNIQUE 约束。

操作建议：

■ 在创建表时，虽然在字段后添加 UNIQUE 约束，但一般不这样混用，推荐将添加 UNIQUE 约束和建表的语句分开编写。

■ 推荐给 UNIQUE 约束指定一个有一定语义的名称 uniquename，其一般格式为 UN_tablename_columnname。

[例 9-13] 在下面的示例中，HumanResources.Department 表的 CreditRating 列约定部门组别名称唯一。

① 在 CREATE TABLE 语句中，直接使用 UNIQUE 子句在列级隐式定义 UNIQUE 约束：

```
USE AdventureWorks2019
GO
CREATE TABLE HumanResources.Department
(
    /* 在列级隐式定义 UNIQUE 约束 */
    GroupName dbo.Name NOT NULL UNIQUE,
);
GO
```

② 在 ALTER TABLE 语句中使用 ADD CONSTRAINT...UNIQUE 子句显式定义 UNIQUE 约束：

```
USE AdventureWorks2019
GO
CREATE TABLE HumanResources.Department
(
    /* 在列级隐式定义 UNIQUE 约束 */
    GroupName dbo.Name NOT NULL,
)
/* 以命名方式显式定义 UNIQUE 约束 */
ALTER TABLE HumanResources.Department
ADD  CONSTRAINT UN_Department_GroupName UNIQUE ( GroupName );
GO
```

9.7.2 删除 UNIQUE 约束

如果已存在 UNIQUE 约束，则可以删除它。

操作建议：在一个稳定的数据库设计中，不宜经常改变 UNIQUE 约束。删除 UNIQUE 约束可能会取消对约束表达式所包含列中可接受数据值的限制。

［例 9-14］ 在下面的示例中，可以删除 HumanResources.Department 表的 UNIQUE 约束。

```
USE AdventureWorks2019
GO
/* 删除以命名方式定义的 UNIQUE 约束 */
ALTER TABLE HumanResources.Department DROP  CONSTRAINT UN_Department_GroupName;
GO
```

9.7.3 修改 UNIQUE 约束

如果 UNIQUE 约束已经存在，可以修改它。例如，可能要使表的 UNIQUE 约束引用其他列或者要更改聚集索引的类型。要修改 UNIQUE 约束，必须首先删除现有的 UNIQUE 约束，然后使用新定义重新创建，才能修改 UNIQUE 约束。

操作建议：在一个稳定的数据库设计中，不宜经常改变 UNIQUE 约束。

［例 9-15］ 在下面的示例中，可以修改 HumanResources.Department 表的 UNIQUE 约束（假设原有的 UNIQUE 名称为 UN_test）。

```
USE AdventureWorks2019;
GO
/* 先删除以命名方式定义的 UNIQUE 约束 */
ALTER TABLE HumanResources.Department DROP CONSTRAINT UN_test
GO
/* 再重新以命名方式定义 UNIQUE 约束 */
```

```
ALTER TABLE HumanResources.Department ADD CONSTRAINT UN_Department_GroupName
UNIQUE ( GroupName )
GO
```

9.8 NULL/NOT NULL 规则

NULL（空值）一般表示数据未知、不适用或将在以后添加数据。例如，客户的中间名首字母在客户下订单时可能不知道。

NULL 表示值未知，不同于空白或零值。没有两个相等的空值。比较两个空值或将空值与任何其他值相比均返回未知，这是因为每个空值均为未知。

使用说明：

■ 若要在查询中测试空值，应在 WHERE 子句中使用 IS NULL 或 IS NOT NULL。

■ 在 SQL Server Management Studio 代码编辑器中查看查询结果时，空值在结果集中显示为 NULL。

■ 可通过下列方法在列中插入空值：在 INSERT 或 UPDATE 语句中显式声明 NULL，或不让列出现在 INSERT 语句中，或使用 ALTER TABLE 语句在现有表中新添一列。

■ 空值无法用于将表中的一行与另一行区分开所需的信息，例如主键。

■ 为了尽量减少对现有查询或报告的维护和可能的影响，应尽量少用空值。对查询和数据修改语句进行计划，使空值的影响降到最低。建议避免允许空值，因为空值会使查询和更新变得更复杂，而且存在不能与可为空的列一起使用的其他列选项，如 PRIMARY KEY 约束。

■ 定义了 PRIMARY KEY 约束或 IDENTITY 属性的列不允许空值。

在程序代码中，可以检查空值以便只对具有有效（或非空）数据的行执行某些计算。例如，报表可以只打印列中数据不为空的社会安全列。执行计算时删除空值很重要，因为如果包含空值列，某些计算（如平均值）会不准确。

如果数据中可能存储有空值而又不希望数据中出现空值，就应该创建查询和数据修改语句，删除空值或将它们转换为其他值。

如果数据中出现空值，则逻辑运算符和比较运算符有可能返回 TRUE 或 FALSE 以外的第三种结果 UNKNOWN。需要三值逻辑是导致出现许多应用程序错误的根源。

表 9-1 和表 9-2 概括了引入空值比较的效果。

表 9-1 显示了将 AND 运算符应用到两个布尔操作数的结果。

表9-1　布尔操作数的AND运算结果

AND	TRUE	UNKNOWN	FALSE
TRUE	TRUE	UNKNOWN	FALSE
UNKNOWN	UNKNOWN	UNKNOWN	FALSE
FALSE	FALSE	FALSE	FALSE

表 9-2 显示了将 OR 运算符应用到两个布尔操作数的结果。

表9-2 布尔操作数的OR运算结果

OR	TRUE	UNKNOWN	FALSE
TRUE	TRUE	TRUE	TRUE
UNKNOWN	TRUE	UNKNOWN	UNKNOWN
FALSE	TRUE	UNKNOWN	FALSE

Transact-SQL 还提供空值处理的扩展功能。如果 ANSI_NULLS 选项设置为 OFF，则空值之间的比较（如 NULL = NULL）等于 TRUE。空值与任何其他数据值之间的比较都等于 FALSE。

列的为空性决定表中的行是否可为该列包含空值。空值（或 NULL）不同于零（0）、空白或长度为零的字符串。NULL 的意思是没有输入。出现 NULL 通常表示值未知或未定义。例如，AdventureWorks2019 数据库的 Production.Product 表的 SellEndDate 列中的空值不表示商品没有销售结束日期。NULL 表示该日期未知或尚未设置。

如果插入了一行，但没有为允许 NULL 值的列包含任何值，除非存在 DEFAULT 定义或 DEFAULT 对象，否则，数据库引擎将提供 NULL 值。用关键字 NULL 定义的列也接受用户的 NULL 显式输入，不论它是何种数据类型或是否有默认值与之关联。NULL 值不应放在引号内，否则会被解释为字符串“NULL”而不是空值。

指定某一列不允许空值有助于维护数据的完整性，因为这样可以确保行中的列永远包含数据。如果不允许空值，用户向表中输入数据时必须在列中输入一个值，否则数据库将不接收该表行。

第10章 SQL Server 安全性管理

10.1 安全性概述

数据库的安全性是指保护数据库以防止不合法使用所造成的数据泄露、更改或破坏。安全性问题不是数据库系统所独有的，所有计算机系统都存在不安全因素，只是在数据库系统中由于大量数据集中存放，而且为众多最终用户直接共享，从而使安全性问题更为突出。

数据库系统中存在的不安全因素主要有：

- 非授权用户对数据库的恶意存取和破坏。
- 数据库中的重要或敏感的数据被泄露。
- 安全环境的脆弱性。

SQL Server 的安全性配置包含各种标识、方法和工具，实施一个有效的 SQL Server 安全计划包含一系列步骤，至少涉及到四方面：平台、身份验证、对象（包括数据）及访问系统的应用程序。

10.2 安全标识

安全标识是关于配置用户、角色、权限和安全对象时必须掌握的信息。

10.2.1 用户

在 SQL Server 中，用户分为不同的种类，不同种类的用户所拥有的操作权限也不一样。在 SQL Server 中有三种类型的用户：系统管理员、数据库拥有者、一般用户。

（1）系统管理员　系统管理员：即 system administrator。系统管理员对整个系统有操作权。

SQL Server 内置的系统管理员是 sa，该账户处于服务器级别。sa 一般用作 SQL Server 服务器的登录名。

（2）数据库拥有者　数据库所有者，即 database owner。数据库所有者通常是建立相应数据库的数据库用户，数据库所有者对他所建立的数据库具有全部操作权利。

SQL Server 内置的数据库用户是 dbo，该账户处于数据库级别。

dbo 是每个数据库的默认用户，具有所有者权限。SQL Server 通过用 dbo 作为所有者来定义对象，能够使数据库中的任何用户引用而不必提供所有者名称。

dbo 是具有在数据库中执行所有活动的暗示性权限的用户。固定服务器角色 sysadmin 的任何成员都会映射到每个数据库内的 dbo 特殊用户上。另外，由固定服务器角色 sysadmin 的任何成员创建的任何对象都自动属于 dbo。

（3）一般用户　一般用户对给定的数据库只有被授权的操作权限。

可以使用 CREATE USER 命令向当前数据库中添加用户。

语法格式：

```
CREATE USER user_name
    [{{FOR  |  FROM }
      {
        LOGIN login_name | CERTIFICATE cert_name | ASYMMETRIC KEY asym_key_name
      }
      | WITHOUT LOGIN
    ]
       [WITH DEFAULT_SCHEMA = schema_name]
```

参数意义：

- user_name ：指定在此数据库中用于标识该用户的名称。user_name 是 sysname，它的长度最多是 128 个字符。
- LOGIN login_name：指定要为其创建数据库用户的 SQL Server 登录名。login_name 必须是服务器中有效的登录名。当此 SQL Server 登录名进入数据库时，它将获取正在创建的数据库用户的名称和 ID。
- CERTIFICATE cert_name：指定要为其创建数据库用户的证书。
- ASYMMETRIC KEY asym_key_name：指定要为其创建数据库用户的非对称密钥。
- WITH DEFAULT_SCHEMA = schema_name：指定服务器为此数据库用户解析对象名时将搜索的第一个架构。
- WITHOUT LOGIN：指定不应将用户映射到现有登录名。

注释说明：

- 如果已忽略 FOR LOGIN，则新的数据库用户将被映射到同名的 SQL Server 登录名。
- 如果未定义 DEFAULT_SCHEMA，则数据库用户将使用 dbo 作为其默认架构。可以将 DEFAULT_SCHEMA 设置为数据库中当前不存在的架构。DEFAULT_SCHEMA 可在创建它所指向的架构前进行设置。在创建映射到 Windows 组、证书或非对称密钥的用户时，不能指定 DEFAULT_SCHEMA。
- 如果用户是 sysadmin 固定服务器角色的成员，则忽略 DEFAULT_SCHEMA 的值。sysadmin 固定服务器角色的所有成员都有默认架构 dbo。
- WITHOUT LOGIN 子句可创建不映射到 SQL Server 登录名的用户。它可以作为 guest 连接到其他数据库。
- 映射到 SQL Server 登录名、证书或非对称密钥的用户名不能包含反斜杠字符（\）。
- 不能使用 CREATE USER 创建 guest 用户，因为每个数据库中均已存在 guest 用户。可通过授予 guest 用户 CONNECT 权限来启用该用户，如下所示。

［例 10-1］　创建数据库用户。下面的示例首先创建名为 AbolrousHazem 且具有密码的服务器登录名，然后在 AdventureWorks2019 中创建对应的数据库用户 AbolrousHazem。

```
CREATE LOGIN AbolrousHazem
    WITH PASSWORD = '340$Uuxwp7Mcxo7Khy' ;
GO
USE AdventureWorks2019;
GO
CREATE USER AbolrousHazem FOR LOGIN AbolrousHazem;
GO
```

［例 10-2］ 创建具有默认架构的数据库用户。下面的示例首先创建名为 WanidaBenshoof 且具有密码的服务器登录名，然后创建具有默认架构 Marketing 的对应数据库用户 Wanida。

```
CREATE LOGIN WanidaBenshoof
    WITH PASSWORD = '8fdKJl3$nlNv3049jsKK';
GO
USE AdventureWorks2019;
GO
CREATE USER Wanida FOR LOGIN WanidaBenshoof
    WITH DEFAULT_SCHEMA = Marketing;
GO
```

［例 10-3］ 从证书创建数据库用户。下面的示例从证书 CarnationProduction50 创建数据库用户 JinghaoLiu。

```
USE AdventureWorks2019;
CREATE CERTIFICATE CarnationProduction50
    WITH SUBJECT = 'Carnation Production Facility Supervisors',
    EXPIRY_DATE = '11/11/2011';
GO
CREATE USER JinghaoLiu FOR CERTIFICATE CarnationProduction50;
GO
```

（4）用户名和登录名的区别和联系　与用户名密切相关的一个主体是登录名，不能将用户名和登录名混为一谈。

登录名：一个登录对象使用一个登录名只能进入服务器，但是不能让登录对象访问服务器中的数据库资源。每个登录名的定义存放在 master 数据库的 syslogins 表中。

用户名：一个或多个登录对象在数据库中的映射，可以对用户对象进行授权，以便为登录对象提供对数据库的访问权限。用户对象信息存放在每个数据库的 sysusers 表中。

SQL Server 把登录名与用户名的关系称为映射。通过在数据库中创建数据库用户并将该数据库用户映射为登录名，授予登录名对数据库的访问权限。通常情况下，数据库用户名与登录名相同，但不必要求相同。 每个数据库用户均映射到单个登录名； 一个登录名只能映射到单个数据库中的一个用户，但可以映射给多个不同数据库中的数据库用户。换言之，一个登录名可以被授权访问多个数据库，但一个登录名在每个数据库中只能映射一次。

登录对象使用登录名登录到 SQL Server 后，在访问各个数据库时，SQL Server 会自动查询此数据库中是否存在与此登录名相关联的用户名，若存在就使用此用户的权限访问此数据库，若不存在就使用 guest 用户访问此数据库。

在实际应用中，连接或登录到 SQL Server 服务器时使用的是登录名而非用户名，应用程序中使用的连接字符串中的也是登录名。

可以形象化地描述登录名和用户名的这种映射关系：SQL Server 就像一栋大楼，SQL Server 中的每个 Database 就像写字中的每个房间；登录名相当于大楼的钥匙，用户名相当于大楼内每个房间的钥匙。对于某个工作人员而言，如果他没有大楼钥匙，则他压根就进不去大楼，更别谈他使用大楼内的任何房间的物品；如果他只有大楼钥匙而没有任何房间的钥匙，则他只能进入大楼内逛逛，但依然无法使用任何房间的物品；如果他持有大楼钥匙但持有某个房间的钥匙，则他可以进入大楼并可使用此房间的物品；如果他持有大楼钥匙但持有多个房间的钥匙，则他可以进入大楼并可使用多个房间的物品。

10.2.2 角色

“角色”类似于 Microsoft Windows 操作系统中的“组”。与数据库有关的角色有三个级别：服务器级别、数据库级别、应用程序级别。其中：服务器级别的角色和数据库级别的角色是能够对其他主体进行分组的安全主体，而应用程序级别的角色是一个数据库主体。

（1）**服务器级别角色** 为便于管理服务器上的权限，SQL Server 提供了若干服务器级别的角色，这些角色是可以对其他主体进行分组的安全主体。服务器级角色的权限作用域为服务器范围。

服务器级角色也称为“固定服务器角色”，因为用户不能创建新的服务器级角色。可以向服务器级角色中添加 SQL Server 登录名、Windows 账户和 Windows 组。固定服务器角色的每个成员都可以向其所属角色添加其他登录名。

服务器级角色及其能够执行的操作如表 10-1 所示。

表10-1 服务器级角色名称及其能够执行的操作

服务器级别角色名称	说明
sysadmin	sysadmin 固定服务器角色的成员可以在服务器上执行任何活动
serveradmin	serveradmin 固定服务器角色的成员可以更改服务器范围的配置选项和关闭服务器
securityadmin	securityadmin 固定服务器角色的成员可以管理登录名及其属性。他们可以 GRANT、DENY 和 REVOKE 服务器级别的权限。他们还可以 GRANT、DENY 和 REVOKE 数据库级别的权限。此外，他们还可以重置 SQL Server 登录名的密码
processadmin	processadmin 固定服务器角色的成员可以终止在 SQL Server 实例中运行的进程
setupadmin	setupadmin 固定服务器角色的成员可以添加和删除链接服务器
bulkadmin	bulkadmin 固定服务器角色的成员可以运行 BULK INSERT 语句
diskadmin	diskadmin 固定服务器角色用于管理磁盘文件
dbcreator	dbcreator 固定服务器角色的成员可以创建、更改、删除和还原任何数据库
public	每个 SQL Server 登录名都属于 public 服务器角色。如果未向某个服务器主体授予或拒绝对某个安全对象的特定权限，该用户将继承授予该对象的 public 角色的权限。只有在希望所有用户都能使用对象时，才在对象上分配 Public 权限

（2）**数据库级别角色** 为便于管理数据库中的权限，SQL Server 提供了若干角色，这些角色是用于分组其他主体的安全主体。数据库级角色的权限作用域为数据库范围。

SQL Server 中有两种类型的数据库级角色：数据库中预定义的“固定数据库角色”和用户可以创建的“灵活数据库角色”。

固定数据库角色是在数据库级别定义的，并且存在于每个数据库中。db_owner 和 db_securityadmin 数据库角色的成员可以管理固定数据库角色成员身份。值得一提的是，只有 db_owner 数据库角色的成员能够向 db_owner 固定数据库角色中添加成员。msdb 数据库中还有一些特殊用途的固定数据库角色。

用户可以向数据库级角色中添加任何数据库账户和其他 SQL Server 角色。固定数据库角色的每个成员都可向同一个角色添加其他登录名。

固定数据库级的角色及其能够执行的操作如表 10-2 所示。所有数据库中都有这些角色。

表10-2　固定数据库级的角色名称及其能够执行的操作

数据库级别角色名称	说明
db_owner	db_owner 固定数据库角色的成员可以执行数据库的所有配置和维护活动，还可以删除数据库
db_securityadmin	db_securityadmin 固定数据库角色的成员可以修改角色成员身份和管理权限。向此角色中添加主体可能会导致意外的权限升级
db_accessadmin	db_accessadmin 固定数据库角色的成员可以为 Windows 登录名、Windows 组和 SQL Server 登录名添加或删除数据库访问权限
db_backupoperator	db_backupoperator 固定数据库角色的成员可以备份数据库
db_ddladmin	db_ddladmin 固定数据库角色的成员可以在数据库中运行任何数据定义语言 (DDL) 命令
db_datawriter	db_datawriter 固定数据库角色的成员可以在所有用户表中添加、删除或更改数据
db_datareader	db_datareader 固定数据库角色的成员可以从所有用户表中读取所有数据
db_denydatawriter	db_denydatawriter 固定数据库角色的成员不能添加、修改或删除数据库内用户表中的任何数据
db_denydatareader	db_denydatareader 固定数据库角色的成员不能读取数据库内用户表中的任何数据

（3）应用程序级别角色　应用程序角色是一个数据库主体，它使应用程序能够用其自身的、类似用户的权限来运行。使用应用程序角色，可以只允许通过特定应用程序连接的用户访问特定数据。与数据库角色不同的是，应用程序角色默认情况下不包含任何成员，而且是非活动的。应用程序角色使用两种身份验证模式。可以使用 sp_setapprole 启用应用程序角色，该过程需要密码。因为应用程序角色是数据库级主体，所以它们只能通过其他数据库中为 guest 授予的权限来访问这些数据库。因此，其他数据库中的应用程序角色将无法访问任何已禁用 guest 的数据库。

在 SQL Server 中，应用程序角色无法访问服务器级元数据，因为它们不与服务器级主体关联。

应用程序角色切换安全上下文的过程包括下列步骤：

① 用户执行客户端应用程序。

② 客户端应用程序作为用户连接到 SQL Server。

③ 应用程序用一个只有它才知道的密码执行 sp_setapprole 存储过程。

④ 如果应用程序角色名称和密码都有效，则启用应用程序角色。此时，连接将失去用户权限，而获得应用程序角色权限。

（4）创建角色　可以使用 CREATE ROLE 命令在当前数据库中创建新的数据库角色。

语法格式：

```
CREATE ROLE role_name [AUTHORIZATION owner_name]
```

参数意义：

- role_name：待创建角色的名称。
- AUTHORIZATION owner_name：将拥有新角色的数据库用户或角色。如果未指定用户，则执行 CREATE ROLE 的用户将拥有该角色。

注释说明：

- 角色是数据库级别的安全对象。创建角色后，可使用 GRANT、DENY 和 REVOKE 配置角色的数据库级别权限。若要为数据库角色添加成员，可使用 sp_addrolemember 存储过程。
- 在 sys.database_role_members 和 sys.database_principals 目录视图中可以查看数据库角色。

［例 10-4］ 创建由数据库用户拥有的数据库角色。以下示例将创建用户 BenMiller 拥有的数据库角色 buyers。

```
USE AdventureWorks2019;
CREATE ROLE buyers AUTHORIZATION BenMiller;
GO
```

［例 10-5］ 创建由固定数据库角色拥有的数据库角色。以下示例将创建 db_securityadmin 固定数据库角色拥有的数据库角色 auditors。

```
USE AdventureWorks2019;
CREATE ROLE auditors AUTHORIZATION db_securityadmin;
GO
```

10.2.3 权限

数据库引擎管理者可以通过权限进行保护的实体分层集合，这些实体称为“安全对象”。在安全对象中，最突出的是服务器和数据库，但可以在更细的级别上设置离散权限。SQL Server 通过验证主体是否已获得适当的权限来控制主体对安全对象执行的操作。

（1）固定服务器角色的权限 固定服务器角色可以映射到 SQL Server 包含的更具体的权限。固定服务器角色与权限的映射如表 10-3 所示。

表10-3 固定服务器级的角色与权限的映射

固定服务器角色	服务器级权限
bulkadmin	已授予：ADMINISTER BULK OPERATIONS
dbcreator	已授予：ALTER ANY DATABASE
diskadmin	已授予：ALTER RESOURCES
processadmin	已授予：ALTER ANY CONNECTION、ALTER SERVER STATE
securityadmin	已授予：ALTER ANY LOGIN
serveradmin	已授予：ALTER ANY ENDPOINT、ALTER RESOURCES、ALTER SERVER STATE、ALTER SETTINGS、SHUTDOWN、VIEW SERVER STATE
setupadmin	已授予：ALTER ANY LINKED SERVER
sysadmin	已使用 GRANT 选项授予：CONTROL SERVER

（2）**固定数据库角色的权限** 可以将固定数据库角色映射到 SQL Server 中包含的更详细的权限。固定数据库角色到权限的映射如表 10-4 所示。

表10-4 固定数据库级的角色对应的数据库级权限

固定数据库角色	数据库级权限
db_accessadmin	已授予：ALTER ANY USER、CREATE SCHEMA
db_accessadmin	已使用 GRANT 选项授予：CONNECT
db_backupoperator	已授予：BACKUP DATABASE、BACKUP LOG、CHECKPOINT
db_datareader	已授予：SELECT
db_datawriter	已授予：DELETE、INSERT、UPDATE
db_ddladmin	已授予：ALTER ANY ASSEMBLY、ALTER ANY ASYMMETRIC KEY、ALTER ANY CERTIFICATE、ALTER ANY CONTRACT、ALTER ANY DATABASE DDL TRIGGER、ALTER ANY DATABASE EVENT、NOTIFICATION、ALTER ANY DATASPACE、ALTER ANY FULLTEXT CATALOG、ALTER ANY MESSAGE TYPE、ALTER ANY REMOTE SERVICE BINDING、ALTER ANY ROUTE、ALTER ANY SCHEMA、ALTER ANY SERVICE、ALTER ANY SYMMETRIC KEY、CHECKPOINT、CREATE AGGREGATE、CREATE DEFAULT、CREATE FUNCTION、CREATE PROCEDURE、CREATE QUEUE、CREATE RULE、CREATE SYNONYM、CREATE TABLE、CREATE TYPE、CREATE VIEW、CREATE XML SCHEMA COLLECTION、REFERENCES
db_denydatareader	已拒绝：SELECT
db_denydatawriter	已拒绝：DELETE、INSERT、UPDATE
db_owner	已使用 GRANT 选项授予：CONTROL
db_securityadmin	已授予：ALTER ANY APPLICATION ROLE、ALTER ANY ROLE、CREATE SCHEMA、VIEW DEFINITION
dbm_monitor	已授予：VIEW 数据库镜像监视器中的最新状态

在 SQL Server 的权限层次结构中，授予特定的权限可能隐含包括其他权限。高级权限可以描述为“涵盖”它们所“隐含”的更详细的低级权限。

［例 10-6］ 在下面的示例中，定义了一个函数 ImplyingPermissions，该函数将安全对象的类名称和权限的名称作为其参数。此示例遍历权限层次结构，从指定的节点到服务器中的根目录，产生包含指定隐含权限的权限列表。

```
IF OBJECT_ID (N 'dbo.TraversePermissions', N 'IF') IS NOT NULL
    DROP FUNCTION dbo.TraversePermissions;
GO
/* 创建权限遍历函数 */
CREATE FUNCTION dbo.TraversePermissions (
   @class nvarchar(64),
   @permname nvarchar(64))
RETURNS @ImplPerms table (permname nvarchar(64),
```

```
                         class nvarchar(64), height int, rank int)
AS
BEGIN
   WITH
   class_hierarchy(class_desc, parent_class_desc)
   AS
   (
      SELECT DISTINCT class_desc, parent_class_desc
      FROM sys.fn_builtin_permissions('')
   ),
   PermT(class_desc, permission_name, covering_permission_name,
      parent_covering_permission_name, parent_class_desc)
   AS
   (
      SELECT class_desc, permission_name, covering_permission_name,
      parent_covering_permission_name, parent_class_desc
      FROM sys.fn_builtin_permissions('')
   ),
   permission_covers(permission_name, class_desc, level,
      inserted_as)
   AS
    (
       SELECT permission_name, class_desc, 0, 0
       FROM PermT
       WHERE permission_name = @permname AND
       class_desc = @class
    UNION ALL
       SELECT covering_permission_name, class_desc, 0, 1
       FROM PermT
       WHERE class_desc = @class AND
          permission_name = @permname AND
          len(covering_permission_name) > 0
    UNION ALL
       SELECT PermT.covering_permission_name,
       PermT.class_desc, permission_covers.level,
       permission_covers.inserted_as + 1
       FROM PermT, permission_covers WHERE
       permission_covers.permission_name =
       PermT.permission_name AND
       permission_covers.class_desc = PermT.class_desc
       AND len(PermT.covering_permission_name) > 0
    UNION ALL
       SELECT PermT.parent_covering_permission_name,
```

```
            PermT.parent_class_desc,
            permission_covers.level + 1,
            permission_covers.inserted_as + 1
            FROM PermT, permission_covers, class_hierarchy
            WHERE permission_covers.permission_name =
            PermT.permission_name AND
            permission_covers.class_desc = PermT.class_desc
            AND permission_covers.class_desc = class_hierarchy.class_desc
            AND class_hierarchy.parent_class_desc =
            PermT.parent_class_desc AND
            len(PermT.parent_covering_permission_name) > 0
        )
    INSERT @ImplPerms
        SELECT DISTINCT permission_name, class_desc,
                level, max(inserted_as) AS mia
        FROM permission_covers
        GROUP BY class_desc, permission_name, level
        ORDER BY level, mia
    RETURN
END
GO
/*调用函数列出隐含对架构的 ALTER 权限的权限*/
SELECT * FROM dbo.TraversePermissions( 'schema', 'alter');
GO
/*调用函数列出隐含对对象的 VIEW DEFINITION 权限的权限*/
SELECT * FROM dbo.ImplyingPermissions( 'object', 'view definition');
GO
/*调用函数列出隐含对路由的 TAKE OWNERSHIP 权限的权限*/
SELECT * FROM dbo.ImplyingPermissions( 'route', 'take ownership');
GO
/*调用函数列出隐含对 XML 架构集合的 EXECUTE 权限的权限*/
SELECT * FROM dbo.ImplyingPermissions( 'xml schema collection', 'execute');
GO
```

10.2.4 凭证

凭据是包含连接到 SQL Server 外部资源所需的身份验证信息（凭据）的记录。此信息由 SQL Server 在内部使用。大多凭据都包含一个 Windows 用户名和密码。

利用凭据中存储的信息，通过 SQL Server 身份验证方式连接到 SQL Server 的用户可以访问服务器实例外部的资源。如果外部资源为 Windows，则此用户将作为在凭据中指定的 Windows 用户通过身份验证。单个凭据可映射到多个 SQL Server 登录名，但是一个 SQL Server 登录名只能映射到一个凭据。

系统凭据是自动创建的，并与特定端点关联，系统凭据名以两个哈希符号（##）开头。

sys.credentials 目录视图列出系统有关凭据的详细信息，如表 10-5 所示。

表10-5　SQL Server有关凭据的详细信息

列名	数据类型	说明
credential_id	int	凭据的 ID。在服务器中是唯一的
name	sysname	凭据的名称。在服务器中是唯一的
credential_identity	nvarchar(4000)	要使用的标识的名称。这通常是一个 Windows 用户。它不必是唯一的
create_date	datetime	创建凭据的时间
modify_date	datetime	上次修改凭据的时间
target_type	nvarchar(100)	凭据类型。对于传统凭据，返回 NULL；对于映射到加密提供程序的凭据，返回 CRYPTOGRAPHIC PROVIDER。有关外部密钥管理提供程序的详细信息，可参阅了解可扩展的密钥管理 (EKM)
target_id	int	该凭据映射到的对象的 ID。对于传统凭据，返回 0；对于映射到加密提供程序的凭据，返回非 0 值。有关外部密钥管理提供程序的详细信息，可参阅了解可扩展的密钥管理 (EKM)

可以使用 CREATE CREDENTIAL 命令创建凭据。

语法格式：

```
CREATE CREDENTIAL credential_name WITH IDENTITY = 'identity_name' [, SECRET = 'secret' ]
        [FOR CRYPTOGRAPHIC PROVIDER cryptographic_provider_name]
```

参数意义：

- credential_name：指定要创建的凭据的名称。credential_name 不能以数字符号（#）开头。系统凭据以 ## 开头。
- IDENTITY=‘identity_name’：指定从服务器外部进行连接时要使用的账户名称。
- SECRET=‘secret’：指定发送身份验证所需的机密内容。此子句为可选项。
- FOR CRYPTOGRAPHIC PROVIDER cryptographic_provider_name：指定企业密钥管理提供程序（EKM）的名称。

注释说明：

- 凭据是包含连接到 SQL Server 以外的资源时所需的身份验证信息的记录。多数凭据包括一个 Windows 用户和一个密码。
- 当 IDENTITY 为 Windows 用户时，机密内容可以是密码。机密内容使用服务主密钥进行加密。如果重新生成服务主密钥，则使用新的服务主密钥重新加密机密内容。
- 创建完凭据之后，可以使用 CREATE LOGIN 或 ALTER LOGIN，将该凭据映射到 SQL Server 登录名。一个 SQL Server 登录名只能映射到一个凭据，但是单个凭据可以映射到多个 SQL Server 登录名。有关详细信息，可参阅凭据（数据库引擎）。
- 可以在 sys.credentials 目录视图中查看有关凭据的信息。

- 如果该提供程序没有任何登录名映射的凭据，则使用映射到 SQL Server 服务账户的凭据。
- 一个登录名可以有多个映射的凭据，只要它们用于不同的提供程序即可。每个登录名的每个提供程序只能有一个映射的凭据。相同的凭据可以映射到其他登录名。

[例 10-7]　在下面的示例中，假设已通过 EKM 的管理工具在 EKM 模块中创建了一个名为 User1OnEKM 的账户，它带有一个基本账户类型和密码。现在，需要服务器上的 sysadmin 账户创建一个用于连接到该 EKM 账户的凭据，并将其分配给 SQL Server 账户 User1。

```
/* 创建加密凭据 */
CREATE CREDENTIAL CredentialForEKM
WITH IDENTITY= 'User1OnEKM',
  SECRET= '<EnterStrongPasswordHere>'
  FOR CRYPTOGRAPHIC PROVIDER MyEKMProvider;
GO
/* 修改为登录用户 User1 分配一个加密凭据 */
ALTER LOGIN User1
ADD CREDENTIAL CredentialForEKM;
```

10.2.5 架构

数据库架构是从 SQL Server2005 版本之后引入的概念。数据库架构独立于创建它的数据库用户而存在，每个对象都属于一个数据库架构（对象包括表、视图、存储过程、函数、触发器等）。

架构作为一个命名空间——它被用作对象名称的前缀。例如，假设在一个名为 System 的数据库架构中有一个名为 UserInfo 的数据表。架构限定式对象名称（也称为“两部分式对象名称”）是 System.UserInfo。

确定如何安排架构中的对象，安全是一个很重要的考虑因素。

（1）架构和用户所有权分离的行为　在 SQL Server 2019 中，架构不等效于数据库用户，每个架构都是独立于创建它的数据库用户存在的不同命名空间。换而言之，架构只是对象的容器，任何用户都可以拥有架构，并且架构所有权可以转移。

这种架构和用户所有权分离的行为具有重要的意义：

- 架构的所有权和架构范围内的安全对象可以转移。
- 对象可以在架构之间移动。
- 单个架构可以包含由多个数据库用户拥有的对象。
- 多个数据库用户可以共享单个默认架构。
- 与早期版本相比，对架构及架构中包含的安全对象的权限的管理更加精细。
- 架构可以由任何数据库主体拥有。这包括角色和应用程序角色。
- 可以删除数据库用户而不删除相应架构中的对象。

（2）默认架构　为了解析不完全限定的安全对象名称，SQL Server 使用名称解析来检查执行调用的数据库用户所拥有的架构和 dbo 所拥有的架构。

从 SQL Server 2005 开始，每个用户都拥有一个默认架构。可以使用 CREATE USER 或 ALTER USER 的 DEFAULT_SCHEMA 选项设置和更改默认架构。如果未定义 DEFAULT_SCHEMA，则数据库用户将使用 dbo 作为默认架构。如果不写架构名称的话默认为 dbo。当然如果一个数据库存在多个数据库架构，建议都采用两部分式对象名称的方式。这样可以便于后续的运维和代码的可读性。

（3）创建架构 可以使用命令 CREATE SCHEMA 在当前数据库中创建架构。CREATE SCHEMA 事务还可以在新架构内创建表和视图，并可对这些对象设置 GRANT、DENY 或 REVOKE 权限。

语法格式：

```
CREATE SCHEMA schema_name_clause [ <schema_element> [ ...n]]

<schema_name_clause> ::=
    {
        schema_name | AUTHORIZATION owner_name | schema_name AUTHORIZATION owner_name
    }

<schema_element> ::=
    {
        table_definition | view_definition | grant_statement |
        revoke_statement | deny_statement
    }
```

参数意义：

● schema_name：在数据库内标识架构的名称。

● AUTHORIZATION owner_name：指定将拥有架构的数据库级主体的名称。此主体还可以拥有其他架构，并且可以不使用当前架构作为其默认架构。

● table_definition：指定在架构内创建表的 CREATE TABLE 语句。执行此语句的主体必须对当前数据库具有 CREATE TABLE 权限。

● view_definition：指定在架构内创建视图的 CREATE VIEW 语句。执行此语句的主体必须对当前数据库具有 CREATE VIEW 权限。

● grant_statement：指定可对除新架构外的任何安全对象授予权限的 GRANT 语句。

● revoke_statement：指定可对除新架构外的任何安全对象撤销权限的 REVOKE 语句。

● deny_statement：指定可对除新架构外的任何安全对象拒绝授予权限的 DENY 语句。

注释说明：

● CREATE SCHEMA 可以在单条语句中创建架构以及该架构所包含的表和视图，并授予对任何安全对象的 GRANT、REVOKE 或 DENY 权限。此语句必须作为一个单独的批处理执行。CREATE SCHEMA 语句所创建的对象将在要创建的架构内进行创建。

● CREATE SCHEMA 事务是原子级的。如果 CREATE SCHEMA 语句执行期间出现任何错误，则不会创建任何指定的安全对象，也不会授予任何权限。

● 由 CREATE SCHEMA 创建的安全对象可以任意顺序列出，但引用其他视图的视图除外。

在这种情况下，被引用的视图必须在引用它的视图之前创建。

[例10-8] 下面的示例将创建由 Annik 拥有的、包含表 NineProngs 的 Sprockets 架构。该语句向 Mandar 授予 SELECT 权限，而对 Prasanna 拒绝授予 SELECT 权限。应注意，Sprockets 和 NineProngs 在一个语句中创建。

```
USE AdventureWorks2019;
GO
CREATE SCHEMA Sprockets AUTHORIZATION Annik
    CREATE TABLE NineProngs (source int, cost int, partnumber int)
    GRANT SELECT TO Mandar
    DENY SELECT TO Prasanna;
GO
```

10.3 安全开发

10.3.1 模块签名

数据库应用程序通常需要通过入门级过程或视图来控制对应用程序架构内基础表和对象的访问。目的是能够授予最终用户访问入门级对象的权限，然后这些对象代表用户访问基础对象。因此，不必授予最终用户访问应用程序架构中所有对象的权限。

这种方法具有两个用途：

■ 它简化了权限管理，在权限管理中，只需针对较小的对象子集而不是应用程序架构中的所有对象进行权限管理。

■ 它可以对最终用户隐藏基础架构布局，因为仅公开入口点。

SQL Server 2019 引入了对数据库内的模块（例如存储过程、函数、触发器或程序集）进行签名的功能。注意，不能对数据定义语言（DDL）触发器进行签名。数字签名是指使用签名人私钥加密的数据摘要。私钥可确保数字签名是其持有人或所有者所特有的。

若要对数据进行签名，签名人应对数据进行摘要，并使用私钥加密摘要，然后将加密的摘要值附加到数据。若要验证签名，验证人可使用签名人的公钥对附加到数据的加密摘要值进行解密。然后，验证人将此解密的摘要值与根据附带数据计算的摘要值进行比较。签名人和验证人必须使用相同的哈希函数对数据进行摘要。

10.3.2 上下文切换

执行上下文由连接到相应会话的用户或登录名确定，或由执行（调用）相应模块的用户或登录名确定。它建立了检查执行语句或执行操作的权限时所依据的标识。在 SQL Server 中，可以通过执行 EXECUTE AS 语句或在模块中指定 EXECUTE AS 子句将执行上下文切换到其他用户或登录。在切换上下文后，SQL Server 将检查该账户的登录或用户权限，而不是检查调用 EXECUTE AS 语句或模块的人员的权限。在会话或模块执行的其余部分，或在显式恢复上下文切换之前，模拟数据库用户或 SQL Server 登录名。

（1）**显式上下文切换** 可以通过在 EXECUTE AS 语句中指定用户或登录名来显式更改会话或模块的执行上下文。显式上下文切换包含服务器级和数据库级两个级别。

① 显式服务器级上下文切换 若要在服务器级切换执行上下文，可使用 EXECUTE AS LOGIN = 'login_name' 语句。登录名必须在 sys.server_principals 中作为主体存在，并且语句调用方必须具有指定登录名的 IMPERSONATE 权限。

使用 REVERT 语句可以返回到以前的上下文。REVERT 语句的调用方必须位于发生模拟的同一数据库中。

② 显式数据库级上下文切换 若要在数据库级切换上下文，可使用 EXECUTE AS USER = 'user_name' 语句。用户名必须在 sys.database_principals 中作为主体存在，并且语句调用方必须具有指定用户名的 IMPERSONATE 权限。

使用 REVERT 语句可以返回到以前的上下文。REVERT 语句的调用方必须位于发生模拟的同一数据库中。

（2）**隐式上下文切换** 可以通过在模块定义的 EXECUTE AS 子句中指定用户或登录名来隐式更改模块（例如存储过程、触发器、队列或用户定义函数）的执行上下文。

通过指定执行模块时所用的上下文，可以控制 SQL Server 使用哪个用户账户来验证模块所引用的任何对象的权限。这有助于人们更灵活、有力地管理用户定义的模块及其所引用对象所形成的对象链中的权限。可以授予用户对模块自身的权限，而无须授予用户对被引用对象的显式权限。只有模块模拟的用户需要具有模块所访问的对象的权限。

10.4 安全访问

10.4.1 设置身份验证模式

在 SQL Server 安装或连接过程中，必须为数据库引擎选择身份验证模式。可供选择的模式有两种：Windows 身份验证模式和 SQL Server 身份验证模式。

如果在安装过程中选择 Windows 身份验证，则安装程序会为 SQL Server 身份验证创建 sa 账户，但会禁用该账户。如果后续需要更改为 SQL Server 身份验证模式并要使用 sa 账户，则必须启用该账户。可以将任何 Windows 或 SQL Server 账户配置为系统管理员。由于 sa 账户广为人知且经常成为恶意用户的攻击目标，因此除非应用程序需要使用 sa 账户，否则请勿启用该账户。在启用 sa 账户的情况下，为 sa 账户设置空密码或弱密码是一种非常不理智的行为。

如果在安装过程中选择 SQL Server 身份验证模式，则必须为名为 sa 的内置 SQL Server 系统管理员账户提供一个强密码并确认该密码。

10.4.2 使用 Windows 身份验证模式连接 SQL Server

当用户通过 Windows 用户账户连接时，SQL Server 使用操作系统中的 Windows 主体标记验证账户名和密码。换言之，用户身份由 Windows 进行确认。SQL Server 不要求提供密码，也不执行身份验证。Windows 身份验证是默认身份验证模式，并且比 SQL Server 身份验证更为安全。Windows 身份验证使用 Kerberos 安全协议，提供有关强密码复杂性验证的密码策略强制，还提供账户锁定支持，并且支持密码过期。通过 Windows 身份验证完成的连接有时也称为可信连接，这是因为 SQL Server 信任基于 Windows 提供的凭据。

Kerberos 是一种网络身份验证协议，它提供了一种用于对网络上的客户端和服务器实体（安全主体）进行身份验证的极为安全的方法。这些安全主体使用基于主密钥和加密票证的身份验证。

在 Kerberos 协议模式中，每个客户端 / 服务器连接开始时都会进行身份验证。客户端和服务器轮流依次执行一系列操作，这些操作用于向连接每一端的一方确认另一端的一方是真实的。如果身份验证成功，则会话设置完成，从而建立了一个安全的客户端 / 服务器会话。

Kerberos 提供了一种先在实体之间相互验证身份再建立安全网络连接的机制。Kerberos 利用密钥发行中心（KDC）这个可信的第三方来帮助生成和安全分发身份验证票证和对称会话密钥。KDC 以服务的形式运行在安全的服务器上，并为其领域中所有的安全主体维护一个数据库。对 Kerberos 而言，领域相当于一个 Windows 域。

在 Windows 环境中，对 KDC 的操作由域控制器进行，并且操作时通常会用到 Active Directory。所有 Windows 域用户实际上都是 Kerberos 主体，因而都可以使用 Kerberos 身份验证。

基于 Kerberos 协议进行身份验证的具备的优势：

■ 相互验证身份。客户端可以验证服务器主体的身份，服务器也可以验证客户端。尽管可以在两个服务器之间建立安全的网络连接，但本文档自始至终都将这两个实体称为“客户端”和“服务器”。

■ 安全的身份验证票证。仅使用加密票证，且密码绝不会包含在票证中。

■ 集成的身份验证。用户登录后，只要客户端票证未过期，该用户就无须再次登录便可访问支持 Kerberos 身份验证的任何服务。每个票证都具有一个生存期，此生存期由生成此票证的 Kerberos 领域的策略决定。

10.4.3 使用 SQL Server 身份验证模式连接 SQL Server

当使用 SQL Server 身份验证时，在 SQL Server 中创建的登录名并不基于 Windows 用户账户。用户名和密码均通过使用 SQL Server 创建并存储在 SQL Server 中。通过 SQL Server 身份验证进行连接的用户每次连接时必须提供其凭据（登录名和密码）。当使用 SQL Server 身份验证时，必须为所有 SQL Server 账户设置强密码。

可供 SQL Server 登录名选择使用的密码策略有三种：

■ 用户在下次登录时必须更改密码：要求用户在下次连接时更改密码。更改密码的功能由 SQL Server Management Studio 提供。如果使用该选项，则第三方软件开发人员应提供此功能。

■ 强制密码过期：对 SQL Server 登录名强制实施计算机的密码最长使用期限策略。

■ 强制实施密码策略：对 SQL Server 登录名强制实施计算机的 Windows 密码策略。这包括密码长度和密码复杂性。此功能需要通过 NetValidatePasswordPolicy API 实现，该 API 只在

Windows Server 2003 和更高版本中提供。

SQL Server 身份验证的缺点：

■ 如果用户是具有 Windows 登录名和密码的 Windows 域用户，则还必须提供另一个用于连接的（SQL Server）登录名和密码。记住多个登录名和密码对于许多用户而言都较为困难。每次连接到数据库时都必须提供 SQL Server 凭据也十分烦人。

■ SQL Server 身份验证无法使用 Kerberos 安全协议。

■ SQL Server 登录名不能使用 Windows 提供的其他密码策略。

SQL Server 身份验证的优点：

■ 允许 SQL Server 支持那些需要进行 SQL Server 身份验证的旧版应用程序和由第三方提供的应用程序。

■ 允许 SQL Server 支持具有混合操作系统的环境，在这种环境中并不是所有用户均由 Windows 域进行验证。

■ 允许用户从未知的或不可信的域进行连接。例如，既定客户使用指定的 SQL Server 登录名进行连接以接收其订单状态的应用程序。

■ 允许 SQL Server 支持基于 Web 的应用程序，在这些应用程序中用户可创建自己的标识。

■ 允许软件开发人员通过使用基于已知的预设 SQL Server 登录名的复杂权限层次结构来分发应用程序。

10.5 安全操作

10.5.1 SQL Server 证书

SQL Server 证书是一个数字签名的安全对象，其中包含 SQL Server 的公钥（还可以选择包含私钥）。可以使用外部生成的证书，也可以由 SQL Server 生成证书。SQL Server 证书符合 IETF X.509v3 证书标准。

证书非常有用，因为它具有将密钥导出和导入 X.509 证书文件的选项。用于创建证书的语法允许为证书使用创建选项，例如过期日期。

可以使用 CREATE CERTIFICATE 命令来创建证书。

语法格式：

```
CREATE CERTIFICATE certificate_name [AUTHORIZATION user_name]
    {FROM <existing_keys> | <generate_new_keys>}
    [ACTIVE FOR BEGIN_DIALOG =  {ON | OFF}]

<existing_keys> ::=
    ASSEMBLY assembly_name
    | {
        [EXECUTABLE] FILE = 'path_to_file'
        [WITH PRIVATE KEY  (<private_key_options>  )]
```

```
    }

<generate_new_keys> ::=
    [ENCRYPTION BY PASSWORD = 'password' ]
    WITH SUBJECT = 'certificate_subject_name'
    [, <date_options> [, ...n]]

<private_key_options> ::=
    FILE = 'path_to_private_key'
    [, DECRYPTION BY PASSWORD = 'password' ]
    [, ENCRYPTION BY PASSWORD = 'password' ]

<date_options> ::=
    START_DATE = 'datetime' | EXPIRY_DATE = 'datetime'
```

参数意义：

- certificate_name：证书在数据库中所使用的名称。
- AUTHORIZATION user_name：将拥有该证书的用户的名称。
- ASSEMBLY assembly_name：指定已经加载到数据库中的已签名的程序集。
- [EXECUTABLE] FILE = 'path_to_file'：指定包含证书的 DER 编码文件的完整路径（包括文件名）。
- WITH PRIVATE KEY：指定将证书的私钥加载到 SQL Server 中。该子句只有在通过文件创建证书时才有效。若要加载程序集的私钥，应使用 ALTER CERTIFICATE。
- FILE = 'path_to_private_key'：指定私钥的完整路径（包括文件名）。path_to_private_key 可以是本地路径，也可以是网络位置的 UNC 路径。将在 SQL Server 服务账户的安全上下文中访问该文件。该账户必须具有必需的文件系统权限。
- DECRYPTION BY PASSWORD = 'key_password'：指定对从文件中检索的私钥进行解密所需的密码。如果私钥受空密码的保护，则该子句为可选项。建议不要将私钥保存到无密码保护的文件中。如果需要密码，但是未指定密码，则该语句将失败。
- ENCRYPTION BY PASSWORD = 'password'：指定将用于对私钥进行加密的密码。只有在需要使用密码对证书进行加密时，才使用该选项。如果省略该子句，则使用数据库主密钥对私钥进行加密。password 必须符合运行 SQL Server 实例的计算机的 Windows 密码策略要求。有关详细信息，可参阅密码策略。
- SUBJECT = 'certificate_subject_name'：根据 X.509 标准中的定义，术语"主题"是指证书的元数据中的字段。主题的长度最多是 128 个字符。将主题存储到目录中时，如果主题的长度超过 128 个字节，则主题会被截断，但是包含证书的二进制大型对象（BLOB）将保留完整的主题名称。
- START_DATE= 'datetime'：证书生效的日期。如果未指定，则将 START_DATE 设置为当前日期。START_DATE 采用 UTC 时间，并且可以通过可转换为日期和时间的任何格式指定。
- EXPIRY_DATE = 'datetime'：证书过期的日期。如果未指定，则将 EXPIRY_DATE 设置为 START_DATE 一年之后的日期。EXPIRY_DATE 采用 UTC 时间，并且可以通过可转换为日期和时间的任何格式指定。SQL Server Service Broker 会检查过期日期；但是，在将证书用于加密时，不会强制应用过期日期。

● ACTIVE FOR BEGIN_DIALOG = { ON | OFF }：使证书可用于 Service Broker 对话会话的发起方。默认值为 ON。

注释说明：

● 证书是一个数据库级的安全对象，它遵循 X.509 标准并支持 X.509 V1 字段。CREATE CERTIFICATE 可以通过文件或程序集加载证书。该语句也可生成密钥对并创建自我签名的证书。

● SQL Server 生成的私钥的长度为 1024 位。从外部源导入的私钥的最小长度为 384 位，最大长度为 3456 位。导入的私钥的长度必须是 64 位的整数倍。

● 私钥必须与 certificate_name 指定的公钥相对应。

● 当通过容器创建证书时，可选择是否加载私钥。但是当 SQL Server 生成自我签名的证书时，始终会创建私钥。默认情况下，私钥使用数据库主密钥进行加密。如果数据库主密钥不存在并且未指定密码，则该语句将失败。

● 当使用数据库主密钥对私钥进行加密时，不需要 ENCRYPTION BY PASSWORD 选项。只有在使用密码对私钥进行加密时，才使用该选项。如果未指定密码，则使用数据库主密钥对证书的私钥进行加密。如果数据库主密钥无法打开，则省略该子句会导致错误。

● 如果使用数据库主密钥对私钥进行加密，则不一定必须指定解密密码。

［例 10-9］ 创建自我签名的证书。下面的示例创建名为 Shipping04 的证书。该证书的私钥是使用一个密码来保护的。

```
USE AdventureWorks2019;
CREATE CERTIFICATE Shipping04
   ENCRYPTION BY PASSWORD = 'pGFD4bb925DGvbd2439587y'
   WITH SUBJECT = 'Sammamish Shipping Records',
   EXPIRY_DATE = '12/31/2022' ;
GO
```

［例 10-10］ 通过文件创建证书。以下示例在数据库中创建证书，并从文件加载密钥对。

```
USE AdventureWorks2019;
CREATE CERTIFICATE Shipping11
    FROM FILE = 'c:\Shipping\Certs\Shipping11.cer'
    WITH PRIVATE KEY  (FILE = 'c:\Shipping\Certs\Shipping11.pvk',
    DECRYPTION BY PASSWORD = 'sldkflk34et6gs%53#v00');
GO
```

下面以 SQL Server 存储过程为例，说明如何使用由 SQL Server 生成的证书对存储过程进行签名。具体步骤如下：

STEP1：配置环境。在使用 AdventureWorks2019 的数据库上下文中创建一个新的使用密码的服务器登录名和数据库用户账户 TestCreditRatingUser。

STEP2：创建证书。在使用 master 数据库或用户数据库作为上下文的服务器中创建证书，也可以在同时使用上述两者作为上下文的服务器中创建证书。有多种选项用于保护证书。

STEP3：创建存储过程并使用证书对存储过程进行签名。该存储过程从 Purchasing 数据库架构的 Vendor 表中选择数据，并只允许信用等级为 1 的公司访问。

STEP4：创建证书账户。通过证书创建一个数据库用户 TestCreditRatingcertificateAccount。该账户没有服务器登录名，并将最终控制对基础表的访问权限。

STEP5：向证书账户授予数据库权限。向 TestCreditRatingcertificateAccount 授予对基表和存储过程的访问权限。

STEP6：显示访问权限上下文。

STEP7：重置环境。使用 REVERT 语句将当前账户的上下文返回至 dbo 并重置环境。

```
/* 切换至 AdventureWorks2019 数据库上下文 */
USE AdventureWorks2019;
GO
/* 设置一个登录对象 */
CREATE LOGIN TestCreditRatingUser
   WITH PASSWORD = 'ASDECd2439587y'
GO
/* 设置一个用户对象 */
CREATE USER TestCreditRatingUser
FOR LOGIN TestCreditRatingUser;
GO

/* 在 AdventureWorks2019 数据库内创建一个证书 */
CREATE CERTIFICATE TestCreditRatingCer
   ENCRYPTION BY PASSWORD = 'pGFD4bb925DGvbd2439587y'
      WITH SUBJECT = 'Credit Rating Records Access',
      EXPIRY_DATE = '12/05/2010' ;
GO

/* 创建一个存储过程并使用证书对其进行签名 */
CREATE PROCEDURE TestCreditRatingSP
AS
BEGIN
   -- 显示该存储过程的执行者
   SELECT SYSTEM_USER 'system Login', USER AS 'Database Login'
, NAME AS 'Context', TYPE, USAGE
   FROM sys.user_token;

   -- 获取数据
   SELECT AccountNumber, Name, CreditRating
   FROM Purchasing.Vendor
   WHERE CreditRating = 1;
END
GO
```

```
ADD SIGNATURE TO TestCreditRatingSP
   BY CERTIFICATE TestCreditRatingCer
    WITH PASSWORD = 'pGFD4bb925DGvbd2439587y' ;
GO

/* 为该证书创建一个证书用户，该用户拥有与证书相关的所有权链 */
USE AdventureWorks2019;
GO
CREATE USER TestCreditRatingcertificateAccount
   FROM CERTIFICATE TestCreditRatingCer;
GO
/* 向证书用户授予查看 Purchasing.Vendor 表的操作权限 */
GRANT SELECT ON Purchasing.Vendor TO TestCreditRatingcertificateAccount;
GO
/* 向证书用户授予执行存储过程 TestCreditRatingSP 的操作权限 */
GRANT EXECUTE
   ON TestCreditRatingSP
   TO TestCreditRatingcertificateAccount;
GO
/* 向测试用户 TestCreditRatingUser 授予运行存储过程的权限 */
GRANT EXECUTE
   ON TestCreditRatingSP
   TO TestCreditRatingUser;
GO

/* 以 dbo 系统用户身份执行存储过程 */
EXEC TestCreditRatingSP;
GO
/* 以 TestCreditRatingUser 测试用户身份执行存储过程 */
EXECUTE AS LOGIN = 'TestCreditRatingUser' ;
GO
EXEC TestCreditRatingSP;
GO

/* 清理环境 */
REVERT;
GO
DROP PROCEDURE TestCreditRatingSP;
GO
DROP USER TestCreditRatingcertificateAccount;
GO
DROP USER TestCreditRatingUser;
GO
DROP LOGIN TestCreditRatingUser;
GO
DROP CERTIFICATE TestCreditRatingCer;
GO
```

10.5.2 SQL Server 加密

SQL Server 用分层加密和密钥管理基础结构来加密数据。每一层都使用证书、非对称密钥和对称密钥的组合对它下面的一层进行加密。非对称密钥和对称密钥可以存储在 SQL Server 之外的可扩展密钥管理（EKM）模块中。

图 10-1 说明了 SQL Server 加密层次结构是如何逐层加密的，并且显示了最常用的加密配置。对层次结构的进行访问通常受密码保护。

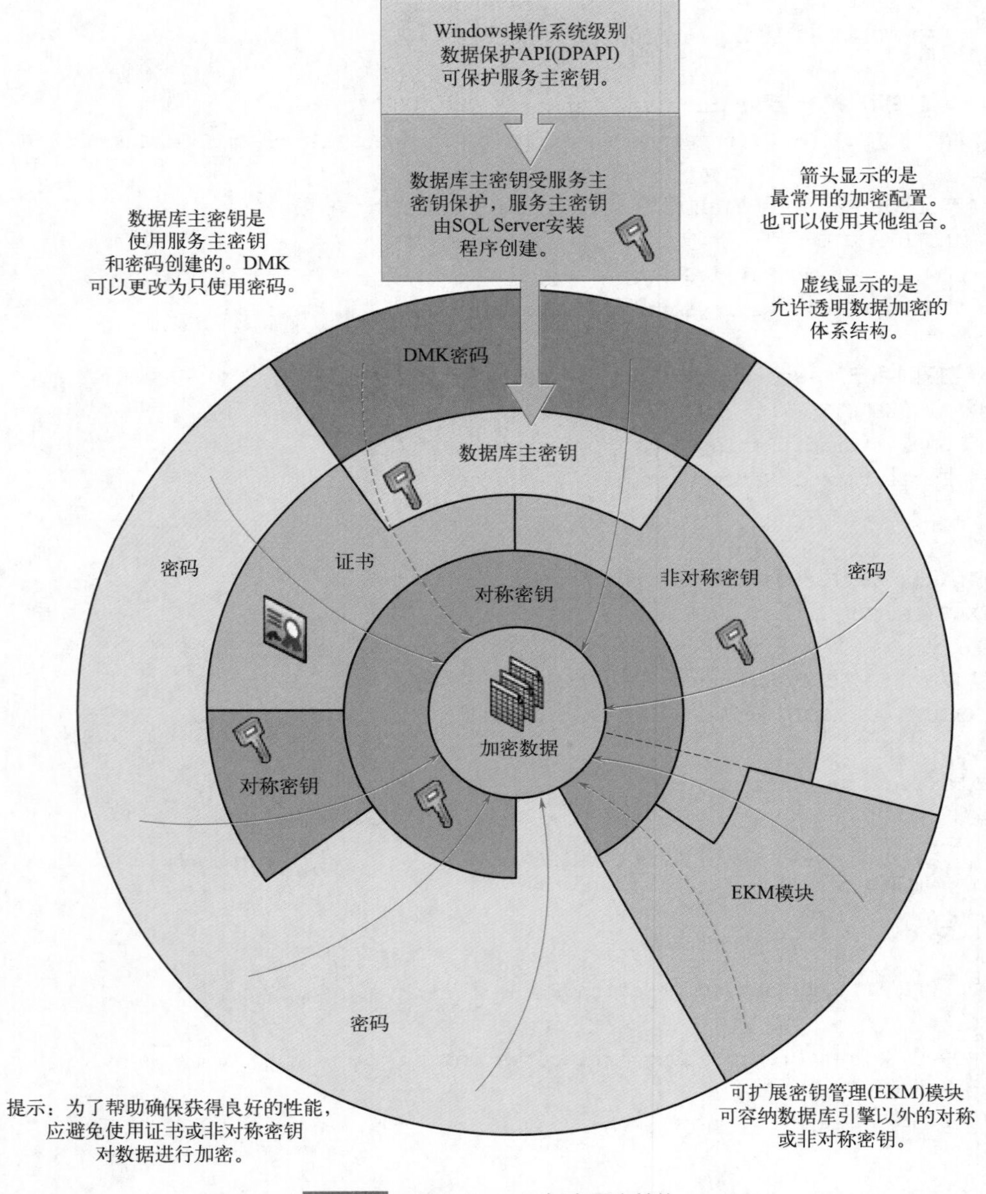

图 10-1 SQL Server 加密层次结构

SQL Server 加密是一个十分广泛的话题，限于篇幅，不再赘述。这里只简单举例说明如何使用对称加密来加密数据列。

［例 10-11］ 实现一个简单对称加密。下面的示例显示了如何使用对称密钥加密列。

```
USE AdventureWorks2019;
GO
/* 如果不存在主键就创建一个 */
IF NOT EXISTS
    (SELECT * FROM sys.symmetric_keys WHERE symmetric_key_id = 101)
    CREATE MASTER KEY ENCRYPTION BY
    PASSWORD = '23987hxJKL969#ghf0%94467GRkjg5k3fd117r$$#1946kcj$n44nhdlj'
GO
CREATE CERTIFICATE HumanResources037
   WITH SUBJECT = 'Employee Social Security Numbers' ;
GO
CREATE SYMMETRIC KEY SSN_Key_01
    WITH ALGORITHM = AES_256
    ENCRYPTION BY CERTIFICATE HumanResources037;
GO
USE AdventureWorks2019;
GO
/* 创建一个用于存储加密数据的新列 */
ALTER TABLE HumanResources.Employee
    ADD EncryptedNationalIDNumber varbinary(128);
GO

/* 打开与加密数据相关的对称密钥 */
OPEN SYMMETRIC KEY SSN_Key_01
   DECRYPTION BY CERTIFICATE HumanResources037;
/* 使用对称密钥对 NationalIDNumber 列值进行加密，并将结果保存在 EncryptedNationalIDNumber
中 */
UPDATE HumanResources.Employee
SET EncryptedNationalIDNumber = EncryptByKey(Key_GUID('SSN_Key_01'),
                                            NationalIDNumber);
GO
/* 验证加密 */
/* 首先打开与加密数据相关的同步密钥 */
OPEN SYMMETRIC KEY SSN_Key_01
   DECRYPTION BY CERTIFICATE HumanResources037;
GO
/* 然后列出原始值、加密值，看它们是否匹配 */
SELECT NationalIDNumber, EncryptedNationalIDNumber
    AS 'Encrypted ID Number',
    CONVERT(nvarchar, DecryptByKey(EncryptedNationalIDNumber))
    AS 'Decrypted ID Number'
    FROM HumanResources.Employee;
GO
```

第 11 章 数据服务对象组件的开发

○○ —— ○○ ○ ○○ ——

11.1 层次化开发架构

为了适应软件工程学的“高内聚、低耦合”开发思想，笔者对传统的三层架构进行进一步扩展，以便更清晰地表达软件系统的层次化和模块化开发思想。在整个软件架构中，分层结构设计是常见且普通的软件结构框架，具有非常重要的地位和意义。

在这种开发架构中，各个功能模块划分为用户接口层（User Interface Layer，UIL）、业务逻辑层（Business Logical Layer，BLL）、数据服务层（Data Service Layer，DSL）和数据实体层（Data Entity Layer，DEL）四个开发层次，各个层次之间采用接口的形式进行调用。

基于这种层次化的开发架构，在应用系统特别是信息管理系统的开发过程中，划分技术人员和开发人员的具体开发和工作，使开发团队的人员分工和责任更加明确。如此他们可将精力更专注于应用系统核心业务逻辑的分析、设计和开发，从而加快项目的整体开发进度、提升整体开发效率、提高整体软件代码质量，并有利于项目的后期扩展、更新和维护工作等。

11.1.1 层次化开发架构的体系结构

层次化开发架构的选择，其实质是采用“分而治之”的思想，把问题划分开来逐一解决，便于软件开发的流程控制、技术延展和资源分配。以基于 ASP.NET 的 Web 应用为例，其体系结构示意图如图 11-1 所示。

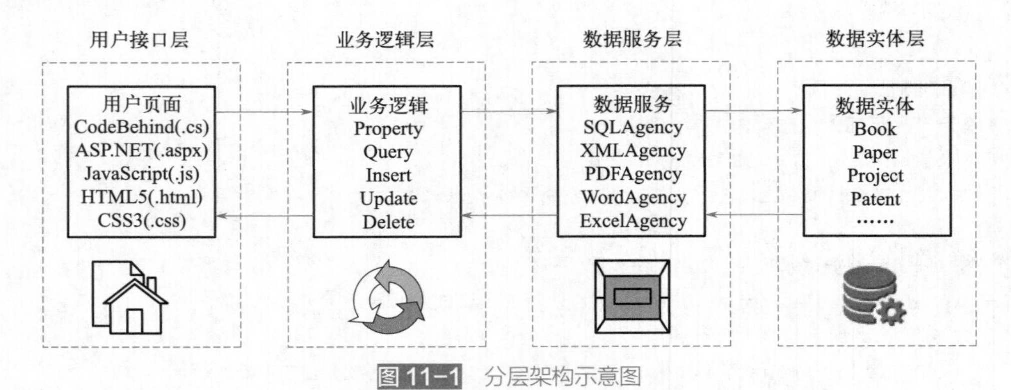

图 11-1 分层架构示意图

（1）用户接口层（User Interface Layer，UIL） 用户接口层又称为表示层或表现层，负责直接跟终端用户进行交互，一般都是系统的操作界面，在 B/S 信息系统中主要是 Web 页面。

用户接口层的主要功能是实现系统数据的传入与输出，在此过程中不需要借助逻辑判断操作就可以将数据传送到业务逻辑层中进行数据处理，业务逻辑层处理后会将处理结果反馈到用户接口层中。换而言之，表示层可以实现用户界面功能，传达用户请求和接收处理反馈，保证良好的用户体验。

（2）业务逻辑层（Business Logical Layer，BLL） 业务逻辑层的功能是对具体问题进行逻辑判断与执行操作，在接收到用户接口层的操作指令后，它会对从用户接口层接收到的数据进行逻辑处理，包括数据的修改、获取、删除等操作逻辑，然后连接数据服务层进一步处理，最终将处理结果反馈到用户接口层中。

业务逻辑层中的各个类对象（逻辑数据对象）是整个数据库表对象（物理数据对象）的映射。在基于数据库的信息管理系统的实际开发过程中，要建立数据对象的实例，通常需要将关系数据库表采用对象实体化的方式表现出来。

为了协同系统开发过程中对各个功能模块进行操控，可利用业务逻辑层类对象属性的 GET/SET 操作，把数据库表对象中的所有字段映射为逻辑数据对象，从而实现各个结构层的参数传输，提高代码的阅读性，强化代码结构的简约性。

有时候，一些开发经验不足的开发者会将有效性验证的逻辑判断工作放在业务逻辑层进行，这是一个很不好的开发习惯。事实上，在实际开发中，业务逻辑层的设计工作主要是编写嵌入式 SQL 语句。为了保证 SQL 逻辑语句的纯粹性，这些界面判断逻辑建议都在用户接口层进行，以更好地保证程序运行的健壮性。比如，文本框是否可以为空值、数据格式是否正确（移动电话、电邮、身份证号都有固定格式）、数据长度是否合适等。通过这些判断可以决定是否将操作继续向后传递，尽量及时阻断误操作的蔓延，从而提升程序的运行性能。

（3）数据服务层（Data Service Layer，DSL） 数据服务层在分层设计构架中位于业务逻辑层与数据实体层中间，实现业务逻辑与数据实体之间的数据连接和指令传达。

数据服务层是操控数据库的重要层次，专用于和物理存储结构进行交互，比如数据库、文件流等（数据库和文件流等都位于数据实体层）。在基于数据库的应用系统中，数据服务层往往只需要向数据实体层发出很少的操作指令，就能从数据库中提取大量的数据信息或请求数据库管理系统高速执行内部操作。

在数据实体层实现数据的增加、删除、修改、查询等物理操作后，数据服务层会将操作结果反馈到业务逻辑层。在实际运行过程中，数据服务层不具有逻辑判断能力。一般地，数据服务层的代码具备很强的独立性和可重用性，这一点与其他三个层次具有本质的不同，用户接口层、业务逻辑层和数据实体层与具体的应用系统密切相关。

（4）数据实体层（Data Entity Layer，DEL） 数据实体层主要是数据结构的设计和数据字典的编写。在基于数据库的信息管理系统中，通常是由专业的数据库设计人员在数据库设计阶段进行。具体包括编写数据字典、建立数据库、设计数据表格、编写内联式 T-SQL 代码（包括 CREATE DATABASE/CREATE TABLE/CREATE PROCEDURE/ 等）。

11.1.2 层次化开发架构的技术优势

基于层次化开发架构的应用系统具有以下明显的技术优势：

- 程序模块之间服务高内聚、低耦合的软件工程学设计原则，可以降低层次之间的依赖。
- 各层的设计工作相对独立，完成自己该完成的任务，项目可以团队协作开发。
- 可移植性和可维护性高。比如：C/S 模式转 B/S 模式、SQL Server 转 Oracle 等。

■ 有利于标准化。

■ 提升各层代码的可重用性。

■ 安全性高。终端用户只能通过用户接口层请求业务逻辑层间接调用数据服务层，这种将用户入口点远离底层数据存储结构的操作，降低了很多潜在的操作风险。这也是安全性设计的一个重要方面。

11.2 数据服务对象组件简介

数据服务对象（Data Service Object，DSO）组件是一个面向数据文件操作的程序集，是一个通用的数据操作组件，涵盖主流的数据库（SQL Server/ACCESS）和文件流（Word/Excel/PDF/XML）等。作为一种设计模式之间操作数据的软件应用系统，数据服务对象的主要目标往往是作为数据交互对象从数据库 / 文件流中检索数据或向数据库 / 文件流中存储数据。

在笔者的层次化开发架构中，它处于业务逻辑层和数据实体层之间。因为数据服务层具备良好的独立性，笔者将其与具体应用系统分离出来，以动态链接库的形式进行调用，以增强代码结构的可重用性。

数据服务对象组件的命名空间为 MttSoft.DataServiceObject，类对象包括 SQLParameterCache、SQLAgency、PDFAgency、WordAgency、ExcelAgency 等，这里主要介绍类对象 SQLParameterCache 和 SQLAgency。SQLParameterCache 类对象主要用于对存储过程参数进行缓存，并且能够在运行时从存储过程中探索参数；SQLAgency 类对象主要用于操作微软公司的 SQL Server/ACCESS 关系型数据库。

11.3 SQLAgency 类对象设计

11.3.1 修饰符 abstract

在 SQLAgency 类定义中使用了 abstract 修饰符，从而将其定义为一个抽象类。在 C++ 中，含有纯虚拟函数的类称为抽象类，它不能生成对象；在 Java/C# 等编程语言中，含有抽象函数的类称为抽象类，同样不能生成对象。在面向对象编程中，抽象类主要用来进行类型隐藏和充当全局变量的角色。

抽象类往往用来表征对问题领域进行分析、设计中得出的抽象概念，是对一系列看上去不同，但是本质上相同的具体概念的抽象。

11.3.2 公有静态函数 GetConnectionString

公有静态函数 GetConnectionString 包含 2 种重载形式，用于从标准的 XML 格式的配置文件中读取数据库连接字符串。在 Visual Studio 集成开发平台中，对于基于 WebForm 形式的应用程序提供标准配置文件 Web.config；对于基于 WinForm 形式的应用程序提供标准配置文件 App.config。使用标准的 XML 配置文件可移植性好、安全性高。但值得注意的是，在调用 GetConnectionString 之前，确保在配置文件 Web.config 或 App.config 中的 <configuration> 根节点下已经设置有节点 <connectionStrings>。

下列重载函数 GetConnectionString 从标准 XML 配置文件获取数据库连接字符串（个性化版），其定义如下：

```
public static void GetConnectionString ( string name, out string value )
{
    value = ConfigurationManager.ConnectionStrings[name].ConnectionString;
}
```

代码位置：MttSoft.DataServiceObject/SQLAgency.cs。

该函数要求标准的 XML 配置文件具有以下配置结构：

```
<configuration>
    <connectionStrings>
    <add name = "TeacherInformation"
        connectionString="server=127.0.0.1; database=TIMS; uid=sa; pwd=mtt*123456; "/>
    </connectionStrings>
</configuration>
```

该函数的调用示例：

```
SQLAgency.GetConnectionString ( "TeacherInformation", out dbconnstr );
```

下列重载函数 GetConnectionString 从标准 XML 配置文件获取数据库连接字符串（通用版），其定义如下：

```
public static void GetConnectionString ( out string value )
{
    GetConnectionString ( "application", out value );
}
```

代码位置：MttSoft.DataServiceObject/SQLAgency.cs。

该函数要求标准的 XML 配置文件具有以下配置结构：

```
<configuration>
    <connectionStrings>
    <add name = "application"
        connectionString= "server=127.0.0.1; database=TIMS; uid=sa; pwd=mtt*123456; " />
    </connectionStrings>
</configuration>
```

该函数的调用示例：

```
SQLAgency.GetConnectionString(out dbconnstr);
```

11.3.3 私有静态函数 AttachParameters

私有静态函数 AttachParameters 将参数数组附加到命令对象，其定义如下：

```
private static void AttachParameters(SqlCommand command,
SqlParameter[] commandParameters)
{
    if (command == null) throw new ArgumentNullException("command");
    if (commandParameters != null)
    {
        foreach (SqlParameter p in commandParameters)
        {
            if (p != null)
            {
                if ((p.Direction == ParameterDirection.InputOutput ||
                    p.Direction == ParameterDirection.Input) && (p.Value == null))
                {
                    p.Value = DBNull.Value;
                }
                command.Parameters.Add(p);
            }
        }
    }
}
```

代码位置：MttSoft.DataServiceObject/SQLAgency.cs。

11.3.4 私有静态函数 AssignParameterValues

私有静态函数 AssignParameterValues 为参数数组分配参数值对象数组，其定义如下：

```
private static void AssignParameterValues(SqlParameter[] commandParameters,
object[] parameterValues)
{
    if((commandParameters == null)|| (parameterValues == null))
    {
        return;
    }

    if(commandParameters.Length != parameterValues.Length)
    {
        throw new ArgumentException( "参数值个数与参数不匹配。");
```

```
    }

    for (int i = 0, j = commandParameters.Length;  i < j;  i++)
    {
        if  (parameterValues[i] is IDbDataParameter)
        {
            IDbDataParameter paramInstance = (IDbDataParameter) parameterValues[i];
            if (paramInstance.Value == null)
            {
                commandParameters[i].Value = DBNull.Value;
            }
            else
            {
                commandParameters[i].Value = paramInstance.Value;
            }
        }
        else if (parameterValues[i] == null)
        {
            commandParameters[i].Value = DBNull.Value;
        }
        else
        {
            commandParameters[i].Value = parameterValues[i];
        }
    }
}
```

代码位置：MttSoft.DataServiceObject/SQLAgency.cs。

11.3.5 私有静态函数 BuildCommand

私有静态函数 BuildCommand 为命令对象构造 T-SQL 命令序列，其定义如下：

```
private static void BuildCommand (SqlCommand command, SqlConnection connection,
SqlTransaction transaction, CommandType commandType, string commandText,
SqlParameter[] commandParameters, out bool mustCloseConnection)
{
    if (command == null)
        throw new ArgumentNullException ("command");
    if (commandText == null || commandText.Length == 0)
        throw new ArgumentNullException ("commandText");
    if (connection.State != ConnectionState.Open)
    {
        mustCloseConnection = true;
        connection.Open ( );
```

```
    }
    else
    {
        mustCloseConnection = false;
    }
    command.Connection = connection;
    command.CommandText = commandText;
    if (transaction != null)
    {
        if (transaction.Connection == null)
            throw new ArgumentException("事务将回滚，请提供一个有效的事务。",
                                        "transaction");
        command.Transaction = transaction;
    }
    command.CommandType = commandType;
    if (commandParameters != null)
    {
        AttachParameters(command, commandParameters);
    }
    return;
}
```

代码位置：MttSoft.DataServiceObject/SQLAgency.cs。

11.3.6 公有静态重载函数 ExecuteDataSet

公有静态函数 ExecuteDataSet 用于返回查询的结果（DataSet），它有 6 种重载形式。

下列重载函数 ExecuteDataSet 根据连接对象，使用 SQL Text/SQL Proc 执行查询操作（有参数名值），返回结果集，其定义如下：

```
public static DataSet ExecuteDataSet(SqlConnection connection,
CommandType commandType, string commandText,
params SqlParameter[] commandParameters)
{
    if (connection == null)
        throw new ArgumentNullException("connection");

    SqlCommand cmd = new SqlCommand();
    bool mustCloseConnection = false;
    BuildCommand(cmd, connection, (SqlTransaction)null, commandType,
                commandText, commandParameters, out mustCloseConnection);

    using (SqlDataAdapter da = new SqlDataAdapter(cmd))
    {
        DataSet ds = new DataSet();
```

```
        da.Fill(ds);
        cmd.Parameters.Clear();
        if (mustCloseConnection)
            connection.Close();
        return ds;
    }
}
```

代码位置：MttSoft.DataServiceObject/SQLAgency.cs。

下列重载函数 ExecuteDataSet 根据连接对象，使用 SQL Text/SQL Proc 执行查询操作（无参数名值），返回查询的结果（DataSet），其定义如下：

```
public static DataSet ExecuteDataSet(SqlConnection connection,
CommandType commandType,
string commandText)
{
    return ExecuteDataSet(connection, commandType, commandText,
                          (SqlParameter[])null);
}
```

代码位置：MttSoft.DataServiceObject/SQLAgency.cs。

下列重载函数 ExecuteDataSet 根据连接字符串，使用 SQL Text/SQL Proc 执行查询操作（有参数名值），返回查询的结果（DataSet），其定义如下：

```
public static DataSet ExecuteDataSet(string connectionString,
CommandType commandType, string commandText,
params SqlParameter[] commandParameters)
{
    if (connectionString == null || connectionString.Length == 0)
        throw new ArgumentNullException("connectionString");
    using (SqlConnection connection = new SqlConnection(connectionString))
    {
        connection.Open();
        return ExecuteDataSet(connection, commandType, commandText,
                              commandParameters);
    }
}
```

代码位置：MttSoft.DataServiceObject/SQLAgency.cs。

下列重载函数 ExecuteDataSet 根据连接字符串，使用 SQL Text/SQL Proc 执行查询操作（无参数名值），返回查询的结果（DataSet），其定义如下：

```
public static DataSet ExecuteDataSet(string connectionString,
CommandType commandType,
```

```
string commandText )
{
    return ExecuteDataSet ( connectionString, commandType, commandText,
                            ( SqlParameter[] ) null );
}
```

代码位置：MttSoft.DataServiceObject/SQLAgency.cs。

下列重载函数 ExecuteDataSet 根据事务对象，使用 SQL Text/SQL Proc 执行查询操作（有参数名值），返回查询的结果（DataSet），其定义如下：

```
public static DataSet ExecuteDataSet ( SqlTransaction transaction,
CommandType commandType, string commandText,
params SqlParameter[] commandParameters )
{
    if (transaction == null)
        throw new ArgumentNullException ("transaction");
    if (transaction != null && transaction.Connection == null)
        throw new ArgumentException (" 事务将回滚，请提供一个有效的事务。",
                                     "transaction");

    SqlCommand cmd = new SqlCommand ( );
    bool mustCloseConnection = false;
    BuildCommand ( cmd, transaction.Connection, transaction, commandType,
            commandText, commandParameters, out mustCloseConnection );

    using (SqlDataAdapter da = new SqlDataAdapter ( cmd ))
    {
        DataSet ds = new DataSet ( );
        da.Fill ( ds );
        cmd.Parameters.Clear ( );
        return ds;
    }
}
```

代码位置：MttSoft.DataServiceObject/SQLAgency.cs。

下列重载函数 ExecuteDataSet 根据事务对象，使用 SQL Text/SQL Proc 执行查询操作（无参数名值），返回查询的结果（DataSet），其定义如下：

```
public static DataSet ExecuteDataSet ( SqlTransaction transaction,
CommandType commandType, string commandText )
{
    return ExecuteDataSet ( transaction, commandType, commandText,
                            ( SqlParameter[] ) null );
}
```

代码位置：MttSoft.DataServiceObject/SQLAgency.cs。

11.3.7 公有静态重载函数 ExecuteDataTable

公有静态函数 ExecuteDataTable 用于返回查询的结果（DataTable），它有 6 种重载形式。

下列重载函数 ExecuteDataTable 根据连接对象，使用 SQL Text/SQL Proc 执行查询操作（有参数名值），返回查询的结果（DataTable），其定义如下：

```
public static DataTable ExecuteDataTable(SqlConnection connection,
CommandType commandType, string commandText,
params SqlParameter[] commandParameters)
{
    DataSet ds = ExecuteDataSet(connection, commandType, commandText,
                                commandParameters);
    return ds.Tables.Count > 0 ? ds.Tables[0] : null;
}
```

代码位置：MttSoft.DataServiceObject/SQLAgency.cs。

下列重载函数 ExecuteDataTable 根据连接对象，使用 SQL Text/SQL Proc 执行查询操作（无参数名值），返回返回查询的结果（DataTable），其定义如下：

```
public static DataTable ExecuteDataTable(SqlConnection connection,
CommandType commandType, string commandText)
{
   DataSet ds = ExecuteDataSet(connection, commandType, commandText,
                               (SqlParameter[])null);
    return ds.Tables.Count > 0 ? ds.Tables[0] : null;
}
```

代码位置：MttSoft.DataServiceObject/SQLAgency.cs。

下列重载函数 ExecuteDataTable 根据连接字符串，使用 SQL Text/SQL Proc 执行查询操作（有参数名值），返回查询的结果（DataTable），其定义如下：

```
public static DataTable ExecuteDataTable(string connectionString,
CommandType commandType, string commandText,
params SqlParameter[] commandParameters)
{
    DataSet ds = ExecuteDataSet(connectionString, commandType, commandText,
                                commandParameters);
    return ds.Tables.Count > 0 ? ds.Tables[0] : null;
}
```

代码位置：MttSoft.DataServiceObject/SQLAgency.cs。

下列重载函数 ExecuteDataTable 根据连接字符串，使用 SQL Text/SQL Proc 执行查询操作（无参数名值），返回查询的结果（DataTable），其定义如下：

```
public static DataTable ExecuteDataTable(string connectionString,
CommandType commandType, string commandText)
{
    DataSet ds = ExecuteDataSet(connectionString, commandType, commandText,
                                (SqlParameter[])null);
    return ds.Tables.Count > 0 ? ds.Tables[0] : null;
}
```

代码位置：MttSoft.DataServiceObject/SQLAgency.cs。

下列重载函数 ExecuteDataTable 根据事务对象，使用 SQL Text/SQL Proc 执行查询操作（有参数名值），返回查询的结果（DataTable），其定义如下：

```
public static DataTable ExecuteDataTable(SqlTransaction transaction,
CommandType commandType, string commandText,
params SqlParameter[] commandParameters)
{
    DataSet ds = ExecuteDataSet(transaction, commandType, commandText,
                                commandParameters);
    return ds.Tables.Count > 0 ? ds.Tables[0] : null;
}
```

代码位置：MttSoft.DataServiceObject/SQLAgency.cs。

下列重载函数 ExecuteDataTable 根据事务对象，使用 SQL Text/SQL Proc 执行查询操作（无参数名值），返回查询的结果（DataTable），其定义如下：

```
public static DataTable ExecuteDataTable(SqlTransaction transaction,
CommandType commandType, string commandText)
{
    DataSet ds = ExecuteDataSet(transaction, commandType, commandText,
                                (SqlParameter[])null);
    return ds.Tables.Count > 0 ? ds.Tables[0] : null;
}
```

代码位置：MttSoft.DataServiceObject/SQLAgency.cs。

11.3.8 公有静态重载函数 ExecuteNonQuery

公有静态函数 ExecuteNonQuery 用于执行非查询操作（包括插入、更新和删除），它有 4 种重载形式。

下列重载函数 ExecuteNonQuery 根据连接对象，使用 SQL Text/SQL Proc 执行非查询操作（有参数名值），其定义如下：

```
public static int ExecuteNonQuery(SqlConnection connection, CommandType commandType,
    string commandText, params SqlParameter[] commandParameters)
    {
        if(connection == null)
            throw new ArgumentNullException("connection");
        SqlCommand cmd = new SqlCommand();
        bool mustCloseConnection = false;
        BuildCommand(cmd, connection, (SqlTransaction)null, commandType,
                    commandText, commandParameters, out mustCloseConnection);
        int retval = cmd.ExecuteNonQuery();
        cmd.Parameters.Clear();
        if (mustCloseConnection)
            connection.Close();
        return retval;
    }
```

代码位置：MttSoft.DataServiceObject/SQLAgency.cs。

下列重载函数ExecuteNonQuery根据连接对象，使用SQL Text/SQL Proc执行非查询操作（无参数名值），其定义如下：

```
public static int ExecuteNonQuery(SqlConnection connection, CommandType commandType,
    string commandText)
    {
        return ExecuteNonQuery(connection, commandType, commandText,
                               (SqlParameter[])null);
    }
```

代码位置：MttSoft.DataServiceObject/SQLAgency.cs。

下列重载函数ExecuteNonQuery根据连接字符串，使用SQL Text/SQL Proc执行非查询操作（有参数名值），其定义如下：

```
public static int ExecuteNonQuery(string connectionString,
CommandType commandType, string commandText,
params SqlParameter[] commandParameters)
{
    if(connectionString == null || connectionString.Length == 0)
        throw new ArgumentNullException("connectionString");
    using (SqlConnection connection = new SqlConnection(connectionString))
    {
        connection.Open();
        return ExecuteNonQuery(connection, commandType, commandText,
                               commandParameters);
    }
}
```

代码位置：MttSoft.DataServiceObject/SQLAgency.cs。

下列重载函数 ExecuteNonQuery 根据连接字符串，使用 SQL Text/SQL Proc 执行非查询操作(无参数名值)，其定义如下：

```
public static int ExecuteNonQuery(string connectionString,
CommandType commandType, string commandText)
{
    return ExecuteNonQuery(connectionString, commandType, commandText,
                          (SqlParameter[])null);
}
```

代码位置：MttSoft.DataServiceObject/SQLAgency.cs。

11.4 SQLParameterCache 类对象设计

11.4.1 修饰符 sealed

在 SQLParameterCache 类定义中使用 sealed 修饰符，从而将其定义为一个密封类。sealed 修饰符主要用于防止非有意的派生，同时它还能促使某些运行时优化。具体说来，由于密封类永远不会有任何派生类，因此对密封类实例虚拟函数成员的调用可以转换为非虚拟函数调用来处理。

值得一提的是，如果一个密封类被指定为其他类的基类，则会发生编译时错误，并且密封类不能同时设计为抽象类。

11.4.2 私有变量 paramCache

私有变量 paramCache 是一个用于同步操作的线程安全的哈希表，其定义如下：

```
private static Hashtable paramCache = Hashtable.Synchronized(new Hashtable());
```

代码位置：MttSoft.DataServiceObject/SQLParameterCache.cs。

11.4.3 私有静态函数 DiscoverSpParameterSet

私有静态函数 DiscoverSpParameterSet 用于探索运行时的存储过程，返回类型为 SqlParameter 的参数数组，初始化参数值为 DBNull.Value。其定义如下：

```
private static SqlParameter[] DiscoverSpParameterSet(
SqlConnection connection, string spName, bool includeReturnParameter)
{
    if(connection == null)
        throw new ArgumentNullException("connection");
    if(spName == null || spName.Length == 0)
        throw new ArgumentNullException("spName");
```

```
    SqlCommand cmd = new SqlCommand(spName, connection);
    cmd.CommandType = CommandType.StoredProcedure;
    connection.Open();
    SqlCommandBuilder.DeriveParameters(cmd);
    connection.Close();
    if (!includeReturnParameter)
    {
        cmd.Parameters.RemoveAt(0);
    }
    SqlParameter[] discoveredParameters =
            new SqlParameter[cmd.Parameters.Count];
    cmd.Parameters.CopyTo(discoveredParameters, 0);
    foreach (SqlParameter discoveredParameter in discoveredParameters)
    {
        discoveredParameter.Value = DBNull.Value;
    }
    return discoveredParameters;
}
```

代码位置：MttSoft.DataServiceObject/SQLParameterCache.cs。

11.4.4 私有静态函数 CloneParameters

私有静态函数 CloneParameters 用于 SqlParameter 参数数组的深层拷贝，其定义如下：

```
private static SqlParameter[] CloneParameters(SqlParameter[] originalParameters)
{
    SqlParameter[] clonedParameters =
            new SqlParameter[originalParameters.Length];
    for(int i = 0, j = originalParameters.Length; i < j; i++)
    {
        clonedParameters[i] =
                (SqlParameter)((ICloneable)originalParameters[i]).Clone();
    }
    return clonedParameters;
}
```

代码位置：MttSoft.DataServiceObject/SQLParameterCache.cs。

11.4.5 公有静态函数 CacheParameterSet

公有静态函数 CacheParameterSet 用于将 SqlParameter 参数数组追加到缓存中，其定义如下：

```
public static void CacheParameterSet(string connectionString, string commandText,
params SqlParameter[] commandParameters)
```

```
{
    if(connectionString == null || connectionString.Length == 0)
        throw new ArgumentNullException("connectionString");
    if(commandText == null || commandText.Length == 0)
        throw new ArgumentNullException("commandText");
    string hashKey = connectionString + ":" + commandText;
    paramCache[hashKey] = commandParameters;
}
```

代码位置：MttSoft.DataServiceObject/SQLParameterCache.cs。

11.4.6 公有静态函数 GetCachedParameterSet

公有静态函数 GetCachedParameterSet 用于从缓存中获取 SqlParameter 参数数组，其定义如下：

```
public static SqlParameter[] GetCachedParameterSet(string connectionString,
string commandText)
{
    if(connectionString == null || connectionString.Length == 0)
        throw new ArgumentNullException("connectionString");
    if(commandText == null || commandText.Length == 0)
        throw new ArgumentNullException("commandText");
    string hashKey = connectionString + ":" + commandText;
    SqlParameter[] cachedParameters = paramCache[hashKey] as SqlParameter[];
    if (cachedParameters == null)
    {
        return null;
    }
    else
    {
        return CloneParameters(cachedParameters);
    }
}
```

代码位置：MttSoft.DataServiceObject/SQLParameterCache.cs。

11.4.7 内部静态函数 GetSpParameterSetInternal

内部静态函数 GetSpParameterSetInternal 用于返回指定的存储过程的参数集，它是 4 个重载函数 GetSpParameterSet 的基础，其定义如下：

```
internal static SqlParameter[] GetSpParameterSetInternal(
SqlConnection connection, string spName, bool includeReturnParameter)
{
```

```
    if ( connection == null )
        throw new ArgumentNullException ( "connection" );
    if ( spName == null || spName.Length == 0 )
        throw new ArgumentNullException ( "spName" );
    string hashKey = connection.ConnectionString + ":" + spName
        + ( includeReturnParameter ? ":include ReturnValue Parameter":" " );
    SqlParameter[] cachedParameters;

    cachedParameters = paramCache[hashKey] as SqlParameter[];
    if  ( cachedParameters == null )
    {
        SqlParameter[] spParameters =
            DiscoverSpParameterSet ( connection, spName, includeReturnParameter );
        paramCache[hashKey] = spParameters;
        cachedParameters = spParameters;
    }

    return CloneParameters ( cachedParameters );
}
```

代码位置：MttSoft.DataServiceObject/SQLParameterCache.cs。

11.4.8 公有静态重载函数 GetSpParameterSetInternal

公有静态函数 GetSpParameterSet 用于返回指定的存储过程的参数集，它有 4 种重载形式。

下列重载函数 GetSpParameterSet 根据数据库连接字符串，返回指定的存储过程的参数集（包含返回值参数），其定义如下：

```
public static SqlParameter[] GetSpParameterSet ( string connectionString,
string spName, bool includeReturnParameter )
{
    if  ( connectionString == null || connectionString.Length == 0 )
        throw new ArgumentNullException ( "connectionString" );
    if  ( spName == null || spName.Length == 0 )
        throw new ArgumentNullException ( "spName" );
    using  ( SqlConnection connection = new SqlConnection ( connectionString ))
    {
        return GetSpParameterSetInternal ( connection, spName, includeReturnParameter );
    }
}
```

代码位置：MttSoft.DataServiceObject/SQLParameterCache.cs。

下列重载函数 GetSpParameterSet 根据数据库连接字符串，返回指定的存储过程的参数集（不包含返回值参数），其定义如下：

```
public static SqlParameter[] GetSpParameterSet(string connectionString, string spName)
{
    return GetSpParameterSet(connectionString, spName, false);
}
```

代码位置：MttSoft.DataServiceObject/SQLParameterCache.cs。

下列重载函数 GetSpParameterSet 根据数据库连接对象，返回指定的存储过程的参数集（包含返回值参数），其定义如下：

```
public static SqlParameter[] GetSpParameterSet(SqlConnection connection,
string spName, bool includeReturnParameter)
{
    if (connection == null)
        throw new ArgumentNullException("connection");
    using (SqlConnection clonedConnection =
                (SqlConnection)((ICloneable)connection).Clone())
    {
        return GetSpParameterSetInternal(clonedConnection, spName,
                                            includeReturnParameter);
    }
}
```

代码位置：MttSoft.DataServiceObject/SQLParameterCache.cs。

下列重载函数 GetSpParameterSet 根据数据库连接对象，返回指定的存储过程的参数集（不包含返回值参数），其定义如下：

```
public static SqlParameter[] GetSpParameterSet(SqlConnection connection,
string spName)
{
    return GetSpParameterSet(connection, spName, false);
}
```

代码位置：MttSoft.DataServiceObject/SQLParameterCache.cs。

第12章
教师信息管理平台——自助系统的实现

12.1 可行性研究

可行性研究决定项目的实际价值，决定项目的可行程度。教师信息管理平台——自助系统（以下简称本系统）的可行性分析如下所述。

（1）项目背景 从教师信息管理平台——自助系统的可移植性、可扩展性和实用性等方面研究本系统的可行性。

（2）开发目标 为整个项目开发团队提供基本的开发和测试指南。

（3）技术层面分析 本系统的开发具备深刻而成熟的技术基础。本系统采用Microsoft Visual Studio 2019集成开发平台，后端编程语言为C#，前端开发语言为ASP.NET+JavaScript+HTML5+CSS3；后台数据存储采用Microsoft SQL SERVER 2019数据库系统。它们的完美结合为本系统开发提供技术支持。

（4）经济层面分析 本系统的开发主要是增加开发团队的技术储备，以增强团队开发人员对类似项目开发的熟练程度，从而降低软件开发成本。

（5）社会层面分析 本系统完全可由日月明软件技术团队独立研发，完全遵循日月明软件技术团队的开发规范和体系结构，在法律层面没有任何侵权行为。

（6）结论 通过以上分析，日月明软件技术团队一致认为此项目具备开发的可行性。

12.2 系统需求分析

12.2.1 功能性需求

功能性需求是整个需求分析的核心。经过深刻调研和综合分析，确定系统需要具有如下功能：

① 账户密码信息维护：包括用户身份注册、登录会话控制、密码恢复、密码修改、密码加密解密等。

② 个人基本信息维护：包括个人基本信息的添加、更新、删除和查询。

③ 职称职务信息维护：包括职称职务信息的添加、更新、删除和查询。

④ 学习经历信息维护：包括学习经历信息的添加、更新、删除和查询。

⑤ 培训经历信息维护：包括培训经历信息的添加、更新、删除和查询。

⑥ 工作经历信息维护：包括工作经历信息的添加、更新、删除和查询。

⑦ 荣誉奖励信息维护：包括荣誉奖励信息的添加、更新、删除和查询。
⑧ 技术专利信息维护：包括技术专利信息的添加、更新、删除和查询。
⑨ 项目课题信息维护：包括项目课题信息的添加、更新、删除和查询。
⑩ 论文发表信息维护：包括论文发表信息的添加、更新、删除和查询。
⑪ 专著出版信息维护：包括专著出版信息的添加、更新、删除和查询。
⑫ 科研成果信息维护：包括科研成果信息的添加、更新、删除和查询。

12.2.2 可用性需求

可用性是在某个考察时间，系统能够正常运行的概率或时间占有率期望值。它是衡量软件系统在投入使用后实际使用的效能，是硬件设备或软件系统的可靠性、可维护性和维护支持性的综合特性。可用性是交互式 IT 产品 / 系统的重要质量指标，指的是产品对用户来说有效、易学、高效、好记、容错和令人满意的程度，即用户能否用产品完成他的任务、操作效率如何、主观感受怎样，实际上是从用户角度所看到的产品质量，是产品竞争力的核心。可用性不仅涉及到界面的设计，也涉及到整个系统的技术水平。一般而言，可用性是通过操作人员的反映的、通过用户操作各种任务去评价的。

从这个角度出发，要求本系统的设计满足以下可用性需求：

① 能够使用户把视觉和思维集中在自己的业务上，可以按照自己的行为过程进行操作，不必分心寻找人机界面的菜单或理解软件结构、人机界面结构与图标含义，不必过度考虑如何把自己的任务转换成计算机的输入方式和输入过程。

② 用户不必记忆面向计算机硬件软件的知识。

③ 用户操作链不宜过长，只需简单重复即可。

④ 在非正常环境和情景中，用户仍然能够正常进行操作。

⑤ 用户的理解和操作出错频率较低。

⑥ 用户学习操作的时间较短。

12.2.3 安全性需求

在前后端分离的技术架构中，应用系统的安全通常需要从客户端和服务器端两个方面进行考虑。

客户端的安全，主要是用户密码本身的安全性（比如密码长度和复杂性等）及用户电脑整体操作环境的安全性（包括用户电脑有没有被安装黑客木马软件、登录程序有没有被第三方程序加载调试、用户登录信息录入有无使用键盘 Hook 程序等），这些都可以通过编程代码解决。

服务器端的安全，包括服务器自身的安全（比如系统漏洞等）及程序设计上的安全。值得一提的是程序设计安全。一般地，不建议将用户的密码直接以明文形式保存在应用服务器的数据库上，也不应该将密码用单钥算法加密后保存。目前大多数信息系统都使用 MD5 函数进行登录验证，不过笔者推荐使用安全性更高的 MD5+DES 双重安全技术来保证用户密码的安全性。

基于本系统的开发采用分层的技术架构，笔者从客户端（前端）和服务器端（后端）两个安全角度来简述如何构建信息应用系统的登录模块的安全防护方案。

（1）启用 https　由于 HTTP 请求都是以明文形式（信息没有经过加密）传输的，因此在弱安全环境中，如果 HTTP 请求被黑客拦截或嗅探到，并且里面含有用户账密或资金等敏感数据的话，就会面临着极其危险的境地。为了兼顾安全与效率，可以启用HTTPS。HTTPS同时使用了对称加密和非对称加密。数据是被对称加密传输的，对称加密过程需要客户端的一个密钥，为了确保能把该密钥安全传输到服务器端，采用非对称加密对该密钥进行加密传输。总而言之，对数据进行对称加密，对称加密所要使用的密钥通过非对称加密传输。

（2）登录频率限制 防止登录数据被别有用心者通过接口进行高频的暴力猜解，或者防止某些IP恶意高频访问服务器，对服务器资源进行拒绝服务攻击，可以对这些IP进行限制或拦截。常用方式为在应用服务器中进行日志记录，并结合实际的使用场景进行业务层的逻辑限制，或者直接对IP访问频率进行限制。

（3）密码二次加密 对于用户的原始密码安全，很多终端使用者还停留在不被非法第三方窃取的粗浅层面上，这是不可取的。实际上，原始密码面临的最大威胁往往来自于系统开发人员和服务器的管理人员。这些人可能是在有意收集，也可能是在无意泄露，往往是用户原始密码泄露的罪魁祸首。因此在构建登录模块的时候，应该从根本上杜绝这种恶俗的安全思维，真正做到只有用户自己和键盘记录器才知道原始密码。

为了增强数据安全，信息应用系统的密码管理应至少包含两个方面的工作：传输密码的加密处理和入库密码的加密存储。

① 传输密码的加密处理：在开启了https后，所有的传输数据都会做加密处理，但对于比较重要的敏感数据，应该采取二次加密的方式加以保护。可以选择DES、SHA256、SHA512、MD5等加密算法并结合约定的密钥来加密传输和解密，必要时可采用动态密钥。

② 入库密码的加密存储：最简单的要求是不能直接以明文形式存储入库的密码，以防用户离站后数据信息的被盗用（很多人习惯多个站点使用同一个密码）。在这里，设计者可以通过hash运算，结合随机生成的salt给密码加密，每次调用密码进行校验时，可将用户输入的密码结合入库时的salt再次进行hash运算，来对比加密结果，以校验密码的正确性。

（4）验证码校验 为防止机器人登录或其他非正常手段，设计者需要给登录注册模块加上验证码校验，验证码类型也有很多，交互方式和安全级别各有不同。验证码是后台随机产生的一个即时验证码，它的随机性可以有效防止别有用心者以程序的方式来猜解用户口令。事实证明，这种方式简单直接且有效。当然，总是让用户输入那些肉眼都看不清的验证码可能会给用户带来不好的使用体验，因此可以进行折中处理。比如Google，当它发现一个IP地址发出大量的搜索后，就会要求用户输入验证码；当它发现同一个IP注册3个以上的Gmail邮箱后，它就会给用户发送短信方式或是电话方式的验证码。

验证码有多种形式。值得一提的是，无论何种形式的验证码，都要关注到验证码自身的安全问题（不可猜解性、时效性、与账号的关联性等）。

① 数字图形验证码：数字加上干扰线，防止计算机能够轻易识别，也可以防止黑客以程序的方式来尝试登录。

② 第三方动态图形识别：需要用户去识别并拖动校验，同类的还有图像内容识别点击，这种一般是用第三方集成好的SDK。

③ 手机短信验证码：依赖完整的用户信息，将登录行为与用户信息实现强关联，同时需注意保护用户的手机号隐私与防止短信滥用。

④ 邮件验证码：低成本的关联校验，依赖完整的用户信息，但操作链过于冗长乏味。

（5）cookie有效期设置 由于http协议是无状态的，Web服务器只能被动地响应请求。当服务器接收到客户请求后，为了能够区分每一个客户端，需要客户端发送请求时发送一个标识符

(cookie)，从而催生了 cookie 技术。事实上，cookie 是浏览器储存在用户电脑上的一个小型的纯文本格式的文本文件。客户端在每次发送请求前，都会把这个 cookie 随同其他报文一起发送给服务器。Web 页面会告知浏览器按照一定技术规范来储存这些信息，并在随后的请求中将这些信息发送至 Web 服务器，从而使得 Web 服务器能够使用这些信息来识别不同的用户。大多数需要登录的站点在用户验证成功之后都会设置一个 cookie，只要这个 cookie 存在，用户就可以自由浏览该站点的任何授权页面。

cookie 只包含数据，就其本身而言并不具备毒害性。尽管 cookie 可以方便系统在用户离站后依然可存储用户离站前的登录身份信息，但如果用户长时间离开操作位置，一旦其他人看到用户浏览过的页面，并且当前有重要的操作可以点击触发，而如果此时用户还处于有效登录状态，则用户数据就很容易被非法操作了；但如果此时 cookie 过期，需要用户重新输入身份信息才能继续之前的操作的话，就会在一定程度上保护了用户的重要数据。

（6）弱口令检测　弱口令漏洞是指登录口令的长度太短或者复杂度不够，如仅包含数字或字母等。在安全方面，弱口令问题属于技术含量最低的安全隐患。但往往技术含量越低，被利用的频率也越高，而且造成的影响还不见得小。弱口令很容易被破解，一旦被攻击者窃取，轻则可直接登录系统，重则可读取甚至修改系统代码。在信息应用系统的安全体系建设中，弱口令治理是性价比最高的一个环节。因此，在用户账号创建之初，就应当从前端及后端加强对弱口令设置的检测。

（7）第三方登录认证　第三方登录又叫统一认证。统一认证最早出现在操作系统，比如 LDAP 等。统一认证的优势就是用户只需要一个账号密码就可以维护大量不同的系统，甚至是不同厂商开发的应用系统。如果没有这种机制，同一个人在使用不同的系统时大概率会使用同样的账密信息，甚至为了登录方便，还大概率会使用弱密码。而在使用统一认证以后，用户只需要维护一个账号即可，这样用户大概率会设定一个稍微复杂一些的强密码，如此，多系统的账密安全性就得到了一定保障，统一认证是未来的一种趋势。

12.2.4 标准化需求

在一个软件项目从可行性研究到成功投入使用的整个流程中，标准化需求分析是一个必不可少的重要环节。本系统的标准化需求分析如下所述。

（1）软件生命周期的划分　软件的生命周期可划分成若干个相互区别又相互联系的阶段，一般可划分成以下六个阶段：

① 可行性研究与计划阶段：确定项目开发目标和总体要求，进行可行性分析、效益分析，并制定开发计划。

② 需求分析阶段：确定软件系统的功能和性能。

③ 设计阶段：在充分理解需求分析的基础上，提出多个设计方案，经过比较分析，确立最佳方案。

④ 实现阶段：完成源程序的代码编写、编译和调试工作。

⑤ 测试阶段：对整个源程序进行全面测试。

⑥ 运行与维护阶段：在软件投入使用期间，不断进行优化，并根据新的需求，对原系统进行必要的扩展与删减。

（2）每个阶段技术文档的编制　在软件生命周期的每个阶段，都需要编写、检查、审阅各种开发技术文档。这些文档是整个软件项目成果的重要组成部分。

① 可行性研究报告：说明该软件系统的开发在技术、经济和社会方面的可行性，并在多

个方案中论证选定的方案。具体内容包括对现有系统的分析、系统方案的选型、投资与效益分析等。

② 开发计划表：把项目开发过程中各项工作的负责人、开发进度、所需软硬条件、经费预算的安排以文件形式记录下来，以此检查项目的开发工作。具体内容包括项目概述、实施总体计划、支撑条件等。

③ 需求说明书：对项目完成后应达到的具体要求作出规定，这是整个开发工作的基础。具体内容包括任务描述、要求规定、环境规定等。

④ 测试计划书：提供一个对软件项目的测试计划。具体内容包括测试内容、进度安排、测试方案设计、测试数据的整理方法、测试结果的评价基准等。

⑤ 设计说明书：说明系统各个层次或模块的功能设计。具体内容包括总体设计、详细设计等。

⑥ 用户使用手册：提交给技术支持人员或终端用户的操作手册。具体内容包括软件用途、运行环境、安装过程、操作流程、异常处理等。

12.2.5 规范化需求

一个团队在开发一个软件项目时，开发工作的规范化对于相互协作和统一管理至关重要。特别是大型项目的成功取决于团队合作的努力，规范化开发可以为团队的相互合作提供很好的环境。当一个项目组成员使用统一的开发规范时，对于整个工程会有以下帮助：

- 提高代码的质量：在规范化、标准化开发规范下，程序员会减少犯错的次数。
- 增强代码的可读性和可维护性：每个程序员都可以按照规范迅速了解别人的工作。
- 提升开发速度：对于新程序员，只要其掌握开发标准，便能很快融入开发组中。

限于篇幅，以下只列出一些基本的开发规范。

（1）命名规范

① 命名语义原则　表意清晰的命名规范是程序规划的核心。如果命名由表意性强的一个单词或多个单词组成，并且整个系统元素的命名都与其功能相匹配，可大大提高代码的可维护性和可读性，更能表达程序结构的逻辑关系。

② 数据库　数据库命名标准主要是针对产品模块的数据库名称、数据表及视图名称、字段名称进行的一个规范约束。数据库命名需遵循以下规范：

- 数据库命名符合总的命名语义原则。
- 数据库名称、结构表名称、视图名称、字段名称等使用 Pascal 书写规则。原则上，所有数据库对象的名称一律采用英文命名，以更好地支持国际标准，不建议使用汉语拼音命名。
- 数据库的数据层实体尽量与软件的逻辑层实体保持一致。

③ 名字空间　名字空间（NameSpace）是 C# 编程语言使用的一种代码组织形式。通过名字空间来区分不同的功能代码，可避免不同的代码片段（通常由不同的人协同工作或调用已有的代码片段）同时使用时由不同代码间变量名相同而造成的冲突。名字空间的命名需遵循以下规范：

- 名字空间的命名符合总的命名语义原则。
- 名字空间使用 Pascal 大小写，不建议名字空间中包含数字。
- 必须保证各产品模块代码在本系统中的唯一性。
- 为了更好展现产品的知识版权和系统功能划分，可按照如下格式组织系统的名字空间：公司名称.系统名称.模块名称，比如 MttSoft.TeacherInfor.UserInterface、MttSoft.TeacherInfor.Utilities 等。

■ 名字空间应避免与系统名字空间冲突。

④ 类　在面向对象编程中，类（Class）定义是一项非常重要的工作。类的命名需要遵循以下规范：

■ 类的命名符合总的命名语义原则。

■ 使用 Pascal 大小写混合的方式，每个单词的首字母大写。

■ 用名词或名词短语命名类，应该简洁而富于描述能力；在为类命名前首先要知道该类的作用，尽量以名词或名词短语命名，使程序员通过类名提供的线索，便可以了解这个类的基本功能。

■ 不要在类名称前使用类型前缀（除非是一些具有特定含义的前缀，如接口、抽象）。在类名称前使用前缀是一种很不好的编程习惯。比如，使用类名称 UserInfo，而不是使用 CUserInfo。

■ 不要使用下划线字符。

⑤ 接口　接口（Interface）泛指实体把自己提供给外界的一种抽象化物，用以由内部操作分离出外部沟通方法，使其能被内部修改而不影响外界其他实体与其交互的方式。接口的命名需遵循以下规范：

■ 使用 Pascal 大小写混合的方式，每个单词的首字母大写。

■ 使用字母 I 作为命名前缀，表示其为一个接口。

■ 尽量不使用缩写，而用全写。例如：使用 IComponent 而不是使用 IComp。

■ 不要使用下划线字符。

■ 用名词或名词短语，或者描述行为的形容词命名接口。

⑥ 参数

参数的命名需遵循以下规范：

■ 使用描述性参数名称。参数名称应当具有足够的描述性，以便参数的名称及其类型可用于在大多数情况下确定它的含义。

■ 参数名称全部使用小写。也可使用 Camel 大小写风格，可以在前面添加表示类型的前缀，用来确定参数的数据类型。比如 strName、nAge 等。

■ 使用描述参数含义的名称，而不要使用描述参数类型的名称。开发工具将提供有关参数类型的有意义的信息。因此，通过描述意义，可以更好地使用参数的名称。少用基于类型的参数名称，仅在适合使用它们的地方使用它们。

■ 不要使用保留的参数。保留的参数是专用参数，如果需要，则可以在未来的版本中公开它们。相反，如果在类库的未来版本中需要更多的数据，应为方法添加新的重载。

⑦ 变量　变量的命名需遵循以下规范：

■ 使用描述性变量名称。变量名称尽量具备足够的描述性，以便变量的名称及其类型可用于在大多数情况下确定它的含义。

■ 尽量不要用语法上允许的特殊字符作为首字母。

■ 尽量避免单个字符的变量名，除非是一次性的临时变量。比如，取名为 i、j、k、m、n 的临时变量通常用于整型数据；取名为 c 的临时变量，一般用于字符型数据。

■ 如果变量是集合型，则变量名应用复数。

■ 变量名称全部使用小写。也可使用 Camel 大小写风格，可以在前面添加表示类型的前缀，用来确定变量的数据类型。比如：strName、nAge 等。需要特别指出的是，控件变量应采用完整的英文描述符命名组件（接口部件）。比如：btnOK、txtUserName 等。

⑧ 常量　常量的命名需遵循以下规范：

■ 常量采用完整的英文大写单词，在单词之间不要使用下划线连接。

（2）代码规范

① 编码风格　编码风格主要涉及换行、缩进、空行、折叠等，编码风格需遵循以下规范：

■ 当每行字符到达规范中规定列宽时，应给予换行处理。

■ 缩进排版的一个单位通常是 4 个空格。缩进的确切解释并未详细指定（空格 vs. 制表符）。

■ 为提高代码的可阅读性，空行在小范围内将逻辑上相关但是耦合度低的代码进行分割。

■ 利用 #region 和 #endregion 指令，可以指定在使用 Visual Studio Code 编辑器的大纲功能时可展开或折叠的代码块。 在较长的代码文件中，这种折叠或展开一个或多个区域的能力会给代码编写工作带来很大便利，可使得开发者将精力集中于当前处理的文件部分。

② 程序注释　程序注释是高级编程语言中必不可少的元素。对于 C#，它主要包含文件注释、行注释、块注释、智能注释（XML 注释）等。程序注释需遵循以下规范：

■ 文件注释作为一种特殊的块注释，被置于每个文件的开始处之前。主要用来描述该文件的功能、作者及创建时间等信息，便于开发工作的推进、回溯及开发团队的沟通。

■ 行注释使用界定符“//”对单行执行语句进行注释，可放在执行语句的前行、行末、后行。值得指出的是，行末的方式只适用于极短的注释短语。可以使用 Visual Studio 的工具栏选中或取消行注释。

■ 块注释使用界定符“/**/”对多行执行语句进行注释，可放在执行语句的前行、后行。在逻辑严密的函数实现中，常常是一个代码块完成一个特定的子问题，称这样一个代码块为功能块。对函数的功能块添加注释可以理顺整个函数的功能，尤其体现在行数较多的函数中。

■ 智能注释（XML 注释）使用界定符“///”对类定义、类属性、函数、方法进行注释。与其他注释不同的是，智能注释会被编译，并生成 xml 文件插入可执行文件中。智能注释会影响编译速度，但不会影响代码执行速度。

12.2.6 模块化需求

模块化是由边界元素限定的相邻程序元素（数据说明、可执行语句）的序列。模块化设计就是把程序划分成独立命名且可独立访问的模块，每个模块完成一个子功能，最后把这些模块集成起来构成一个整体，可以完成指定的功能以满足用户的需求。

采用模块化设计原则可以使得软件结构清晰，不仅易于设计，也便于阅读和理解。根据笔者的开发经验，程序的大部分错误都出现在有关模块内部及模块之间的接口中，因此模块化设计使得软件更加容易调试和测试，进而提升软件的可靠性。

12.3 系统概要设计

系统概要设计阶段的主要工作，一方面需要将构成系统的物理元素——程序、文件、数据库、人工过程和文档等分离出来，另一方面是确立系统中的每个程序由哪些模块组成及这些模块之间的关系。

12.3.1 集成开发环境

开发本系统需要用到的软件构成如表 12-1 所示。

▣ 表12-1　本系统开发环境

开发环境	说明
操作系统	Windows7/Windows8/Windows10/Windows11
开发平台	Microsoft Visual Studio 2019(v16.0.0)
核心架构	Microsoft .NET Framwork(v4.8)
开发语言	ASP.NET5.0 + C#8.0 + HTML5.0 + CSS3 + JavaScript
数据库服务器	SQL SERVER 2019(v15.0)
数据库管理系统	SQL Server Management Studio 18(v18.9.2)

12.3.2 系统功能结构

根据本系统功能性需求分析，可将系统分为 12 个功能模块，具体系统功能结构组成如图 12-1 所示。

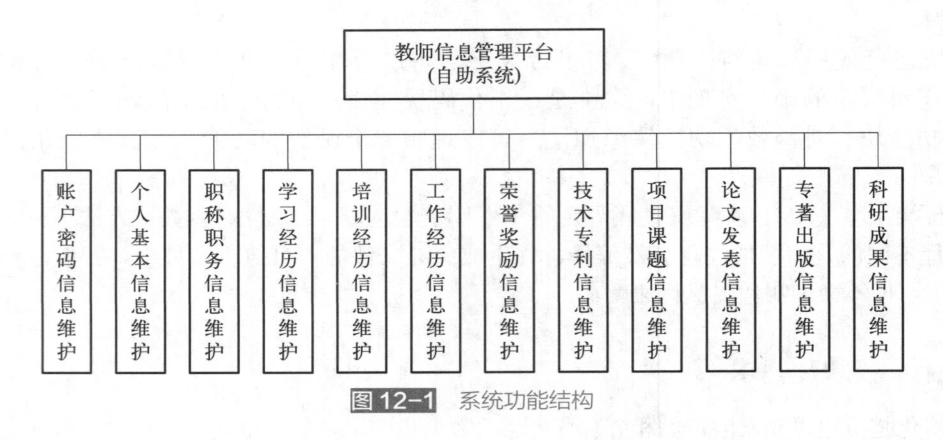

图 12-1　系统功能结构

12.3.3 数据库概要设计

在充分考虑用户需求及成本控制等问题后，本系统选择目前主流的数据库 SQL Server 2019 作为数据存储平台。该数据库系统在安全性、准确性、稳定性、运行性能、处理数据量、执行速度等方面具有绝对的优势。

本系统的数据库概要设计说明如表 12-2 所示。具体的数据库设计在以下各个小节的详细设计过程中再进一步阐述。

▣ 表12-2　数据库概要设计

开发环境	说明
数据库服务器	SQL SERVER 2019
服务器实例名称	MSSERVER
服务器数据文件目录	C:\Program Files\Microsoft SQL Server\MSSQL15.MSSQLSERVER\MSSQL\DATA\
服务器备份文件目录	C:\Program Files\Microsoft SQL Server\MSSQL15.MSSQLSERVER\MSSQL\Backup\
应用程序数据库	TeacherInformation

12.3.4 系统执行流程导图

本系统的执行流程导图如图 12-2 所示。

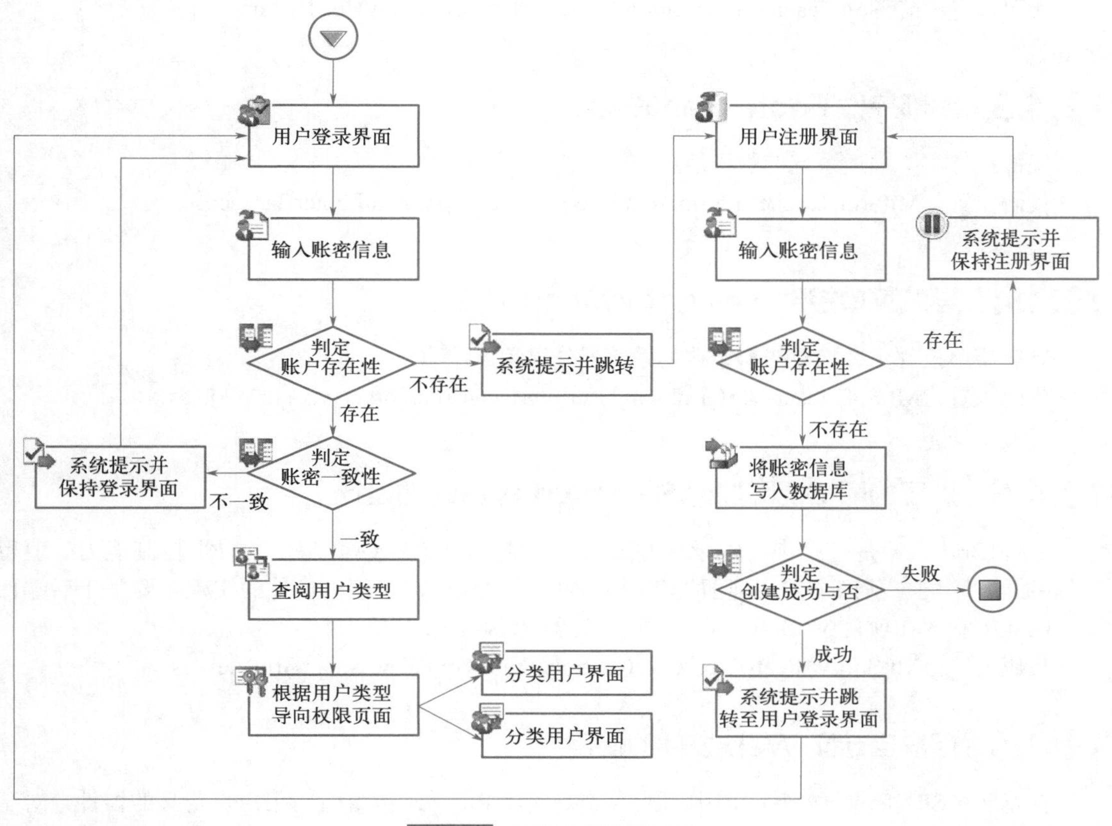

图 12-2　系统执行流程导图

12.4 用户自定义控件的详细设计

公共组件设计部分主要包括五个 Web 用户自定义控件，分别是基底控件 Fundus、头部控件 Header Bar、底部控件 Footer Bar、导航菜单控件 NavigatorMenu 及基于标准控件 GridView 的扩展控件 SmartGridView。本系统很多页面共同使用这些控件。

由于这些控件基本都是前端网页代码，比较冗长，限于篇幅，这里不再列出，读者可以自行参阅配套资源。

12.4.1 基底控件 Fundus 的设计

Fundus 控件包含多个封闭标签，涵盖很多重要的基础信息，具体包含 5 类标签：title、link、script、meta、style。

代码位置：MttSoft.TeacherInformation/UserInterface/Common/Fundus.ascx。

12.4.2 头部控件 HeaderBar 的设计

头部控件主要包含一些个性化的元素，比如系统 Logo、登录用户 Logo 等。

代码位置：MttSoft.TeacherInformation/UserInterface/Common/HeaderBar.ascx。

12.4.3 底部控件 FooterBar 的设计

底部控件主要描述系统的版权信息。

代码位置：MttSoft.TeacherInformation/UserInterface/Common/FooterBar.ascx。

12.4.4 导航菜单控件 NavigatorMenu 的设计

导航菜单控件主要构建树形结构的系统操作菜单。

代码位置：MttSoft.TeacherInformation/UserInterface/Common/NavigatorMenu.ascx。

12.4.5 扩展的网格视图控件 SmartGridView 的设计

SmartGridView 是一个类，继承自 GridView。它主要扩展 GridView 的分页控制能力。值得一提的是，不同于前四个使用纯前端代码实现的用户控件，该用户控件的实现主要基于后端代码，因此把它放在项目 MttSoft.Widgets 中，以增强代码的复用能力。

代码位置：MttSoft.Widgets/Web/UserControls/SmartGridView/SmartGridView.cs。

12.4.6 用户自定义 Web 控件的使用

在基于 ASP.NET 的 Web 应用中，通常需要使用 Register 指令引用用户自定义的控件。对于本系统而言，要使用 Fundus、HeaderBar、FooterBar、NavigatorMenu、SmartGridView 这些用户自定义控件，则需要在相关页面的前端源代码文件（.aspx）中先注册它们，然后在适当的位置引用它们。

在页面前端代码文件中引用基底控件的代码片段如下。

```
<%@ Register Src="/UserInterface/Common/Fundus.ascx"
             TagName= "fundus" TagPrefix="Fundus" %>
......
<head>
    <Fundus:fundus runat=" server" />
</head>
```

在页面前端代码文件中引用头部控件的代码片段如下。

```
<%@ Register Src= " /UserInterface/Common/HeaderBar.ascx"
             TagPrefix= " headerbar"  TagName=" HeaderBar" %>
......
<headerbar:HeaderBar runat= " server" />
```

在页面前端代码文件中引用底部控件的代码片段如下。

```
<%@ Register Src= "/UserInterface/Common/FooterBar.ascx"
            TagPrefix= " footerbar" TagName= " FooterBar" %>
......
<footerbar:FooterBar runat= " server"  />
```

在页面前端代码文件中引用导航菜单控件的代码片段如下。

```
<%@ Register Src= " /UserInterface/Common/NavigatorMenu.ascx"
            TagPrefix=" navigatormenu"  TagName=" NavigatorMenu" %>
......
<navigatormenu:NavigatorMenu runat= " server"  />
```

SmartGridView 与前 4 个用户自定义控件的引用方式有些不同。在页面前端代码文件中引用 SmartGridView 控件的代码片段如下。

```
<%@ Register Assembly= "MttSoft.Widgets"
            Namespace= "MttSoft.Widgets.Web.UserControls" TagPrefix= " sgd" %>
......
<sgd:SmartGridView ID= "vBook"  runat= "server"  AllowPaging= "True" >
</sgd:SmartGridView>
```

12.5 实用工具类的详细设计

与前述列出的被很多页面前端代码引用的用户自定义控件类似，这里列出的实用工具类也被很多页面后端所共用。

实用工具类的命名空间是 MttSoft.TeacherInformation.Utilities，包含 Debugger、FileUploader、SessionState、CookieState 和 SecurityEngine 等几个类。

12.5.1 调试工具类 Debugger 的设计

调试工具类 Debugger 主要用于用户在操作 Web 页面时给出信息提示。由于 WebForm 应用不像 WinForm 应用那样提供模态对话框 MessageBox，因此需要开发者自己设计模态对话框。这是笔者设计 Debugger 类的初衷。

Debugger 类中最基本的核心函数是 ShowMessage，它有三种重载形式。

下列重载函数 ShowMessage 弹出一个 Web 模态对话框，该对话框中包含必要的提示信息。其定义如下：

```
public static void ShowMessage ( string msg )
{
```

```
    Response.Write ("<script language=' javascript' >
                    window.alert (' "  + msg + " '); </script>");
}
```

代码位置：MttSoft.TeacherInformation/Utilities/Debugger.cs。

下列重载函数 ShowMessage 弹出一个 Web 模态对话框，该对话框中不仅包含必要的提示信息，在用户点击“确定”按钮后，浏览器会重定向到指定的页面。其定义如下：

```
public static void ShowMessage (string msg, string url)
{
HttpContext.Current.Response.Write ("<script language= 'javascript' >
                                     window.alert (' " + msg +
 " '); window.location.href =' "  + url + " '</script>");
}
```

代码位置：MttSoft.TeacherInformation/Utilities/Debugger.cs。

下列重载函数 ShowMessage 弹出一个 Web 模态对话框，该对话框中不仅包含必要的提示信息，在用户点击“确定”或“取消”按钮后，浏览器会重定向到指定的页面。其定义如下：

```
public static void ShowMessage (string msg, string urlyes, string urlno)
{
System.Web.HttpContext.Current.Response.Write ("<script language= 'javascript' >
if  (window.confirm (' " + msg + " '))
    {window.location.href= ' " + urlyes +" ' }
else {window.location.href= ' " + urlno + " ' }; </script>");
}
```

代码位置：MttSoft.TeacherInformation/Utilities/Debugger.cs。

12.5.2 文件上传类 FileUploader 的设计

本系统涉及很多的文件上传操作，比如个人头像、职称证书、聘任证书、论文、著作、专利等附件的电子版文件。由于本系统面向多用户环境，笔者为了便于组织多用户多用途的电子文件，专门设计了一个 FileUploader 类。

FileUploader 类的核心函数是 Invoke，它不仅能实现网络环境下文件的上传，还能根据登录用户信息及文件用途对上传文件进行分类组织管理，最后返回附件的引用路径。其定义如下：

```
public static string Invoke (System.Web.UI.Page page,
FileUpload loader, string rootdir, string persondir, string moduledir)
{
    string docurl =" " ;
    // 构造虚拟存储目录。
```

```
    string virtualpath = string.Format("/{0}/{1}/{2}", rootdir, persondir, moduledir);

    // 确保先选择文件
    if (loader.HasFile)
    {
        // 重新映射远程服务器虚拟目录路径
        string serverphysicalpath = page.Server.MapPath(virtualpath);
        // 如果不存在个性化存储目录，则在服务器端创建
        if (!System.IO.Directory.Exists(serverphysicalpath))
            System.IO.Directory.CreateDirectory(serverphysicalpath);

        System.Collections.Generic.IList<System.Web.HttpPostedFile> files =
                                    loader.PostedFiles;
        int filenum = files.Count;

        // 将客户端文件保存到服务器端文件系统
        for (int i = 0; i < files.Count; i++)
        {
            HttpPostedFile hpf = files[i];
            string filename = hpf.FileName;
            string serverphysicalfile =
                serverphysicalpath + @"\" + page.Server.HtmlEncode(filename);
            loader.SaveAs(serverphysicalfile);
            docurl = docurl + "/" + filename;
        }
    }
    if (docurl != "")
        docurl = virtualpath + docurl;
    return docurl;
}
```

12.5.3 状态管理类 StateManager 的设计

ASP.NET 状态管理是指使用 ASP.NET 中的 ViewState、Cookie、Session 和 Application 等类对象实现页面数据缓存和数据传递的技术。状态管理技术的产生基于 HTTP 协议的 ASP.NET，是一种无状态的网页连接机制，这是由 HTTP 协议本身是无状态的特性决定的。

在进一步阐述状态管理之前，笔者这里先介绍一下 B/S 和 C/S 两种运行架构。它们是两种完全不同的运行机制。

在 C/S 架构中，基本上所有的软件功能都在客户端（Client）中实现，因此 C/S 也称为胖客户端架构，服务器端（Server）只提供基础服务，最典型的是采用数据库系统为应用程序提供数据服务。C/S 架构的功能都在客户端的一个进程中完成，客户端与服务器端的连接基本上保持同步，只需要记录两者的连接状态而无须管理其他状态。

在B/S架构中，B/S架构主要的功能在服务端（Server）实现，客户端浏览器（Browser）只接受用户输入和数据展现。客户端和服务之间的连接并不保持同步。在B/S架构中，客户端浏览器每次将网页发送到服务器时，服务器都会创建页面的一个新的实例。在传统的Web编程中（那些没有提供内置的状态管理机制的B/S开发平台），这通常意味着在每一次交互过程中，与该页及该页上的控件相关联的信息都会丢失。比如用户将信息输入到页面的文本框中，该信息从浏览器传到服务器的往返过程中将丢失，所以状态管理机制成为B/S架构的一个重点。

换而言之，在HTTP连接中，服务器处理客户端请求的网页后，就中断与该客户端的连接。在B/S运行架构下，Web客户端与服务器端的每次交互，服务器都会销毁并重建页面，即使是同一个页面，只要超出单个网页的生存周期，网页中的信息将不复存在。也就是说，在默认情况下，服务器不会保存客户端本次请求和下次请求之间的相关性数据。这一点与C/S架构应用程序有所不同。在C/S架构的应用程序中，可使用全局变量很好地解决这个问题，而在ASP.NET环境中则需要使用与状态管理相关的对象来保存用户数据。

从应用角度来说，状态管理主要分为3个级别：应用程序级别（Application）、会话级别（Session）、页面级别（Page）。

从管理角度来说，状态管理主要分为两种类型：

■ 基于客户端（浏览器Browser）的状态管理选项。基于客户端的状态管理选项只在页中或客户端计算机上存储信息，在各往返行程间不会在服务器上维护任何信息。具体包括：ViewState（视图状态）、ControlState（控件状态）、Hidden-input（隐藏域）、Cookie、QueryString（查询字符串）。

■ 基于服务器Server的状态管理选项。具体包括：Application（应用程序状态）、Session（会话控制）、Profile（配置文件属性）。

本系统主要使用Session、Cookie和QueryString机制。这里重点实现Session和Cookie。

（1）Session机制 Session存储特定用户会话所需的属性及配置信息。当用户在Web应用程序的页面之间跳转时，存储在会话对象中的变量值在整个会话过程中一直存在。换而言之，会话对象的生命周期是用户全部操作流程的时间范畴。

状态管理类StateManager使用两个基本函数操控登录用户的Session。

① 公有静态函数SetPersonSession　下列函数SetPersonSession用于设置登录用户的Session信息，其定义如下：

```
public static void SetPersonSession(object setter, bool ispage,
string personid, string numbers)
{
    if (ispage)
    {
        (setter as System.Web.UI.Page).Session["PersonID"] = personid;
        (setter as System.Web.UI.Page).Session["PersonNumbers"] = numbers;
    }
    else
    {
        (setter as System.Web.UI.UserControl).Session["PersonID"] = personid;
```

```
            (setter as System.Web.UI.UserControl).Session["PersonNumbers"] = numbers;
        }
    }
```

代码位置：MttSoft.TeacherInformation/Utilities/StateManager.cs。

② 公有静态函数 GetPersonSession　下列函数 GetPersonSession 用于获取登录用户的 Session 信息，其定义如下：

```
public static void GetPersonSession(object getter, bool ispage,
out string personid, out string numbers)
{
    if (ispage)
    {
        personid =(getter as System.Web.UI.Page).Session["PersonID"].ToString();
        numbers = (getter as System.Web.UI.Page).Session["PersonNumbers"].ToString();
    }

    else
    {
        personid =(getter as
            System.Web.UI.UserControl).Session["PersonID"].ToString();
        numbers =(getter as
            System.Web.UI.UserControl).Session["PersonNumbers"].ToString();
    }
}
```

代码位置：MttSoft.TeacherInformation/Utilities/StateManager.cs。

（2）Cookie 机制　Cookie 是一种数据缓存机制（类型为小型文本文件），在 Web Server 和 Web Browser 断开后，依然可以存储站点访问者的相关信息。通常它是某些网站为了辨别用户身份，并进行回话跟踪而存储在用户本地终端上的数据（通常经过加密），由用户终端计算机暂时或永久保存。作为一个简单文本文件，Cookie 通常与特定的 Web 文档相关联，文件保存了该终端用户访问这个 Web 文档时的信息，当客户机再次访问这个 Web 文档时这些信息可供该文档使用。Cookie 的这种可以保存在客户机上的神奇特性具有记录用户个人信息的功能，从而不必使用复杂的 CGI 等程序。

状态管理类 StateManager 使用三个基本函数操控登录用户的 Cookie 信息。

① 公有静态函数 SetPersonCookie　下列函数 SetPersonCookie 用于设置登录用户的 Cookie 信息。其定义如下：

```
public static void SetPersonCookie(string personid, string numbers, string passwords)
{
    //设置 Cookie 对象，为了避免中文乱码，需要对 Cookies 值进行 URL 编码
    HttpCookie person = new HttpCookie("PERSON");
```

```
    person.Expires = DateTime.Now.AddDays(15);
    person.Values["ID"] = HttpUtility.UrlEncode(personid);
    person.Values["Numbers"] = HttpUtility.UrlEncode(numbers);
    person.Values["Passwords"] = HttpUtility.UrlEncode(passwords);
    HttpContext.Current.Response.Cookies.Add(person);
}
```

代码位置：MttSoft.TeacherInformation/Utilities/StateManager.cs。

② 公有静态函数 GetPersonCookie　下列函数 GetPersonCookie 用于获取登录用户的 Cookie 信息。其定义如下：

```
public static void GetPersonCookie(out string personid,
out string numbers, out string passwords)
{
    //获取Cookie对象，为了避免中文乱码，需要对Cookies值进行URL解码
    HttpCookie person = HttpContext.Current.Request.Cookies["PERSON"];
    if (person != null)
    {
        personid = HttpUtility.UrlDecode(person.Values["ID"].ToString());
        numbers = HttpUtility.UrlDecode(person.Values["Numbers"].ToString());
        passwords = HttpUtility.UrlDecode(person.Values["Passwords"].ToString());
    }
    else
    {
        personid = numbers = passwords = "";
    }
}
```

代码位置：MttSoft.TeacherInformation/Utilities/StateManager.cs。

③ 公有静态函数 ClearPersonCookie　下列函数 ClearPersonCookie 用于清除登录用户的 Cookie 信息。其定义如下：

```
public static void ClearPersonCookie()
{
    //删除Cookie对象，只需新建同名Cookie对象并设置其有效期为-1
    HttpCookie person = new HttpCookie("PERSON");
    person.Expires = DateTime.Now.AddDays(-1);
    HttpContext.Current.Response.Cookies.Add(person);
}
```

代码位置：MttSoft.TeacherInformation/Utilities/StateManager.cs。

12.5.4 安全引擎类 SecurityEngine 的设计

安全引擎类 SecurityEngine 主要用于敏感信息的加密和解密操作。它是基于 MD5+TripleDES 实现的双重加密解密机制。密钥可静态配置，也可以动态选择。

（1）公有静态函数 Encrypt　Encrypt 函数可用于对明文信息进行加密。它有两种重载形式。

下列重载函数 Encrypt 使用双重加密方法对明文字符串进行加密，其中静态密钥信息保存在标准配置文件 Web.config/App.config 中，返回对应的密文字符串。其定义如下：

```
public static string Encrypt（string plaintext, bool usehashing）
{
    //将密钥字符串转换成字节数组
    byte[] keyarray;
    System.Configuration.AppSettingsReader settingsReader =
                                new AppSettingsReader（）;
    string key = （string）settingsReader.GetValue（"SecurityKey",
                                           typeof（String））;
    if （usehashing）
    {
        MD5CryptoServiceProvider hashmd5 = new MD5CryptoServiceProvider（）;
        keyarray = hashmd5.ComputeHash（UTF8Encoding.UTF8.GetBytes（key））;
        hashmd5.Clear（）;
    }
    else
        keyarray = UTF8Encoding.UTF8.GetBytes（key）;

    //设置 TripleDES 服务程序：密钥、运算模式、填充模式
    TripleDESCryptoServiceProvider tdes = new TripleDESCryptoServiceProvider（）;
    tdes.Key = keyarray;
    tdes.Mode = CipherMode.ECB;
    tdes.Padding = PaddingMode.PKCS7;

    //创建加密器对象执行加密操作，并返回密文字符串
    ICryptoTransform cTransform = tdes.CreateEncryptor（）;
    byte[] plainarray = UTF8Encoding.UTF8.GetBytes（plaintext）;
    byte[] cipherarray =
        cTransform.TransformFinalBlock（plainarray, 0, plainarray.Length）;
    tdes.Clear（）;
    return Convert.ToBase64String（cipherarray, 0, cipherarray.Length）;
}
```

代码位置：MttSoft.TeacherInformation/Utilities/SecurityEngine.cs。

下列重载函数 Encrypt 使用双重加密方法对明文字符串进行加密，其中动态密钥信息可由调用者灵活掌握，返回对应的密文字符串。其定义如下：

```
public static string Encrypt(string key, string plaintext, bool usehashing)
{
    //将密钥字符串转换成字节数组，如果使用哈希方法，则使用MD5算法计算密钥的哈希值
    byte[] keyarray;
    if (usehashing)
    {
        MD5CryptoServiceProvider hashmd5 = new MD5CryptoServiceProvider();
        keyarray = hashmd5.ComputeHash(UTF8Encoding.UTF8.GetBytes(key));
        hashmd5.Clear();
    }
    else
        keyarray = UTF8Encoding.UTF8.GetBytes(key);

    //设置TripleDES服务程序：密钥、运算模式、填充模式
    TripleDESCryptoServiceProvider tdes = new TripleDESCryptoServiceProvider();
    tdes.Key = keyarray;
    tdes.Mode = CipherMode.ECB;
    tdes.Padding = PaddingMode.PKCS7;

    //创建加密器对象执行加密操作，并返回密文字符串
    ICryptoTransform cTransform = tdes.CreateEncryptor();
    byte[] plainarray = UTF8Encoding.UTF8.GetBytes(plaintext);
    byte[] cipherarray =
           cTransform.TransformFinalBlock(plainarray, 0, plainarray.Length);
    tdes.Clear();
    return Convert.ToBase64String(cipherarray, 0, cipherarray.Length);
}
```

代码位置：MttSoft.TeacherInformation/Utilities/SecurityEngine.cs。

（2）公有静态函数Decrypt Decrypt函数可用于对密文信息进行解密。它也有两种重载形式，分别与Encrypt函数相对应。限于篇幅，这里不再列出，读者可参阅配套资源。

12.6 登录注册模块设计

对于任何信息管理系统，登录注册模块都是用户要使用系统功能的第一个入口点。登录验证也因此成为信息应用系统最基本的功能，它直接关系到用户数据、应用系统数据的安全。登录注册模块是通向数据服务器和应用服务器的一个关键点。如果登录入口设计的不够安全，则整个系统将隐藏着极大的安全隐患。

12.6.1 登录注册模块的数据实体层设计

（1）数据结构定义 登录注册模块涉及的数据库表的结构定义如表12-3所示。

■表12-3 个人登录账密信息表(Accounts)

序号	列名	数据类型	空性	说明
1	PersonID	INT	NOT NULL	主键列；自动增长
2	Numbers	VARCHAR(30)	NOT NULL	登录账号，本系统使用身份证号
3	Passwords	VARCHAR(100)	NOT NULL	登录密码

（2）数据表的创建　打开 SQL Server Management Studio（SSMS），打开查询设计器，输入如下 SQL 脚本，即可完成数据表 Accounts 的创建。

```
USE TeacherInformation;
GO
IF OBJECT_ID('Accounts', 'U') IS NOT NULL
    DROP TABLE Accounts;
GO
CREATE TABLE Accounts
(
    PersonID INT IDENTITY(1, 1) PRIMARY KEY,
    Numbers VARCHAR(30) NOT NULL,
    Passwords VARCHAR(100) NULL
);
GO
```

12.6.2 登录注册模块的业务逻辑层设计

登录注册模块的业务逻辑层主要由命名空间 BusinessLogic 中的 Accounts 类来实现，涵盖查询、添加、更新、删除等操作。

（1）Query 函数　Query 函数用于验证账密信息一致性。如果一致性存在，则返回账密信息作为其他操作的基础。其定义如下：

```
public DataRow Query(string numbers, string passwords)
{
    string sql = "SELECT * FROM Accounts WHERE" ;

    if (!string.IsNullOrEmpty(numbers))
        sql += string.Format("AND Numbers = '{0}' ", numbers);
    if (!string.IsNullOrEmpty(passwords))
        sql += string.Format("AND Passwords = '{0}' ", passwords);

    if (sql.Contains( "WHERE AND"))
        sql = sql.Replace( "WHERE AND", " WHERE");
    else
        sql = sql.Replace( "WHERE", " ");
```

```
        DataTable dt = SQLAgency.ExecuteDataTable ( dbconnstr, CommandType.Text, sql );
        return  ( dt.Rows.Count > 0 ) ? dt.Rows[0]  : null;
}
```

代码位置：MttSoft.TeacherInformation/BusinessLogic/Accounts.cs。

（2）Insert 函数　Insert 函数用于添加账密信息。其定义如下：

```
public bool Insert ( string numbers, string passwords )
{
    string sql = string.Format ("INSERT INTO Accounts ( Numbers, Passwords )
                VALUES  (  '{0}', '{1}' ) ", numbers, passwords );
    return SQLAgency.ExecuteNonQuery ( dbconnstr, CommandType.Text, sql ) == 1;
}
```

代码位置：MttSoft.TeacherInformation/BusinessLogic/Accounts.cs。

（3）Update 函数　Update 函数用于更新账密信息。其定义如下：

```
public bool Update ( string personid, string numbers, string passwords )
{
     if  ( !string.IsNullOrEmpty ( personid ))
     {
          string sql = string.Format ( "Update Accounts
                         Set Numbers= '{1}', Passwords= '{2}'  WHERE PersonID= '{0}' ",
                         personid, numbers, passwords );
          return SQLAgency.ExecuteNonQuery ( dbconnstr, CommandType.Text, sql ) == 1;
     }

     else
     {
          string sql = string.Format ( "Update Accounts
                         SetNumbers= '{0}', Passwords= '{1}' ",
                         numbers, passwords );
          return SQLAgency.ExecuteNonQuery ( dbconnstr, CommandType.Text, sql ) == 1;
     }
}
```

代码位置：MttSoft.TeacherInformation/BusinessLogic/Accounts.cs。

（4）Delete 函数　Delete 函数用于删除账密信息。其定义如下：

```
public bool Delete ( string personid )
{
     if  ( !string.IsNullOrEmpty ( personid ))
     {
          string sql = string.Format ( "DELETE FROM Accounts
```

```
                                WHERE personid = '{0}' ",
                                personid);
        return SQLAgency.ExecuteNonQuery(dbconnstr, CommandType.Text, sql) == 1;
    }
    else
    {
        string sql = string.Format("DELETE FROM Accounts");
        return SQLAgency.ExecuteNonQuery(dbconnstr, CommandType.Text, sql) == 1;
    }
}
```

代码位置：MttSoft.TeacherInformation/BusinessLogic/Accounts.cs。

12.6.3 登录注册模块的用户接口层设计

登录注册模块的用户接口层主要由命名空间 UserInterface.Account 中的 SignIn 和 SignUp 两个类来实现，涵盖用户登录和注册等操作。

（1）Verify 函数　当用户点击“用户登录”窗口的“登录”按钮时，会触发该函数的调用。其定义如下：

```
private void Verify()
{
    BusinessLogic.Accounts acc = new BusinessLogic.Accounts();
    DataRow dr = acc.Query(iptNumbers.Value, " ");

    // 判定账号存在性，如果账号不存在，则转向注册窗口
    if (dr == null)
    {
        Debugger.ShowMessage("账号不存在，请转向注册窗口。",
                             "/UserInterface/Accounts/SignUp.aspx");
    }
    // 否则继续验证后端存储密码与前端输入密码一致性
    else
    {
        string personid = dr.ItemArray[0].ToString();
        string numbers = dr.ItemArray[1].ToString();
        string passwords = dr.ItemArray[2].ToString();
        string key = iptNumbers.Value;

        // 如果账密信息保持一致，设置必要的 Session 和 Cookie
        if (iptPasswords.Value == SecurityEngine.Decrypt(key, passwords, true))
        {
            // 设置用户登录 Session
            StateManager.SetPersonSession(this, true, personid, numbers);
```

```
            //根据用户选择，设置登录 Cookies
            if (ckbRemember.Checked)
                StateManager.SetPersonCookie(personid, numbers, passwords);
            //否则清空登录 Cookie
            else
                StateManager.ClearPersonCookie();

            //登录成功，跳转到主页
            Response.Redirect("/UserInterface/Home/Default.aspx");
        }
        //否则重新输入
        else
        {
            Debugger.ShowMessage("账密信息输入错误，请重新输入。",
                                 "/UserInterface/Accounts/SignIn.aspx");
        }
    }
}
```

代码位置：MttSoft.TeacherInformation/UserInterface/Account/SignIn.aspx.cs。

（2）Registry 函数　当用户点击“用户注册”界面的“注册”按钮时，会触发该事件函数的调用。其定义如下：

```
protected void Registry(object sender, EventArgs e)
{
    BusinessLogic.Accounts acc = new BusinessLogic.Accounts();
    DataRow dr = acc.Query(iptNumbers.Value, " ");

    //判定账号存在性，如果已有账号，则转向登录窗口
    if (dr!=null)
    {
        Debugger.ShowMessage("账号已经存在，请转向登录窗口。",
                             "/UserInterface/Accounts/SignIn.aspx");
    }
    //否则账密信息不存在，需要向数据库插入。在插入前先使用账号作为密钥动态加密密码
    else
    {
        string numbers = iptNumbers.Value;
        string passwords = SecurityEngine.Encrypt(iptNumbers.Value, iptPasswords.
Value, true);
        if (acc.InsertText(numbers, passwords) == true)
            Debugger.ShowMessage("账号创建成功，请转向登录窗口。",
                                 "/UserInterface/Accounts/SignIn.aspx");
```

```
        else
            Debugger.ShowMessage("创建账号时出现异常，请联系系统管理员。",
                                 "/UserInterface/Accounts/SignUp.aspx");
    }
}
```

代码位置：MttSoft.TeacherInformation/UserInterface/Account/SignUp.aspx.cs。

12.6.4 登录注册模块的设计效果

（1）**登录界面** 登录界面的设计效果如图 12-3 所示。

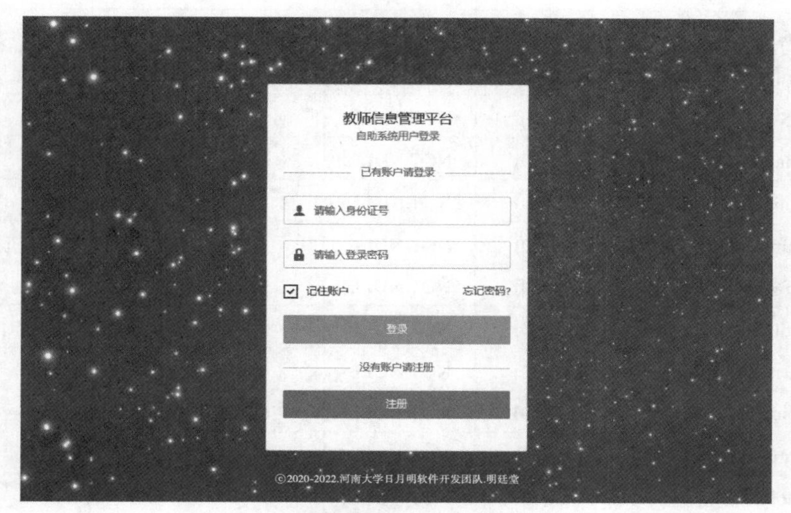

图 12-3 用户登录

（2）**注册界面** 注册界面的设计效果如图 12-4 所示。

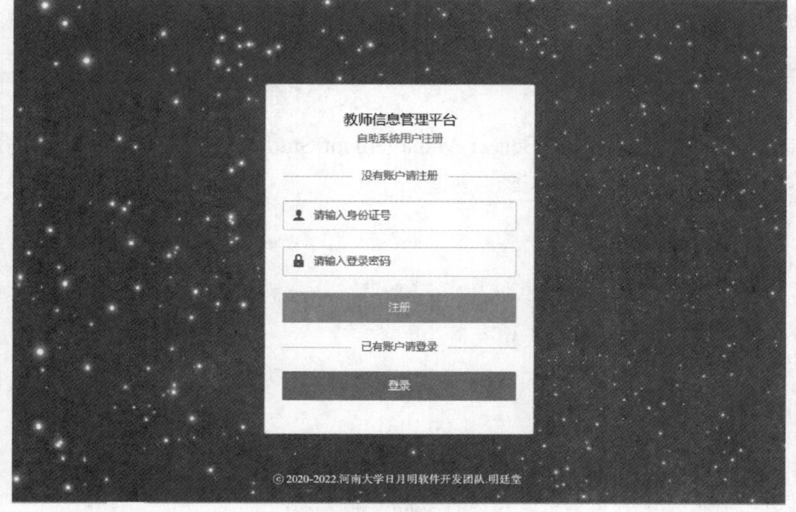

图 12-4 用户注册

12.7 基本信息模块设计

12.7.1 基本信息模块的数据实体层设计

（1）数据结构定义　基本信息模块涉及的数据库表的结构定义如表 12-4 所示。

表12-4　个人基本信息表(Basic)

序号	列名	数据类型	空性	说明
1	ModuleID	INT	NOT NULL	主键列；自动增长
2	PersonID	INT	NOT NULL	外键列，指向 Accounts 表的 PersonID
3	RealName	VARCHAR(20)	NOT NULL	真实姓名，与身份证保持一致
4	Birthday	VARCHAR(10)	NOT NULL	出生日期，与身份证保持一致
5	Sex	VARCHAR(6)	NOT NULL	性别
6	Ethnicity	VARCHAR(20)	NOT NULL	民族
7	Politics	VARCHAR(10)	NOT NULL	政治面貌
8	Institution	VARCHAR(50)	NOT NULL	工作单位 / 组织 / 机构
9	JobName	VARCHAR(30)	NOT NULL	当前从事专业
10	JobDate	VARCHAR(10)	NOT NULL	从事当前专业开始时间
11	Education	VARCHAR(20)	NOT NULL	最高学历
12	Academy	VARCHAR(50)	NOT NULL	毕业院校
13	AwardDate	VARCHAR(10)	NOT NULL	毕业证授予时间
14	Mobile	VARCHAR(20)	NOT NULL	手机号码
15	Email	VARCHAR(50)	NULL	电子邮件
16	Post	VARCHAR(100)	NULL	通信地址
17	Province	VARCHAR(20)	NULL	所属省份
18	City	VARCHAR(20)	NULL	所在城市
19	HeaderLogo	VARCHAR(120)	NULL	个人头像电子版

（2）数据表的创建　打开 SQL Server Management Studio（SSMS），打开查询设计器，输入如下 SQL 脚本，即可完成数据表 Basic 的创建。

```
USE TeacherInformation;
GO
IF OBJECT_ID ( 'Basic', 'U' ) IS NOT NULL
  DROP TABLE Basic;
GO
CREATE TABLE Basic
(
   ModuleID INT IDENTITY(1, 1) PRIMARY KEY NOT NULL,
```

```
    PersonID INT NOT NULL,
    RealName VARCHAR(20) NOT NULL,
    Birthday VARCHAR(10) NOT NULL,
    Sex VARCHAR(6) NOT NULL,
    Ethnicity VARCHAR(20) NOT NULL,
    Politics VARCHAR(10) NOT NULL,
    Institution VARCHAR(50) NOT NULL,
    JobName VARCHAR(30) NOT NULL,
    JobDate VARCHAR(10) NOT NULL,
    Education VARCHAR(20) NOT NULL,
    University VARCHAR(50) NOT NULL,
    AwardDate VARCHAR(10) NOT NULL,
    Mobile VARCHAR(20) NOT NULL,
    Email VARCHAR(50) NULL,
    Post VARCHAR(100) NULL,
    Province VARCHAR(20) NULL,
    City VARCHAR(20) NULL,
    HeaderLogo VARCHAR(120) NULL,
);
GO
```

12.7.2 基本信息模块的业务逻辑层设计

基本信息模块的业务逻辑层主要由命名空间 BusinessLogic 中的 Basic 类来实现，涵盖基本信息的查询、添加、更新、删除等操作。

（1）Query 函数 Query 函数用于检索基本信息。它包含两种重载形式，分别定义如下：

```
public DataTable Query(string moduleid, string personid)
{
    string sql = "SELECT * FROM Basic WHERE" ;

    if (!string.IsNullOrEmpty(moduleid))
        sql += string.Format( "AND ModuleID = '{0}' ", moduleid);
    if (!string.IsNullOrEmpty(personid))
        sql += string.Format( "AND PersonID = '{0}' ", personid);

    if (sql.Contains( "WHERE AND"))
        sql = sql.Replace( "WHERE AND", " WHERE");
    else
        sql = sql.Replace( "WHERE", " ");

    sql += "ORDER BY ModuleID DESC" ;
```

```
    return SQLAgency.ExecuteDataTable(dbconnstr, CommandType.Text, sql);
}

public DataRow Query(string moduleid)
{
    string sql = string.Format( "SELECT * FROM Basic
                               WHERE ModuleID= '{0}' ",
                               moduleid);
    DataTable dt= SQLAgency.ExecuteDataTable(dbconnstr, CommandType.Text, sql);
    return (dt.Rows.Count > 0)? (dt.Rows[0]): null;
}
```

代码位置：MttSoft.TeacherInformation/BusinessLogic/Basic.cs。

（2）Insert 函数　Insert 函数用于添加基本信息。其定义如下：

```
public bool Insert(string personid, string realname, string birthday,
string sex, string ethnicity, string politics, string institution,
string jobname, string jobdate, string education, string academy,
string awarddate, string mobile, string email, string post,
string province, string city, string logoimage)
{
string sql = "INSERT INTO Basic (PersonID, RealName, Birthday, Sex, Ethnicity,
              Politics, Institution, JobName, JobDate, Education, Academy,
              AwardDate, Mobile, Email, Post, Province, City, HeaderLogo)" ;

sql += string.Format("VALUES ( '{0}', '{1}', '{2}', '{3}', '{4}', '{5}', '{6}',
       '{7}', '{8}', '{9}', '{10}', '{11}', '{12}', '{13}', '{14}',
        '{15}', '{16}', '{17}')", personid, realname, birthday, sex, ethnicity,
           politics, institution, jobname, jobdate, education, academy, awarddate,
           mobile, email, post, province, city, logoimage);

    return SQLAgency.ExecuteNonQuery(dbconnstr, CommandType.Text, sql) == 1;
}
```

代码位置：MttSoft.TeacherInformation/BusinessLogic/Basic.cs。

（3）Update 函数　Update 函数用于更新基本信息。其定义如下：

```
public bool Update(string moduleid, string realname, string birthday,
string sex, string ethnicity, string politics, string institution,
string jobname, string jobdate, string education, string academy,
string awarddate, string mobile, string email, string post,
```

```
string province, string city, string logoimage)
{
    string sql = string.Format("Update Basic Set RealName= '{0}', Birthday= '{1}',
                 Sex= '{2}', Ethnicity= '{3}', Politics= '{4}', Institution = '{5}',
                 JobName= '{6}', JobDate= '{7}', Education= '{8}', Academy= '{9}',
                 AwardDate= '{10}', Mobile= '{11}', Email= '{12}', Post= '{13}',
                 Province= '{14}', City= '{15}', HeaderLogo= '{16}' ",
                 realname, birthday, sex, ethnicity, politics, institution,
                 jobname, jobdate, education, academy, awarddate, mobile,
                 email, post, province, city, logoimage);

    if (!string.IsNullOrEmpty(moduleid))
        sql += string.Format("WHERE ModuleID = '{0}' ", moduleid);

    return SQLAgency.ExecuteNonQuery(dbconnstr, CommandType.Text, sql) == 1;
}
```

代码位置：MttSoft.TeacherInformation/BusinessLogic/Basic.cs。

（4）Delete 函数　Delete 函数用于删除基本信息。其定义如下：

```
public bool Delete(string moduleid, string personid)
{
    string sql = string.Format("DELETE FROM Basic WHERE");

    if (!string.IsNullOrEmpty(moduleid))
        sql += string.Format("AND ModuleID = '{0}' ", moduleid);
    if (!string.IsNullOrEmpty(personid))
        sql += string.Format("AND PersonID = '{0}' ", personid);

    if (sql.Contains("WHERE AND"))
        sql = sql.Replace("WHERE AND", " WHERE");
    else
        sql = sql.Replace("WHERE", " ");

    return SQLAgency.ExecuteNonQuery(dbconnstr, CommandType.Text, sql) == 1;
}
```

代码位置：MttSoft.TeacherInformation/BusinessLogic/Basic.cs。

12.7.3 基本信息模块的用户接口层设计

基本信息模块的用户接口层主要由命名空间 UserInterface.Basic 中的 BasicAdd、BasicUpdate、BasicDelete 三个类来实现，主要涵盖基本信息的添加、更新和删除等操作。

（1）InsertBasic 函数　当用户点击“添加基本信息”窗口的“添加”按钮时，会触发该函数的调用。其定义如下：

```
private void InsertBasic()
{
    string personid = SessionPersonID;
    string realname = iptRealName.Value;
    string birthday = iptBirthday.Value;
    string sex = ddlSex.Text;
    string ethnicity = ddlEthnicity.Text;
    string politics = ddlPolitics.Text;
    string institution = iptInstitution.Value;
    string jobname = ddlJobName.Text;
    string jobdate = iptJobDate.Value;
    string education = ddlEducation.Text;
    string academy = iptAcademy.Value;
    string awarddate = iptAwardDate.Value;
    string mobile = iptMobile.Value;
    string email = iptEmail.Value;
    string post = iptPost.Value;
    string province = ddlProvince.Text;
    string city = ddlCity.Text;
   string headerlogo = FileUploader.Invoke(this, fuHeaderLogo,
                   rootdir, persondir, moduledir);

    BusinessLogic.Basic basic = new BusinessLogic.Basic();
    try
    {
        basic.Insert(personid, realname, birthday, sex, ethnicity, politics,
                     institution, jobname, jobdate, education, academy,
                     awarddate, mobile, email, post, province, city, headerlogo);
        Debugger.ShowMessage("成功添加基础信息！");
        ResetBasic();
        BindBasic();
    }
    catch
    {
        Debugger.ShowMessage("执行添加基础信息时出现未处理的异常。");
    }
}
```

代码位置：MttSoft.TeacherInformation/UserInterface/Basic/BasicAdd.aspx.cs。

（2）UpdateBasic 函数　当用户点击“更新基本信息”界面的“更新”按钮时，会触发该函数的调用。其定义如下：

```
private void UpdateBasic(string moduleid)
{
    string realname = iptRealName.Value;
    string birthday = iptBirthday.Value;
    string sex = ddlSex.Text;
    string ethnicity = ddlEthnicity.Text;
    string politics = ddlPolitics.Text;
    string institution = iptInstitution.Value;
    string jobname = ddlJobName.Text;
    string jobdate = iptJobDate.Value;
    string education = ddlEducation.Text;
    string academy = iptAcademy.Value;
    string awarddate = iptAwardDate.Value;
    string mobile = iptMobile.Value;
    string email = iptEmail.Value;
    string post = iptPost.Value;
    string province = ddlProvince.Text;
    string city = ddlCity.Text;
    string headerlogo = FileUploader.Invoke(this, fuHeaderLogo,
                        rootdir, persondir, moduledir);
    if (headerlogo == "")//如果没有修改头像，保留原设置
    {
        headerlogo = iptHeaderLogo.Value;
    }

    if (!string.IsNullOrEmpty(moduleid))
    {
        BusinessLogic.Basic basic = new BusinessLogic.Basic();
        try
        {
            basic.Update(moduleid, realname, birthday, sex, ethnicity, politics,
                         institution, jobname, jobdate, education, academy,
                         awarddate, mobile, email, post, province, city, headerlogo);
            Debugger.ShowMessage("成功更新个人基本信息。");
            ResetBasic();
            BindBasic();
        }
        catch
        {
            Debugger.ShowMessage("执行更新个人基本信息时出现未处理的异常。");
        }
    }
    else
    {
        Debugger.ShowMessage(
```

```
            "您还未选择任何要更新的对象，请先从列表中选择要更新的基本信息条目。");
    }
}
```

代码位置：MttSoft.TeacherInformation/UserInterface/Basic/BasicUpdate.aspx.cs。

（3）DeleteBasic 函数 当用户点击“删除基本信息”窗口的“删除”按钮时，会触发该函数的调用。其定义如下：

```
private void DeleteBasic ( )
{
    string personid = SessionPersonID;

    string realname = iptRealName.Value;
    string birthday = iptBirthday.Value;
    string sex = ddlSex.Text;
    string ethnicity = ddlEthnicity.Text;
    string politics = ddlPolitics.Text;
    string institution = iptInstitution.Value;
    string jobname = ddlJobName.Text;
    string jobdate = iptJobDate.Value;
    string education = ddlEducation.Text;
    string academy = iptAcademy.Value;
    string awarddate = iptAwardDate.Value;
    string mobile = iptMobile.Value;
    string email = iptEmail.Value;
    string post = iptPost.Value;
    string province = ddlProvince.Text;
    string city = ddlCity.Text;
    string headerlogo = FileUploader.Invoke ( this, fuHeaderLogo,
                    rootdir, persondir, moduledir );

    BusinessLogic.Basic basic = new BusinessLogic.Basic ( );
    try
    {
        basic.Insert ( personid, realname, birthday, sex, ethnicity, politics,
                    institution, jobname, jobdate, education, academy,
                    awarddate, mobile, email, post, province, city, headerlogo );
        Debugger.ShowMessage ( "成功添加基础信息！");
        ResetBasic ( );
        BindBasic ( );
    }
    catch
    {
        Debugger.ShowMessage ( "执行添加基础信息时出现未处理的异常。");
```

```
        }
}
```

代码位置：MttSoft.TeacherInformation/UserInterface/Basic/BasicDelete.aspx.cs。

12.7.4 基本信息模块的设计效果

（1）添加基本信息界面 添加基本信息界面的设计效果如图 12-5 所示。

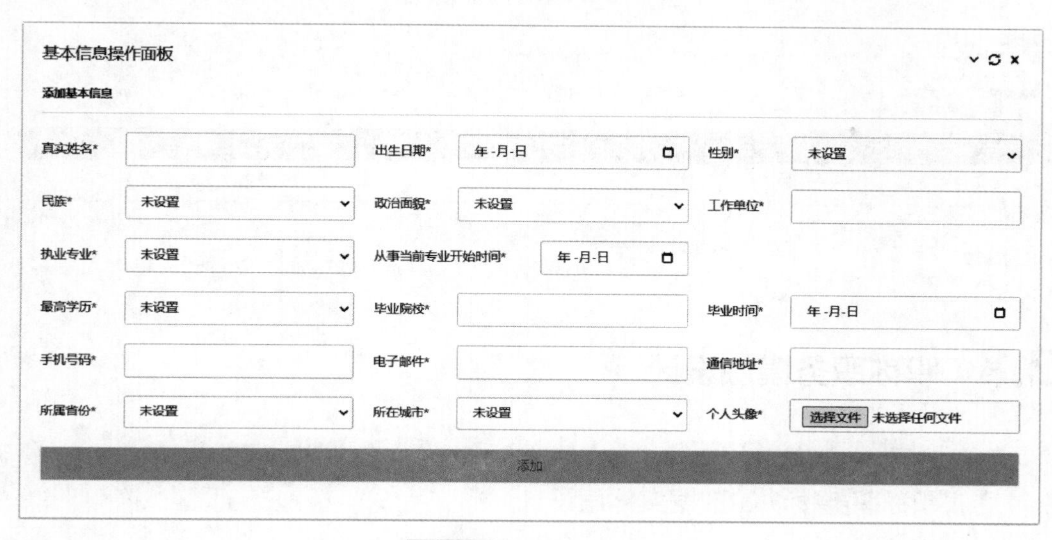

图 12-5 添加基本信息

（2）更新基本信息界面 更新基本信息界面的设计效果如图 12-6 所示。

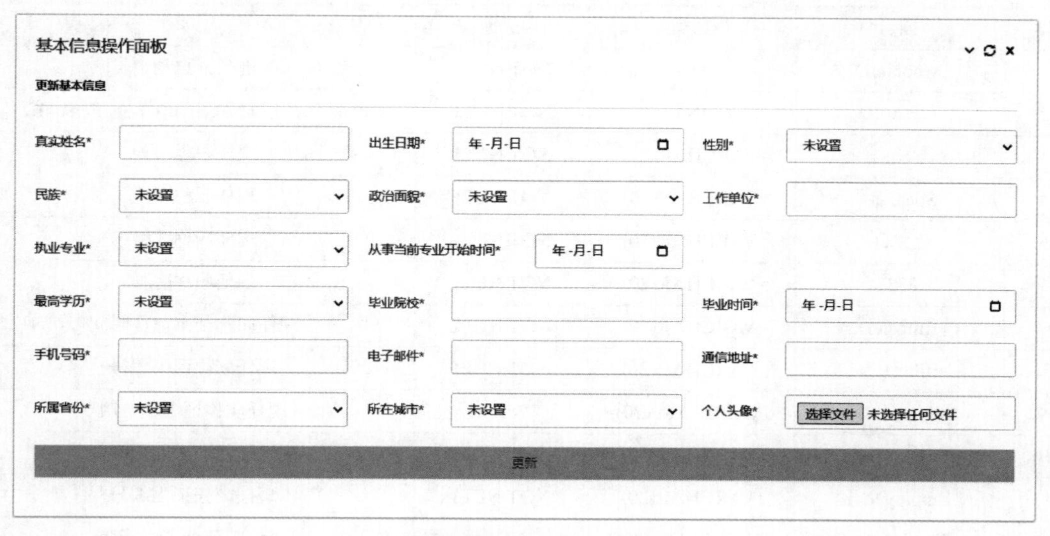

图 12-6 更新基本信息

（3）删除基本信息界面 删除基本信息界面的设计效果如图 12-7 所示。

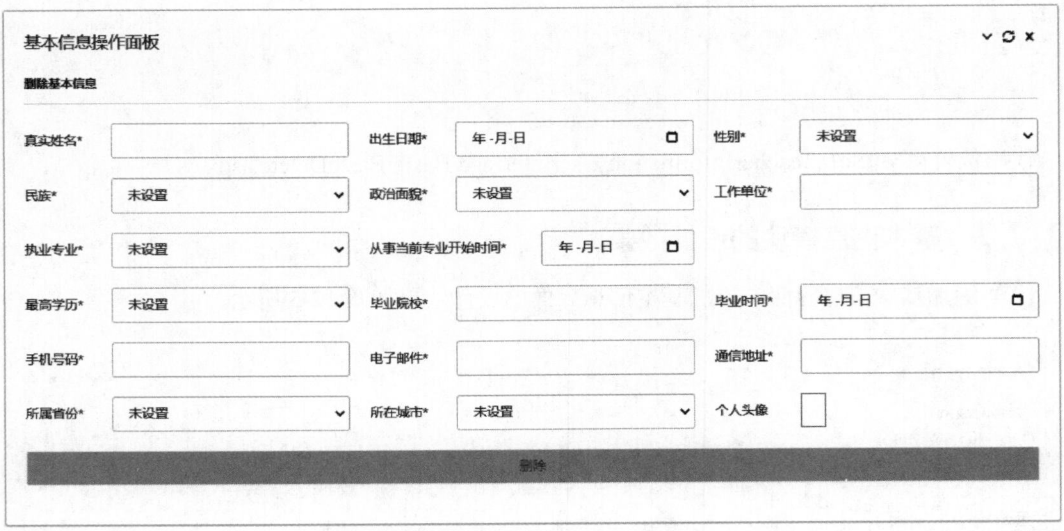

图 12-7 删除基本信息

12.8 职称职务模块设计

12.8.1 职称职务模块的数据实体层设计

（1）数据结构定义 职称职务模块涉及的数据库表的结构定义如表 12-5 所示。

表12-5 职称职务表(Profession)

序号	列名	数据类型	空性	说明
1	ModuleID	INT	NOT NULL	主键列；自动增长
2	PersonID	INT	NOT NULL	外键列，指向 Accounts 表的 PersonID
3	Series	VARCHAR(20)	NOT NULL	现任职称系列
4	Specialty	VARCHAR(50)	NOT NULL	现任职称专业
5	Level	VARCHAR(10)	NOT NULL	现任职称等级
6	Title	VARCHAR(20)	NOT NULL	现任职称名称
7	CertificateDate	VARCHAR(10)	NOT NULL	现任职称证书取得时间
8	CertificateNum	VARCHAR(20)	NOT NULL	现任职称证书编号
9	CertificateDoc	VARCHAR(120)	NULL	现任职称证书电子版
10	EmployDate	VARCHAR(10)	NOT NULL	现任聘任证书取得时间
11	EmployNum	VARCHAR(20)	NOT NULL	现任聘任证书编号
12	EmployDoc	VARCHAR(120)	NULL	现任聘任证书电子版

（2）数据表的创建 打开 SQL Server Management Studio（SSMS），打开查询设计器，输入

如下 SQL 脚本，即可完成数据表 Profession 的创建。

```
USE TeacherInformation;
GO
IF OBJECT_ID('Profession', 'U') IS NOT NULL
    DROP TABLE Profession;
GO
CREATE TABLE Profession
(
    ModuleID INT IDENTITY(1, 1) PRIMARY KEY NOT NULL,
    PersonID INT NOT NULL,
    Series VARCHAR(20) NOT NULL,
    Specialty VARCHAR(50) NOT NULL,
    Level VARCHAR(10) NOT NULL,
    Title VARCHAR(20) NOT NULL,
    CertificateDate VARCHAR(10) NOT NULL,
    CertificateNum VARCHAR(20) NOT NULL,
    CertificateDoc VARCHAR(120) NULL,
    EmployDate VARCHAR(10) NOT NULL,
    EmployNum VARCHAR(20) NOT NULL,
    EmployDoc VARCHAR(120) NULL
);
GO
```

12.8.2 职称职务模块的业务逻辑层设计

职称职务模块的业务逻辑层主要由命名空间 BusinessLogic 中的 Profession 类实现，涵盖职称职务的查询、添加、更新、删除等操作。

（1）Query 函数　Query 函数用于检索职称职务。它包含两种重载形式，分别定义如下：

```
public DataTable Query(string moduleid, string personid)
{
    string sql = "SELECT * FROM Profession WHERE" ;

    if (!string.IsNullOrEmpty(moduleid))
        sql += string.Format("AND ModuleID = '{0}' ", moduleid);
    if (!string.IsNullOrEmpty(personid))
        sql += string.Format("AND PersonID = '{0}' ", personid);

    if (sql.Contains("WHERE AND"))
        sql = sql.Replace("WHERE AND", " WHERE");
    else
        sql = sql.Replace("WHERE", " ");

    sql += "ORDER BY ModuleID DESC" ;
```

```
    return SQLAgency.ExecuteDataTable(dbconnstr, CommandType.Text, sql);
}

public DataRow Query(string moduleid)
{
    string sql = string.Format("SELECT * FROM Profession
                                WHERE ModuleID= '{0}' ",
                                moduleid);
    DataTable dt= SQLAgency.ExecuteDataTable(dbconnstr, CommandType.Text, sql);
    return (dt.Rows.Count > 0)? (dt.Rows[0]): null;
}
```

代码位置：MttSoft.TeacherInformation/BusinessLogic/Profession.cs。

（2）Insert 函数　Insert 函数用于添加职称职务。其定义如下：

```
public bool Insert(string personid, string series, string specialty,
string level, string title, string certificatedate, string certificatenum,
string certificatedoc, string employdate, string employnum, string employdoc)
{
    string sql = "INSERT INTO Profession (PersonID, Series, Specialty, Level,
                  Title, CertificateDate, CertificateNum, CertificateDoc,
                 EmployDate, EmployNum, EmployDoc)" ;
    sql += string.Format("VALUES ('{0}', '{1}', '{2}', '{3}', '{4}', '{5}', '{6}',
            '{7}', '{8}', '{9}', '{10}')", personid, series, specialty, level,
            title, certificatedate, certificatenum, certificatedoc, employdate,
            employnum, employdoc);

    return SQLAgency.ExecuteNonQuery(dbconnstr, CommandType.Text, sql) == 1;
}
```

代码位置：MttSoft.TeacherInformation/BusinessLogic/Profession.cs。

（3）Update 函数　Update 函数用于更新职称职务。其定义如下：

```
public bool Update(string moduleid, string series, string specialty,
string level, string title, string certificatedate, string certificatenum,
string certificatedoc, string employdate, string employnum, string employdoc)
{
    string sql = string.Format("Update Profession Set Series= '{0}',
                 Specialty= '{1}', Level= '{2}', Title= '{3}', CertificateDate= '{4}',
                 CertificateNum= '{5}', CertificateDoc= '{6}', EmployDate= '{7}',
                 EmployNum= '{8}', EmployDoc= '{9}' ",
                 series, specialty, level, title, certificatedate, certificatenum,
                 certificatedoc, employdate, employnum, employdoc);
```

```
    if (!string.IsNullOrEmpty(moduleid))
        sql += string.Format("WHERE ModuleID = '{0}' ", moduleid);

    return SQLAgency.ExecuteNonQuery(dbconnstr, CommandType.Text, sql) == 1;
}
```

代码位置：MttSoft.TeacherInformation/BusinessLogic/Profession.cs。

（4）Delete 函数　Delete 函数用于删除职称职务。其定义如下：

```
public bool Delete(string moduleid, string personid)
{
    string sql = string.Format("DELETE FROM Profession WHERE");

    if (!string.IsNullOrEmpty(moduleid))
        sql += string.Format("AND ModuleID = '{0}' ", moduleid);
    if (!string.IsNullOrEmpty(personid))
        sql += string.Format("AND PersonID = '{0}' ", personid);

    if (sql.Contains("WHERE AND"))
        sql = sql.Replace("WHERE AND", " WHERE");
    else
        sql = sql.Replace("WHERE", " ");

    return SQLAgency.ExecuteNonQuery(dbconnstr, CommandType.Text, sql) == 1;
}
```

代码位置：MttSoft.TeacherInformation/BusinessLogic/Profession.cs。

12.8.3 职称职务模块的用户接口层设计

职称职务模块的用户接口层主要由命名空间UserInterface.Profession中的ProfessionAdd、ProfessionUpdate、ProfessionDelete三个类实现，主要涵盖职称职务的添加、更新和删除等操作。

（1）InsertProfession 函数　当用户点击“添加职称职务”窗口的“添加”按钮时，会触发该函数的调用。其定义如下：

```
private void InsertProfession()
{
    string personid = SessionPersonID;

    string series = this.ddlSeries.Text;
    string specialty = this.ddlSpecialty.Text;
    string level = this.ddlLevel.Text;
    string title = this.ddlTitle.Text;
```

```
        string certificatedate = this.iptCertificateDate.Value;
        string certificatenum = this.iptCertificateNum.Value;
        string certificatedoc = FileUploader.Invoke(this, fuCertificateDoc,
                                rootdir, persondir, moduledir);
        string employdate = this.iptEmployDate.Value;
        string employnum = this.iptEmployNum.Value;
        string employdoc = FileUploader.Invoke(this, fuEmployDoc,
                           rootdir, persondir, moduledir);

        BusinessLogic.Profession profession = new BusinessLogic.Profession();
        try
        {
            profession.Insert(personid, series, specialty, level, title,
                          certificatedate, certificatenum, certificatedoc,
                          employdate, employnum, employdoc);
            Debugger.ShowMessage("成功添加职称职务！");
            ResetProfession();
            BindProfession();
        }
        catch
        {
            Debugger.ShowMessage("执行添加职称职务时出现未处理的异常。");
        }
    }
```

代码位置：MttSoft.TeacherInformation/UserInterface/Profession/ProfessionAdd.aspx.cs。

（2）UpdateProfession 函数　当用户点击“更新职称职务”界面的“更新”按钮时，会触发该函数的调用。其定义如下：

```
    private void UpdateProfession(string moduleid)
    {
        string series = this.ddlSeries.Text;
        string specialty = this.ddlSpecialty.Text;
        string level = this.ddlLevel.Text;
        string title = this.ddlTitle.Text;
        string certificatedate = this.iptCertificateDate.Value;
        string certificatenum = this.iptCertificateNum.Value;
        string certificatedoc = FileUploader.Invoke(this, fuCertificateDoc,
                                rootdir, persondir, moduledir);
        if (certificatedoc == "")
        {
            certificatedoc = iptCertificateDoc.Value;
        }
        string employdate = this.iptEmployDate.Value;
        string employnum = this.iptEmployNum.Value;
```

```
    string employdoc = FileUploader.Invoke(this, fuEmployDoc,
                        rootdir, persondir, moduledir);

    if(employdoc==" ")
    {
        employdoc = iptEmployDoc.Value;
    }

    if (!string.IsNullOrEmpty(moduleid))
    {
        BusinessLogic.Profession profession = new BusinessLogic.Profession();
        try
        {
            profession.Update(moduleid, series, specialty, level, title, certificatedate,
                certificatenum, certificatedoc, employdate, employnum, employdoc);
            Debugger.ShowMessage("成功更新职称职务记录。");
            ResetProfession();
            BindProfession();
        }
        catch
        {
            Debugger.ShowMessage("执行更新职称职务时出现未处理的异常。");
        }
    }
    else
    {
        Debugger.ShowMessage(
            "您还未选择任何要更新的对象，请先从列表中选择要更新的职称职务条目。");
    }
}
```

代码位置：MttSoft.TeacherInformation/UserInterface/Profession/ProfessionUpdate.aspx.cs。

（3）DeleteProfession 函数 当用户点击“删除职称职务”窗口的“删除”按钮时，会触发该函数的调用。其定义如下：

```
private void DeleteProfession(string moduleid)
{
    if (!string.IsNullOrEmpty(moduleid))
    {
        BusinessLogic.Profession profession = new BusinessLogic.Profession();
        try
        {
            profession.Delete(moduleid, " ");
            Debugger.ShowMessage("成功删除职称职务记录。");
            ResetProfession();
```

```
            BindProfession();
        }
        catch
        {
            Debugger.ShowMessage("执行删除职称职务时出现未处理的异常。");
        }
    }
    else
    {
        Debugger.ShowMessage(
        "您还未选择任何要删除的对象，请先从列表中选择要删除的职称职务条目。");
    }
}
```

代码位置：MttSoft.TeacherInformation/UserInterface/Profession/ProfessionDelete.aspx.cs。

12.8.4 职称职务模块的设计效果

（1）添加职称职务界面 添加职称职务界面的设计效果如图 12-8 所示。

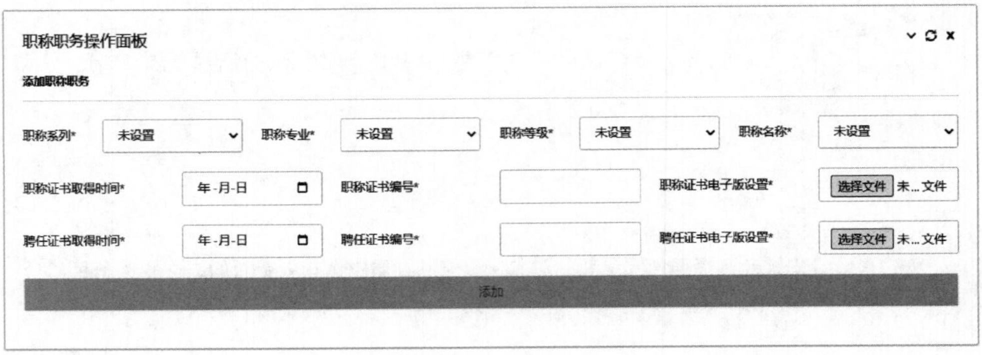

图 12-8 添加职称职务

（2）更新职称职务界面 更新职称职务界面的设计效果如图 12-9 所示。

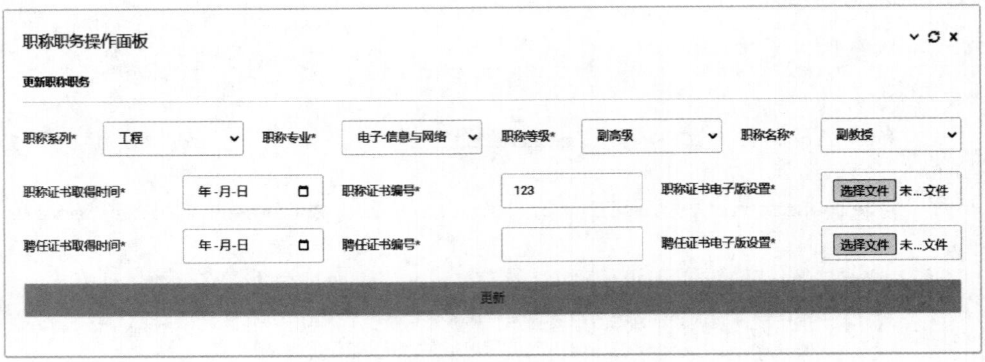

图 12-9 更新职称职务

（3）**删除职称职务界面**　删除职称职务界面的设计效果如图 12-10 所示。

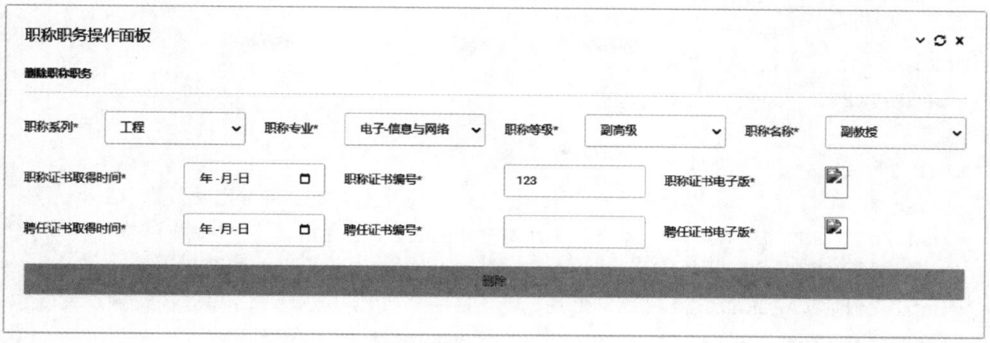

图 12-10　删除职称职务

12.9 学习经历模块设计

12.9.1 学习经历模块的数据实体层设计

（1）**数据结构定义**　学习经历模块涉及的数据库表的结构定义如表 12-6 所示。

表12-6　学习经历表(Study)

序号	列名	数据类型	空性	说明
1	ModuleID	INT	NOT NULL	主键列；自动增长
2	PersonID	INT	NOT NULL	外键列，指向 Accounts 表的 PersonID
3	BeginDate	VARCHAR(10)	NOT NULL	学习开始时间，格式：YYYY-MM-DD
4	EndDate	VARCHAR(10)	NOT NULL	学习结束时间，格式：YYYY-MM-DD
5	Organization	VARCHAR(50)	NOT NULL	学习机构 / 学校
6	Voucher	VARCHAR(10)	NULL	证明人
7	Major	VARCHAR(30)	NOT NULL	所修专业
8	FullTime	VARCHAR(6)	NOT NULL	是否全日制
9	Education	VARCHAR(30)	NOT NULL	学历
10	EducationNum	VARCHAR(20)	NOT NULL	学历证书编号
11	EducationDoc	VARCHAR(120)	NULL	学历证书电子版 (扫描或拍照)
12	Degree	VARCHAR(30)	NOT NULL	学位
13	DegreeNum	VARCHAR(20)	NOT NULL	学位证书编号
14	DegreeDoc	VARCHAR(120)	NULL	学位证书电子版 (扫描或拍照)

（2）**数据表的创建**　打开 SQL Server Management Studio（SSMS），打开查询设计器，输入如下 SQL 脚本，即可完成数据表 Study 的创建。

```
USE TeacherInformation;
GO
IF OBJECT_ID('Study', 'U') IS NOT NULL
    DROP TABLE Study;
GO
CREATE TABLE Study
(
    ModuleID INT IDENTITY(1, 1) PRIMARY KEY NOT NULL,
    PersonID INT NOT NULL,
    BeginDate VARCHAR(10) NOT NULL,
    EndDate  VARCHAR(10) NOT NULL,
    Organization VARCHAR(50) NOT NULL,
    Voucher VARCHAR(10) NULL,
    Major VARCHAR(30) NOT NULL,
    FullTime VARCHAR(6) NOT NULL,
    Education VARCHAR(30) NOT NULL,
    EducationNum VARCHAR(20) NOT NULL,
    EducationDoc VARCHAR(120) NULL,
    Degree VARCHAR(30) NOT NULL,
    DegreeNum VARCHAR(20)  NOT NULL
    EducationDoc VARCHAR(120) NULL
);
GO
```

12.9.2 学习经历模块的业务逻辑层设计

学习经历模块的业务逻辑层主要由命名空间 BusinessLogic 中的 Study 类实现，涵盖学习经历的查询、添加、更新、删除等操作。

（1）Query 函数　Query 函数用于检索学习经历。它包含两种重载形式，分别定义如下：

```
public DataTable Query(string moduleid, string personid)
{
    string sql = "SELECT * FROM Study WHERE" ;

    //增强灵活性
    if (!string.IsNullOrEmpty(moduleid))
        sql += string.Format("AND ModuleID = '{0}' ", moduleid);
    if (!string.IsNullOrEmpty(personid))
        sql += string.Format("AND PersonID = '{0}' ", personid);

    //格式化 SQL 语句
    if (sql.Contains("WHERE AND"))
        sql = sql.Replace("WHERE AND", " WHERE");
    else
```

```
        sql = sql.Replace ("WHERE", " ");

    sql += "ORDER BY ModuleID DESC" ;

    return SQLAgency.ExecuteDataTable (dbconnstr, CommandType.Text, sql);
}

public DataRow Query (string moduleid)
{
    string sql = string.Format ("SELECT * FROM Study WHERE ModuleID= '{0}' ", moduleid);
    DataTable dt= SQLAgency.ExecuteDataTable (dbconnstr, CommandType.Text, sql);
    return  (dt.Rows.Count > 0) ?  (dt.Rows[0]) : null;
}
```

代码位置：MttSoft.TeacherInformation/BusinessLogic/Study.cs。

（2）Insert 函数　Insert 函数用于添加学习经历。其定义如下：

```
public bool Insert (string personid, string begindate, string enddate,
string organization, string voucher, string major, string fulltime,
string education, string educationnum, string educationdoc,
string degree, string degreenum, string degreedoc)
{
    string sql = "INSERT INTO Study  (PersonID, BeginDate, EndDate, Organization,
              Voucher, Major, FullTime, Education, EducationNum, EducationDoc,
              Degree, DegreeNum, DegreeDoc)" ;
    sql += string.Format ("VALUES  ( '{0}', '{1}', '{2}', '{3}', '{4}', '{5}', '{6}',
            '{7}', '{8}', '{9}', '{10}', '{11}', '{12}')",
            personid, begindate, enddate, organization, voucher, major,
            fulltime, education, educationnum, educationdoc,
            degree, degreenum, degreedoc);

   return SQLAgency.ExecuteNonQuery (dbconnstr, CommandType.Text, sql) == 1;
}
```

代码位置：MttSoft.TeacherInformation/BusinessLogic/Study.cs。

（3）Update 函数　Update 函数用于更新学习经历。其定义如下：

```
public bool Update (string moduleid, string begindate, string enddate,
string organization, string voucher, string major, string fulltime,
string education, string educationnum, string educationdoc,
string degree, string degreenum, string degreedoc)
{
```

```
    string sql = string.Format("Update Study Set BeginDate= '{0}', EndDate = '{1}',
                Organization = '{2}', Voucher= '{3}', Major= '{4}', FullTime= '{5}',
                Education= '{6}', EducationNum= '{7}', EducationDoc= '{8}', Degree= '{9}',
                DegreeNum= '{10}', DegreeDoc= '{11}' ",
                begindate, enddate, organization, voucher, major, fulltime,
                education, educationnum, educationdoc,
                degree, degreenum, degreedoc);

    if (!string.IsNullOrEmpty(moduleid))
        sql += string.Format("WHERE ModuleID = '{0}' ", moduleid);

    return SQLAgency.ExecuteNonQuery(dbconnstr, CommandType.Text, sql) == 1;
}
```

代码位置：MttSoft.TeacherInformation/BusinessLogic/Study.cs。

（4）Delete 函数　Delete 函数用于删除学习经历。其定义如下：

```
public bool Delete(string moduleid, string personid)
{
    string sql = string.Format("DELETE FROM Study WHERE");

    if (!string.IsNullOrEmpty(moduleid))
        sql += string.Format("AND ModuleID = '{0}' ", moduleid);
    if (!string.IsNullOrEmpty(personid))
        sql += string.Format("AND PersonID = '{0}' ", personid);

    if (sql.Contains("WHERE AND"))
        sql = sql.Replace("WHERE AND", " WHERE");
    else
        sql = sql.Replace("WHERE", " ");

    return SQLAgency.ExecuteNonQuery(dbconnstr, CommandType.Text, sql) == 1;
}
```

代码位置：MttSoft.TeacherInformation/BusinessLogic/Study.cs。

12.9.3 学习经历模块的用户接口层设计

学习经历模块的用户接口层主要由命名空间 UserInterface.Study 中的 StudyAdd、StudyUpdate、StudyDelete 三个类实现，主要涵盖学习经历的添加、更新和删除等操作。

（1）InsertStudy 函数　当用户点击“添加学习经历”窗口的“添加”按钮时，会触发该函数的调用。其定义如下：

```
private void InsertStudy()
{
    string personid = SessionPersonID;
    string begindate = iptBeginDate.Value;
    string enddate = iptEndDate.Value;
    string organization = iptOrganization.Value;
    string voucher = iptVoucher.Value;
    string major = iptMajor.Value;
    string fulltime = ddlFullTime.Text;
    string education = ddlEducation.Text;
    string educationnum = iptEducationNum.Value;
    string educationdoc = FileUploader.Invoke(this, fuEducationDoc,
                      rootdir, persondir, moduledir);
    string degree = ddlDegree.Text;
    string degreenum = iptDegreeNum.Value;
    string degreedoc = FileUploader.Invoke(this, fuDegreeDoc,
                   rootdir, persondir, moduledir);
    try
    {
        BusinessLogic.Study study = new BusinessLogic.Study();
        study.Insert(personid, begindate, enddate, organization, voucher, major,
                 fulltime, education, educationnum, educationdoc, degree,
                 degreenum, degreedoc);
        Debugger.ShowMessage("成功添加学习经历信息！");
        ResetStudy();
        BindStudy();
    }
    catch
    {
        Debugger.ShowMessage("执行添加学习经历信息时出现未处理的异常。");
    }
}
```

代码位置：MttSoft.TeacherInformation/UserInterface/Study/StudyAdd.aspx.cs。

（2）UpdateStudy函数　当用户点击“更新学习经历”界面的“更新”按钮时，会触发该函数的调用。其定义如下：

```
private void UpdateStudy(string moduleid)
{
    string personid = SessionPersonID;
    string begindate = iptBeginDate.Value;
    string enddate = iptEndDate.Value;
    string organization = iptOrganization.Value;
    string voucher = iptVoucher.Value;
    string major = iptMajor.Value;
```

```
    string fulltime = ddlFullTime.Text;
    string education = ddlEducation.Text;
    string educationnum = iptEducationNum.Value;
   string educationdoc = FileUploader.Invoke(this, fuEducationDoc,
                         rootdir, persondir, moduledir);
    if (educationdoc == "")
    {
        educationdoc = iptEducationDoc.Value;
    }
    string degree = ddlDegree.Text;
    string degreenum = iptDegreeNum.Value;
    string degreedoc =  FileUploader.Invoke(this, fuDegreeDoc,
                       rootdir, persondir, moduledir);
    if (degreedoc == "")
    {
        degreedoc = iptDegreeDoc.Value;
    }

    if (!string.IsNullOrEmpty(moduleid))
    {
        BusinessLogic.Study study = new BusinessLogic.Study();
        try
        {
            study.Update(moduleid, begindate, enddate, organization, voucher, major,
                         fulltime, education, educationnum, educationdoc, degree,
                         degreenum, degreedoc);
            Debugger.ShowMessage("成功更新学习经历记录。");
            ResetStudy();
            BindStudy();
        }
        catch
        {
            Debugger.ShowMessage("执行更新学习经历时出现未处理的异常。");
        }
    }
    else
    {
        Debugger.ShowMessage(
        "您还未选择任何要更新的对象，请先从列表中选择要更新的学习经历条目。");
    }
}
```

代码位置：MttSoft.TeacherInformation/UserInterface/Study/StudyUpdate.aspx.cs。

（3）DeleteStudy 函数 当用户点击“删除学习经历”窗口的“删除”按钮时，会触发该函数的调用。其定义如下：

```
private void DeleteStudy(string moduleid)
{
    if (!string.IsNullOrEmpty(moduleid))
    {
        BusinessLogic.Study study = new BusinessLogic.Study();
        try
        {
            study.Delete(moduleid, "");
            Debugger.ShowMessage("成功删除学习经历信息。");
            ResetStudy();
            BindStudy();
        }
        catch
        {
            Debugger.ShowMessage("执行删除学习经历信息时出现未处理的异常。");
        }
    }
    else
    {
        Debugger.ShowMessage(
         "您还未选择任何要删除的对象，请先从列表中选择要删除的学习经历条目。");
    }
}
```

代码位置：MttSoft.TeacherInformation/UserInterface/Study/StudyDelete.aspx.cs。

12.9.4 学习经历模块的设计效果

（1）**添加学习经历界面**　添加学习经历界面的设计效果如图 12-11 所示。

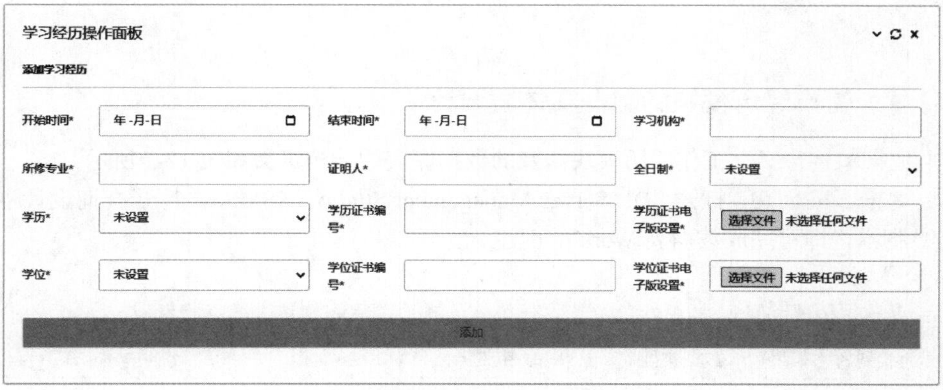

图 12-11　添加学习经历

（2）**更新学习经历界面**　更新学习经历界面的设计效果如图 12-12 所示。

（3）**删除学习经历界面**　删除学习经历界面的设计效果如图 12-13 所示。

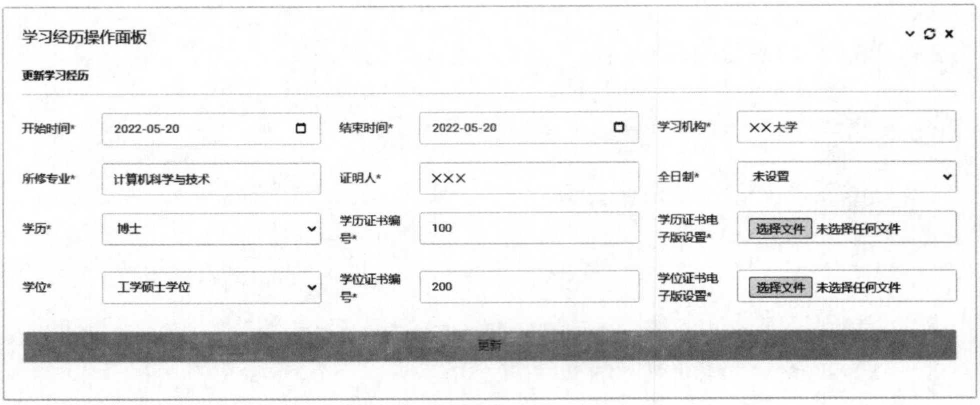

图 12-12 更新学习经历

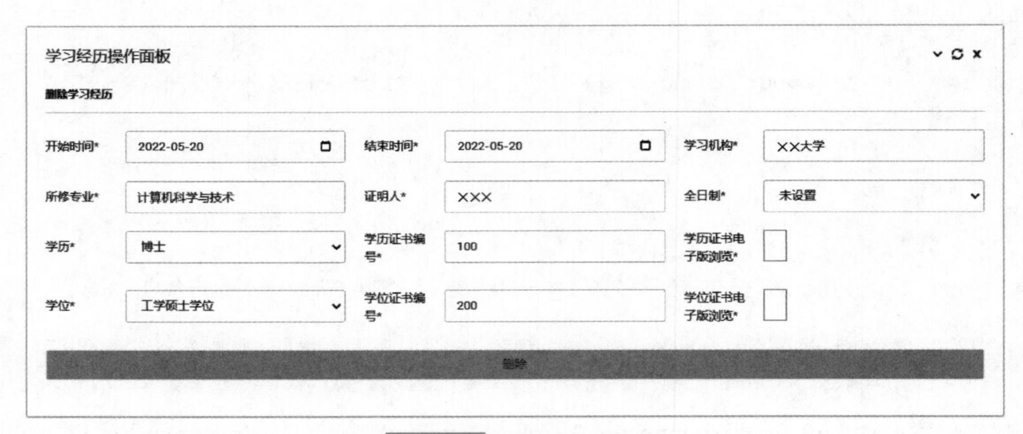

图 12-13 删除学习经历

12.10 工作经历模块设计

12.10.1 工作经历模块的数据实体层设计

（1）数据结构定义　工作经历模块涉及的数据库表的结构定义如表 12-7 所示。

（2）数据表的创建　打开 SQL Server Management Studio（SSMS），打开查询设计器，输入如下 SQL 脚本，即可完成数据表 Work 的创建。

表12-7　工作经历表(Work)

序号	列名	数据类型	空性	说明
1	ModuleID	INT	NOT NULL	主键列；自动增长
2	PersonID	INT	NOT NULL	外键列，指向 Accounts 表的 PersonID
3	BeginDate	VARCHAR(10)	NOT NULL	工作开始时间，格式：YYYY-MM-DD
4	EndDate	VARCHAR(10)	NOT NULL	工作结束时间，格式：YYYY-MM-DD

续表

序号	列名	数据类型	空性	说明
5	Voucher	VARCHAR(10)	NULL	证明人
6	WorkOrg	VARCHAR(50)	NOT NULL	工作单位
7	WorkName	VARCHAR(30)	NOT NULL	从事工作岗位
8	WorkDoc	VARCHAR(120)	NULL	工作证书电子版(扫描或拍照)

```
USE TeacherInformation;
GO
IF OBJECT_ID('Work', 'U') IS NOT NULL
    DROP TABLE Work;
GO
CREATE TABLE Work
(
    ModuleID INT IDENTITY(1, 1) PRIMARY KEY NOT NULL,
    PersonID INT NOT NULL,
    BeginDate VARCHAR(10) NOT NULL,
    EndDate  VARCHAR(10) NOT NULL,
    Voucher VARCHAR(10) NULL,
    WorkOrg VARCHAR(50) NOT NULL,
    WorkName VARCHAR(30) NOT NULL,
    WorkDoc VARCHAR(120) NULL
);
GO
```

12.10.2 工作经历模块的业务逻辑层设计

工作经历模块的业务逻辑层主要由命名空间 BusinessLogic 中的 Work 类实现，涵盖工作经历的查询、添加、更新、删除等操作。

(1) Query 函数 Query 函数用于检索工作经历。它包含两种重载形式，分别定义如下：

```
public DataTable Query(string moduleid, string personid)
{
    string sql = "SELECT * FROM Work WHERE" ;

    if (!string.IsNullOrEmpty(moduleid))
        sql += string.Format("AND ModuleID = '{0}' ", moduleid);
    if (!string.IsNullOrEmpty(personid))
        sql += string.Format("AND PersonID = '{0}' ", personid);

    if (sql.Contains("WHERE AND"))
        sql = sql.Replace("WHERE AND", " WHERE");
    else
```

```
        sql = sql.Replace ("WHERE", " ");

    sql += "ORDER BY ModuleID DESC";

    return SQLAgency.ExecuteDataTable (dbconnstr, CommandType.Text, sql);
}

public DataRow Query (string moduleid)
{
    string sql = string.Format ("SELECT * FROM Work WHERE ModuleID= '{0}' ",
              moduleid);
    DataTable dt= SQLAgency.ExecuteDataTable (dbconnstr, CommandType.Text, sql);
    return  (dt.Rows.Count > 0) ?  (dt.Rows[0]) : null;
}
```

代码位置：MttSoft.TeacherInformation/BusinessLogic/Work.cs。

（2）Insert 函数 Insert 函数用于添加工作经历。其定义如下：

```
public bool Insert (string personid, string begindate, string enddate,
string voucher, string workorg, string workname, string workdoc)
{
string sql = "INSERT INTO Work  (PersonID, BeginDate, EndDate, Voucher, WorkOrg,
             WorkName, WorkDoc)" ;
    sql += string.Format ("VALUES  ('{0}', '{1}', '{2}', '{3}', '{4}', '{5}', '{6}')",
          personid, begindate, enddate, voucher, workorg, workname, workdoc);

    return SQLAgency.ExecuteNonQuery (dbconnstr, CommandType.Text, sql) == 1;
}
```

代码位置：MttSoft.TeacherInformation/BusinessLogic/Work.cs。

（3）Update 函数 Update 函数用于更新工作经历。其定义如下：

```
public bool Update (string moduleid, string begindate, string enddate, string voucher,
string workorg, string workname, string workdoc)
{
   string sql = string.Format ("Update Work Set BeginDate= '{0}', EndDate = '{1}',
              Voucher= '{2}', WorkOrg = '{3}', WorkName= '{4}', WorkDoc= '{5}' ",
              begindate, enddate, voucher, workorg, workname, workdoc);

    if  (!string.IsNullOrEmpty (moduleid))
        sql += string.Format (  "WHERE ModuleID = '{0}' ", moduleid);
```

```
    return SQLAgency.ExecuteNonQuery(dbconnstr, CommandType.Text, sql) == 1;
}
```

代码位置：MttSoft.TeacherInformation/BusinessLogic/Work.cs。

（4）Delete 函数　Delete 函数用于删除工作经历。其定义如下：

```
public bool Delete(string moduleid, string personid)
{
    string sql = string.Format("DELETE FROM Work WHERE");

    if (!string.IsNullOrEmpty(moduleid))
        sql += string.Format("AND ModuleID = '{0}' ", moduleid);
    if (!string.IsNullOrEmpty(personid))
        sql += string.Format("AND PersonID = '{0}' ", personid);

    if (sql.Contains("WHERE AND"))
        sql = sql.Replace("WHERE AND", " WHERE");
    else
        sql = sql.Replace("WHERE", " ");

    return SQLAgency.ExecuteNonQuery(dbconnstr, CommandType.Text, sql) == 1;
}
```

代码位置：MttSoft.TeacherInformation/BusinessLogic/Work.cs。

12.10.3 工作经历模块的用户接口层设计

工作经历模块的用户接口层主要由命名空间 UserInterface.Work 中的 WorkAdd、WorkUpdate、WorkDelete 三个类实现，主要涵盖工作经历的添加、更新和删除等操作。

（1）InsertWork 函数　当用户点击“添加工作经历”窗口的“添加”按钮时，会触发该函数的调用。其定义如下：

```
private void InsertWork()
{
    string personid = SessionPersonID;
    string begindate = iptBeginDate.Value;
    string enddate = iptEndDate.Value;
    string voucher = iptVoucher.Value;
    string workorg = iptWorkOrg.Value;
    string workname = iptWorkName.Value;
    string workdoc = FileUploader.Invoke(this, fuWorkDoc,
                     rootdir, persondir, moduledir);

    BusinessLogic.Work work = new BusinessLogic.Work();
```

```
    try
    {
        work.Insert(personid, begindate, enddate, voucher, workorg, workname, workdoc);
        Debugger.ShowMessage("成功添加工作经历信息！ ");
        ResetWork();
        BindWork();
    }
    catch
    {
        Debugger.ShowMessage("执行添加工作经历信息时出现未处理的异常。");
    }
}
```

代码位置：MttSoft.TeacherInformation/UserInterface/Work/WorkAdd.aspx.cs。

（2）UpdateWork 函数　当用户点击“更新工作经历”界面的“更新”按钮时，会触发该函数的调用。其定义如下：

```
private void UpdateWork(string moduleid)
{
    string personid = SessionPersonID;
    string begindate = iptBeginDate.Value;
    string enddate = iptEndDate.Value;
    string voucher = iptVoucher.Value;
    string workorg = iptWorkOrg.Value;
    string workname = iptWorkName.Value;
    string workdoc = FileUploader.Invoke(this, fuWorkDoc,
                rootdir, persondir, moduledir);
    if (workdoc == " ")
    {
        workdoc = iptWorkDoc.Value;
    }

    if (!string.IsNullOrEmpty(moduleid))
    {
        try
        {
            BusinessLogic.Work work = new BusinessLogic.Work();
            work.Update(moduleid, begindate, enddate, voucher, workorg,
                    workname, workdoc);
            Debugger.ShowMessage( "成功更新工作经历记录。");
            ResetWork();
            BindWork();
        }
        catch
```

```
        {
            Debugger.ShowMessage ("执行更新工作经历时出现未处理的异常。");

        }
    }
    else
    {
        Debugger.ShowMessage (
        "您还未选择任何要更新的对象，请先从列表中选择要更新的工作经历条目。");
    }
}
```

代码位置：MttSoft.TeacherInformation/UserInterface/Work/WorkUpdate.aspx.cs。

（3）DeleteWork 函数　当用户点击“删除工作经历”窗口的“删除”按钮时，会触发该函数的调用。其定义如下：

```
private void DeleteWork (string moduleid)
{
    if (!string.IsNullOrEmpty (moduleid))
    {
        BusinessLogic.Work work = new BusinessLogic.Work ( );
        try
        {
            work.Delete (moduleid, " ");
            Debugger.ShowMessage ("成功删除工作经历记录。");
            ResetWork ( );
            BindWork ( );
        }
        catch
        {
            Debugger.ShowMessage ("执行删除工作经历时出现未处理的异常。");
        }
    }
    else
    {
        Debugger.ShowMessage (
        "您还未选择任何要删除的对象，请先从列表中选择要删除的工作经历条目。");
    }
}
```

代码位置：MttSoft.TeacherInformation/UserInterface/Work/WorkDelete.aspx.cs。

12.10.4 工作经历模块的设计效果

（1）添加工作经历界面　添加工作经历界面的设计效果如图 12-14 所示。

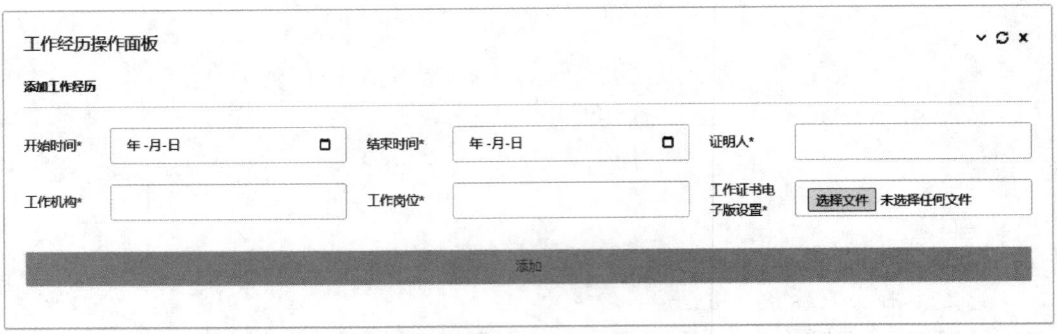

工作经历操作面板
添加工作经历
开始时间*
年-月-日
结束时间*
年-月-日
证明人*
工作机构*
工作岗位*
工作证书电子版设置*
选择文件
未选择任何文件
添加

图 12-14 添加工作经历

（2）更新工作经历界面　更新工作经历界面的设计效果如图 12-15 所示。

工作经历操作面板
更新工作经历
开始时间*
2003-07-01
结束时间*
2009-06-30
证明人*
×××
工作机构*
××大学计算机与信息工程学院
工作岗位*
授课
工作证书电子版设置*
选择文件
未选择任何文件
更新

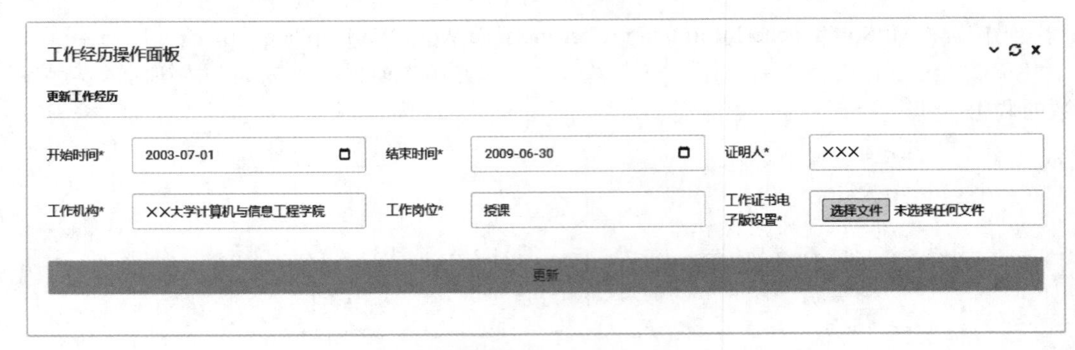

图 12-15 更新工作经历

（3）删除工作经历界面　删除工作经历界面的设计效果如图 12-16 所示。

工作经历操作面板
删除工作经历
开始时间*
2003-07-01
结束时间*
2009-06-30
证明人*
×××
工作机构*
××大学计算机与信息工程学院
工作岗位*
授课
工作证书电子版浏览*
删除

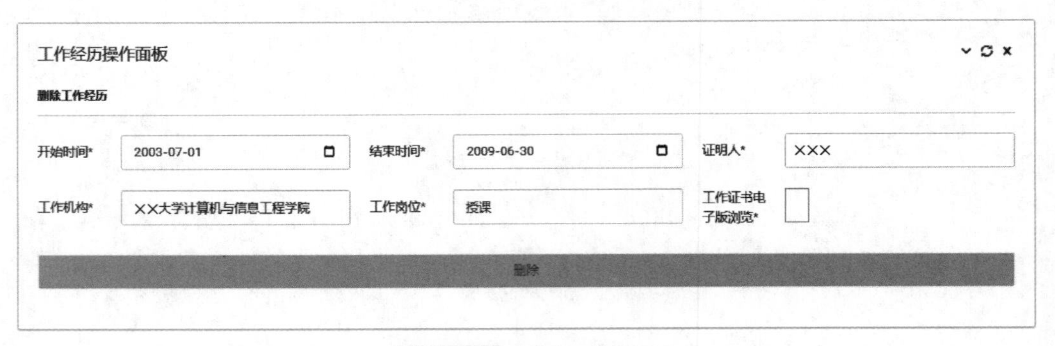

图 12-16 删除工作经历

12.11 培训经历模块设计

12.11.1 培训经历模块的数据实体层设计

（1）数据结构定义　培训经历模块涉及的数据库表的结构定义如表 12-8 所示。

表12-8 培训经历表(Train)

序号	列名	数据类型	空性	说明
1	ModuleID	INT	NOT NULL	主键列；自动增长
2	PersonID	INT	NOT NULL	外键列，指向 Accounts 表的 PersonID
3	BeginDate	VARCHAR(10)	NOT NULL	培训开始时间，格式：YYYY-MM-DD
4	EndDate	VARCHAR(10)	NOT NULL	培训结束时间，格式：YYYY-MM-DD
5	Voucher	VARCHAR(10)	NULL	证明人
6	TrainOrg	VARCHAR(50)	NOT NULL	培训机构
7	TrainName	VARCHAR(30)	NOT NULL	培训项目名称
8	TrainDoc	VARCHAR(120)	NULL	培训证书电子版

（2）数据表的创建 打开 SQL Server Management Studio（SSMS），打开查询设计器，输入如下 SQL 脚本，即可完成数据表 Train 的创建。

```
USE TeacherInformation;
GO
IF OBJECT_ID('Train', 'U') IS NOT NULL
    DROP TABLE Train;
GO
CREATE TABLE Train
(
    ModuleID INT IDENTITY(1, 1) PRIMARY KEY NOT NULL,
    PersonID INT NOT NULL,
    BeginDate VARCHAR(10) NOT NULL,
    EndDate  VARCHAR(10) NOT NULL,
    Voucher VARCHAR(10) NULL,
    TrainOrg VARCHAR(50) NOT NULL,
    TrainName VARCHAR(30) NOT NULL,
    TrainDoc VARCHAR(120) NULL
);
GO
```

12.11.2 培训经历模块的业务逻辑层设计

培训经历模块的业务逻辑层主要由命名空间 BusinessLogic 中的 Train 类实现，涵盖培训经历的查询、添加、更新、删除等操作。

（1）Query 函数 Query 函数用于检索培训经历。它包含两种重载形式，分别定义如下：

```
public DataTable Query(string moduleid, string personid)
{
    string sql = "SELECT * FROM Train WHERE" ;
```

```
    //增强灵活性
    if (!string.IsNullOrEmpty(moduleid))
        sql += string.Format("AND ModuleID = '{0}' ", moduleid);
    if (!string.IsNullOrEmpty(personid))
        sql += string.Format("AND PersonID = '{0}' ", personid);

    //格式化SQL语句
    if (sql.Contains("WHERE AND"))
        sql = sql.Replace("WHERE AND", " WHERE");
    else
        sql = sql.Replace("WHERE", " ");

    sql += "ORDER BY ModuleID DESC" ;

    return SQLAgency.ExecuteDataTable(dbconnstr, CommandType.Text, sql);
}

public DataRow Query(string moduleid)
{
    string sql = string.Format("SELECT * FROM Train WHERE ModuleID= '{0}' ",
              moduleid);
    DataTable dt= SQLAgency.ExecuteDataTable(dbconnstr, CommandType.Text, sql);
    return (dt.Rows.Count > 0)? (dt.Rows[0]):null;
}
```

代码位置：MttSoft.TeacherInformation/BusinessLogic/Train.cs。

（2）Insert 函数　Insert 函数用于添加培训经历。其定义如下：

```
public bool Insert(string personid, string begindate, string enddate, string
voucher, string trainorg, string trainname, string traindoc)
{
    string sql = "INSERT INTO Train (PersonID, BeginDate, EndDate, Voucher, TrainOrg,
            TrainName, TrainDoc)" ;
    sql += string.Format("VALUES ('{0}', '{1}', '{2}', '{3}', '{4}', '{5}', '{6}')",
            personid, begindate, enddate, voucher, trainorg, trainname, traindoc);

    return SQLAgency.ExecuteNonQuery(dbconnstr, CommandType.Text, sql) == 1;
}
```

代码位置：MttSoft.TeacherInformation/BusinessLogic/Train.cs。

（3）Update 函数　Update 函数用于更新培训经历。其定义如下：

```
public bool Update(string moduleid, string begindate, string enddate, string voucher,
string trainorg, string trainname, string traindoc)
{
    string sql = string.Format("Update Train Set BeginDate= '{0}', EndDate = '{1}',
                Voucher= '{2}', TrainOrg = '{3}', TrainName= '{4}', TrainDoc= '{5}' ",
                begindate, enddate, voucher, trainorg, trainname, traindoc);

    if (!string.IsNullOrEmpty(moduleid))
        sql += string.Format("WHERE ModuleID = '{0}' ", moduleid);

    return SQLAgency.ExecuteNonQuery(dbconnstr, CommandType.Text, sql) == 1;
}
```

代码位置：MttSoft.TeacherInformation/BusinessLogic/Train.cs。

（4）Delete 函数　Delete 函数用于删除培训经历。其定义如下：

```
public bool Delete(string moduleid, string personid)
{
    string sql = string.Format("DELETE FROM Train WHERE");

    if (!string.IsNullOrEmpty(moduleid))
        sql += string.Format("AND ModuleID = '{0}' ", moduleid);
    if (!string.IsNullOrEmpty(personid))
        sql += string.Format("AND PersonID = '{0}' ", personid);

    if (sql.Contains("WHERE AND"))
        sql = sql.Replace("WHERE AND", " WHERE");
    else
        sql = sql.Replace("WHERE", " ");

    return SQLAgency.ExecuteNonQuery(dbconnstr, CommandType.Text, sql) == 1;
}
```

代码位置：MttSoft.TeacherInformation/BusinessLogic/Train.cs。

12.11.3 培训经历模块的用户接口层设计

培训经历模块的用户接口层主要由命名空间 UserInterface.Train 中的 TrainAdd、TrainUpdate、TrainDelete 三个类实现，主要涵盖培训经历的添加、更新和删除等操作。

（1）InsertTrain 函数　当用户点击“添加培训经历”窗口的“添加”按钮时，会触发该函数的调用。其定义如下：

```
private void InsertTrain()
{
```

```
    string personid = SessionPersonID;
    string begindate = iptBeginDate.Value;
    string enddate = iptEndDate.Value;
    string voucher = iptVoucher.Value;
    string trainorg = iptTrainOrg.Value;
    string trainname = iptTrainName.Value;
    string traindoc = FileUploader.Invoke(this, fuTrainDoc,
                rootdir, persondir, moduledir);

    BusinessLogic.Train train = new BusinessLogic.Train();
    try
    {
        train.Insert(personid, begindate, enddate, voucher, trainorg, trainname,

                traindoc);
        Debugger.ShowMessage("成功添加培训经历信息！");
        ResetTrain();
        BindTrain();
    }
    catch
    {
        Debugger.ShowMessage("执行添加培训经历信息时出现未处理的异常。");
    }
}
```

代码位置：MttSoft.TeacherInformation/UserInterface/Train/TrainAdd.aspx.cs。

（2）**UpdateTrain 函数** 当用户点击“更新培训经历”界面的“更新”按钮时，会触发该函数的调用。其定义如下：

```
private void UpdateTrain(string moduleid)
{
    string personid = SessionPersonID;
    string begindate = iptBeginDate.Value;
    string enddate = iptEndDate.Value;
    string orginization = iptTrainOrg.Value;
    string voucher = iptVoucher.Value;
    string trainname = iptTrainName.Value;
    string traindoc = FileUploader.Invoke(this, fuTrainDoc,
                rootdir, persondir, moduledir);
    if (traindoc == "")
    {
        traindoc = iptTrainDoc.Value;
    }

    if (!string.IsNullOrEmpty(moduleid))
```

```
    {
        BusinessLogic.Train train = new BusinessLogic.Train ( );
        try
        {
            train.Update (moduleid, begindate, enddate, voucher, orginization,
                      trainname, traindoc);
            Debugger.ShowMessage ("成功更新培训经历信息。");
            ResetTrain ( );
            BindTrain ( );
        }
        catch
        {
            Debugger.ShowMessage ("执行更新培训经历信息时出现未处理的异常。");
        }
    }
    else
    {
        Debugger.ShowMessage (
        "您还未选择任何要更新的对象，请先从列表中选择要更新的培训经历条目。");
    }
}
```

代码位置：MttSoft.TeacherInformation/UserInterface/Train/TrainUpdate.aspx.cs。

（3）DeleteTrain 函数　当用户点击“删除培训经历”窗口的“删除”按钮时，会触发该函数的调用。其定义如下：

```
private void DeleteTrain (string moduleid)
{
    if  (!string.IsNullOrEmpty (moduleid))
    {
        BusinessLogic.Train train = new BusinessLogic.Train ( );
        try
        {
            train.Delete (moduleid, " ");
            Debugger.ShowMessage ("成功删除培训经历记录。");
            ResetTrain ( );
            BindTrain ( );
        }
        catch
        {
            Debugger.ShowMessage ("执行删除培训经历时出现未处理的异常。");
        }
    }
    else
    {
```

```
        Debugger.ShowMessage(
        "您还未选择任何要删除的对象，请先列表中选择要删除的培训经历条目。");
    }
}
```

代码位置：MttSoft.TeacherInformation/UserInterface/Train/TrainDelete.aspx.cs。

12.11.4 培训经历模块的设计效果

（1）添加培训经历界面　添加培训经历界面的设计效果如图 12-17 所示。

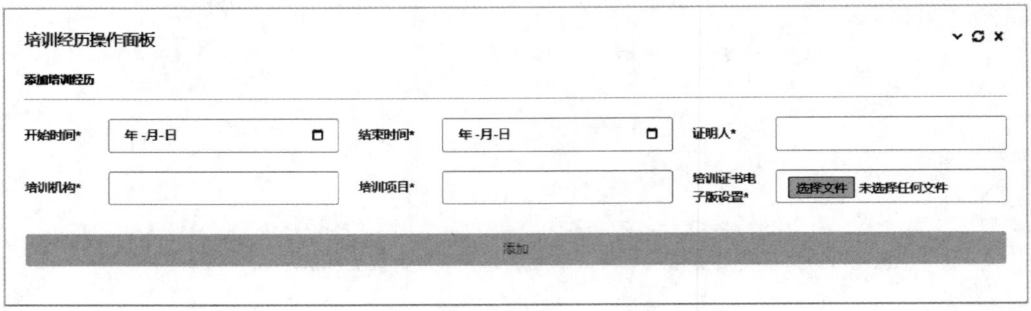

培训经历操作面板
添加培训经历
开始时间*
年-月-日
结束时间*
年-月-日
证明人*
培训机构*
培训项目*
培训证书电子版设置*
选择文件
未选择任何文件
添加

图 12-17　添加培训经历

（2）更新培训经历界面　更新培训经历界面的设计效果如图 12-18 所示。

培训经历操作面板
更新培训经历
开始时间*
2017-08-09
结束时间*
2017-09-09
证明人*
×××
培训机构*
××网络
培训项目*
××高级工程师培训
培训证书电子版设置*
选择文件
未选择任何文件
更新

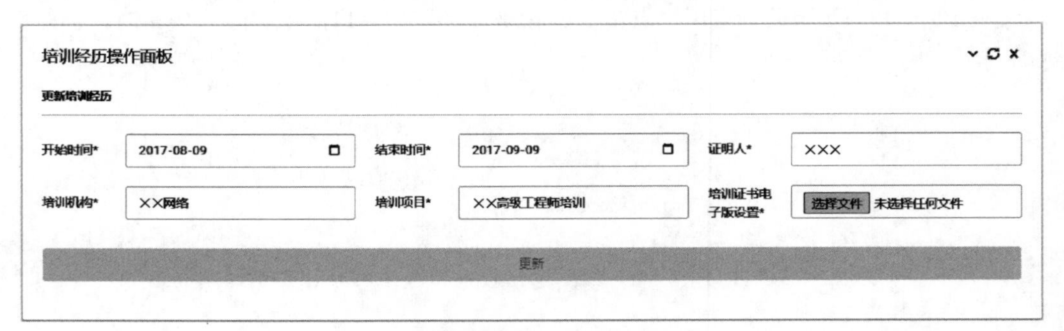

图 12-18　更新培训经历

（3）删除培训经历界面　删除培训经历界面的设计效果如图 12-19 所示。

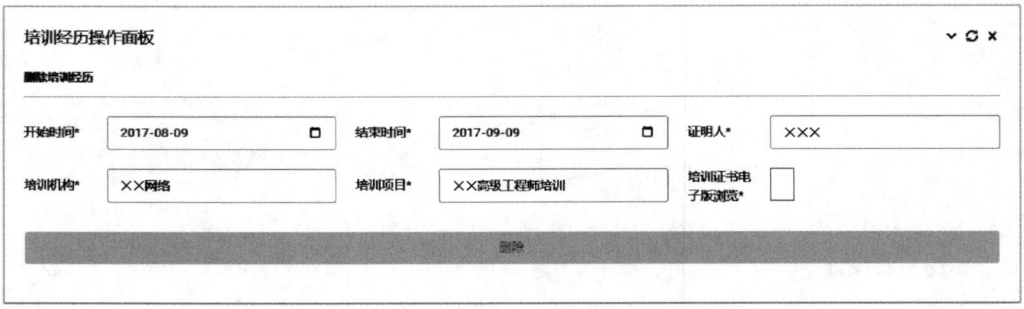

培训经历操作面板
删除培训经历
开始时间*
2017-08-09
结束时间*
2017-09-09
证明人*
×××
培训机构*
××网络
培训项目*
××高级工程师培训
培训证书电子版浏览*
删除

图 12-19　删除培训经历

12.12 荣誉奖励模块设计

12.12.1 荣誉奖励模块的数据实体层设计

（1）数据结构定义　荣誉奖励模块涉及的数据库表的结构定义如表 12-9 所示。

表12-9　奖励表(Award)

序号	列名	数据类型	空性	说明
1	ModuleID	INT	NOT NULL	主键列；自动增长
2	PersonID	INT	NOT NULL	外键列，指向 Accounts 表的 PersonID
3	AwardName	VARCHAR(30)	NOT NULL	奖励名称
4	AwardOrg	VARCHAR(30)	NOT NULL	颁奖单位
5	AwardDate	VARCHAR(10)	NOT NULL	颁奖时间，格式：YYYY-MM-DD
6	AwardPos	VARCHAR(10)	NOT NULL	个人排名
7	AwardLevel	VARCHAR(10)	NOT NULL	奖励等级
8	AwardDoc	VARCHAR(120)	NULL	奖励证书电子版 (扫描或拍照)

（2）数据表的创建　打开 SQL Server Management Studio（SSMS），打开查询设计器，输入如下 SQL 脚本，即可完成数据表 Award 的创建。

```
USE TeacherInformation;
GO
IF OBJECT_ID('Award', 'U') IS NOT NULL
  DROP TABLE Award;
GO
CREATE TABLE Award
(
    ModuleID INT IDENTITY(1, 1) PRIMARY KEY NOT NULL,
    PersonID INT NOT NULL,
    AwardName VARCHAR(30) NOT NULL,
    AwardOrg  VARCHAR(30) NOT NULL,
    AwardDate VARCHAR(10) NOT NULL,
    AwardPos VARCHAR(10)  NOT NULL,
    AwardLevel VARCHAR(10) NOT NULL,
    AwardDoc VARCHAR(120) NULL
);
GO
```

12.12.2 荣誉奖励模块的业务逻辑层设计

荣誉奖励模块的业务逻辑层主要由命名空间 BusinessLogic 中的 Award 类实现，涵盖荣誉奖励的查询、添加、更新、删除等操作。

（1）Query 函数　Query 函数用于检索荣誉奖励。它包含两种重载形式，分别定义如下：

```
public DataTable Query(string moduleid, string personid)
{
    string sql = "SELECT * FROM Award WHERE" ;

    if (!string.IsNullOrEmpty(moduleid))
        sql += string.Format("AND ModuleID = '{0}' ", moduleid);
    if (!string.IsNullOrEmpty(personid))
        sql += string.Format("AND PersonID = '{0}' ", personid);

    if (sql.Contains("WHERE AND"))
        sql = sql.Replace("WHERE AND", " WHERE");
    else
        sql = sql.Replace("WHERE", " ");

    sql += "ORDER BY ModuleID DESC" ;

    return SQLAgency.ExecuteDataTable(dbconnstr, CommandType.Text, sql);
}

public DataRow Query(string moduleid)
{
    string sql = string.Format("SELECT * FROM Award WHERE ModuleID= '{0}' ",
               moduleid);
   DataTable dt= SQLAgency.ExecuteDataTable(dbconnstr, CommandType.Text, sql);
    return  (dt.Rows.Count > 0)?  (dt.Rows[0]): null;
}
```

代码位置：MttSoft.TeacherInformation/BusinessLogic/Award.cs。

（2）Insert 函数　Insert 函数用于添加荣誉奖励。其定义如下：

```
public bool Insert(string personid, string awardname, string awardorg,
string awarddate, string awardpos, string awardlevel, string awarddoc)
{
   string sql = "INSERT INTO Award  (PersonID, AwardName, AwardOrg, AwardDate,
              AwardPos, AwardLevel, AwardDoc)" ;
    sql += string.Format("VALUES('{0}', '{1}', '{2}', '{3}', '{4}', '{5}', '{6}')",
          personid, awardname, awardorg, awarddate, awardpos, awardlevel, awarddoc);

    return SQLAgency.ExecuteNonQuery(dbconnstr, CommandType.Text, sql) == 1;
}
```

代码位置：MttSoft.TeacherInformation/BusinessLogic/Award.cs。

（3）Update 函数　Update 函数用于更新荣誉奖励。其定义如下：

```
public bool Update(string moduleid, string awardname, string awardorg,
string awarddate, string awardpos, string awardlevel, string awarddoc)
{
    string sql = string.Format("Update Award Set AwardName= '{0}', AwardOrg = '{1}',
                AwardDate = '{2}', AwardPos= '{3}', AwardLevel= '{4}', AwardDoc= '{5}' ",
                awardname, awardorg, awarddate, awardpos, awardlevel, awarddoc);

    if (!string.IsNullOrEmpty(moduleid))
        sql += string.Format( "WHERE ModuleID = '{0}' ", moduleid);

    return SQLAgency.ExecuteNonQuery(dbconnstr, CommandType.Text, sql) == 1;
}
```

代码位置：MttSoft.TeacherInformation/BusinessLogic/Award.cs。

（4）Delete 函数　Delete 函数用于删除荣誉奖励。其定义如下：

```
public bool Delete(string moduleid, string personid)
{
    string sql = string.Format( "DELETE FROM Award WHERE");

    if (!string.IsNullOrEmpty(moduleid))
        sql += string.Format( "AND ModuleID = '{0}' ", moduleid);
    if (!string.IsNullOrEmpty(personid))
        sql += string.Format( "AND PersonID = '{0}' ", personid);

    if (sql.Contains( "WHERE AND"))
        sql = sql.Replace( "WHERE AND", " WHERE");
    else
        sql = sql.Replace( "WHERE", " ");

    return SQLAgency.ExecuteNonQuery(dbconnstr, CommandType.Text, sql) == 1;
}
```

代码位置：MttSoft.TeacherInformation/BusinessLogic/Award.cs。

12.12.3 荣誉奖励模块的用户接口层设计

荣誉奖励模块的用户接口层主要由命名空间 UserInterface.Award 中的 AwardAdd、AwardUpdate、AwardDelete 三个类实现，主要涵盖荣誉奖励的添加、更新和删除等操作。

（1）InsertAward 函数　当用户点击“添加荣誉奖励”窗口的“添加”按钮时，会触发该函数的调用。其定义如下：

```
private void InsertAward()
{
    string personid = SessionPersonID;
    string awardname = iptAwardName.Value;
    string awardorg = iptAwardOrg.Value;
    string awarddate = iptAwardDate.Value;
    string awardpos = ddlAwardPos.Text;
    string awardlevel = ddlAwardPos.Text;
    string awarddoc = FileUploader.Invoke(this, fuAwardDoc,
                      rootdir, persondir, moduledir);

    BusinessLogic.Award award = new BusinessLogic.Award();
    try
    {
        award.Insert(personid, awardname, awardorg, awarddate, awardpos,
                     awardname, awarddoc);
        Debugger.ShowMessage("成功添加荣誉奖励信息！");
        ResetAward();
        BindAward();
    }
    catch
    {
        Debugger.ShowMessage("执行添加荣誉奖励时出现未处理的异常。");
    }
}
```

代码位置：MttSoft.TeacherInformation/UserInterface/Award/AwardAdd.aspx.cs。

（2）**UpdateAward 函数** 当用户点击“更新荣誉奖励”界面的“更新”按钮时，会触发该函数的调用。其定义如下：

```
private void UpdateAward(string moduleid)
{
    string personid = SessionPersonID;
    string awardname = iptAwardName.Value;
    string awardorg = iptAwardOrg.Value;
    string awarddate = iptAwardDate.Value;
    string awardpos = ddlAwardPos.Text;
    string awardlevel = ddlAwardPos.Text;
    string awarddoc = FileUploader.Invoke(this, fuAwardDoc,
                      rootdir, persondir, moduledir);

    if (!string.IsNullOrEmpty(moduleid))
    {
        BusinessLogic.Award award = new BusinessLogic.Award();
        try
```

```
        {
            award.Update ( moduleid, awardname, awardorg, awarddate, awardpos,
                         awardlevel, awarddoc );
            Debugger.ShowMessage ( "成功更新荣誉奖励记录。" );
            ResetAward ( );
            BindAward ( );
        }
        catch
        {
            Debugger.ShowMessage ( "执行更新荣誉奖励时出现未处理的异常。" );
        }
    }
    else
    {
        Debugger.ShowMessage (
         "您还未选择任何要更新的对象，请先从列表中选择要更新的荣誉奖励条目。" );
    }
}
```

代码位置：MttSoft.TeacherInformation/UserInterface/Award/AwardUpdate.aspx.cs。

（3）DeleteAward 函数 当用户点击“删除荣誉奖励”窗口的“删除”按钮时，会触发该函数的调用。其定义如下：

```
private void DeleteAward ( string moduleid )
{
    if  ( !string.IsNullOrEmpty ( moduleid ))
    {
        BusinessLogic.Award award = new BusinessLogic.Award ( );
        try
        {
            award.Delete ( moduleid, " " );
            Debugger.ShowMessage ( "成功删除荣誉奖励信息。" );
            ResetAward ( );
            BindAward ( );
        }
        catch
        {
            Debugger.ShowMessage ( "执行删除荣誉奖励信息时出现未处理的异常。" );
        }
    }
    else
    {
        Debugger.ShowMessage (
         "您还未选择任何要删除的对象，请先从列表中选择要删除的荣誉奖励条目。" );
    }
}
```

代码位置：MttSoft.TeacherInformation/UserInterface/Award/AwardDelete.aspx.cs。

12.12.4 荣誉奖励模块的设计效果

（1）添加荣誉奖励界面　添加荣誉奖励界面的设计效果如图 12-20 所示。

荣誉奖励操作面板
添加荣誉奖励
奖励名称*
颁奖单位*
颁奖时间*
年-月-日
个人排名*
未设置
奖励等级*
未设置
奖励证书电子版设置*
选择文件
未选择任何文件
添加

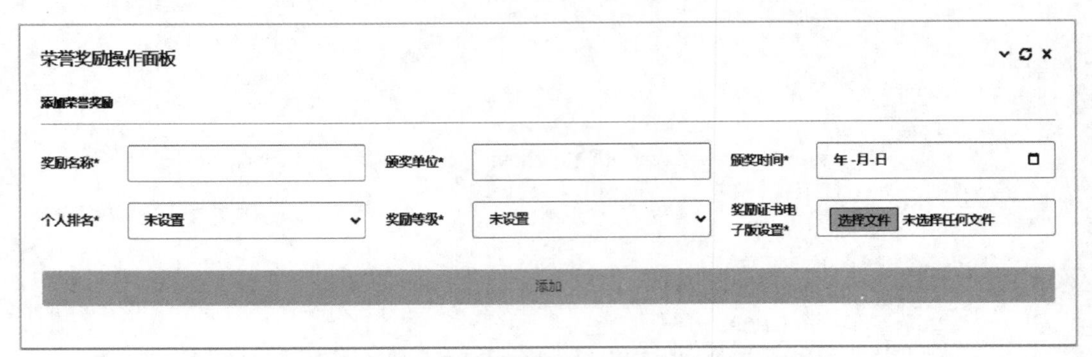

图 12-20　添加荣誉奖励

（2）更新荣誉奖励界面　更新荣誉奖励界面的设计效果如图 12-21 所示。

荣誉奖励操作面板
更新荣誉奖励
奖励名称*
××成果奖
颁奖单位*
×××厅
颁奖时间*
2022-04-28
个人排名*
第10名
奖励等级*
未设置
奖励证书电子版设置*
选择文件
未选择任何文件
更新

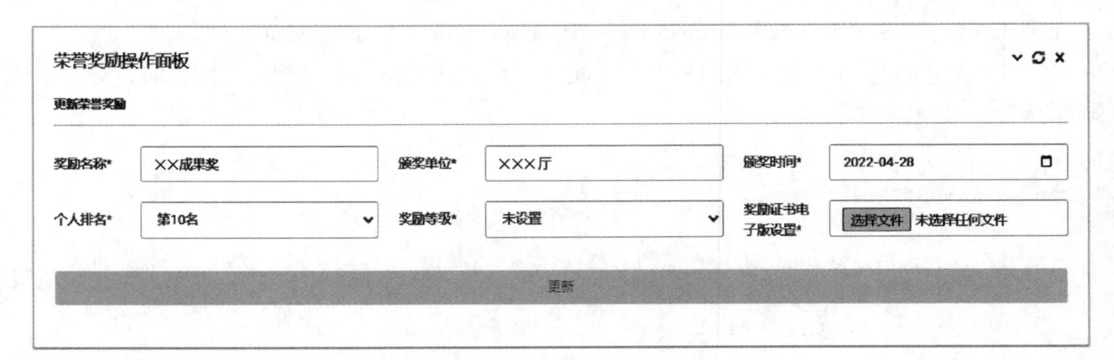

图 12-21　更新荣誉奖励

（3）删除荣誉奖励界面　删除荣誉奖励界面的设计效果如图 12-22 所示。

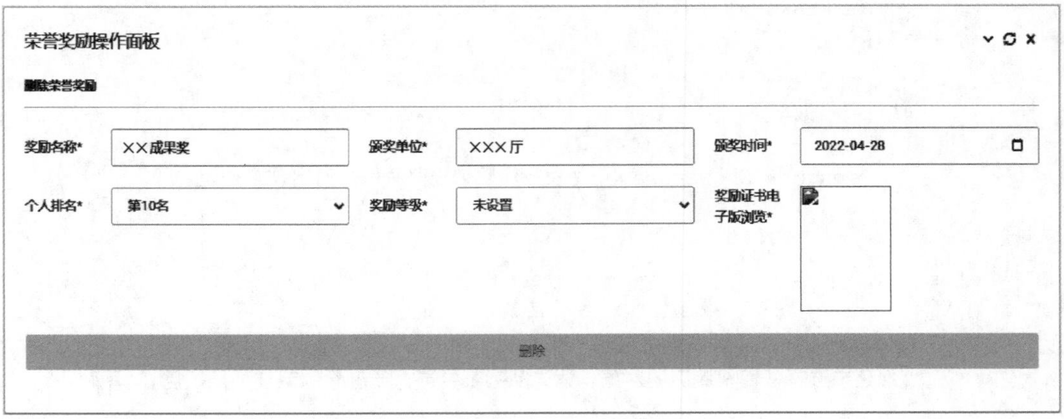

荣誉奖励操作面板
删除荣誉奖励
奖励名称*
××成果奖
颁奖单位*
×××厅
颁奖时间*
2022-04-28
个人排名*
第10名
奖励等级*
未设置
奖励证书电子版浏览*
删除

图 12-22　删除荣誉奖励

12.13 技术专利模块设计

12.13.1 技术专利模块的数据实体层设计

（1）数据结构定义　专利模块涉及的数据库表的结构定义如表 12-10 所示。

表12-10　专利表(Patent)

序号	列名	数据类型	空性	说明
1	ModuleID	INT	NOT NULL	主键列；自动增长
2	PersonID	INT	NOT NULL	外键列，指向 Accounts 表的 PersonID
3	PatentName	VARCHAR(50)	NOT NULL	专利名称
4	PatentNum	VARCHAR(30)	NOT NULL	专利编号
5	Category	VARCHAR(10)	NOT NULL	专利类别
6	Ownership	VARCHAR(30)	NOT NULL	专利归属
7	ObtainDate	VARCHAR(10)	NOT NULL	授权时间，格式：YYYY-MM-DD
8	PatentPos	VARCHAR(10)	NOT NULL	个人排名
9	PatentDoc	VARCHAR(120)	NULL	专利授权证书电子版（扫描或拍照）
10	TechDoc	VARCHAR(120)	NULL	技术说明书电子版（扫描或拍照）
11	RequestDoc	VARCHAR(120)	NULL	专利请求书电子版（扫描或拍照）

（2）数据表的创建　打开 SQL Server Management Studio（SSMS），打开查询设计器，输入如下 SQL 脚本，即可完成数据表 Patent 的创建。

```
USE TeacherInformation;
GO
IF OBJECT_ID('Patent', 'U') IS NOT NULL
   DROP TABLE Patent;
GO
CREATE TABLE Patent
(
   ModuleID INT IDENTITY(1, 1) PRIMARY KEY NOT NULL,
   PersonID INT NOT NULL,
   PatentName VARCHAR(50) NOT NULL,
   PatentNum VARCHAR(30) NOT NULL,
   Category  VARCHAR(10) NOT NULL,
   Ownership VARCHAR(30) NOT NULL,
   ObtainDate VARCHAR(10) NOT NULL,
   PatentPos VARCHAR(10) NOT NULL,
   PatentDoc VARCHAR(120) NULL,
```

```
    TechDoc VARCHAR(120) NULL,
    RequestDoc VARCHAR(120) NULL
);
GO
```

12.13.2 技术专利模块的业务逻辑层设计

技术专利模块的业务逻辑层主要由命名空间 BusinessLogic 中的 Patent 类实现，涵盖技术专利的查询、添加、更新、删除等操作。

（1）Query 函数 Query 函数用于检索技术专利。它包含两种重载形式，分别定义如下：

```
public DataTable Query(string moduleid, string personid)
{
    string sql = "SELECT * FROM Patent WHERE" ;

    if (!string.IsNullOrEmpty(moduleid))
        sql += string.Format("AND ModuleID = '{0}' ", moduleid);
    if (!string.IsNullOrEmpty(personid))
        sql += string.Format("AND PersonID = '{0}' ", personid);

    if (sql.Contains("WHERE AND"))
        sql = sql.Replace("WHERE AND", " WHERE");
    else
        sql = sql.Replace("WHERE", " ");

    sql += "ORDER BY ModuleID DESC" ;

    return SQLAgency.ExecuteDataTable(dbconnstr, CommandType.Text, sql);
}

public DataRow Query(string moduleid)
{
    string sql = string.Format("SELECT * FROM Patent WHERE ModuleID= '{0}' ",
                moduleid);
    DataTable dt= SQLAgency.ExecuteDataTable(dbconnstr, CommandType.Text, sql);
    return (dt.Rows.Count > 0) ? (dt.Rows[0]) : null;
}
```

代码位置：MttSoft.TeacherInformation/BusinessLogic/Patent.cs。

（2）Insert 函数 Insert 函数用于添加技术专利。其定义如下：

```
public bool Insert(string personid, string patentname, string category,
string patentnum, string ownership, string obtaindate, string patentpos,
string patentdoc, string techdoc, string requestdoc)
{
```

```
    string sql = "INSERT INTO Patent (PersonID, PatentName, Category,
                 PatentNum, Ownership, ObtainDate, PatentPos, PatentDoc, TechDoc,
                 RequestDoc)";
    sql += string.Format("VALUES ('{0}', '{1}', '{2}', '{3}', '{4}', '{5}', '{6}', '{7}', '{8}', '{9}')",
            personid, patentname, category, patentnum, ownership, obtaindate,
            patentpos, patentdoc, techdoc, requestdoc);

    return SQLAgency.ExecuteNonQuery(dbconnstr, CommandType.Text, sql) == 1;
}
```

代码位置：MttSoft.TeacherInformation/BusinessLogic/Patent.cs。

（3）Update 函数　Update 函数用于更新技术专利。其定义如下：

```
public bool Update(string moduleid, string patentname, string category,
string patentnum, string ownership, string obtaindate, string patentpos,
string patentdoc, string techdoc, string requestdoc)
{
    string sql = string.Format("Update Patent Set PatentName= '{0}',
                 Category = '{1}', PatentNum= '{2}', Ownership= '{3}',
                 ObtainDate= '{4}', PatentPos= '{5}', PatentDoc= '{6}',
                 TechDoc= '{7}', RequestDoc= '{8}' ",
                 patentname, category, patentnum, ownership, obtaindate,
                 patentpos, patentdoc, techdoc, requestdoc);

    if (!string.IsNullOrEmpty(moduleid))
        sql += string.Format("WHERE ModuleID = '{0}' ", moduleid);

    return SQLAgency.ExecuteNonQuery(dbconnstr, CommandType.Text, sql) == 1;
}
```

代码位置：MttSoft.TeacherInformation/BusinessLogic/Patent.cs。

（4）Delete 函数　Delete 函数用于删除技术专利。其定义如下：

```
public bool Delete(string moduleid, string personid)
{
    string sql = string.Format("DELETE FROM Patent WHERE");

    if (!string.IsNullOrEmpty(moduleid))
        sql += string.Format("AND ModuleID = '{0}' ", moduleid);
    if (!string.IsNullOrEmpty(personid))
        sql += string.Format("AND PersonID = '{0}' ", personid);

    if (sql.Contains("WHERE AND"))
```

```
        sql = sql.Replace("WHERE AND", " WHERE");
    else
        sql = sql.Replace("WHERE", " ");

    return SQLAgency.ExecuteNonQuery(dbconnstr, CommandType.Text, sql) == 1;
}
```

代码位置：MttSoft.TeacherInformation/BusinessLogic/Patent.cs。

12.13.3 技术专利模块的用户接口层设计

技术专利模块的用户接口层主要由命名空间 UserInterface.Patent 中的 PatentAdd、PatentUpdate、PatentDelete 三个类实现，主要涵盖技术专利的添加、更新和删除等操作。

（1）InsertPatent 函数　当用户点击“添加技术专利”窗口的“添加”按钮时，会触发该函数的调用。其定义如下：

```
private void InsertPatent()
{
    string personid = SessionPersonID;
    string patentname = iptPatentName.Value;
    string category = iptCategory.Value;
    string patentnum = iptPatentNum.Value;
    string ownership = iptOwnership.Value;
    string obtaindate = iptObtainDate.Value;
    string patentpos = ddlPatentPos.Text;
    string patentdoc = FileUploader.Invoke(this, fuPatentDoc,
                    rootdir, persondir, moduledir);
   string techdoc = FileUploader.Invoke(this, fuTechDoc,
                    rootdir, persondir, moduledir);
   string requestdoc = FileUploader.Invoke(this, fuRequestDoc,
                    rootdir, persondir, moduledir);

    try
    {
        BusinessLogic.Patent patent = new BusinessLogic.Patent();
        patent.Insert(personid, patentname, category, patentnum, ownership,
                obtaindate, patentpos, patentdoc, techdoc, requestdoc);
        Debugger.ShowMessage("成功添加技术专利信息！");
        ResetPatent();
        BindPatent();
    }
    catch
    {
        Debugger.ShowMessage("执行添加技术专利信息时出现未处理的异常。");
    }
}
```

代码位置：MttSoft.TeacherInformation/UserInterface/Patent/PatentAdd.aspx.cs。

（2）UpdatePatent 函数　当用户点击“更新技术专利”界面的“更新”按钮时，会触发该函数的调用。其定义如下：

```
private void UpdatePatent ( string moduleid )
{
    string personid = SessionPersonID;
    string patentname = iptPatentName.Value;
    string category = iptCategory.Value;
    string patentnum = iptPatentNum.Value;
    string ownership = iptOwnership.Value;
    string obtaindate = iptObtainDate.Value;
    string patentpos = ddlPatentPos.Text;
    string patentdoc = FileUploader.Invoke ( this, fuPatentDoc,
                    rootdir, persondir, moduledir );
    if (patentdoc == " ")
    {
        patentdoc = iptPatentDoc.Value;
    }
    string techdoc = FileUploader.Invoke ( this, fuTechDoc,
                    rootdir, persondir, moduledir );
    if (techdoc == " ")
    {
        techdoc = iptTechDoc.Value;
    }
    string requestdoc = FileUploader.Invoke ( this, fuRequestDoc,
                    rootdir, persondir, moduledir );
    if (requestdoc == " ")
    {
        requestdoc = iptRequestDoc.Value;
    }

    if (!string.IsNullOrEmpty ( moduleid ))
    {
        try
        {
            BusinessLogic.Patent study = new BusinessLogic.Patent ( );
            study.Update ( moduleid, patentname, category, patentnum, ownership,
                    obtaindate, patentpos, patentdoc, techdoc, requestdoc );
            Debugger.ShowMessage ( "成功更新技术专利信息。" );
            ResetPatent ( );
            BindPatent ( );
        }
```

```
        catch
        {
            Debugger.ShowMessage ( " 执行更新技术专利信息时出现未处理的异常。" );
        }
    }
    else
    {
        Debugger.ShowMessage (
        " 您还未选择任何要更新的对象，请先从列表中选择要更新的技术专利条目。" );
    }
}
```

代码位置：MttSoft.TeacherInformation/UserInterface/Patent/PatentUpdate.aspx.cs。

（3）DeletePatent 函数　当用户点击“删除技术专利”窗口的“删除”按钮时，会触发该函数的调用。其定义如下：

```
private void DeletePatent ( string moduleid )
{
    if  ( !string.IsNullOrEmpty ( moduleid ))
    {
        BusinessLogic.Patent study = new BusinessLogic.Patent ( );
        try
        {
            study.Delete ( moduleid, " " );
            Debugger.ShowMessage ( " 成功删除技术专利信息。" );
            ResetPatent ( );
            BindPatent ( );
        }
        catch
        {
            Debugger.ShowMessage ( " 执行删除技术专利信息时出现未处理的异常。" );
        }
    }
    else
    {
        Debugger.ShowMessage (
         " 您还未选择任何要删除的对象，请先从列表中选择要删除的技术专利条目。" );
    }
}
```

代码位置：MttSoft.TeacherInformation/UserInterface/Patent/PatentDelete.aspx.cs。

12.13.4 技术专利模块的设计效果

（1）添加技术专利界面　添加技术专利界面的设计效果如图 12-23 所示。

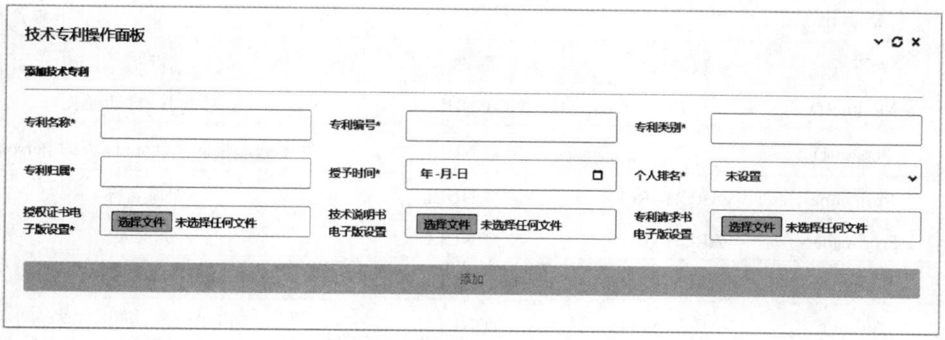

技术专利操作面板
添加技术专利
专利名称*
专利编号*
专利类别*
专利归属*
授予时间*
年-月-日
个人排名*
未设置
授权证书电子版设置*
选择文件
未选择任何文件
技术说明书电子版设置
选择文件
未选择任何文件
专利请求书电子版设置
选择文件
未选择任何文件
添加

图 12-23 添加技术专利

（2）**更新技术专利界面** 更新技术专利界面的设计效果如图 12-24 所示。

技术专利操作面板
更新技术专利
专利名称*
一种XXX方法
专利编号*
计算机
专利类别*
123
专利归属*
XX学院
授予时间*
2022-04-28
个人排名*
第2名
授权证书电子版设置*
选择文件
未选择任何文件
技术说明书电子版设置
选择文件
未选择任何文件
专利请求书电子版设置
选择文件
未选择任何文件
更新

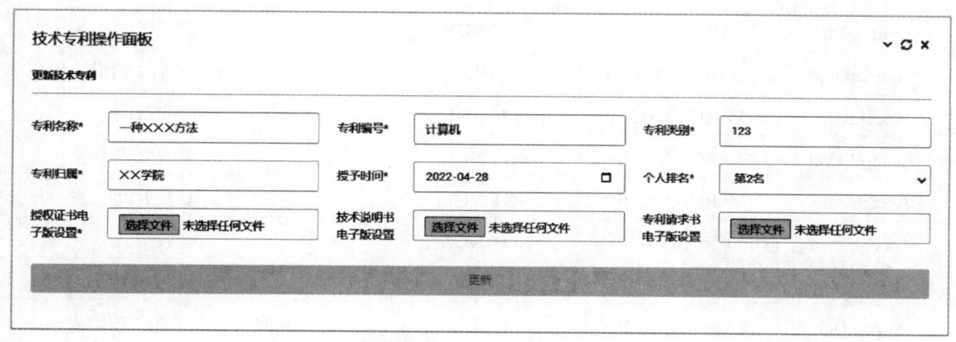

图 12-24 更新技术专利

（3）**删除技术专利界面** 删除技术专利界面的设计效果如图 12-25 所示。

技术专利操作面板
删除技术专利
专利名称*
一种XXX方法
专利编号*
计算机
专利类别*
123
专利归属*
XX学院
授予时间*
2022-04-28
个人排名*
第2名
授权证书电子版浏览
技术说明书电子版浏览
专利请求书电子版浏览
删除

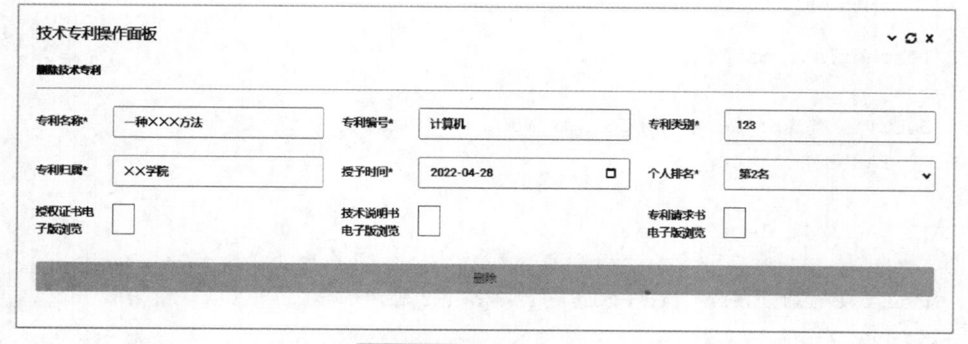

图 12-25 删除技术专利

12.14 项目课题模块设计

12.14.1 项目课题模块的数据实体层设计

（1）**数据结构定义** 项目课题模块涉及的数据库表的结构定义如表 12-11 所示。

表12-11　项目课题表(Project)

序号	列名	数据类型	空性	说明
1	ModuleID	INT	NOT NULL	主键列；自动增长
2	PersonID	INT	NOT NULL	外键列，指向 Accounts 表的 PersonID
3	ProjName	VARCHAR(50)	NOT NULL	项目名称
4	ProjLeader	VARCHAR(10)	NOT NULL	负责人
5	Ranking	VARCHAR(10)	NOT NULL	个人排名
6	Assume	VARCHAR(15)	NOT NULL	担任角色 / 承担任务
7	Budget	VARCHAR(10)	NULL	预算经费 (万元)
8	InitiateOrg	VARCHAR(30)	NOT NULL	立项单位
9	InitiateLevel	VARCHAR(10)	NOT NULL	立项级别
10	InitiateDate	VARCHAR(10)	NOT NULL	立项时间
11	InitiateDoc	VARCHAR(120)	NULL	立项文件电子版 (扫描或拍照)
12	AcceptOrg	VARCHAR(30)	NOT NULL	验收部门
13	AcceptLevel	VARCHAR(10)	NOT NULL	验收级别
14	AcceptDate	VARCHAR(10)	NOT NULL	验收时间
15	AcceptForm	VARCHAR(20)	NOT NULL	验收形式
16	AcceptOpinion	VARCHAR(200)	NOT NULL	验收意见 (200 字以内)
17	AcceptDoc	VARCHAR(120)	NULL	验收文件电子版 (扫描或拍照)

（2）数据表的创建　打开 SQL Server Management Studio（SSMS），打开查询设计器，输入如下 SQL 脚本，即可完成数据表 Project 的创建。

```
USE TeacherInformation;
GO
IF OBJECT_ID('Project', 'U') IS NOT NULL
  DROP TABLE Project;
GO
CREATE TABLE Project
(
   ModuleID INT IDENTITY(1, 1) PRIMARY KEY NOT NULL,
   PersonID INT NOT NULL,
   ProjName VARCHAR(50) NOT NULL,
   ProjLeader VARCHAR(10) NOT NULL,
   Ranking VARCHAR(10) NOT NULL,
   Assume VARCHAR(15) NOT NULL,
   Budget VARCHAR(10) NULL,
   InitiateOrg  VARCHAR(30) NOT NULL,
   InitiateLevel VARCHAR(10) NOT NULL,
   InitiateDate VARCHAR(10) NOT NULL,
   InitiateDoc VARCHAR(120) NOT NULL,
```

```
    AcceptOrg VARCHAR(30) NOT NULL,
    AcceptLevel VARCHAR(10)  NOT NULL,
    AcceptDate VARCHAR(10) NOT NULL,
AcceptForm VARCHAR(20) NOT NULL,
AcceptOpinion VARCHAR(200) NULL,
AcceptDoc VARCHAR(120) NULL
);
GO
```

12.14.2 项目课题模块的业务逻辑层设计

项目课题模块的业务逻辑层主要由命名空间 BusinessLogic 中的 Project 类实现，涵盖项目课题的查询、添加、更新、删除等操作。

（1）Query 函数　Query 函数用于检索项目课题。它包含两种重载形式，分别定义如下：

```
public DataTable Query(string moduleid, string personid)
{
    string sql = "SELECT * FROM Project WHERE" ;

    if (!string.IsNullOrEmpty(moduleid))
        sql += string.Format("AND ModuleID = '{0}' ", moduleid);
    if (!string.IsNullOrEmpty(personid))
        sql += string.Format("AND PersonID = '{0}' ", personid);

    if (sql.Contains("WHERE AND"))
        sql = sql.Replace("WHERE AND", " WHERE");
    else
        sql = sql.Replace("WHERE", " ");

    sql += "ORDER BY ModuleID DESC" ;

    return SQLAgency.ExecuteDataTable(dbconnstr, CommandType.Text, sql);
}

public DataRow Query(string moduleid)
{
    string sql = string.Format("SELECT * FROM Project WHERE ModuleID= '{0}' ",
                moduleid);
    DataTable dt= SQLAgency.ExecuteDataTable(dbconnstr, CommandType.Text, sql);
    return (dt.Rows.Count > 0) ? (dt.Rows[0]) : null;
}
```

代码位置：MttSoft.TeacherInformation/BusinessLogic/Project.cs。

（2）**Insert 函数**　Insert 函数用于添加项目课题。其定义如下：

```
public bool Insert(string personid, string projname, string projleader,
string ranking, string assume, string budget, string initiateorg,
string initiatelevel, string initiatedate, string initiatedoc,
string acceptorg, string acceptlevel, string acceptdate,
string acceptform, string acceptopinion, string acceptdoc)
{
    string sql = "INSERT INTO Project (PersonID, ProjName, ProjLeader,
                Ranking, Assume, Budget, InitiateOrg, InitiateLevel, InitiateDate,
                InitiateDoc, AcceptOrg, AcceptLevel, AcceptDate, AcceptForm,
                AcceptOpinion, AcceptDoc)";
    sql += string.Format("VALUES ( '{0}', '{1}', '{2}', '{3}', '{4}', '{5}', '{6}',
            '{7}', '{8}', '{9}', '{10}', '{11}', '{12}', '{13}', '{14}', '{15}')",
            personid, projname, projleader, ranking, assume, budget, initiateorg,
            initiatelevel, initiatedate, initiatedoc, acceptorg, acceptlevel,
            acceptdate, acceptform, acceptopinion, acceptdoc);

    return SQLAgency.ExecuteNonQuery(dbconnstr, CommandType.Text, sql) == 1;
}
```

代码位置：MttSoft.TeacherInformation/BusinessLogic/Project.cs。

（3）**Update 函数**　Update 函数用于更新项目课题。其定义如下：

```
public bool Update(string moduleid, string projname, string projleader,
string ranking, string assume, string budget, string initiateorg,
string initiatelevel, string initiatedate, string initiatedoc,
string acceptorg, string acceptlevel, string acceptdate,
string acceptform, string acceptopinion, string acceptdoc)
{
    string sql = string.Format("Update Project Set ProjName= '{0}',
                ProjLeader= '{1}', Ranking= '{2}', Assume= '{3}', Budget= '{4}',
                InitiateOrg = '{5}', InitiateLevel= '{6}', InitiateDate= '{7}',
                InitiateDoc= '{8}', AcceptOrg= '{9}', AcceptLevel= '{10}',
                AcceptDate= '{11}', AcceptForm= '{12}', AcceptOpinion= '{13}',
                AcceptDoc= '{14}' ",
                projname, projleader, ranking, assume, budget, initiateorg,
                initiatelevel, initiatedate, initiatedoc, acceptorg, acceptlevel,
                acceptdate, acceptform, acceptopinion, acceptdoc);

    if (!string.IsNullOrEmpty(moduleid))
        sql += string.Format("WHERE ModuleID = '{0}' ", moduleid);

    return SQLAgency.ExecuteNonQuery(dbconnstr, CommandType.Text, sql) == 1;
}
```

代码位置：MttSoft.TeacherInformation/BusinessLogic/Project.cs。

（4）Delete 函数　Delete 函数用于删除项目课题。其定义如下：

```
public bool Delete(string moduleid, string personid)
{
    string sql = string.Format("DELETE FROM Project WHERE");

    if (!string.IsNullOrEmpty(moduleid))
        sql += string.Format("AND ModuleID = '{0}' ", moduleid);
    if (!string.IsNullOrEmpty(personid))
        sql += string.Format("AND PersonID = '{0}' ", personid);

    if (sql.Contains("WHERE AND"))
        sql = sql.Replace("WHERE AND", " WHERE");
    else
        sql = sql.Replace("WHERE", " ");

    return SQLAgency.ExecuteNonQuery(dbconnstr, CommandType.Text, sql) == 1;
}
```

代码位置：MttSoft.TeacherInformation/BusinessLogic/Project.cs。

12.14.3 项目课题模块的用户接口层设计

项目课题模块的用户接口层主要由命名空间 UserInterface.Project 中的 ProjectAdd、ProjectUpdate、ProjectDelete 三个类实现，主要涵盖项目课题的添加、更新和删除等操作。

（1）InsertProject 函数　当用户点击“添加项目课题”窗口的“添加”按钮时，会触发该函数的调用。其定义如下：

```
private void InsertProject()
{
    string personid = SessionPersonID;
    string projname = iptProjName.Value;
    string projleader = iptProjLeader.Value;
    string ranking = ddlRanking.SelectedItem.Text;
    string assume = iptAssume.Value;
    string budget = iptBudget.Value;
    string initiateorg = iptInitiateOrg.Value;
    string initiatelevel = ddlInitiateLevel.SelectedItem.Text;
    string initiatedate = iptInitiateDate.Value;
    string initiatedoc =  FileUploader.Invoke(this, fuInitiateDoc,
                          rootdir, persondir, moduledir);
    string acceptorg = iptAcceptOrg.Value;
    string acceptlevel = ddlAcceptLevel.SelectedItem.Text;
    string acceptdate = iptAcceptDate.Value;
    string acceptform = ddlAcceptForm.SelectedItem.Text;
    string acceptopinion = iptAcceptOpinion.Value;
    string acceptdoc = FileUploader.Invoke(this, fuAcceptDoc,
```

```
                        rootdir, persondir, moduledir);
    BusinessLogic.Project project = new BusinessLogic.Project();
    try
    {
        project.Insert(personid, projname, projleader, ranking, assume, budget,
                       initiateorg, initiatelevel, initiatedate, initiatedoc,
                       acceptorg, acceptlevel, acceptdate, acceptform,
                       acceptopinion, acceptdoc);
        Debugger.ShowMessage("成功添加项目课题信息！ ");
        ResetProject();
        BindProject();
    }
    catch
    {
        Debugger.ShowMessage("执行添加项目课题信息时出现未处理的异常。");
    }
}
```

代码位置：MttSoft.TeacherInformation/UserInterface/Project/ProjectAdd.aspx.cs。

（2）UpdateProject 函数　当用户点击“更新项目课题”界面的“更新”按钮时，会触发该函数的调用。其定义如下：

```
private void UpdateProject(string moduleid)
{
    string projname = iptProjName.Value;
    string projleader = iptProjLeader.Value;
    string ranking = ddlRanking.SelectedItem.Text;
    string assume = iptAssume.Value;
    string budget = iptBudget.Value;
    string initiateorg = iptInitiateOrg.Value;
    string initiatelevel = ddlInitiateLevel.SelectedItem.Text;
    string initiatedate = iptInitiateDate.Value;
    string initiatedoc = FileUploader.Invoke(this, fuInitiateDoc,
                         rootdir, persondir, moduledir);
    if (initiatedoc == "")
    {
        initiatedoc = iptInitiateDoc.Value;
    }
    string acceptorg = iptAcceptOrg.Value;
    string acceptlevel = ddlAcceptLevel.SelectedItem.Text;
    string acceptdate = iptAcceptDate.Value;
    string acceptform = ddlAcceptForm.SelectedItem.Text;
    string acceptopinion = iptAcceptOpinion.Value;
    string acceptdoc = FileUploader.Invoke(this, fuAcceptDoc,
                       rootdir, persondir, moduledir);
    if (acceptdoc == "")
    {
```

```
        acceptdoc = iptAcceptDoc.Value;
    }

    if (!string.IsNullOrEmpty(moduleid))
    {
        try
        {
            BusinessLogic.Project project = new BusinessLogic.Project();
            project.Update(moduleid, projname, projleader, ranking, assume,
                           budget, initiateorg, initiatelevel, initiatedate,
                           initiatedoc, acceptorg, acceptlevel, acceptdate,
                           acceptform, acceptopinion, acceptdoc);
            Debugger.ShowMessage("成功更新项目课题信息。");
            ResetProject();
            BindProject();
        }
        catch
        {
            Debugger.ShowMessage("执行更新项目课题信息时出现未处理的异常。");
        }
    }
    else
    {
        Debugger.ShowMessage(
         "您还未选择任何要更新的对象，请先从列表中选择要更新的项目课题条目。");
    }
}
```

代码位置：MttSoft.TeacherInformation/UserInterface/Project/ProjectUpdate.aspx.cs。

（3）DeleteProject 函数　当用户点击“删除项目课题”窗口的“删除”按钮时，会触发该函数的调用。其定义如下：

```
private void DeleteProject(string moduleid)
{
    if (!string.IsNullOrEmpty(moduleid))
    {
        BusinessLogic.Project project = new BusinessLogic.Project();
        try
        {
            project.Delete(moduleid, "");
            Debugger.ShowMessage("成功删除项目课题信息。");
            ResetProject();
            BindProject();
        }
        catch
        {
```

```
            Debugger.ShowMessage("执行删除项目课题信息时出现未处理的异常。");
        }
    }
    else
    {
        Debugger.ShowMessage(
         "您还未选择任何要删除的对象，请先从列表中选择要删除的项目课题条目。");
    }
}
```

代码位置：MttSoft.TeacherInformation/UserInterface/Project/ProjectDelete.aspx.cs。

12.14.4 项目课题模块的设计效果

（1）添加项目课题界面　添加项目课题界面的设计效果如图 12-26 所示。

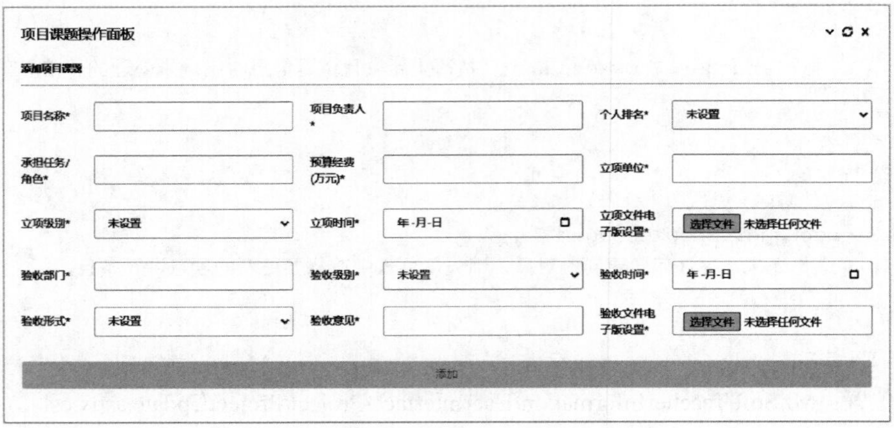

图 12-26　添加项目课题

（2）更新项目课题界面　更新项目课题界面的设计效果如图 12-27 所示。

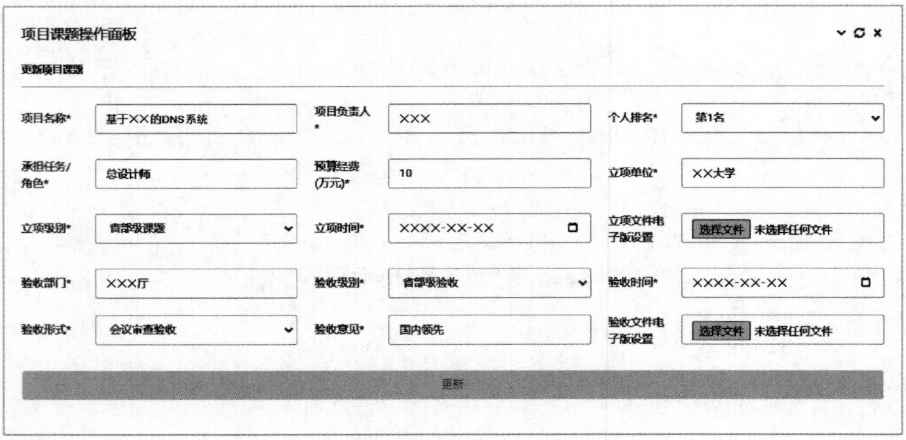

图 12-27　更新项目课题

（3）删除项目课题界面　删除项目课题界面的设计效果如图 12-28 所示。

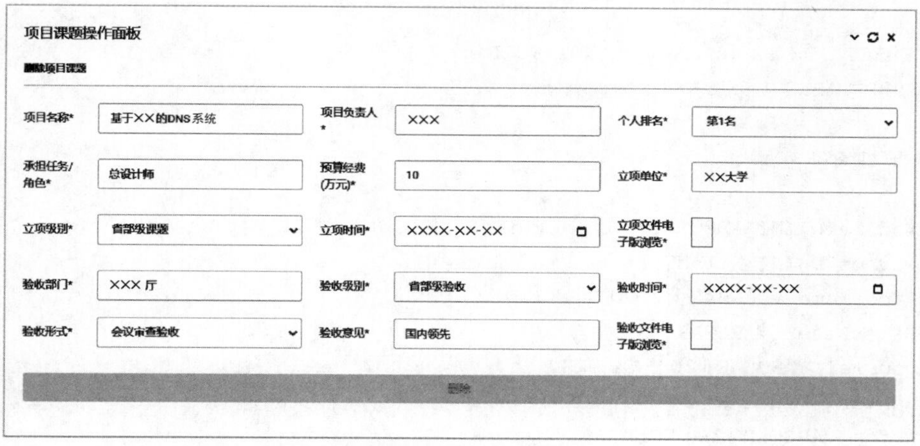

图 12-28　删除项目课题

12.15 论文发表模块设计

12.15.1 论文发表模块的数据实体层设计

（1）数据结构定义　论文发表模块涉及的数据库表的结构定义如表 12-12 所示。

表12-12　论文发表表(Paper)

序号	列名	数据类型	空性	说明
1	ModuleID	INT	NOT NULL	主键列；自动增长
2	PersonID	INT	NOT NULL	外键列，指向 Accounts 表的 PersonID
3	PaperName	VARCHAR(50)	NOT NULL	论文名称
4	PaperLevel	VARCHAR(10)	NOT NULL	论文等级
5	Journal	VARCHAR(20)	NOT NULL	发表刊物
6	Ranking	VARCHAR(10)	NOT NULL	个人排名
7	Words	VARCHAR(10)	NULL	论文字数（字）
8	IsCore	VARCHAR(6)	NULL	是否核心论文
9	IsAppraisal	VARCHAR(6)	NULL	是否鉴定论文
10	PublishDate	VARCHAR(10)	NULL	刊发时间，格式：YYYY-MM-DD
11	PaperDoc	VARCHAR(120)	NULL	论文相关电子版（扫描或拍照）

（2）数据表的创建　打开 SQL Server Management Studio（SSMS），打开查询设计器，输入如下 SQL 脚本，即可完成数据表 Paper 的创建。

```
USE TeacherInformation;
GO
IF OBJECT_ID('Paper', 'U') IS NOT NULL
   DROP TABLE Paper;
GO
CREATE TABLE Paper
(
   ModuleID INT IDENTITY(1, 1) PRIMARY KEY NOT NULL,
   PersonID INT NOT NULL,
   PaperName VARCHAR(50) NOT NULL,
   PaperLevel VARCHAR(10) NOT NULL,
   Journal VARCHAR(20) NOT NULL,
   Ranking VARCHAR(10) NOT NULL,
   Words VARCHAR(10) NULL,
   IsCore  VARCHAR(6) NULL,
   IsAppraisal VARCHAR(6) NULL,
   PublishDate VARCHAR(10) NULL,
   PaperDoc VARCHAR(120) NULL
);
GO
```

12.15.2 论文发表模块的业务逻辑层设计

论文发表模块的业务逻辑层主要由命名空间 BusinessLogic 中的 Paper 类实现，涵盖论文发表的查询、添加、更新、删除等操作。

（1）Query 函数　Query 函数用于检索论文发表。它包含两种重载形式，分别定义如下：

```
public DataTable Query(string moduleid, string personid)
{
    string sql = "SELECT * FROM Paper WHERE" ;

    if (!string.IsNullOrEmpty(moduleid))
        sql += string.Format("AND ModuleID = '{0}' ", moduleid);
    if (!string.IsNullOrEmpty(personid))
        sql += string.Format("AND PersonID = '{0}' ", personid);

    if (sql.Contains( "WHERE AND"))
        sql = sql.Replace("WHERE AND", " WHERE");
    else
        sql = sql.Replace("WHERE", " ");

    sql += "ORDER BY ModuleID DESC" ;

    return SQLAgency.ExecuteDataTable(dbconnstr, CommandType.Text, sql);
```

```
}

public DataRow Query(string moduleid)
{
    string sql = string.Format("SELECT * FROM Paper WHERE ModuleID= '{0}' ",
                moduleid);
    DataTable dt= SQLAgency.ExecuteDataTable(dbconnstr, CommandType.Text, sql);
    return (dt.Rows.Count > 0)? (dt.Rows[0]): null;
}
```

代码位置：MttSoft.TeacherInformation/BusinessLogic/Paper.cs。

（2）Insert 函数　Insert 函数用于添加论文发表。其定义如下：

```
public bool Insert(string personid, string papername, string paperlevel,
string journal, string ranking, string words, string iscore,
string isappraisal, string publishdate, string paperdoc)
{
    string sql = "INSERT INTO Paper (PersonID, PaperName, PaperLevel, Journal,
                Ranking, Words, IsCore, IsAppraisal, PublishDate, PaperDoc)" ;
    sql += string.Format( "VALUES ( '{0}', '{1}', '{2}', '{3}', '{4}', '{5}', '{6}',
            '{7}', '{8}', '{9}')", personid, papername, paperlevel, journal, ranking,
            words, iscore, isappraisal, publishdate, paperdoc);

return SQLAgency.ExecuteNonQuery(dbconnstr, CommandType.Text, sql) == 1;
}
```

代码位置：MttSoft.TeacherInformation/BusinessLogic/Paper.cs。

（3）Update 函数　Update 函数用于更新论文发表。其定义如下：

```
public bool Update(string moduleid, string papername, string paperlevel,
string journal, string ranking, string words, string iscore,
string isappraisal, string publishdate,
string paperdoc)
{
   string sql = string.Format("Update Paper Set PaperName= '{0}', PaperLevel= '{1}',
                Journal= '{2}', Ranking= '{3}', Words= '{4}', IsCore = '{5}',
                IsAppraisal= '{6}', PublishDate= '{7}', PaperDoc= '{8}' ",
                papername, paperlevel, journal, ranking, words,
                iscore, isappraisal, publishdate, paperdoc);

    if (!string.IsNullOrEmpty(moduleid))
        sql += string.Format("WHERE ModuleID = '{0}' ", moduleid);
```

```
    return SQLAgency.ExecuteNonQuery(dbconnstr, CommandType.Text, sql) == 1;
}
```

代码位置：MttSoft.TeacherInformation/BusinessLogic/Paper.cs。

（4）Delete 函数　Delete 函数用于删除论文发表。其定义如下：

```
public bool Delete(string moduleid, string personid)
{
    string sql = string.Format( "DELETE FROM Paper WHERE");

    if (!string.IsNullOrEmpty(moduleid))
        sql += string.Format("AND ModuleID = '{0}' ", moduleid);
    if (!string.IsNullOrEmpty(personid))
        sql += string.Format("AND PersonID = '{0}' ", personid);

    if (sql.Contains("WHERE AND"))
        sql = sql.Replace("WHERE AND", " WHERE");
    else
        sql = sql.Replace("WHERE", " ");

    return SQLAgency.ExecuteNonQuery(dbconnstr, CommandType.Text, sql) == 1;
}
```

代码位置：MttSoft.TeacherInformation/BusinessLogic/Paper.cs。

12.15.3 论文发表模块的用户接口层设计

论文发表模块的用户接口层主要由命名空间 UserInterface.Paper 中的 PaperAdd、PaperUpdate、PaperDelete 三个类实现，主要涵盖论文发表的添加、更新和删除等操作。

（1）InsertPaper 函数　当用户点击“添加论文发表”窗口的“添加”按钮时，会触发该函数的调用。其定义如下：

```
private void InsertPaper()
{
    string personid = SessionPersonID;
    string papername = iptPaperName.Value;
    string paperlevel = ddlPaperLevel.Text;
    string journal = iptJournal.Value;
    string ranking = ddlRanking.Text;
    string words = iptWords.Value;
    string iscore = ddlIsCore.Text;
    string isappraisal = ddlIsAppraisal.Text;
    string publishdate = iptPublishDate.Value;
    string paperdoc = FileUploader.Invoke(this, fuPaperDoc,
                      rootdir, persondir, moduledir);
```

```
    BusinessLogic.Paper paper = new BusinessLogic.Paper ( );
    try
    {
        paper.Insert (personid, papername, paperlevel, journal, ranking, words,
                      iscore, isappraisal, publishdate, paperdoc );
        Debugger.ShowMessage ( "成功添加论文发表信息！ " );
        ResetPaper ( );
        BindPaper ( );
    }
    catch
    {
        Debugger.ShowMessage ( "执行添加论文发表信息时出现未处理的异常。" );
    }
}
```

代码位置：MttSoft.TeacherInformation/UserInterface/Paper/PaperAdd.aspx.cs。

（2）UpdatePaper 函数 当用户点击“更新论文发表”界面的“更新”按钮时，会触发该函数的调用。其定义如下：

```
private void UpdatePaper ( string moduleid )
{
    string personid = SessionPersonID;
    string papername = iptPaperName.Value;
    string paperlevel = ddlPaperLevel.Text;
    string journal = iptJournal.Value;
    string ranking = ddlRanking.Text;
    string words = iptWords.Value;
    string iscore = ddlIsCore.Text;
    string isappraisal = ddlIsAppraisal.Text;
    string publishdate = iptPublishDate.Value;
    string paperdoc = FileUploader.Invoke ( this, fuPaperDoc,
                      rootdir, persondir, moduledir );
    if (paperdoc == " ")
    {
        paperdoc = iptPaperDoc.Value;
    }

    if (!string.IsNullOrEmpty ( moduleid ))
    {
        try
        {
            BusinessLogic.Paper paper = new BusinessLogic.Paper ( );
            paper.Update ( moduleid, papername, paperlevel, journal, ranking, words,
                           iscore, isappraisal, publishdate, paperdoc );
            Debugger.ShowMessage ( "成功更新论文发表信息。" );
            ResetPaper ( );
```

```
            BindPaper ( );
        }
        catch
        {
            Debugger.ShowMessage ( "执行更新论文发表信息时出现未处理的异常。");
        }
    }
    else
    {
        Debugger.ShowMessage (
         "您还未选择任何要更新的对象，请先从列表中选择要更新的论文发表条目。");
    }
}
```

代码位置：MttSoft.TeacherInformation/UserInterface/Paper/PaperUpdate.aspx.cs。

（3）DeletePaper 函数　当用户点击“删除论文发表”窗口的“删除”按钮时，会触发该函数的调用。其定义如下：

```
private void DeletePaper ( string moduleid )
{
    if  ( !string.IsNullOrEmpty ( moduleid ))
    {
        BusinessLogic.Paper paper = new BusinessLogic.Paper ( );
        try
        {
            paper.Delete ( moduleid, " ");
            Debugger.ShowMessage ( "成功删除论文发表信息。");
            ResetPaper ( );
            BindPaper ( );
        }
        catch
        {
            Debugger.ShowMessage ( "执行删除论文发表信息时出现未处理的异常。");
        }
    }
    else
    {
        Debugger.ShowMessage (
         "您还未选择任何要删除的对象，请先从列表中选择要删除的论文发表条目。");
    }
}
```

代码位置：MttSoft.TeacherInformation/UserInterface/Paper/PaperDelete.aspx.cs。

12.15.4 论文发表模块的设计效果

（1）添加论文发表界面　添加论文发表界面的设计效果如图 12-29 所示。

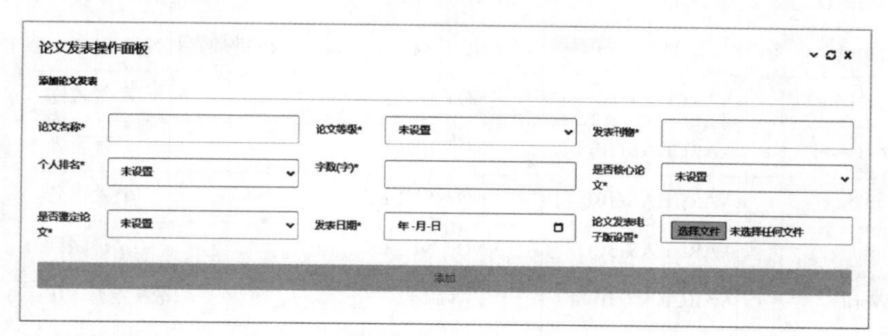

图 12-29　添加论文发表

（2）更新论文发表界面　更新论文发表界面的设计效果如图 12-30 所示。

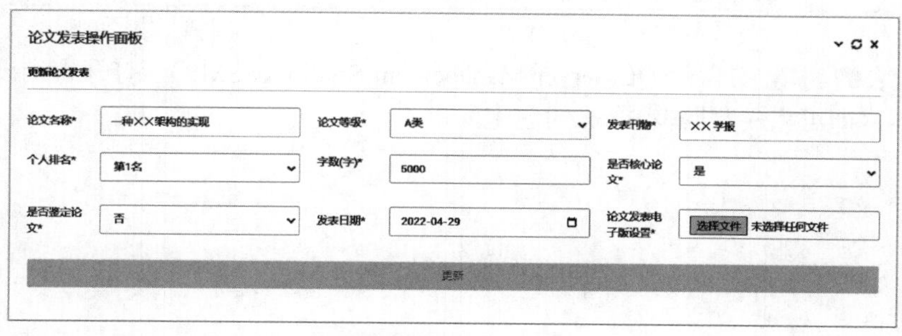

图 12-30　更新论文发表

（3）删除论文发表界面　删除论文发表界面的设计效果如图 12-31 所示。

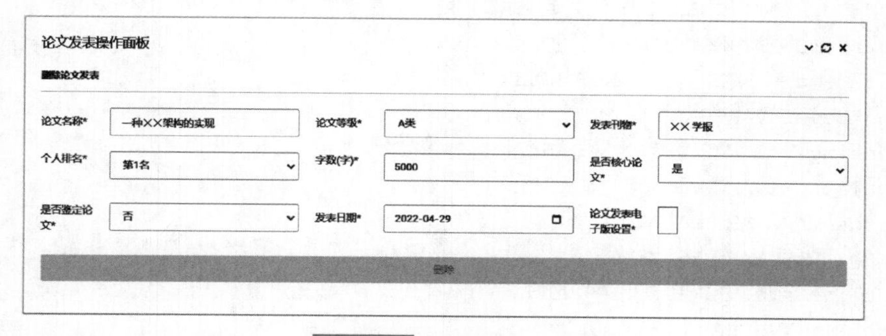

图 12-31　删除论文发表

12.16 专著出版模块设计

12.16.1 专著出版模块的数据实体层设计

（1）数据结构定义　专著出版模块涉及的数据库表的结构定义如表 12-13 所示。

表12-13　专著出版表(Book)

序号	列名	数据类型	空性	说明
1	ModuleID	INT	NOT NULL	主键列；自动增长
2	PersonID	INT	NOT NULL	外键列，指向 Accounts 表的 PersonID
3	BookName	VARCHAR(50)	NOT NULL	专著名称
4	BookLevel	VARCHAR(10)	NOT NULL	专著等级
5	Ranking	VARCHAR(10)	NOT NULL	个人排名
6	Publisher	VARCHAR(30)	NOT NULL	出版社名称
7	Words	VARCHAR(10)	NULL	论文字数（千字）
8	ISBN	VARCHAR(15)	NULL	国际标准书号
9	PublishDate	VARCHAR(10)	NULL	出版日期
10	BookDoc	VARCHAR(120)	NULL	专著相关电子版（封面、目录、内容等）

（2）数据表的创建　打开 SQL Server Management Studio（SSMS），打开查询设计器，输入如下 SQL 脚本，即可完成数据表 Book 的创建。

```
USE TeacherInformation;
GO
IF OBJECT_ID('Book', 'U') IS NOT NULL
  DROP TABLE Book;
GO
CREATE TABLE Book
(
    ModuleID INT IDENTITY(1, 1) PRIMARY KEY NOT NULL,
    PersonID INT NOT NULL,
    BookName VARCHAR(50) NOT NULL,
    BookLevel VARCHAR(10) NOT NULL,
    Ranking VARCHAR(10) NOT NULL,
    Publisher VARCHAR(30) NOT NULL,
    Words VARCHAR(10) NULL,
    ISBN  VARCHAR(15) NULL,
    PublishDate VARCHAR(10) NULL,
    BookDoc VARCHAR(120) NULL
);
GO
```

12.16.2 专著出版模块的业务逻辑层设计

专著出版模块的业务逻辑层主要由命名空间 BusinessLogic 中的 Book 类实现，涵盖专著出版的查询、添加、更新、删除等操作。

（1）Query 函数　Query 函数用于检索专著出版。它包含两种重载形式，分别定义如下：

```
public DataTable Query(string moduleid, string personid)
{
    string sql = "SELECT * FROM Book WHERE" ;

    if (!string.IsNullOrEmpty(moduleid))
        sql += string.Format("AND ModuleID = '{0}' ", moduleid);

    if (!string.IsNullOrEmpty(personid))
        sql += string.Format("AND PersonID = '{0}' ", personid);

    if (sql.Contains("WHERE AND"))
        sql = sql.Replace("WHERE AND", " WHERE");
    else
        sql = sql.Replace("WHERE", " ");

    sql += "ORDER BY ModuleID DESC" ;

    return SQLAgency.ExecuteDataTable(dbconnstr, CommandType.Text, sql);
}

public DataRow Query(string moduleid)
{
    string sql = string.Format("SELECT * FROM Book WHERE ModuleID= '{0}' ",
                 moduleid);
    DataTable dt= SQLAgency.ExecuteDataTable(dbconnstr, CommandType.Text, sql);
    return (dt.Rows.Count > 0)? (dt.Rows[0]) : null;
}
```

代码位置：MttSoft.TeacherInformation/BusinessLogic/Book.cs。

（2）Insert 函数　Insert 函数用于添加专著出版。其定义如下：

```
public bool Insert(string personid, string bookname, string booklevel,
string publisher, string ranking, string words, string isbn,
string publishdate, string bookdoc)
{
    string sql = "INSERT INTO Book (PersonID, BookName, BookLevel, Publisher,
                 Ranking, Words, ISBN, PublishDate, BookDoc)" ;
    sql += string.Format("VALUES ( '{0}', '{1}', '{2}', '{3}', '{4}', '{5}',
           '{6}', '{7}', '{8}')", personid, bookname, booklevel, publisher,
           ranking, words, isbn, publishdate, bookdoc);

    return SQLAgency.ExecuteNonQuery(dbconnstr, CommandType.Text, sql) == 1;
}
```

代码位置：MttSoft.TeacherInformation/BusinessLogic/Book.cs。

（3）Update 函数　Update 函数用于更新专著出版。其定义如下：

```
public bool Update(string moduleid, string bookname, string booklevel,
string publisher, string ranking, string words, string isbn,
string publishdate, string bookdoc)
{
    string sql = string.Format("Update Book Set BookName= '{0}', BookLevel= '{1}',
                 Publisher= '{2}', Ranking= '{3}', Words= '{4}', ISBN = '{5}',
                 PublishDate= '{6}', BookDoc= '{7}' ", bookname, booklevel,
                 publisher, ranking, words, isbn, publishdate, bookdoc);

    if (!string.IsNullOrEmpty(moduleid))
        sql += string.Format("WHERE ModuleID = '{0}' ", moduleid);

    return SQLAgency.ExecuteNonQuery(dbconnstr, CommandType.Text, sql) == 1;
}
```

代码位置：MttSoft.TeacherInformation/BusinessLogic/Book.cs。

（4）Delete 函数　Delete 函数用于删除专著出版。其定义如下：

```
public bool Delete(string moduleid, string personid)
{
    string sql = string.Format("DELETE FROM Book WHERE");

    if (!string.IsNullOrEmpty(moduleid))
        sql += string.Format("AND ModuleID = '{0}' ", moduleid);
    if (!string.IsNullOrEmpty(personid))
        sql += string.Format("AND PersonID = '{0}' ", personid);

    if (sql.Contains("WHERE AND"))
        sql = sql.Replace("WHERE AND", " WHERE");
    else
        sql = sql.Replace("WHERE", " ");

    return SQLAgency.ExecuteNonQuery(dbconnstr, CommandType.Text, sql) == 1;
}
```

代码位置：MttSoft.TeacherInformation/BusinessLogic/Book.cs。

12.16.3　专著出版模块的用户接口层设计

专著出版模块的用户接口层主要由命名空间 UserInterface.Book 中的 BookAdd、BookUpdate、BookDelete 三个类实现，主要涵盖专著出版的添加、更新和删除等操作。

（1）InsertBook 函数　当用户点击“添加专著出版”窗口的“添加”按钮时，会触发该函数的调用。其定义如下：

```
private void InsertBook ( )
{
    string personid = SessionPersonID;
    string bookname = iptBookName.Value;
    string booklevel = ddlBookLevel.Text;
    string publisher = iptPublisher.Value;
    string ranking = ddlRanking.Text;
    string words = iptWords.Value;
    string isbn = iptISBN.Value;
    string publishdate = iptPublishDate.Value;
    string bookdoc =  FileUploader.Invoke ( this, fuBookDoc,
                      rootdir, persondir, moduledir );

    try
    {
        BusinessLogic.Book book = new BusinessLogic.Book ( );
        book.Insert ( personid, bookname, booklevel, publisher, ranking, words, isbn,
                 publishdate, bookdoc );
        Debugger.ShowMessage ( "成功添加专著出版信息！ " );
        ResetBook ( );
        BindBook ( );
    }
    catch
    {
        Debugger.ShowMessage ( "执行添加专著出版信息时出现未处理的异常。" );
    }
}
```

代码位置：MttSoft.TeacherInformation/UserInterface/Book/BookAdd.aspx.cs。

（2）**UpdateBook 函数**　当用户点击“更新专著出版”界面的“更新”按钮时，会触发该函数的调用。其定义如下：

```
private void UpdateBook ( string moduleid )
{
    string personid = SessionPersonID;
    string bookname = iptBookName.Value;
    string booklevel = ddlBookLevel.Text;
    string publisher = iptPublisher.Value;
    string ranking = ddlRanking.Text;
    string words = iptWords.Value;
    string isbn = iptISBN.Value;
    string publishdate = iptPublishDate.Value;
    string bookdoc = FileUploader.Invoke ( this, fuBookDoc,
```

```
                    rootdir, persondir, moduledir);
    if (!string.IsNullOrEmpty(moduleid))
    {
        BusinessLogic.Book book = new BusinessLogic.Book();
        try
        {
            book.Update(moduleid, bookname, booklevel, publisher, ranking,
                        words, isbn, publishdate, bookdoc);
            Debugger.ShowMessage("成功更新专著出版信息。");
            ResetBook();
            BindBook();
        }
        catch
        {
            Debugger.ShowMessage("执行更新专著出版信息时出现未处理的异常。");
        }
    }
    else
    {
        Debugger.ShowMessage(
         "您还未选择任何要更新的对象，请先从列表中选择要更新的专著出版条目。");
    }
}
```

代码位置：MttSoft.TeacherInformation/UserInterface/Book/BookUpdate.aspx.cs。

（3）DeleteBook 函数　当用户点击“删除专著出版”窗口的“删除”按钮时，会触发该函数的调用。其定义如下：

```
private void DeleteBook(string moduleid)
{
    if (!string.IsNullOrEmpty(moduleid))
    {
        BusinessLogic.Book book = new BusinessLogic.Book();
        try
        {
            book.Delete(moduleid, "");
            Debugger.ShowMessage("成功删除专著出版记录。");
            ResetBook();
            BindBook();
        }
        catch

        {
```

```
            Debugger.ShowMessage（"执行删除专著出版时出现未处理的异常。"）;
        }
    }
    else
    {
        Debugger.ShowMessage（
        "您还未选择任何要删除的对象，请先从列表中选择要删除的专著出版条目。"）;
    }
}
```

代码位置：MttSoft.TeacherInformation/UserInterface/Book/BookDelete.aspx.cs。

12.16.4 专著出版模块的设计效果

（1）添加专著出版界面　添加专著出版界面的设计效果如图 12-32 所示。

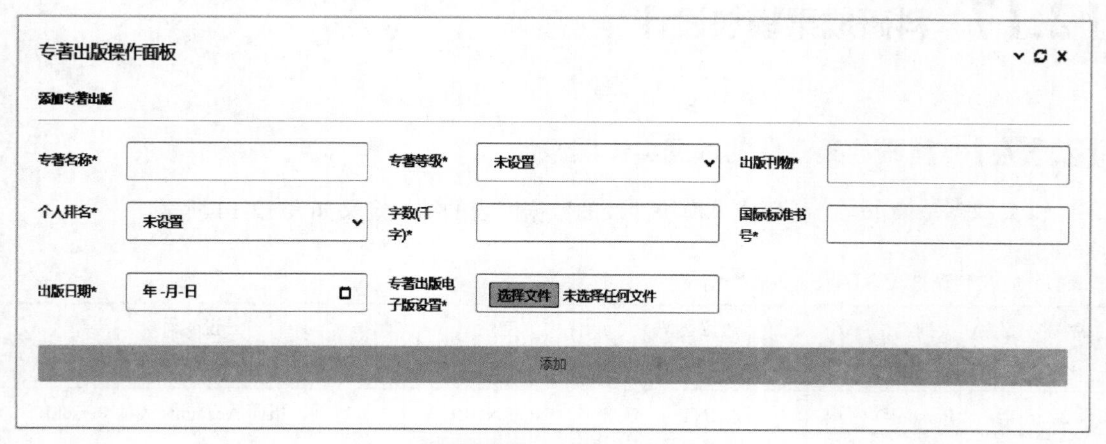

图 12-32　添加专著出版

（2）更新专著出版界面　更新专著出版界面的设计效果如图 12-33 所示。

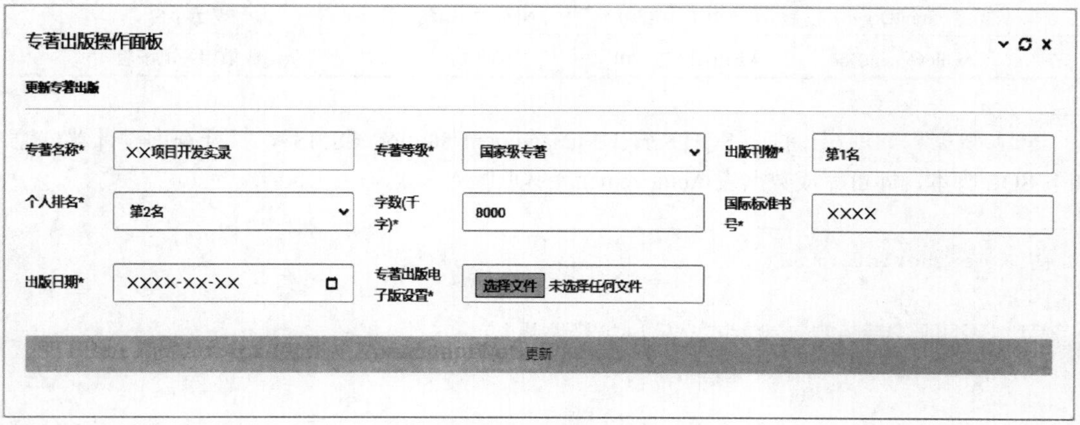

图 12-33　更新专著出版

（3）删除专著出版界面　删除专著出版界面的设计效果如图 12-34 所示。

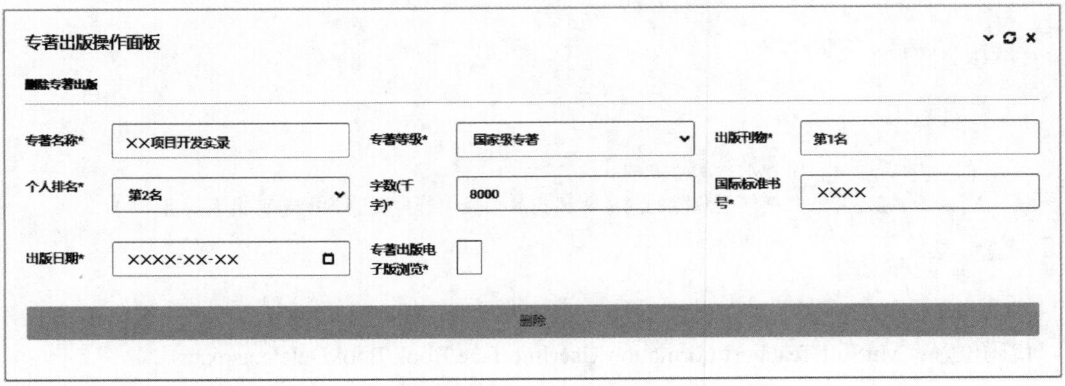

图 12-34　删除专著出版

12.17 科研成果模块设计

12.17.1 科研成果模块的数据实体层设计

（1）数据结构定义　科研成果模块涉及的数据库表的结构定义如表 12-14 所示。

表12-14　科研成果表(Achievement)

序号	列名	数据类型	空性	说明
1	ModuleID	INT	NOT NULL	主键列；自动增长
2	PersonID	INT	NOT NULL	外键列，指向 Accounts 表的 PersonID
3	AchievementName	VARCHAR(50)	NOT NULL	成果名称
4	Ranking	VARCHAR(10)	NOT NULL	个人排名
5	ObtainDate	VARCHAR(10)	NOT NULL	获得时间
6	GrantOrg	VARCHAR(30)	NOT NULL	授予单位
7	AchievementDoc	VARCHAR(120)	NULL	成果相关电子版

（2）数据表的创建　打开 SQL Server Management Studio（SSMS），打开查询设计器，输入如下 SQL 脚本，即可完成数据表 Achievement 的创建。

```
USE TeacherInformation;
GO
IF OBJECT_ID('Achievement', 'U') IS NOT NULL
  DROP TABLE Achievement;
GO
CREATE TABLE Achievement
```

```
(
    ModuleID INT IDENTITY(1, 1) PRIMARY KEY NOT NULL,
    PersonID INT NOT NULL,
    AchievementName VARCHAR(50) NOT NULL,
    Ranking VARCHAR(10) NOT NULL,
    ObtainDate VARCHAR(10) NOT NULL,
    GrantOrg VARCHAR(30) NOT NULL,
    AchievementDoc VARCHAR(120) NULL
);
GO
```

12.17.2 科研成果模块的业务逻辑层设计

科研成果模块的业务逻辑层主要由命名空间 BusinessLogic 中的 Achievement 类实现，涵盖科研成果的查询、添加、更新、删除等操作。

（1）Query 函数　Query 函数用于检索科研成果。它包含两种重载形式，分别定义如下：

```
public DataTable Query(string moduleid, string personid)
{
    string sql = "SELECT * FROM Achievement WHERE" ;

    if(!string.IsNullOrEmpty(moduleid))
        sql += string.Format("AND ModuleID = '{0}' ", moduleid);
    if(!string.IsNullOrEmpty(personid))
        sql += string.Format("AND PersonID = '{0}' ", personid);

    if(sql.Contains("WHERE AND"))
        sql = sql.Replace("WHERE AND", " WHERE");
    else
        sql = sql.Replace("WHERE", " ");

    sql += "ORDER BY ModuleID DESC" ;

    return SQLAgency.ExecuteDataTable(dbconnstr, CommandType.Text, sql);
}

public DataRow Query(string moduleid)
{
    string sql = string.Format("SELECT * FROM Achievement WHERE ModuleID= '{0}' ",
                moduleid);
    DataTable dt= SQLAgency.ExecuteDataTable(dbconnstr, CommandType.Text, sql);
    return(dt.Rows.Count > 0)? (dt.Rows[0]) : null;
}
```

代码位置：MttSoft.TeacherInformation/BusinessLogic/Achievement.cs。

（2）Insert 函数　Insert 函数用于添加科研成果。其定义如下：

```
public bool Insert(string personid, string achievementname, string ranking,
string obtaindate, string grantorg, string archievementdoc)
{
    string sql = "INSERT INTO Achievement (PersonID, AchievementName, Ranking,
                 ObtainDate, GrantOrg, AchievementDoc)" ;
    sql += string.Format("VALUES ( '{0}', '{1}', '{2}', '{3}', '{4}', '{5}' )",
          personid, achievementname, ranking, obtaindate, grantorg,
          archievementdoc);

    return SQLAgency.ExecuteNonQuery(dbconnstr, CommandType.Text, sql) == 1;
}
```

代码位置：MttSoft.TeacherInformation/BusinessLogic/Achievement.cs。

（3）Update 函数　Update 函数用于更新科研成果。其定义如下：

```
public bool Update(string moduleid, string achievementname, string ranking,
string obtaindate, string grantorg, string archievementdoc)
{
    string sql = string.Format("Update Achievement Set AchievementName= '{0}',
                 Ranking= '{1}', ObtainDate= '{2}', GrantOrg= '{3}',
                 AchievementDoc= '{4}' ",
                 achievementname, ranking, obtaindate, grantorg, archievementdoc);

    if (!string.IsNullOrEmpty(moduleid))
        sql += string.Format("WHERE ModuleID = '{0}' ", moduleid);

    return SQLAgency.ExecuteNonQuery(dbconnstr, CommandType.Text, sql) == 1;
}
```

代码位置：MttSoft.TeacherInformation/BusinessLogic/Achievement.cs。

（4）Delete 函数　Delete 函数用于删除科研成果。其定义如下：

```
public bool Delete(string moduleid, string personid)
{
    string sql = string.Format( "DELETE FROM Achievement WHERE");

    if (!string.IsNullOrEmpty(moduleid))
        sql += string.Format( "AND ModuleID = '{0}' ", moduleid);
    if (!string.IsNullOrEmpty(personid))
        sql += string.Format( "AND PersonID = '{0}' ", personid);

    if (sql.Contains( "WHERE AND"))
```

```
        sql = sql.Replace("WHERE AND", " WHERE");
    else
        sql = sql.Replace("WHERE", " ");

    return SQLAgency.ExecuteNonQuery(dbconnstr, CommandType.Text, sql) == 1;
}
```

代码位置：MttSoft.TeacherInformation/BusinessLogic/Achievement.cs。

12.17.3 科研成果模块的用户接口层设计

科研成果模块的用户接口层主要由命名空间UserInterface.Achievement中的AchievementAdd、AchievementUpdate、AchievementDelete三个类实现，主要涵盖科研成果的添加、更新和删除等操作。

（1）InsertAchievement函数 当用户点击“添加科研成果”窗口的“添加”按钮时，会触发该函数的调用。其定义如下：

```
private void InsertAchievement()
{
    string personid = SessionPersonID;
    string achievementname = iptAchievementName.Value;
    string ranking = ddlRanking.Text;
    string obtaindate = iptObtainDate.Value;
    string grantorg = iptGrantOrg.Value;
    string archievementdoc = FileUploader.Invoke(this, fuAchievementDoc,
                            rootdir, persondir, moduledir);

    BusinessLogic.Achievement achievement = new BusinessLogic.Achievement();
    try
    {
        achievement.Insert(personid, achievementname, ranking, obtaindate,
                          grantorg, archievementdoc);
        Debugger.ShowMessage("成功添加科研成果信息！");
        ResetAchievement();
        BindAchievement();
    }
    catch
    {
        Debugger.ShowMessage( "执行添加科研成果信息时出现未处理的异常。");
    }
}
```

代码位置：MttSoft.TeacherInformation/UserInterface/Achievement/AchievementAdd.aspx.cs。

（2）UpdateAchievement函数 当用户点击“更新科研成果”界面的“更新”按钮时，会触发该函数的调用。其定义如下：

```
private void UpdateAchievement(string moduleid)
{
    string personid = SessionPersonID;
    string achievementname = iptAchievementName.Value;
    string ranking = ddlRanking.Text;
    string obtaindate = iptObtainDate.Value;
    string grantorg = iptGrantOrg.Value;
    string archievementdoc = FileUploader.Invoke(this, fuAchievementDoc,
                                  rootdir, persondir, moduledir);

    if (!string.IsNullOrEmpty(moduleid))
    {
        BusinessLogic.Achievement achievement = new BusinessLogic.Achievement();
        try
        {
            achievement.Update(moduleid, achievementname, ranking, obtaindate,
                               grantorg, archievementdoc);
            Debugger.ShowMessage("成功更新科研成果信息。");
            ResetAchievement();
            BindAchievement();
        }
        catch
        {
            Debugger.ShowMessage("执行更新科研成果信息时出现未处理的异常。");
        }
    }
    else
    {
        Debugger.ShowMessage(
         "您还未选择任何要更新的对象，请先从列表中选择要更新的科研成果条目。");
    }
}
```

代码位置：MttSoft.TeacherInformation/UserInterface/Achievement/AchievementUpdate.aspx.cs。

（3）DeleteAchievement 函数　当用户点击“删除科研成果”窗口的“删除”按钮时，会触发该函数的调用。其定义如下：

```
private void DeleteAchievement(string moduleid)
{
    if (!string.IsNullOrEmpty(moduleid))
    {
        BusinessLogic.Achievement achievement = new BusinessLogic.Achievement();
        try
        {
```

```
                achievement.Delete ( moduleid, " " );
                Debugger.ShowMessage ( " 成功删除科研成果信息。" );
                ResetAchievement ( );
                BindAchievement ( );
            }
            catch
            {
                Debugger.ShowMessage ( " 执行删除科研成果信息时出现未处理的异常。" );
            }
        }
        else
        {
            Debugger.ShowMessage (
             " 您还未选择任何要删除的对象，请先从列表中选择要删除的科研成果条目。" );
        }
    }
```

代码位置：MttSoft.TeacherInformation/UserInterface/Achievement/AchievementDelete.aspx.cs。

12.17.4 科研成果模块的设计效果

（1）添加科研成果界面　添加科研成果界面的设计效果如图 12-35 所示。

科研成果操作面板
添加科研成果
成果名称*
个人排名*
未设置
获得时间*
年 -月-日
授予单位*
科研成果电子版设置
选择文件
未选择任何文件
添加

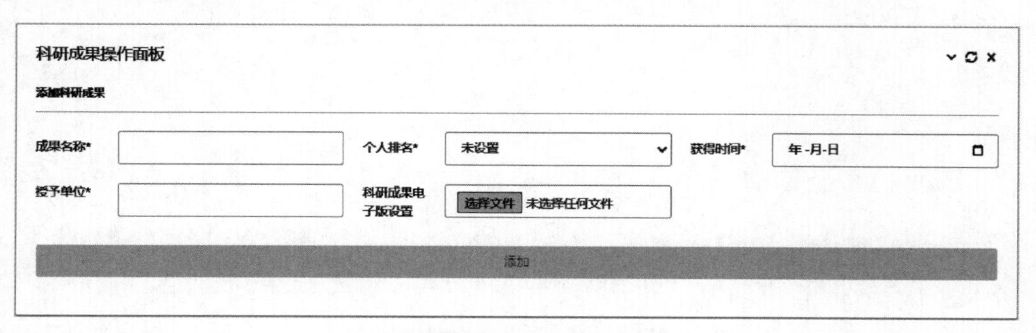

图 12-35　添加科研成果

（2）更新科研成果界面　更新科研成果界面的设计效果如图 12-36 所示。

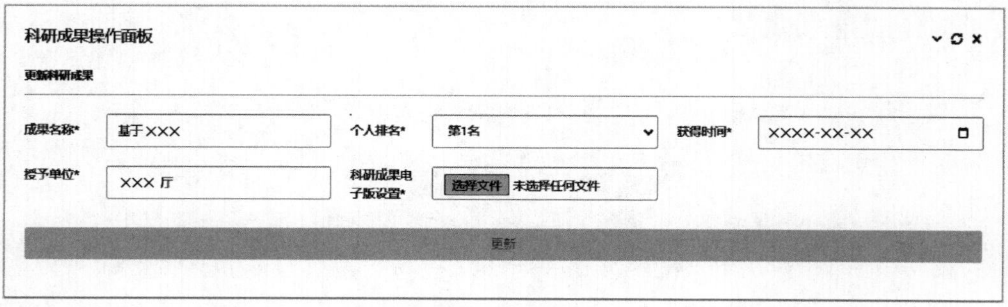

科研成果操作面板
更新科研成果
成果名称*
基于XXX
个人排名*
第1名
获得时间*
XXXX-XX-XX
授予单位*
XXX 厅
科研成果电子版设置*
选择文件
未选择任何文件
更新

图 12-36　更新科研成果

（3）**删除科研成果界面**　删除科研成果界面的设计效果如图 12-37 所示。

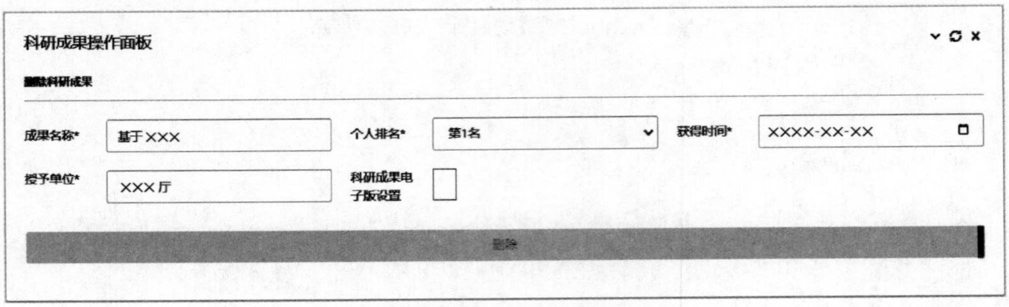

图 12-37　删除科研成果